高等学校植物生产类专业应用型本科教材　　河南省优秀教材二等奖

食用菌栽培学

马瑞霞　王景顺　主　编

中国轻工业出版社

图书在版编目（CIP）数据

食用菌栽培学/马瑞霞，王景顺主编 . —北京：中国
轻工业出版社，2023.6
普通高等教育"十三五"规划教材
ISBN 978 – 7 – 5184 – 1110 – 8

Ⅰ．①食… Ⅱ．①马… ②王… Ⅲ．①食用菌—
蔬菜园艺—高等学校—教材 Ⅳ．①S646

中国版本图书馆 CIP 数据核字（2017）第 157107 号

责任编辑：贾　磊
策划编辑：李亦兵　贾　磊　　责任终审：张乃东　　封面设计：锋尚设计
版式设计：锋尚设计　　　　　责任校对：晋　洁　　责任监印：张　可

出版发行：中国轻工业出版社（北京东长安街 6 号，邮编：100740）
印　　刷：三河市万龙印装有限公司
经　　销：各地新华书店
版　　次：2023 年 6 月第 1 版第 6 次印刷
开　　本：787 × 1092　1/16　印张：20.25
字　　数：400 千字
书　　号：ISBN 978 – 7 – 5184 – 1110 – 8　定价：49.00 元
邮购电话：010 – 65241695
发行电话：010 – 85119835　传真：85113293
网　　址：http://www.chlip.com.cn
Email：club@ chlip.com.cn
如发现图书残缺请与我社邮购联系调换
230708J1C106ZBW

本书编写人员

主　编：马瑞霞　　王景顺

副主编：张坤朋　　路志芳

编　者：（以姓氏笔画为序）
　　　　杨利玲　　吴秋芳　　陈瑞利　　崔瑞峰

前 言
Preface

　　食用菌栽培是现代生态农业的重要组成部分。从 20 世纪初发明纯菌种以来，食用菌人工栽培技术不断改进和完善，生产规模不断扩大，形成了一个新的产业，受到了世界各国的普遍重视。随着科学研究的深入和科学技术的发展，人们对食用菌的认识不断加深。医学界发现多种食用菌有促进人体健康、预防或治疗疾病的作用。生物界、环境保护界认为，食用菌是大自然生态良性循环的积极参与者，它们能分解、利用工农业副产品、废料，生产出高蛋白食品；栽培过食用菌的培养料，又可作饲料，饲养家畜、家禽等；畜禽粪便可产生沼气，沼气渣是优质农田肥料。因此，发展食用菌栽培，可加快城乡废弃物在生态循环中的转化速度，增加产品输出，提高整个生态系统的生产力。经济学界认为，食用菌栽培投资少、见效快，可向立体发展，占地少，城乡皆宜，经济效益和社会效益显著，食用菌栽培前景广阔。

　　食用菌栽培学是高等院校生物类、植物生产类专业等的一门选修课，通过本课程的教学，旨在培养更多懂理论、会技术的食用菌高级专门应用型人才。我们据此编写了本书，在编写过程中，尽可能参考了国内外的最新进展，力求做到内容全面、完整、新颖，且图文并茂，深入浅出，通俗易懂，适应性强。内容包括：Ⅰ. 基础理论部分。介绍了食用菌的形态结构、菌种制作、菌种复壮与保藏方法、食用菌生产设备与设施、灭菌与消毒、病虫害防治、食用菌贮藏与加工等内容。Ⅱ. 栽培技术部分。介绍了各种传统食用菌和各地正在兴起发展的新特食用菌的栽培技术。Ⅲ. 实验指导。

　　本书由安阳工学院生物与食品工程学院的老师根据多年的教学、科研实践和有关文献资料，分工合作编写而成。他们是马瑞霞（编写绪论、第十章、附录）、王景顺（编写第一章、第四章、第五章、第六章第四节、第七章、第十二章）、张坤朋（编写第六章第五节、第八章）、路志芳（编写第六章第一节和第二节、第九章第一节和第二节）、杨利玲（编写第三章、第六章第三节）、吴秋芳（编写第二章、第十一章）、崔瑞峰（编写第九章第三节至第六节）、陈瑞利（编写第十三章）。全书由马瑞霞、王景顺对部分章节进行了改写，由马瑞霞统稿。

　　在编写过程中，得到了多地许多专家同行的支持和帮助，同时参考了一些兄弟院校所编的食用菌栽培学教材、讲义，以及其他书籍、期刊和互联网资料等，在此一并向他们致以衷心的谢意！

　　限于编者的业务水平，书中错漏难免，恳请专家、同行提出批评和修改意见。

编者

目　录

Contents

绪论

一、 食用菌与食用菌栽培学概述

（一）食用菌

食用菌又称食用真菌。广义的食用菌是指一切可以食用的真菌，它不仅包括大型的食用真菌，而且还包括被食品工业用于酿造的丝状真菌和酵母菌等小型的食用真菌。狭义的食用菌是指可供人类食用的大型真菌，即食用菌是一类可供食用或药用的具有肉质或胶质等显著子实体的大型真菌。大型真菌一般形体较大，肉眼可见，多为肉质、膜质或胶质，常被称作"菇""蕈""菌""蘑""耳"，如香菇、双孢蘑菇、黑木耳。

世界上已被描述的真菌达 12 万余种，能形成大型子实体或菌核组织的达 6000 余种，可供食用的有 2000 余种；我国已报道的有 980 种，其中能进行人工栽培的有 90 余种，已形成大规模商业化栽培的有 50 余种。食用菌属于菌物界真菌门中的担子菌亚门和子囊菌亚门，其中大约有 90% 的食用菌属于担子菌亚门，约 10% 属于子囊菌亚门。多数食用菌是菜肴中的珍品，因此也可以说食用菌是一类菌类蔬菜。

（二）食用菌栽培学

食用菌栽培学是现代生物科学的重要分支学科之一，是白色农业的重要组成部分。国际上创立该学科是在 1934 年，日本称之为菌蕈学。它主要研究食用菌的形态、分类、生理、生化、遗传、栽培、生态及其开发利用等方面的内容。食用菌栽培学和其他许多学科有着极密切的联系，它是在微生物学、发酵学、园艺学、生态学及环境工程学等多门学科原理的基础上发展起来的具有独特专业性的一门边缘学科。它不仅是一门基础学科，同时也是应用学科。

食用菌栽培学主要侧重于食用菌栽培技术，它的主要研究对象是大型真菌中可供人类食用的真菌，主要任务是研究食用菌高产的理论和栽培技术，具体来说，就是研究食用菌生长发育规律和产量形成规律及其与环境条件的相互关系，并探讨实现食用菌高产、稳产、优质、高效的栽培技术措施，从而促进食用菌产业的发展，生产更多更好的食用菌产品，以满足人类生活的需要。

二、 发展食用菌生产的意义

（一）食用菌的营养价值和药用价值

1. 营养价值

评价食物的营养价值主要在于蛋白质及其氨基酸组成、碳水化合物、脂肪、维生素、矿物质和膳食纤维的含量和比例。食用菌富含蛋白质，低脂肪，低糖，无淀粉，无胆固醇，多维生素、氨基酸、矿质元素及膳食纤维，且比例平衡，结构合理。现代人们崇尚"三低一高"的食品，即低脂肪、低糖、低盐、高蛋白质的食品，食用菌则被列为首选食品。

食用菌营养丰富、口感鲜爽、风味独特，已被联合国粮农组织（FAO）推荐为21世纪的理想健康食品。现代科学研究证明，食用菌中蛋白质含量相当丰富，蛋白质含量一般占其子实体鲜重的3.5%~4.0%，比芦笋和卷心菜高2倍，比柑橘高8倍，比苹果高12倍，其蛋白质含量高于多数蔬菜和水果，也高于小麦、水稻、玉米、谷子等粮食作物（表0-1）；双孢蘑菇的蛋白质含量则是瘦肉的2倍，鸡蛋的3倍，牛奶的12倍。

国际上有专家预测，21世纪食品将由20世纪的植物蛋白和动物蛋白组成的二元结构发展为以植物蛋白、动物蛋白和菌类蛋白组成的三元结构。所以，我国著名的保健专家洪昭光教授提出"一荤、一素、一菌"为健康合理的饮食结构。

表0-1　　　　　　　　　部分食用菌与蔬菜、粮食中蛋白质含量的比较　　　　单位：g/100g干重

食用菌		蔬菜		粮食	
种类	蛋白质	种类	蛋白质	种类	蛋白质
蘑菇	36.1	白萝卜	0.6	小麦	12.4
香菇	13.4~18.5	大白菜	1.1	稻米	8.5
平菇	10.5~30.4	菠菜	1.8	玉米	8.5
草菇	25.9~30.1	黄瓜	0.8	高粱	9.5

组成食用菌蛋白质的氨基酸种类齐全，含量丰富。除常规氨基酸外，还含有8种人体不能合成的必需氨基酸及一些特殊含氮化合物。食用菌独特的鲜味和香味，一般来源于多种游离氨基酸。

食用菌脂肪含量很低，且74%~83%是对人体健康有益的不饱和脂肪酸，其中的油酸、亚油酸、亚麻酸等可有效地清除人体血液中的垃圾，延缓衰老，还能降低胆固醇含量和血液黏稠度，预防高血压、脑血栓等心脑血管疾病。如蘑菇中脂肪含量为2%，只及猪肉的1/16。其次，食用菌中无胆固醇，而类甾醇含量丰富，同样可以降低血液中胆固醇的含量。

食用菌还含有丰富的维生素，如维生素B_1、维生素B_2、维生素B_3、维生素C、维生素D原等（表0-2）。食用菌维生素含量是蔬菜的2~8倍。一般每人每天吃100g鲜菇可满足人体维生素的需要。据测定，每100g鲜草菇中维生素C含量高达206.27mg，为辣椒的1.2~2.8倍，是柚和橙的2~5倍、番茄的17倍。香菇含有丰富的维生素D原，维生素D原经紫外线照射可转化为维生素D。每1g干香菇含维生素D原高达128IU（国际单位），是大豆的21倍，紫菜的8倍。一个正常人每天需要维生素D为400IU（国际单位），每天食用3~4g干香菇就可满足对维生素D的需求。

表 0 - 2 部分食用菌中维生素的含量 单位：mg/kg 鲜品

菌类	维生素				
	维生素 B_1	维生素 B_2	维生素 B_3	维生素 C	维生素 D 原
双孢菇	1.6	0.7	48.0	131.9	1240.0
香菇	0.7	1.2	24.0	109.7	2460.0
平菇	4.0	1.4	107.0	93.0	1200.0
草菇	12.0	33.0	919.0	206.27	—
金针菇	3.1	0.5	81.0	109.3	2040.0

食用菌是人类膳食所需矿物质的良好来源。其含量最多的矿物质是钾，约占总灰分的 45%。其次是磷、硫、钠、钙，还有人体必需的铜、铁、锌等。如香菇、木耳含铁量约是蔬菜的 100 倍。平菇含铜量居食用菌之首，每 100g 干菇含铜量达 60mg，是猪肉的 100 多倍、面粉的 40 多倍、大米的 90 多倍。银耳含有较多的磷，有助于恢复和提高大脑功能。香菇、木耳含铁量高，每 100g 干木耳含铁 185mg，多食木耳对营养性贫血患者非常有益。

食用菌是人类膳食纤维的主要来源之一。膳食纤维在人体内具有独特的营养功能，因此被营养学界称为除了水、蛋白质、糖类、脂类、维生素、矿物质六大营养素之外的"第七营养素"。它是一种不易被消化的食物营养素，但它可以促进胃肠蠕动，增加消化液的分泌，减少有害物质的吸收，利于粪便排出等。食用菌含有较高的膳食纤维，如平菇含有 7.4% ~ 27.6%，双孢菇含有 10.4%。食用菌集中了食品的一切良好特性，所以又被称为上帝食品、长寿食品、植物性食品的顶峰等。

2. 药用价值

食用菌不仅营养丰富，是理想的美味食品，而且还有一定的营养保健和药用功能。食用菌所含的多种真菌多糖、糖蛋白、糖肽、腺苷、三萜类、甾醇、特殊蛋白质和脂肪酸等生物大分子，可有效地提高人体免疫机能，调节生理代谢，预防疾病，延缓衰老，增进健康。特别是近年医学研究发现食用菌可具抗肿瘤、降血压、降血脂、降胆固醇、清除血液垃圾、软化血管、预防血管内壁粥样硬化、抗血栓、护肝、健肾、补血、促进肠蠕动、加速排毒、减缓艾滋病症状等诸多功能，如姬松茸、猪苓、茯苓、银耳、香菇、灵芝、冬虫夏草、云芝、树舌、平菇、裂褶菌、灰树花、猴头菌等。这些菌类中的多糖体都具有很高的抗癌活性（表 0 - 3）。

表 0 - 3 几种食用菌抑癌率 单位:%

菌类	抑癌效率	菌类	抑癌效率
香菇	80.7	猴头	91.3
平菇	75.3	木耳	42.6
茯苓	96.9	银耳	80.0
金针菇	81.1	草菇	75.0

目前已在临床应用的有多种食用菌多糖，如香菇多糖、云芝多糖、猪苓多糖、灰树花多

糖、灵芝破壁孢子粉等，被作为医治癌症的辅治药物。从香菇中分离出的 6 种以上多糖体具有较强的抗肿瘤作用。食用菌已成为筛选抗肿瘤药物的重要来源。

食用菌产生多种抗生素，可消炎去痛，毒性低，副作用小，具有较高的抗菌活性。现已知的抗生素已达近百种，如假蜜环菌产生的假蜜环菌甲素和假蜜环菌乙素，可以治疗胆囊炎和慢性肝炎，猴头菌素对消化系统的炎症有特效。

另外，食用菌中的蘑菇核糖核酸具有很好的抗病毒作用，为人类预防各种病毒带来了新的希望，以此来开发制造新的抗流感病毒及其他病毒的药物。食用菌还有抗衰老、调节内分泌、保肝护肝、清热解表、镇静安神、化淤理气、润肺祛痰、利尿祛湿等功效。

总之，由于食用菌的多种抗病治病的药用保健价值，现已引起国内外许多研究人员的重视，逐渐由食用扩大转入药用研究及药用开发研究。目前出现了不少新产品，除了制成各种保健茶、保健饮料外，还可制成多种煎剂、片剂、糖浆、胶囊等，有的还制成针剂、口服液等。另外，在食用菌中，现已发现对人体肿瘤有抑制作用的就有 60 多种，因此从食用菌中寻找新的抗肿瘤药物或其他药物具有重要意义，把真菌的食用和药用结合起来，对食用菌的进一步开发具有实践意义。

（二）变废为宝，促进生态系统的良性循环

食用菌菌丝体能把纤维素、半纤维素、木质素等大分子物质，在酶的作用下分解成葡萄糖等小分子物质，吸收利用转化成可食用的优质菌体蛋白，所以食用菌能有效利用农副产品的下脚料，使废弃物变废为宝。我国是一个农业大国，每到收割季节，大量下脚料堆积在农村的房前屋后，人们通常用作肥料、饲料、燃料或者烂掉，这是极大的污染和浪费。若用来栽培食用菌就会变废为宝。我国每年约产农业下脚料 5.25×10^8 t、工业下脚料 5.0×10^7 t、畜禽粪便 2.5×10^8 t，此外还有野草资源。目前仅用其 $0.5\% \sim 0.6\%$ 栽培食用菌，这些广泛存在的下脚料对人类而言是废弃料，也是很大的污染源，而对食用菌来说却是必需的食粮。食用菌栽培有效利用农副业的废弃物，不仅能大大改善农村地区秸秆乱堆或焚烧，畜禽粪便乱堆破坏环境的现象，还能促进物质的循环利用，对节能环保等都有重要的意义。

（三）促进当地经济发展，开拓就业门路

食用菌生产不与人争粮、不与粮争地、不与地争肥、不与农争时，不会与农业生产发生矛盾，完全可以利用庭院空地、闲散劳动力进行生产。食用菌的生长期短，从种到收一般为 30 ~ 40d，是理想的"短、平、快"项目。另外，食用菌栽培技术易学、易懂，生产设备简单，投入值低，产出值高。食用菌还可以进行出口贸易，增加经济收入，体现出良好的经济效益。我国山多、林地多、地形复杂、气候多样，为各种不同的食用菌提供了良好的生活环境。在大力发展林木业的同时，可以有计划地发展食用菌栽培业。

食用菌产业的发展，也促进了农村经济的发展，增加了农民收入。如浙江寿宁县 1996 年累计总产值 14 亿元，当年栽培香菇 1 亿袋，创造产值 5.7 亿元，占农业总产值的 53.3%，形成"半县花菇半县茶"的农业新格局。全县靠种菇摘掉了 9 个贫困乡的贫困帽子，人均收入大幅度提高。

另外，福建古田，浙江庆元，河南沁阳、西峡，山东烟台、莘县，湖北曾都等地通过菇业的发展，都不同程度地推动了当地经济的发展，食用菌产业已成为当地的支柱产业。

发展食用菌生产还为农村富余劳动力找到了就业门路。我国是一个人口众多的国家，农业人口占比大，劳动力资源极为丰富。食用菌生产是劳动密集型产业，发展食用菌生产为农村富

余劳动力就业找到了出路。据统计，我国目前直接从事食用菌相关产业的人数约有 3500 万人，有些食用菌生产乡镇从事食用菌生产的人数已占总人口的 70%～80%。

食用菌产业的发展也激活了其他相关行业的活力，如餐饮业、运输业、塑料行业、粮棉加工业、制药业等，大大促进了地方经济的发展。

总之，食用菌产业是一个高效、生态、环保的产业，能将种植业、养殖业、加工业和沼气生产有机结合起来，进行综合利用，变废为宝，形成了一个多层次利用物质及能量的自然平衡的生态系统，大大提高了整个生态系统的生产能力。

三、 食用菌栽培简史

中国是世界上最早认识、利用和栽培食用菌的国家，在漫长的历史发展中创造了灿烂的菌蕈文化。数千年前，人类开始了观察、采食食用菌的实践活动：远在旧石器时代，原始居民已大量采食菇类；在浙江河姆渡的新石器时代遗址中发现有谷物和菌类化石，距今至少已有 7000 余年，是人类采食食用菌蕈最早的物证；公元前 400～前 300 年，战国时期的《庄子》中有"朝菌不知晦朔"的论述，在《齐术物论》中提出"乐成虚，蒸成菌"，《列子》中有"朽壤之上，有菌芝者。生于朝，死于晦。"的记述，比较科学地阐述了菇类的生理和生态条件。中国是多种食用菌的栽培发祥地，在当今世界广泛栽培的食用菌中，香菇、木耳、金针菇、草菇、银耳、茯苓、灵芝、猪苓等都为我国最早人工栽培的菌类。例如，茯苓的栽培起源于南北朝；木耳的栽培大约在 7 世纪起源于湖北省房县；香菇栽培起源于浙江的龙泉，已有 800 多年的历史；草菇的栽培起源于广东的曹溪南华寺，约有 200 年的历史，1932 年由华侨把草菇的栽培方法带到马来西亚后，很快遍及东南亚及北非，所以草菇在世界上有"中国菇"之称；银耳栽培起源于湖北房县，距今已有 100 多年的历史。

欧洲工业革命后，随着微生物学、真菌学、遗传学、生理学等学科的发展，德国、法国、英国、美国、日本等把食用菌的栽培和加工业推进到科学化的阶段，并发展成为重要的产业。20 世纪初，法国在双孢蘑菇纯菌种的分离培养方面首先获得成功。日本在 20 世纪 20 年代末首先制成香菇的纯培养菌种。第二次世界大战后，荷兰、美国、日本等发达国家的食用菌生产趋于工厂化、机械化和集约化。20 世纪 60 年代，欧洲、北美洲的食用菌产量占世界总产量的 90% 以上。20 世纪 70 年代东南亚的发展中国家和地区，如中国、韩国等食用菌生产发展速度大大超过欧洲和美国，居世界前列。

19 世纪末 20 世纪初，一些在国外留学的研究人员开始在国内传播西方和日本的种菇技术。随后，我国的食用菌生产得到了飞速的发展，各种栽培技术不断提高，并开发利用了许多食用菌资源，培育出大量的新品种，规模和产量也不断扩大，已经形成了一门新兴的产业。

四、 食用菌产业的现状与发展趋势

（一）食用菌产业的现状

1. 产量与产值不断增加

目前，我国已成为世界上最大的食用菌生产国和出口国，食用菌产量逐年增加。出口量虽然年年增加，但占全国总产量的比值却年年下降（表 0－4），说明支撑食用菌产业发展的主要市场在国内。

表 0 - 4   中国食用菌产量与出口量（2001—2014）

年份	鲜产量/10³t	出口量 （干鲜重）/10³t	出口量占 产量的比例/%	出口额/ 百万美元
2001	7818	443	5.7	472
2002	8650	382	4.4	463
2003	10390	433	4.2	622
2004	11600	582	5.0	902
2005	13340	628	4.7	960
2006	14741	604	4.1	1120
2007	16820	715	4.3	1425
2008	18272	683	3.7	1453
2009	20206	529	2.6	1307
2010	22013	491	2.2	1750
2011	25717	520	2.0	2407
2012	28280	478	1.7	1740
2013	31697	512	1.6	2691
2014	32700	582	1.8	2906

2. 栽培种类逐年增多

食用菌栽培种类已由 20 世纪 80 年代的 10 余种发展到目前的 100 多种，其中常规栽培的种类有双孢蘑菇、香菇、平菇、草菇、金针菇、滑子菇、银耳、黑木耳、毛木耳、猴头菌、竹荪等。由于市场需求稳中有升，效益稳定，生产得到巩固和发展。食用菌种类的增加也得益于珍稀菌和野生菌的驯化和开发。近年来人工驯化和开发了大量的珍稀菇类，如真姬菇、姬松茸、杏鲍菇、阿魏蘑、白灵菇、茶薪菇、鸡腿菇、灰树花、榆黄蘑、大球盖菇等，虽然多数珍稀菇类产量低，但是栽培面积小，生产量少，市场不饱和，价格居高不下，很有发展潜力。

3. 产品加工多样化

目前食用菌产品加工除了传统的初加工处理，即对食用菌产品进行简单的加工处理如烘干、糖浸、盐浸、膨化等，生产出脱水烘干制品、腌制品、罐头制品、方便食品、休闲小吃等产品外，还可进行深加工处理，即通过一定的加工工艺，生产出具有特定功能的食用菌保健品、酒品、饮品、药品和化妆品等菌类产品，如食用菌发酵乳、猴头口服液、猴头酒、猴头露、香菇糯米酒、香菇保健蛋糕、食用菌面包、平菇软糖、香菇酱油、草菇酱油等。韩国将灵芝、姬松茸、香菇等混合加工后制成保健茶很有消费市场。开发生产中成药品，如香云片、香菇多糖片、香菇多糖注射液、猴菇片、天麻密环菌片、密环菌冲剂、亮菌片、云芝肝泰键肝片等。

4. 栽培方式多样化

按照产品供应可分为季节性栽培、周年栽培和反季节栽培；按产地可分为棚室栽培、林地栽培、露天栽培；按栽培方法可分为瓶栽、袋栽、床栽、层架栽培、墙式栽培等；按照设备条件可分为工厂化栽培、农业设施栽培（以日光温室、塑料大棚、遮阳网覆盖等栽培）和仿野生栽培（是一种半保护栽培条件下的近野生栽培方式，适用于块菌、松茸、松乳菇等共生菌）等。

5. 食用菌工厂化生产快速发展

食用菌工厂化生产是最具现代农业特征的产业化工业生产方式，其采用工业化的技术手段，组织高效率的机械化、自动化作业，实现食用菌的规模化、智能化、集约化、标准化、周年化生产。

我国食用菌工厂化生产在 2008 年后发展迅速，据中国食用菌协会调研统计，2009 年是 246 家，2010 年为 443 家，截止到 2014 年 9 月，全国食用菌工厂化企业有 729 家（含在建、新建企业 42 家）。食用菌工厂化生产的品种也由初期的金针菇、双孢菇，扩展到杏鲍菇、白灵菇、蟹味菇、滑子菇等十几个品种。我国食用菌工厂化生产发展非常迅速，如 2013 年上海市金针菇工厂化生产量约为 300t/d，杏鲍菇生产量约为 25t/d。

（二）发展趋势

1. 向高效益发展

发展珍稀菌类、反季节栽培及多层次立体栽培，使食用菌在品种、时间及空间上全方位产生经济效益，是食用菌发展的必然方向。

2. 向高质量发展

要振兴食用菌产业，必须按照国际、国家、行业标准体系及市场需求组织生产经营活动。菌种要实行生产许可证制度，大力推广利于标准化、工厂化、周年化生产的液体菌种。生产中应减少农药和激素的使用，提高产品安全性，对病虫害的防治要多采用物理和生物防治法。菌种质量和菌品质量都要按照行业标准进行检验，菌品要建立注册商标，零售要有包装，树立名牌意识。

3. 向工厂化、规模化发展

今后主产方式将由零星栽培逐渐转向区域化布局、规模化发展、专业化生产、产业化推进。生产主体将由企业逐步取代农户，机械化、自动化取代劳动强度大、效率低、质量差的手工操作。

4. 向增值化发展

食用菌深加工，向保健食品、药品方向开拓新产品。如各种类型的菇类食品、饮料、滋补品等，其生产工艺较简单，但其产品却身价倍增。食用菌以原料形式进入市场，效益低。加工技术、层次越高，升值倍数越大。此外，菌丝体与子实体的化学成分无本质区别，在生产上获取菌丝体比子实体要容易得多，从菌丝体的发酵液中提取所需的药品、食品和保健品已成为一个关注的热点。

食用菌还有较强的观赏性，是天然的艺术品，如形态奇特、质地坚硬不腐的灵芝盆景是古朴典雅的工艺品。食用菌产业以其劳动密集和资源密集的行业优势，以变废为宝，促进农业可持续发展的生态优势，以美味、保健、绿色、安全为特点的产品优势已成为一个颇具生命力的朝阳产业。

食用菌产业如何以种类优势、规模优势、加工优势、质量优势和品牌优势去打开国内外市场，需要不懈的努力与探索。它毕竟是一个新兴行业，在科研、开发、生产、加工、销售及管理等方面还存在很多问题。但国家和政府已把食用菌列为发展特色农业、高效农业、创汇农业和农业结构调整的重要发展产业，随着政策到位、科技投入以及人们对食用菌的作用、效益、前景认识程度的提高，食用菌产业会不断克服自身的困难，保持健康有序地发展，尽快实现成为食用菌生产强国的目标。

（三）存在的问题及制约因素

1. 食用菌资源保护与开发的矛盾日益尖锐

由于食用菌产业较大程度依赖于资源，过量砍伐树木、过量采挖珍稀菌类已对环境及资源造成了严重的破坏，使可持续发展面临困境。

2. 产业标准建设滞后

目前我国有食用菌国家标准 20 项，行业标准 32 项，其中 29 项是 20 世纪 80 年代到 90 年代公布实施的，20 项是 2000 年以后颁布实施的，3 项是 2003 年新修订的，与国际标准相比尚存差距，食品质量安全监测指标无法满足国外市场对食品安全的要求，不利于产品出口，很容易出现一些贸易纠纷。

发达国家通过立法对农药残留、放射性残留、金属含量、化学添加剂等制定了严格的技术标准。目前仅在农药残留限量指标上，国际食品法典有 2572 项，欧盟有 22289 项，美国有 8669 项，日本有 9052 项标准，其中有些标准是有针对性制定的。以日本为例，2006 年 5 月施行《食品中残留农业化学品肯定列表制度》以来，据中国海关统计，中国食用菌产品对日本出口因农药残留等超标受阻共有 64 批次，2007 年有 33 批次，福建占 15 批次。

3. 市场制度制约食用菌产业发展

目前食用菌市场流通杂乱，整个市场处于无序竞争状态，没有明显的强势品牌。分散经营的菇农常受商贩的控制，出现"价格战"。以次充好、收购压级压价、销售抬级抬价的现象时有发生。此外，产品加工因大部分工厂规模小、科技含量低、加工能力有限，以致品质低劣，虽有产量，但效益低下，缺乏市场竞争力。同时，菌种市场比较混乱，缺乏严格规范的管理力度。

4. 食用菌出口形势严峻

近年来，由于经济发展及国外的绿色壁垒等原因，食用菌产业扩大国际市场十分困难。我国食用菌安全问题比较突出，农药残留和有毒有害物质残留超标，加上安全标准体系不完善，不能适应国际市场对食品安全的要求。

5. 食用菌产业发展不平衡

我国食用菌生产目前发展很不平衡，西部地区发展尤为缓慢。大型城市中心及沿海发达地区城市市场消费意识较高，中小城市受经济、文化及消费意识的影响，消费品种比较单一。

6. 食用菌品种自主知识产权不完善

在食用菌品质的保护方面，发达国家多采用专利保护。我国还没有将食用菌纳入作物品种的审定和认定体系中，也未建立食用菌品种登记制度。同时，具有自主知识产权的品种严重缺乏。目前使用的品种，多为通过非正规途径如民间引进或交换获得，具有自主知识产权的新品种面临流失。

此外，我国食用菌在科研、产品质量、深加工等领域与世界先进水平相比，也有较大的差距。

（四）我国食用菌产业的展望

1. 加强食用菌生产的产业化、标准化建设

目前我国大型食用菌生产企业极少，产业化水平较低。由分散生产向集约化、产业化生产

发展，由手工生产向自动化、标准化生产发展，才能实现企业化管理，提高食用菌生产经营水平，实现高产优质，才会提高在国际市场上的竞争力和抵御市场风险的能力。

2. 加强食用菌产品的深加工力度

充分发挥食用菌的营养价值和保健价值，由其生产保健品、药品、食品添加剂、加工食品等，提高食用菌的利用价值，增加产品附加值，实现更高的经济效益和社会效益。

3. 加强菌种管理

政府部门应加强食用菌品种的选育、审定登记和菌种生产的规范管理。

4. 加强科研工作

应加强食用菌遗传学、生理学、生态学、生物工程方面的研究，为创造新品种、为食用菌栽培的高产优质高效提供理论依据。

五、 如何学好 《食用菌栽培学》

《食用菌栽培学》是农林、生物类专业的必选课程之一。学习本课程的主要任务是掌握食用菌的基本理论和基本技能，并掌握当前食用菌生产上推广应用的多种栽培方法与病虫害防治技术，为以后从事食用菌生产和科学研究奠定坚实的基础。食用菌生产技术属于应用科学，是一门实践性较强的课程，其理论来源于实践，反过来又指导生产实践，因此在学习食用菌生产技术的过程中，首先必须学好教材的基础知识，理解基本概念和基本操作技能，掌握主要食用菌的生物学特性和对环境条件要求的规律以及常见栽培品种的栽培方法；其次，要加强实践学习，在"做"中学，结合实践掌握必要的生产管理技能，在实践中要勤动脑、多动手，理论联系实际，在掌握理论的基础上结合实际，举一反三，灵活运用，在实践中不断学习和提高；再次，要进一步拓宽知识面，经常翻阅有关的期刊。在整个的理论学习和实践过程中，要以严谨的科学态度，逐步学会用辩证唯物主义的观点和方法观察问题、分析问题和解决问题。

🔍 思考题

1. 什么是食用菌？
2. 发展食用菌生产的意义是什么？
3. 试述我国食用菌产业的发展状况。

第一章

食用菌基础知识

第一节　食用菌的形态结构

食用菌的种类繁多，千姿百态，大小不一。不同种类的食用菌以及不同环境生长的食用菌都有其独特的形态特征。虽然它们在外表上有很大的差异，但它们都是由生活于基质内部的菌丝体和生长在基质表面的子实体两部分组成。

一、　菌丝体的形态

菌丝体是食用菌的营养器官，相当于绿色植物的根、茎、叶，它生长在土壤、草地、林木或其他基质内。其主要功能是分解基质，并从基质中摄取水分、无机盐和有机物质。

菌丝体是由基质内无数纤细的菌丝交织而成的丝状体或网状体，绝大多数呈白色。菌丝是由孢子吸水后萌发产生芽管，芽管的管状细胞不断分枝伸长发育而形成的。食用菌的菌丝都是多细胞的，由细胞壁、细胞质、细胞核所组成。一般呈管状、无色、透明，有横膈膜，横膈膜将菌丝隔成多个细胞，从而形成有隔菌丝。食用菌的菌丝都是有隔菌丝（图1-1）。菌丝细胞中细胞核的数目不一，通常子囊菌的菌丝细胞含有一个核或多个核，而担子菌的菌丝细胞含有两个核。含有两个核的菌丝称作双核菌丝。双核菌丝是大多数担子菌的基本菌丝形态。

根据菌丝发育的顺序和细胞中细胞核的数目，食用菌的菌丝可分为初生菌丝、次生菌丝和三生菌丝。

（一）初生菌丝

孢子萌发后，先形成没有隔膜的多核菌丝，在适宜的环境条件下，很快在细胞核与细胞核之间产生隔膜，把菌丝分隔成多个单核细胞。这种每个细胞只含有一个细胞核的菌丝称为初生菌丝，也称为单核菌丝或一次菌丝。初生菌丝极为纤细，其染色体为单倍体。担子菌初生菌丝不仅较纤细而且生长慢、生长周期短；子囊菌的单核菌丝发达且生活周期长。初生菌丝无论怎样繁殖一般都不会形成子实体，只有和另一条可亲和的单核菌丝质配之后变成双核菌丝，才会产生子实体。

（二）次生菌丝

由两条初生菌丝经过质配而形成的菌丝被称为次生菌丝或二次菌丝。初生菌丝发育到一定

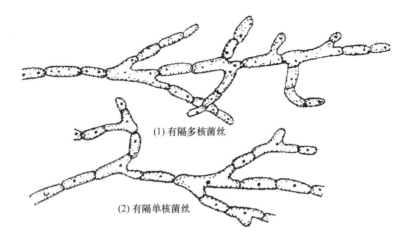

(1) 有隔多核菌丝

(2) 有隔单核菌丝

图 1-1 真菌的菌丝

阶段后，两个初生菌丝细胞结合，细胞质融合在一起，发生质配，而细胞核并不融合，因此次生菌丝的每个细胞含有两个核，次生菌丝又被称为双核菌丝。它是食用菌菌丝存在的主要形式，食用菌生产上使用的菌种都是双核菌丝。只有双核菌丝才能形成子实体。次生菌丝较初生菌丝粗壮，分枝多，生长快，多以锁状联合方式分裂，生理成熟时形成子实体。

大部分食用菌的双核菌丝顶端细胞上，常会发生锁状联合，它是双核菌丝细胞分裂的一种特殊形式，也是鉴别菌种的主要内容之一。锁状联合（图 1-2）现象主要存在于担子菌中，尤其是香菇、平菇、灵芝、木耳、鬼伞等菇中，但并不是所有的担子菌中都有锁状联合，如草菇、双孢菇、红菇、乳菇等菌丝例外。极少数的子囊菌的菌丝也能形成锁状联合，如地下真菌中的块菌。

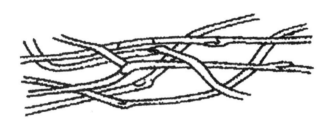

图 1-2 菌丝锁状联合结构

担子菌中许多种类的双核菌丝都是以锁状联合方式进行细胞分裂。先在双核菌丝顶端细胞的两核之间的细胞壁上产生一个喙状小突起，很似极短的小分枝，分枝向下弯曲，其顶端与细胞的另一处融合，在显微镜下观察，恰似一把锁，故称锁状联合。与此同时发生核的变化，首先是细胞的一个核移入突起内，然后两个核进行有丝分裂，形成四个子核，两个在细胞的上部，一个在下部，另一个在短分枝内。这时在锁状联合突起的起源处先后产生了两个隔膜，把细胞一隔为二。突起中的一个核随后也移入后一个细胞内，从而构成了两个双核细胞（图 1-3）。

（三）三生菌丝

由次生菌丝进一步发育而形成的已组织化了的双核菌丝，称为三生菌丝或结实性双核菌丝。次生菌丝达到生理成熟时，菌丝扭结在一起并进一步分化成特殊的菌丝组织体，如菌核、

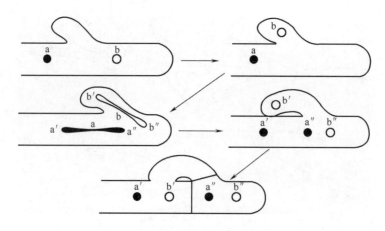

图1-3 锁状联合形成过程示意图

a、b—细胞内的两个异质细胞核　a′、a″—a核分裂后形成的两个子核
b′、b″—b核分裂后形成的两个子核

菌索、子实体中的菌丝等。

二、 菌丝的组织体

菌丝体无论在基质内伸展，还是基质表面蔓延，一般都是很疏松的，起营养体的作用。但是有的食用菌在环境条件不良或将要繁殖的时候，菌丝体的菌丝相互紧密地缠结在一起，就形成了菌丝的组织体。菌丝的组织体实质是食用菌菌丝适应不良环境或将要繁殖时的一种休眠体，并能行使繁殖的功能，有时人们也把它称为菌丝体的变态。常见的如菌索、菌核、菌丝束、菌膜、子座等。

（一）菌索

有些食用菌的菌丝缠结而形成绳索状的菌丝组织体。外形似根须，顶端部分为生长点，可不断延伸生长，一般长数厘米至数米不等。菌索表面有排列紧密的菌丝组成，常角质化，对不良环境有较强的抵抗力。当环境条件适宜时，菌索可发育成子实体。典型的如蜜环菌、安络小皮伞等。

（二）菌核

由菌丝体和贮藏的营养物质密集而形成的有一定形状的休眠体，称为菌核。菌核初形成时往往为白色或颜色更淡，近似菌丝的颜色，成熟后呈现褐色或黑色，大小不一，形成球状、块状或颗粒状。菌核中贮藏着较多的养分，对干燥、高温或低温有较强的抵抗能力。因此，菌核既是真菌的贮藏器官，又是度过不良环境的菌丝组织体。菌核中的菌丝有很强的再生力，当环境条件适宜时，很容易萌发出新的菌丝，或者由菌核上直接产生子实体。我们常用的药材如猪苓、雷丸、茯苓等都是这些真菌的菌核（图1-4）。

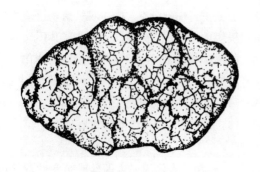

图1-4 茯苓的菌核

（三）菌丝束

由大量平行菌丝排列在一起形成的肉眼可见的束状菌丝组织称为菌丝束。它与菌索相似，有输导的功能，但与菌索的不同之处在于它无顶端分生组织。如双孢菇子实体基部常生长着一些白色绳索状的丝状物，即它的菌丝束（图1-5）。

（四）菌膜

有的食用菌的菌丝紧密地交织成一层薄膜即菌膜。如栽培香菇时，常见料的表面形成的褐色被膜。

（五）子座

子座是由菌丝组织即拟薄壁组织构成的容纳子实体的褥座状结构。子座是真菌从营养生长阶段到生殖阶段的一种过渡形式。子座的形态不一，但与食用菌有关的子座多为棒状或头状。如珍贵中药冬虫夏草、蛹虫草、蝉花等子座都呈棒状（图1-6）。

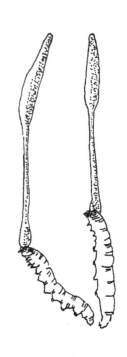

图1-5　双孢菇的菌丝束　　　　　　　　　图1-6　冬虫夏草的子座

三、子实体的形态

子实体是食用菌的繁殖器官，是由分化的菌丝体组成，能产生孢子的菌体或菇体。食用菌的子实体实际上就是指生长在基质表面，可供人们食用的部分，相当于绿色食物的果实，也就是人们通常称为"菇、菌、蘑、耳、蕈"的那一部分。食用菌的子实体一般都生长在基质表面，如土表、腐殖质上、朽木或活立木的表面上，只有极少数的食用菌子实体生于地下土壤中，如子囊菌中的块菌，担子菌中的黑腹菌、层腹菌等。

子囊菌的子实体能产生子囊及子囊孢子，是子囊菌的果实，故又称为子囊果。担子菌的子实体能产生担子及担孢子，故又称为担果。目前人工栽培的食用菌基本上都属于担子菌，因此人们日常吃的食用菌实际上几乎都是食用的担子果。

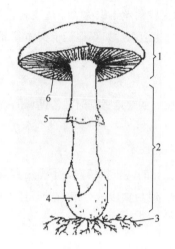

图1-7 伞菌子实体形态模式图

1—菌盖 2—菌柄 3—菌丝 4—菌托 5—菌环 6—菌褶

食用菌子实体的形态、大小、质地，因种类不同而异。大小一般为几厘米至几十厘米。常呈伞状、喇叭状、棒状、珊瑚状、球状、块状、耳状、片状等。下面着重以伞状为例，介绍其子实体的形态（图1-7）。

（一）菌盖

菌盖是人们食用的主要部分。它是食用菌子实体的帽状部分，多位于菌柄之上，因种类不同，其形状有所差异，有的在幼小时和成熟时也不尽相同。如平菇的菌盖为贝壳形，双孢菇的为半球形，草菇的为钟形，灵芝的为肾形等。菌盖的形状是重要的分类依据，常见形状如图1-8所示。

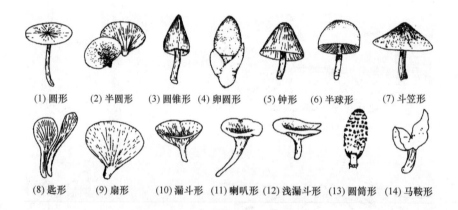

(1) 圆形　(2) 半圆形　(3) 圆锥形　(4) 卵圆形　(5) 钟形　(6) 半球形　(7) 斗笠形

(8) 匙形　(9) 扇形　(10) 漏斗形　(11) 喇叭形　(12) 浅漏斗形　(13) 圆筒形　(14) 马鞍形

图1-8 菌盖的形状

菌盖是食用菌最明显的部分，由表皮、菌肉两部分组成。

1. 表皮

真菌表皮菌丝内含有不同的色素，从而使菌盖呈现出美丽的色彩，如白色、灰色、褐色、红色等。不同种类的食用菌其表面的特征也不相同，菌盖表面有的干燥、湿润、黏滑，也有的光滑、有皱纹、条纹、龟裂，还有的表面粗糙具有纤毛、鳞片、小疣或成粉末状等。菌盖状中央有平展、凸起、下凹或呈脐状。菌盖边缘多全缘，或开裂成花瓣状，内卷或上翘、反卷，边缘表皮延生等（图1-9）。

2. 菌肉

菌盖表皮下的松软部分就是菌肉。菌肉有厚有薄，质地有肉质、胶质、蜡质或革质等。菌肉的颜色、气味、味道，有无乳汁及乳汁的浓淡，因种类不同而异。菌肉多为白色或淡黄色。

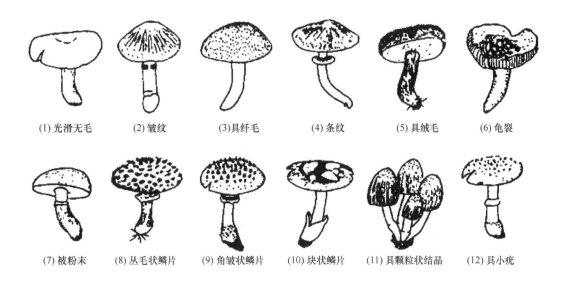

(1) 光滑无毛　　(2) 皱纹　　(3) 具纤毛　　(4) 条纹　　(5) 具绒毛　　(6) 龟裂

(7) 被粉末　　(8) 丛毛状鳞片　　(9) 角皱状鳞片　　(10) 块状鳞片　　(11) 具颗粒状结晶　　(12) 具小疣

图1-9　菌盖表皮特征

伞菌的菌肉是人们食用和药用的主要部分，大多数味道鲜美，少数种类气味辛辣或稍带苦，有的种类还有一些特殊的气味，如香菇、松茸、鸡油菌等。从结构上讲。菌肉一般都是由丝状菌丝组成的，少数种类如红菇、乳菇等是由泡囊状菌丝构成的（图1-10）。

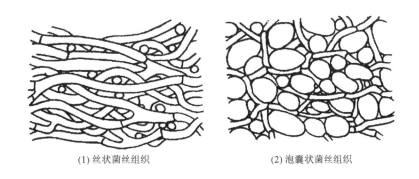

(1) 丝状菌丝组织　　　　　　　(2) 泡囊状菌丝组织

图1-10　菌肉的构造

（二）菌褶或菌管

菌褶是生长在菌盖下面的片状物，由子实层、子实下层和菌髓三部分组成。菌肉菌丝向下延伸形成菌髓，靠近菌髓两侧的菌丝生长形成狭长分枝的紧密区为子实下层，即子实层下面的菌丝薄层。由子实下层向外产生栅栏状的一层细胞为子实层。子实层主要包括担子、担孢子、囊状体，有的还有侧丝（图1-11）。

菌褶是伞菌产生担孢子的地方。褶菌常呈刀片状，少数为叉状。菌褶等长或不等长，排列有疏有密。菌褶的颜色一般为白色，也有黄、红等其他颜色，并随着子实体的成熟而表现出孢子的各种颜色，如褐色、黑色、粉红色以及白色等。菌褶边缘一般光滑，也有波浪状或锯齿状者。菌褶与菌柄之间的连接方式有离生、直生、弯生、延生等，是伞菌重要

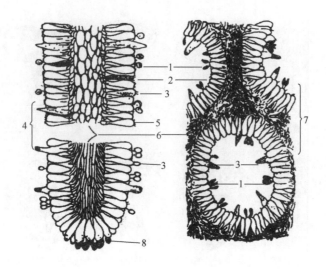

图 1 – 11　菌褶与菌管解剖示意图

1—孢子　2—乳管　3—囊状体　4—菌褶　5—担子　6—菌髓　7—管孔　8—缘囊体

的分类依据（图 1 – 12）。

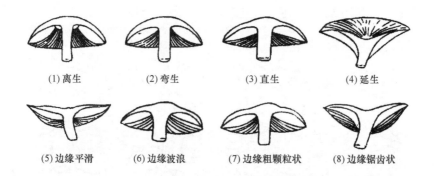

(1) 离生　　　(2) 弯生　　　(3) 直生　　　(4) 延生

(5) 边缘平滑　(6) 边缘波浪　(7) 边缘粗颗粒状　(8) 边缘锯齿状

图 1 – 12　菌褶与菌柄着生情况与边缘特征

　　菌管就是管状的子实层，子实层分布于菌管的内壁。菌管在菌盖下面呈辐射状排列。菌管的颜色、长短、排列方式，菌管间或与菌肉是否易分离，管孔的形状、大小以及与菌柄着生的关系都是分类的重要依据。特别是牛肝菌和多孔菌类的分类（图 1 – 13）。

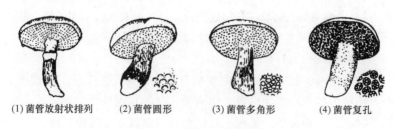

(1) 菌管放射状排列　(2) 菌管圆形　(3) 菌管多角形　(4) 菌管复孔

图 1 – 13　菌管孔的排列特征

　　子实层是着生有性孢子的栅栏组织，是真菌产生子囊孢子或担孢子的地方。它由平行排列的子囊或担子以及囊状体、侧丝组成（图1-14）。

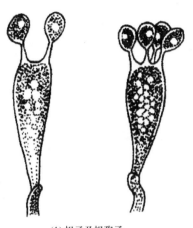

(1) 担子及担孢子　　　　　　　　　　　(2) 子囊及子囊孢子

图1-14　担子和子囊

　　孢子是真菌繁殖的基本单位，就像高等植物的种子一样。孢子可分为有性孢子和无性孢子两大类。有性孢子如担孢子、子囊孢子、结合孢子等，无性孢子如分生孢子、厚垣孢子等。不同种类的真菌其孢子的大小、形状、颜色以及孢子外表饰纹都有较大的差异，这也是真菌分类的重要特征和依据。孢子多为球形、卵形、腊肠形等。孢子外表常有小疣、小刺、网纹、条棱、沟槽等多种饰纹（图1-15）。

(1) 圆球形　(2) 卵圆形　(3) 椭圆形　(4) 星状　(5) 纺锤状　(6) 柠檬形　(7) 长方椭圆形　(8) 肾形　(9) 多角形　(10) 棱形

(11) 表面近光滑　(12) 小疣　(13) 小瘤　(14) 麻点　(15) 刺棱　(16) 纵条纹　(17) 网纹　(18) 光滑不正形　(19) 具刺　(20) 具外孢膜

图1-15　孢子形状及表面特征

　　孢子一般为无色，少数有色，但当孢子成堆时则常呈出现白色、褐色、粉红色或黑色。孢子的传播十分复杂，有的主动弹射传播；有的靠风、雨水、昆虫等被动传播；还有少数种类靠动物来传播，如黑孢菌块。

（三）菌柄

菌柄生长在菌盖下面，是子实体的支持部分，也是输送营养和水分的组织。菌柄的形状、长短、粗细、颜色、质地等，因种类不同而各异。菌柄一般生于菌盖中部，有的偏生或侧生。多数食用菌的菌柄为肉质，少数为纤维质、革质。有些种类的柄较长，有的较短，有的甚至无菌柄。菌柄常呈圆柱形、棒形或纺锤形，实心或空心。其表面一般光滑，少数种类的菌柄上有网纹、棱纹、鳞片、茸毛或纤毛等。菌柄的颜色各异，有的与菌盖同色，有的则不同。有些种类的菌柄上部还有菌环，菌柄基部有菌托（图1－16）。

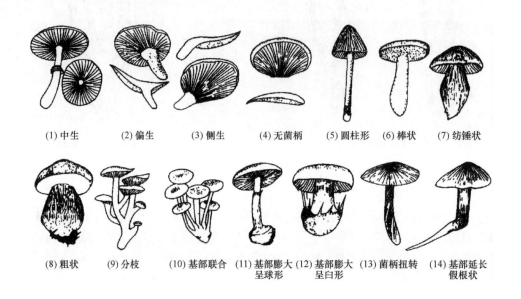

(1)中生　　(2)偏生　　(3)侧生　　(4)无菌柄　　(5)圆柱形　　(6)棒状　　(7)纺锤状

(8)粗状　　(9)分枝　　(10)基部联合　　(11)基部膨大呈球形　　(12)基部膨大呈臼形　　(13)菌柄扭转　　(14)基部延长假根状

图1－16　菌柄特征

（四）菌幕、菌环和菌托

菌幕是指包裹在幼小子实体外面或连接在菌盖和菌柄间的那层膜状结构。前者称外菌幕，后者称内菌幕。

在子实体的生长发育过程中，随着子实体的生长，外菌幕被撕裂，其大部分或全部留在菌柄基部，形成一个杯状、苞状或环圈状的构造，就称为菌托。其形状有苞状、鞘状、鳞茎状、杯状等，有的由数圈颗粒组成（图1－17）。

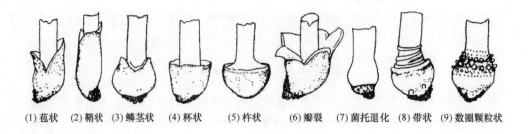

(1)苞状　　(2)鞘状　　(3)鳞茎状　　(4)杯状　　(5)杵状　　(6)瓣裂　　(7)菌托退化　　(8)带状　　(9)数圈颗粒状

图1－17　菌托特征

在子实体的生长过程中，随着子实体不断长大，内菌幕破裂，残留在菌柄上的部分即为菌环。

菌环的大小、厚薄、质地因食用菌种类而异。此外还有单层、双层菌环之分。菌环一般着生在菌柄的上部和中部，有少数种类菌环与菌柄相脱离并可移动。有的菌类早期有菌环，后期菌环消失（图 1 - 18）。

(a) 单层　　　　(b) 双层　　　(c) 可沿菌柄移动　(d) 可沿菌柄移动

(e) 膜质絮状　　(f) 丝膜状　　(g) 破裂后附着在　(h) 破裂后附着在
　　　　　　　　　　　　　　　　　菌盖边沿　　　　菌盖边沿

(i) 呈齿轮状　　(j) 着生菌柄上部　(k) 着生菌柄中部　(l) 着生菌柄下部

图 1 - 18　菌环特征

第二节　食用菌的营养

营养是指生物体吸收和利用营养物质的过程。食用菌的营养包括食用菌吸收营养物质的类型、营养要素、养分在细胞内的运输过程、食用菌利用营养物质产生代谢产物等。

一、　食用菌的营养类型

食用菌属于异养生物，不同于植物，不能自身合成养料，而是通过菌丝细胞表面的渗透作用，从周围基质中吸收现成的可溶性养料。基质中往往含有不能被细胞直接吸收的大分子物质，如蛋白质、纤维素、半纤维素等，必须将这些大分子分解成小分子，如氨基酸、葡萄糖等，才能被食用菌细胞所吸收。不同的食用菌从基质中吸收营养的方式是不同的。根据食用菌营养方式的不同，可将它们分为腐生型、共生型和兼性寄生型三种营养类型。

（一）腐生型

这是大多数食用菌的营养类型。属于这种类型的食用菌又称为腐生菌，如香菇、草菇、蘑菇等。它们所需的营养物质来自死亡的有机体。根据有机物的不同又可将食用菌分为木腐型和草腐型两种类型。有些学者还提出有土生型之分。

1. 木腐型

如香菇、木耳等。它们主要以木本植物尤其是阔叶树的木材为主要碳源。木材中的纤维素、半纤维素、木质素的含量约占木材干物质的95%以上，含氮物质占0.03%～0.10%。木腐菌细胞能够大量分泌分解这些物质的酶类，使它们成为小分子而获得营养。在野生条件下这些食用菌常生长于枯木上。

不同的木腐菌对树种也有不同的亲和力。如栽培香菇宜选用淀粉性的壳斗科的树种，栽培木耳宜选用脂肪性大的树种，而栽培茯苓则要选用松属树种。同种食用菌在不同树种中的生长速度和产量均有差异。因此，在实际栽培中，应重视选择适生树种。

2. 草腐型

蘑菇、草菇等主要以草本植物特别是禾本科植物的秸秆，如稻草、玉米芯等为主要碳源。在野外它们主要见于腐熟的堆肥、厩肥和腐烂的草堆中。草腐菌对秸秆中碳源的利用，一方面依靠本身产生的水解酶的作用，另一方面常借助发酵过程中的各种微生物的协同作用。如蘑菇的主要培养料是稻草和牛粪混合起来经过发酵和巴氏消毒的一种堆肥，堆肥中的微生物能够部分地分解稻草和其他秸秆中的纤维素、半纤维素和木质素，从而满足蘑菇的营养需要。此外，这些微生物在发育过程中还能提供蘑菇生长所必需的氨基酸、维生素和盐类，这些物质都能刺激蘑菇菌丝的生长发育。堆肥中的微生物合成的菌体蛋白和多糖体也是蘑菇的良好营养源。

土生型食用菌多生长在森林腐烂落叶层、牧场、草地、肥沃的田野中，如红菇、口蘑、马勃、毛头鬼伞等。

（二）共生型

有不少种类的食用菌能与植物、动物或微生物形成相互依存、互为有利的关系，这类食用菌即为共生型。菌根是食用菌与植物共生的典型代表，是食用菌与植物的根结合而成的复合体。与形成菌根有关的植物称为菌根植物，与形成菌根有关的食用菌称为菌根菌。菌根菌能分泌吲哚乙酸等生长激素，刺激植物根系生长，并且菌丝还能帮助植物吸收水分和无机盐；而菌根植物则能把光合作用合成的碳水化合物提供给菌根菌。块菌科、牛肝菌科、口蘑科、红菇科、鹅膏菌科的许多种类都是菌根菌，其中松口蘑、松乳菇、大红菇、铆钉菇、美味牛肝菌都是我国最常见的菌根菌。

菌根又分为外生菌根和内生菌根两种。外生菌根的菌丝大部分紧密缠绕在根的表面，形成一个菌套，并向四周伸出致密的菌丝网，仅有少部分菌丝进入根的表皮细胞间生长，但不侵入植物细胞的内部。木本植物的菌根多数是外生菌根，如赤松根和松口蘑、米槠根和正红菇等。内生菌根的菌丝侵入植物根的组织内部，但又被植物细胞消化吸收掉——"吐出消化型"，如天麻和蜜环菌。天麻为多年生植物，无根，无叶，只有地上花茎和地下块茎两部分。不能进行光合作用，也不能从土壤中吸收养分，需与蜜环菌共生。凡有天麻的地方，都有蜜环菌伴随而共同生存，天麻以蜜环菌作为营养来源。蜜环菌菌丝遇到天麻块茎后，紧贴其表面，并不断向皮层入侵，侵入到皮层细胞后，分解和利用皮层细胞的内含物，整个天麻外观看不出明显伤害，当侵入到消化层时，在溶菌酶的作用下，使之分解，释放出大量物质，成为天麻的营养来源，被不断送往正在生长的块茎，促进开花结果。当天麻开花时，原母麻逐渐衰老，失去消化蜜环菌的能力，蜜环菌便大量繁殖，侵入块茎内部组织，母麻成了蜜环菌的营养来源。

食用菌与动物构成的共生关系也是十分有趣的。现已发现 30 多种白蚁栽培的食用菌，我国著名的食用菌——鸡枞菌，就是黑翅土白蚁栽培的。

在表现食用菌与其他微生物的共生关系中，银耳属最为突出，都具有某种程度上的共生关系。现在已经很明确，银耳与阿氏碳团（俗称"香灰菌"）存在一种偏利共生关系，通常称为"伴生菌"。

（三）兼性寄生型

这类食用菌生长在活的生物体上，从活的寄主细胞中吸取营养。在食用菌中真正营寄生生活的种类十分罕见，大多是兼性寄生的，既可以寄生，也可以腐生。蜜环菌是这类食用菌的典型代表，它既能腐生又能寄生在 200 多种植物上。有些寄生菌先寄生后腐生，有些则先腐生后寄生。一般虫生真菌，如虫草等，是属营寄生方式的。

二、 食用菌的营养要素

如前所述，食用菌不像植物一样能通过光合作用来合成碳水化合物，所以，不管是哪一种营养方式，它都必须从基质中摄取碳源、氮源、无机盐、维生素等营养物质。这些营养物质的质和量直接影响着食用菌的生长与发育。

（一）碳源

碳源是食用菌最重要的营养来源，是一切生命活动的碳素来源，不仅是构成活细胞中的蛋白质、核酸、糖等必需的元素，而且又是代谢活动中重要的能量来源。碳源有无机碳源和有机碳源之分，但食用菌所需的碳源几乎都是来自有机物，如糖类、醇类、有机酸、脂类等。

1. 糖类

糖类有单糖、寡糖和多糖之分。在单糖（葡萄糖、戊糖、果糖、半乳糖）中，最常选用的是葡萄糖。在寡糖（蔗糖、麦芽糖、乳糖）中，麦芽糖优于蔗糖。在多糖（淀粉、纤维素、木质素）中，淀粉是绝大多数食用菌的良好碳源。食用菌的菌丝体能够分泌纤维素酶、半纤维素酶、木质素酶、淀粉酶等水解酶，将木材、秸秆等高等植物中的纤维素、半纤维素、木质素、淀粉等大分子，分解为食用菌细胞可吸收利用的单糖物质。因此，植物中的纤维素、半纤维素、木质素被认为是食用菌营养的主要碳源。但是，不同食用菌分解糖类的能力不一样，采用不同的糖类培养食用菌其效果也不一样（表 1 - 1）。

表 1 - 1　　　　　　　　不同糖类对平菇子实体生长的影响

碳源/%	菌丝质量/（mg/20mL）	子实体质量/（mg/20mL）	总质量/（mg/20mL）
葡萄糖	65.7	18.3	84
果 糖	50.1	31.2	81.3
甘露糖	78.6	24.5	103.1
蔗 糖	41.2	36.1	77.3

续表

碳源/%	菌丝质量/ (mg/20mL)	子实体质量/ (mg/20mL)	总质量/ (mg/20mL)
麦芽糖	60.3	19.3	79.6
淀　粉	77.2	28.6	105.8
纤维素	—	27.0	—

尽管食用菌能够分解利用纤维素等大分子，但在实际栽培中对这类大分子的分解吸收速率还是相对较慢的。因此，往往在以木材、秸秆为主的栽培料中，适当添加一些易被利用的碳源，如蔗糖（白砂糖）等，作为生长初期的补充碳源，以加速食用菌菌丝的生长。

2. 醇类

像其他微生物一样，某些食用菌如香菇、平菇也可以乙醇、甘油等醇类为碳源。在实验室条件下，金针菇也能用乙醇作为碳源来产生子实体。

3. 有机酸

食用菌能够利用有机酸，其中柠檬酸、琥珀酸、苹果酸、富马酸是食用菌相对容易利用的有机酸。它们不仅可以做碳源，而且和葡萄糖搭配时，能起到刺激菌丝生长和促进子实体产生的作用（表1-2、表1-3）。

表1-2　　　　　　　　　段木*浸泡柠檬酸水和香菇产量的关系

段木处理		每根段木总产量	每根段木平均出菇量/g	每朵香菇平均质量/g
实验组	30mg/L柠檬酸	50朵	765	14.5
对照组	普通水	30朵	408	13.6

* 接种第二年段木。

表1-3　　　　　　　　　平菇在添加有机酸基础培养基上的生长

有机酸0.1%	菌丝干质 mg/20mL	有机酸0.1%	菌丝干质 mg/20mL
柠檬酸盐	186.5	琥珀酸盐	154.5
苹果酸盐	180.2	草酸盐	143.1
富马酸盐	176.1	酒石酸盐	129.6

4. 脂类

实验表明，香菇、凤尾菇、黑木耳、金针菇等7种食用菌在菌丝生长期，培养料中的粗脂肪含量普遍降低，这说明脂肪乃是食用菌生长期容易利用的一种碳源。

（二）氮源

氮源是指食用菌生命活动的氮素来源。氮素是碳素以外最重要的营养元素，是构成细胞蛋白质、核酸必不可少的原料。能作为食用菌氮源的有机氮有蛋白质、氨基酸、尿素等，无机氮有铵态氮、硝态氮等。有机氮最适宜食用菌的生长，因为有机氮中的碳可以作为碳源，促进了营养的平衡；而且，食用菌能利用它合成生长所必需的各种氨基酸。食用菌不具备利用无机氮合成细胞所需的全部氨基酸的能力，所以，大多数食用菌在以无机物为唯一氮源的培养料中，生长速度缓慢，甚至不出菇。

在自然界中，食用菌的氮源主要来自树木、秸秆、堆肥及其他腐殖质；在栽培生产中，常用豆粉饼、麸皮、米糠、玉米粉、尿素等作为氮源；在实验室中，除此之外，还有以酵母粉、牛肉膏、蛋白胨等作为食用菌的氮源的。

培养料中氮源的浓度对食用菌的生长发育关系极大。在菌丝生长期，料中含氮量在 0.016%～0.064% 为宜，在子实体阶段，则以 0.016%～0.032% 为宜，过高反而有碍子实体的发生与生长。

（三）碳氮比

如前所述，碳、氮源的质和量直接影响着食用菌的生长和发育。同时，食用菌与其他微生物一样，其生长发育还要求培养料具有适宜的碳源与氮源的比例，及碳氮比（C/N）。一般情况下，在菌丝生长阶段，C/N 以 20:1 为好；而在子实体发育阶段以 30:1～40:1 为好。之所以目前许多食用菌栽培常选用棉籽壳为主原料，就是因为棉籽壳的 C/N 接近 20:1，极有利于食用菌的生长。

（四）无机盐

无机盐是食用菌生命活动不可缺少的物质。它不仅是细胞的组成成分，而且还是酶的组成成分，许多微量元素作为酶的辅助因子，与酶的活力有密切的关系。

1. 磷

磷在细胞的代谢中十分活跃，它是核酸、磷脂和 ATP 的组成元素。食用菌所需的磷主要是以磷酸二氢钾、磷酸氢二钾和有机磷状态吸收的，在合成培养基中要予以适当添加。在栽培生产中，由于原料中的磷含量一般能够满足食用菌生长的需求，所以不予额外添加。以下提到的各种元素也是一样。

2. 硫

硫是细胞中含硫氨基酸、某些酶的辅基以及许多生长素的组成元素。食用菌所需的硫一般是以硫酸盐和有机硫化物形式吸收的。

3. 钾

钾是许多酶的活化剂，在代谢中起重要的促进作用，钾在维持细胞内渗透压，调节细胞内外酸碱平衡方面起重要作用，因而是食用菌生长发育最重要的元素之一。

4. 钙

钙是控制细胞生理活动的重要元素。实验表明，添加钙对促进子实体的形成具有重要作用。钙在食用菌的培养中需求量较大，栽培料中常以碳酸钙、硫酸钙（石膏粉）或过磷酸钙形式添加，添加量在 1% 左右。

5. 镁

镁也是许多酶的激活剂，是食用菌生长发育不可缺少的元素。

6. 微量元素

微量元素主要是指铁、铜、锰、锌、钼等需求量甚微的元素，但它们是酶活性中心的组成成分，或是酶的激活剂。微量元素在栽培料和水中都有一定含量，不必另外添加。

（五）生长因子

食用菌生长必不可少的微量有机物质，称为生长因子。生长因子不提供能量，也不参与细胞结构的组成，一般是酶的组成部分，并具有调节代谢和促进生长的作用。其需求量虽然很少，但严重缺乏时食用菌将会停止生长。主要包括维生素类、核酸、核苷酸以及生长刺激素等。

维生素 B_1 是一种各种食用菌都需要的主要生长因子，是食用菌碳代谢必不可少的酶类—辅羧酶的重要组成部分。如果培养基中维生素 B_1 不足，则食用菌生长迟缓；严重缺乏时，生长完全停止。在培养基中加入 2%～3% 的麸皮即可满足食用菌对维生素 B_1 的需求。有些食用菌还需要核黄素（维生素 B_2）、生物素（维生素 H）、吡哆醇（维生素 B_6）、泛酸（维生素 B_5）、烟酸（维生素 B_3）等（表1-4）。在马铃薯、麸皮、麦芽、米糠、酵母中，各种维生素含量比较丰富，因此，在培养料中若有这些原料，则不必额外添加。

表1-4 真菌对一些维生素的需要

化合物	浓度/（mol/L）	功能	活化形式
硫胺素（维生素 B_1）	$10^{-9}～10^{-6}$	羧化酸辅酶	硫胺素焦磷酸
生物素（维生素 B_7）	$10^{-10}～10^{-8}$	羧化作用辅酶	通过羧基共价地结合到酶上
吡哆醇（维生素 B_6）	$10^{-9}～10^{-7}$	转氨作用辅酶	磷酸吡哆醛、磷酸吡哆胺
核黄素（维生素 B_2）	$10^{-8}～10^{-7}$	脱氢酶辅酶	核黄素单核苷酸（FMN）核黄素腺嘌呤二核苷酸（FAD）
泛酸（维生素 B_5）（烟酰胺）	$10^{-8}～10^{-7}$	脱氢酶辅酶	烟酰胺腺嘌呤二核苷酸（NAD）及其磷酸盐（NADP）
β-氨基苯甲酸	$10^{-8}～10^{-6}$	一碳转移中辅酶	四氢叶酸
烟酸（维生素 B_3）	10^{-7}	二碳转移中辅酶	辅酶 A（CoA）
氰钴胺素（维生素 B_{12}）	$10^{-12}～10^{-6}$	甲基转移中辅酶	维生素 B_{12} 的各种衍生物
肌醇	$10^{-6}～10^{-5}$	膜结构	磷脂

还有一些生长刺激素对食用菌菌丝体的生长发育也有促进作用，如三十烷醇、萘乙酸、吲哚乙酸、赤霉素等（表1-5）。一般认为，生长刺激素的施用浓度，菌丝为 1～2mg/L，子实体为 2～3mg/L，最多不超过 10mg/L，有时可采用间隔（一般 1 个月左右）喷施的办法施用。

表1-5 激素对平菇营养*及产量的影响

增长/%	产量/（g/m²）	处理	含水量/g	粗蛋白/g	糖类/g	脂肪/g	磷/mg
100.0	5360	对照（CK）	94.10	13.52	68.2	1.78	225
110.0	5913	萘乙酸（NAA）	91.31	16.30	60.4	2.05	263
103.5	5543	吲哚乙酸（IAA）	91.43	15.12	56.5	2.01	213
110.2	5954	吲哚丁酸（IBA）	91.13	14.06	54.3	1.93	246
100.4	5379	赤霉素（GA）	90.82	13.49	66.5	1.92	237

*水量在 45℃ 测定，其余成分均按 100g 物质计算。

食用菌生长发育所需的营养要素，除菌根菌必须依靠共生植物供给外，都可以从各种秸秆、树木或粪土中得到。不同食用菌对营养元素的要求是不同的，如木生菌和草生菌必须采用各自适宜的培养料，而且，多数食用菌在菌丝体和子实体形成阶段，对营养条件的要求是有差异的，如猴头菇菌丝在玉米秆培养基上生长良好，但就是不出菇。目前，人们对腐生型食用菌营养要求的研究比较多，而对共生型食用菌营养要求的研究相对比较少。

三、 食用菌细胞吸收营养的方式

食用菌没有专门的吸收器官，又无叶绿素以进行光合作用，它对营养物质的吸收与排出，都是通过细胞膜进行的。食用菌细胞吸收营养物质的机制有单纯扩散、促进扩散、主动运输等几种方式。

（一）单纯扩散

单纯扩散即自由扩散，是一种非特异性的扩散。除了膜孔的大小和形状对透过的物质具有选择性外，其他的小分子物质和离子都可以自由透过。只要菌体细胞外的物质浓度大于细胞内的物质浓度，细胞外的这些物质就可不断地自由地进入细胞内，直到菌体细胞内外物质浓度相等时，这种扩散作用就停止（图1-19）。这种扩散速度较慢，但不需要外来的能量。

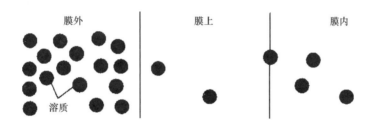

图1-19 单纯扩散载体功能模式图

（二）促进扩散

促进扩散较单纯扩散复杂。菌体细胞外的营养物质要进入细胞内，必须先与细胞膜表面的多种渗透酶（也称载体蛋白）作特异性结合。结合后，渗透酶将营养物质载入细胞内，在膜的内表面释放，完成营养物质的运输（图1-20）。渗透酶与营养物质的结合是一种可逆性的结合，结合时不存在化学反应，也不需要代谢能量，也不是逆被载物浓度梯度的运输，但是扩散的速度远比单纯扩散快，被运送的物质因渗透酶具有特异性而被有选择地载入菌体细胞内。

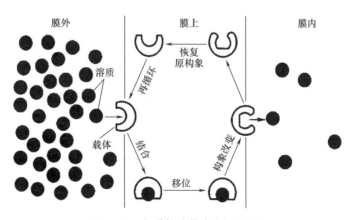

图1-20 促进扩散载体功能模式图

（三）主动运输

主动运输是一种更为复杂的营养物质向菌细胞内的扩散作用（图1－21）。物质进入细胞内，不但要有渗透酶存在，而且在转运过程中需要代谢能量的加入。经转运后，细胞内的物质浓度可以高出细胞外物质浓度的几百倍。这种运输和细胞对各种营养物质的被动吸收都受细胞生理活动的控制，二者并不互相排斥。

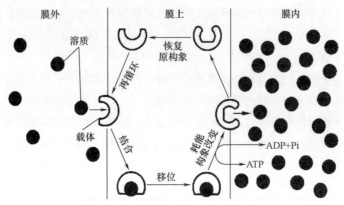

图1－21　主动运输载体功能模式图

四、食用菌细胞内养分的运输

（一）菌丝体内菌丝细胞间养分的输送

食用菌的菌丝体常可分为基内菌丝和气生菌丝。气生菌丝中所需的营养物质是从基内菌丝输送来的。研究菌丝体内养分运输的方法很多，如色素或同位素示踪法、平板营养测量法。

（二）子实体内养分的输送

菌丝体达到生理成熟后，在合适的环境条件下，便能形成子实体。原基和子实体形成时，营养菌丝内的养分都集中地向子实体输送。原基形成时，营养菌丝可以从培养基中吸收外源的碳素营养（主要是低聚糖或单糖），而氮源则由菌丝中贮存的含氮物质来供应。用灰盖鬼伞（*Coprinus cinereus*）作材料进行实验，发现结菇时，菌丝中原具有浓密的内含物的原生质减少了，形成了许多液泡。这种现象是由细胞内的肝糖和贮藏物质大量被运输到子实体内造成的。Schutte（1956年）指出，食用菌菌丝内的原生质是流动的，其流动的方向和营养物质转运的方向是一致的，在子实体内有一定的转运带。同样，段木上生长香菇时，营养成分必须通过营养菌丝体来供应生长中的香菇子实体。

五、食用菌的代谢产物

食用菌在生长发育过程中，一方面分解利用营养物质产生能量，同时产生各种中间代谢产物；另一方面利用所产生的能量和中间代谢产物合成自身所需的各种物质，如各种氨基酸、核苷酸、脂肪酸、维生素、酶等。同时，在食用菌生长的后期或在不正常的代谢条件下，还会合成和积累一些次生物质，如抗生素等；其次，在食用菌呼吸作用过程中发生有机物不完全氧化的终产物，如草酸、醋酸、柠檬酸等有机酸，这些都可称为食用菌的代谢产物。食用菌的代谢产物不仅可提高食用菌自身的食用与药用价值，而且有些还可作为制药工业、食品发酵工业和化学工业的原料。按其功能不同，把食用菌的代谢产物分为以下七大类。

（一）抗生素

抗生素又称抗菌素，是一种能抑制或杀死其他细菌细胞的生理活性物质。自 Fleming（1929）发现青霉素以来，至今已发现的抗生素有 9000 余种。过去，抗生素的生产主要是用放线菌类。实际上很多食用真菌都能产生抗生素，开发利用的前途十分广阔。已知食用菌产生的抗菌素有几十种（表 1-6），它们能抑制多种革兰阴性细菌、革兰阳性细菌、分枝杆菌、噬菌体和丝状真菌等的生长繁殖。例如，蜜环菌甲素（$C_{12}H_{1005}$）和乙素（$C_9H_{10}N_3O_3$）是假蜜环菌的代谢产物，具有消炎、退黄疸和降低谷丙酸转氨酶（GPT）的作用，对胆囊炎、急慢性和迁延性肝炎都有一定的疗效。现已用假蜜环菌生产了"亮菌片"和"亮菌糖浆"等药物。水粉蕈素（杯伞菌素或雷蘑素）是烟云杯伞产生的一种抗生素，为含氮杂环类（嘌呤类）化合物，它能强烈抑制分枝杆菌和噬菌体的增生。马勃菌素是大突马勃菌产生的一种抗生素（$C_6H_5N_3O_3$），对金黄色葡萄球菌、炭疽杆菌、伤寒沙门杆菌、宋氏志贺痢疾菌、耻垢分枝杆菌、白色假丝酵母、新型隐球酵母或稻瘟病菌、稻长蠕孢和稻白叶枯病等，都有一定的拮抗活性，并有抗肿瘤的作用。榆干侧耳和烟云杯伞等菌产生的穿孔蕈炔素，脆柄菇、截短侧耳、帕氏侧耳等产生的脆柄菇素 B 等，都有较强的抗菌作用。

表 1-6　　　　　　　　　　　　食用菌产生的抗生素

食用菌名称	抗生素名称
香菇（*Lentinus edodes*）	香菇菌素（cartinellin）、香菇多糖（lentinan）
蘑菇（*Agaricus campestris*）	野菇菌素（compestrin）
鸡油菌（*Cantharellus cibarius*）	鸡油菌素（canthaxanthin）
毛柄金钱菌（*Collybia velutipes*）	火菇菌素（flammulin）
松乳菇（*Lactarius deliciosus*）	乳菇奥素（lactarazulene）、乳菇紫素（lactaroviolin）
榆干侧耳（*Pleurotus ulmarius*）	穿孔蕈炔素（diatretyne）、多孔蕈酸（pelyporenic acid）
截短侧耳（*Pleurotus mutilus*）	截短侧耳素（pleuromytilin）
柏氏侧耳（*Pleurotus passeckerianus*）	截短侧耳素（pleuromytilin）
黑毛桩菇（*Paxillus atrotomentosus*）	黑猫桩菇素（atromentin）
发光假蜜环菌（*Armillariellatabescens*）	蜜环菌甲素（armillarisinA）、蜜环菌乙素（armillarisinB）
硫色多孔菌（*Polyporus sulfureus*）	齿孔素（eburicoic acid）、脱氢苦白蹄酸（dehydroeburicoic acid）
茯苓（*Porua cocos*）	茯苓多糖（pachymaran）、茯苓酸（pachymic acid）
大突马勃（*Calratia craniiformis*）	马勃素（calvacin）、马勃菌素（calvatic acid）
烟云杯伞（*Clitocybe nebulari*）	水粉蕈素（nebularine）
灰白侧耳（*Pleurotus spodoleuces*）	灰侧耳素（pleurotin）
糙皮侧耳（*Pleurotus ostreatus*）	侧耳菌素（pleurin）
小皮伞菌（*Maramius sp.*）	小皮伞菌素（marasin）、小皮伞菌酸（marasmic acid）
双孢蘑菇（*Agaricus bisporus*）	多毛酸（hirsutic acid）
油口蘑（*Fricholoma equestre*）	牛舌菌素（lentinamycin）
肝色牛排菌（*Fistulina hepatica*）	

（二）抗肿瘤物质

抗肿瘤药物的研究和筛选工作发现，食用菌的一些代谢产物，如多糖、多肽类或糖类的化合物等有抗肿瘤活性。这些有抗肿瘤活性的物质，多数是从食用菌的子实体浸出物中提取出来的，有一些是从深层发酵的菌丝体中得到的。它们的抗肿瘤作用不是直接攻击癌细胞，而是起一种"宿主中介"的免疫作用。多糖毒性小，对小白鼠肉瘤 $S-180$ 等均有较强的抑制作用。起抑制肿瘤的效果（表1-7）。

表1-7　　　　　　　　　　　几种食用菌的抑瘤效果

食用菌名称	抑瘤率/%
双孢蘑菇（*Agaricus bisporus*）	12.7
香　　菇（*Lentinus edodes*）	80.7
金 针 菇（*Flammulina velutipes*）	81.1
平　　菇（*Pleurotus ostreatus*）	75.3
灰白平菇（*Pleurotus spodoleucus*）	72.3
滑　　菇（*Pholiota nameko*）	86.3
松　　菇（*Tricholoma matsutake*）	91.8
黑 木 耳（*Auricularia auricula*）	42.6

除上述真菌多糖外，还有很多多肽类的物质和萜烯类化合物也具有抗癌活性。此外，在日本、美国等进行的大量筛选工作中，还发现下面几种食用菌对肌癌细胞有强烈的抑制作用：庭园羊肚菌（*Morchehella hortensis*）、硫磺菌（*Laetiporus sulphureus*）、鬼伞（*Coprinus myethemereus*）、松塔牛肝菌（*Strobilomyces flocopus*）、美味牛肝菌（*Boletus edulis*）、蒙古口蘑（*Tricholoma mongolicum*）、烟云杯伞（*Clitocybe nebularis*），豹皮菇（*Lentinus lepideus*）、猴头菌（*Hericium erinaceus*）及牛舌菌（*Fistulina hepatica*）等（表1-8）。

表1-8　　　　　　　　　几种食用菌的抗肿瘤物质（多糖）

食用菌名称	抗肿瘤物质
双孢蘑菇（*Agaricus bisporus*）	蘑菇多糖
香　　菇（*Lentinus deodes*）	香菇多糖
草　　菇（*Volvariella volvacea*）	草菇毒心蛋白
金 针 菇（*Flammulina velutipes*）	朴菇素（碱性蛋白）
珍 珠 菇（*Pholiota nameko*）	珍珠菇多糖（β-葡聚糖）
平　　菇（*Pleurotus ostreatus*）	平菇糖蛋白、酸性多糖
蜜 环 菌（*Armillariella mellea*）	多肽葡萄糖
猴 头 菌（*Hericium erinaceus*）	猴头菌多糖、多肽物质
银　　耳（*Tremella fuciformis*）	酸性异多糖（α-甘露聚糖）

续表

食用菌名称	抗肿瘤物质
黑 木 耳 (*Auricularia auricula*)	β - 葡聚糖
茯　　苓 (*Poria cocos*)	茯苓多糖、羧甲基茯苓多糖
猪　　苓 (*Grifola rmbellata*)	猪苓多糖 (β - 葡聚糖)
灰 树 花 (*Grifola frondosa*)	灰树花多糖 (β - 葡聚糖)

（三）干扰素诱导物（蘑菇核糖核酸）

常吃香菇的人能抵抗感冒病毒，这一事实启示人们，食用菌代谢产物中含有干扰素诱导物。经深入研究发现，这种物质是一种双链 RNA（也称蘑菇 RNA），能诱导细胞产生干扰素，具有抑制细胞增殖和抗癌作用。这种物质在香菇的子实体、菌丝体和担孢子中都存在。但香菇的双链 RNA 不耐热，所以强调低温提取。

（四）降低胆固醇物质

多数食用菌都能降低血压、防治动脉粥样硬化等心血管病。这是由于在食用菌的代谢产物中，普遍存在着降低胆固醇的有效成分。如蘑菇子实体中含有酪氨酸酶；香菇中的香菇素，草菇和金针菇中的毒心蛋白，长根菇中分离出来的长根素（长根菇酮）均有降低血压的作用。平菇中微量的牛磺酸对脂类的吸收、胆固醇的溶解起着重要的作用；黑木耳所含的腺苷对动脉粥样硬化的发生具有预防作用；银耳的酸性异多糖等可用于治疗高血压、高血脂症。

（五）特殊的呈味物质

食用菌的鲜味与香味特别引人注目。鲜味成分一般是氨基酸和核苷酸。许多食用菌具有特殊的鲜美风味，是和它们的细胞中含有多种高浓度的氨基酸或核苷酸有关。核苷酸中以鸟苷酸最为著名，它是香菇、蘑菇等食用菌的重要呈味物质。另外，在口蘑、橙盖鹅膏和蘑菇等食用菌中还含有口蘑氨酸和鹅膏蕈氨酸，这些是一般生物少见的稀有氨基酸，能产生很浓厚的鲜味。

食用菌的香味成分是其代谢产物的重要特征。干香菇中含有香菇精，蘑菇和鲜香菇中有松菇醇、异松菇醇、甲基桂皮酸以及一系列八碳化合物，其中，1 - 辛烯 - 3 - 酮是香味最浓厚并具有典型蘑菇香味的化合物。

（六）酶

酶是蛋白质，是细胞内新陈代谢过程中的生物催化剂。食用菌在生长与发育过程中能产生多种多样的酶，如香菇中含有 30 多种酶。大部分食用菌都能分泌纤维素酶、半纤维素酶、木质素酶、果胶酶、蛋白酶等。这些水解酶可将大分子营养物质分解成小分子物质，便于食用菌细胞吸收。因此，酶在食用菌的营养过程中具有重要作用，是食用菌的主要代谢产物之一。

（七）其他代谢产物

除了上述六种代谢产物外，食用菌还含有维生素、有机酸以及不同食用菌所特有的代谢产物，如香菇的麦角固醇、香菇香精，鸡油菌的真菌甘油酯、类胡萝卜素，美味松乳菇的橡胶物质等。许多食用菌都能产生多种维生素，尤其是 B 族维生素的维生素 B_1、维生素 B_2、维生素 B_{12} 等。食用菌在代谢过程中还能产生多种有机酸，如茯苓含有茯苓酸、去氧层孔酸，尤其是从其液体培养物中提取的含量达20%~30%的齿孔酸，已经作为医药工业的重要原料；又如蘑菇、平菇、草菇等能产生草酸、抗坏血酸等；牛肝菌能产生延胡索酸。

第三节 影响食用菌生长发育的环境因素

影响食用菌生长发育的环境因素有物理、化学和生物因素，其中重要的有温度、水分、湿度、空气构成、光照、酸碱度（pH）以及生物因子。不同的食用菌对环境条件的要求也不同，如金针菇要在寒冷的冬天生长，草菇则要在炎热的夏季生长，口蘑盛产于草原，猴头菌则出现在枯枝上，鸡枞菌多生长在蚁窝中，而美味牛肝菌则总是长在松根旁。同一种食用菌在不同发育阶段对环境的要求也不同，如一般食用菌在子实体阶段要求有比菌丝体阶段较低的温度，有的还要求一定的温差以及更多的通风与较高的空气相对湿度等。因此，学习并掌握影响食用菌生长发育的环境因素，对于人工栽培这些食用菌有着重要的意义。人们只有满足不同食用菌在不同的生长发育阶段对环境条件的要求，栽培才能获得成功。

一、温　度

食用菌的生长发育要求在一定的温度条件下进行，因为几乎所有的生命活动都是通过一系列复杂的酶促化学反应来完成的的，而酶的催化作用与温度调节密切相关。因此，不同的食用菌所要求的温度调节不同；同一种食用菌的不同生长发育阶段对温度条件的要求也不同，这种差异是它们在长期的系统发育过程中自然选择的结果。

一般的食用菌在生长发育的适宜温度范围内，随着温度的升高，生长速度加快，超出适温范围后，不论是在低温还是在高温条件下，生长速度都会降低甚至停止生长；几乎所有的食用菌子实体形成和发育所要求的温度都比菌丝体生长所要求的温度低。

（一）孢子萌发对温度的要求

各种食用菌的孢子，都要求在一定的温度条件下萌发（表1-9）。多数食用菌担孢子萌发的适宜温度是20~30℃，最适温度为25℃。一般在适温范围内，随着温度升高，孢子萌发率升高；超出适温范围，萌发率均下降；温度超过极端高温，孢子就不萌发或死亡；在低温条件下，多数孢子一般不易死亡。

表1-9   食用菌孢子产生和萌发的温度要求

种类	孢子产生的适温/℃	孢子萌发的适温/℃
双孢蘑菇	12~18	18~25
草　菇	20~30	35~39
香　菇	8~16	22~26
平　菇	13~20	24~28
木　耳	22~32	22~32

续表

种类	孢子产生的适温/℃	孢子萌发的适温/℃
银　耳	24 ~ 28	24 ~ 28
金针菇	0 ~ 15	15 ~ 24
茯　苓	24 ~ 26.5	28

以草菇为例：孢子在 25 ~ 45℃均能萌发，最适温度为 35 ~ 40℃，在 25℃以下不萌发，25 ~ 30℃萌发率极低，35℃以上萌发率急剧上升，40℃时最高，超过 40℃又下降，45℃以上不萌发，温度再高孢子就死亡。

（二）菌丝生长对温度的要求

多数食用菌菌丝体生长的适宜温度也是 20 ~ 30℃，以 25℃时生长最好（表 1 - 10）。据报道，香菇每日生长在 5℃时 6.4mm，10℃时 13mm，15℃时 40mm，20℃时 61mm，25℃时 85.5mm，30℃时 41.5mm。可见最适温度为 25℃，在 5 ~ 25℃范围内，随着温度升高，其生长速度几乎成倍增加。在适温范围以外，不论是高温还是低温，菌丝生长发育都将受到影响，乃至死亡。如果以 25℃时的香菇菌丝生长速度作为 100%，在（25 + 5）℃时的生长速度是它在 25℃时的 50%；而在（25 - 5）℃时的生长速度是 25℃时的 80%。

多数食用菌菌丝体生长的最低温度是 2℃，最高温度是 39℃，一般的生长范围是 5 ~ 33℃。一般来说，菌丝对低温的耐受能力比高温强得多。很多食用菌菌丝在 0℃或 0℃以下的低温下不至于死亡，只是不能正常地生长发育。口蘑菌丝在自然界中至少可耐受 - 13.3℃的低温；香菇菌丝在菇木内即使遇到 - 20℃也不会死亡。大多数食用菌菌丝体在有 10% 甘油做防冻剂的条件下，可在 - 196℃的液氮超低温条件下保存多年而不死亡。由于高温使蛋白质变性，使酶失去活性，菌丝体代谢不能正常进行，因此，在高温条件下菌丝体的生活力迅速降低，甚至死亡。香菇菌丝在 40℃经 4h、42℃经 2h，45℃经 40min 就死亡。多数食用菌菌丝体的致死温度都在 40℃左右，但草菇例外，其菌丝耐高温而不耐低温，它在 40℃仍可旺盛生长，但在 5℃就会死亡。

（三）子实体分化与发育对温度的要求

1. 子实体的分化需较低的温度

不论什么食用菌，其子实体分化和发育的适温范围都比较窄，且比它的菌丝体生长所需的温度低。如香菇菌丝生长的最适温度为 25℃左右，而子实体分化的适温是 15℃左右，21℃左右就停止分化（表 1 - 10）。

表 1 - 10　　　　　　　　　　　　几种食用菌对温度的要求

种类	菌丝体生长温度/℃		子实体分化与发育的最适温度/℃	
	生长温度范围	最适温度	子实体分化温度	子实体发育温度
蘑　菇	6 ~ 33	24	—	13 ~ 16
香　菇	3 ~ 33	25	8 ~ 18	12 ~ 18
草　菇	12 ~ 45	35	7 ~ 21	30 ~ 31

续表

种类	菌丝体生长温度/℃		子实体分化与发育的最适温度/℃	
	生长温度范围	最适温度	子实体分化温度	子实体发育温度
木 耳	4～39	30	22～35	24～27
平 菇	10～35	24～27	15～27	13～17
银 耳	12～36	25	7～22	20～24
猴头菇	12～33	21～24	18～26	15～22
金针菇	7～30	23	12～24	8～14
大肥菇	6～33	30	5～19	18～22
口 菇	2～30	20	20～25	15～17
松口菇	10～30	22～24	2～30	15～16
滑 菇	5～33	20～25	14～20	7～10
茯 苓*	10～35	28～32	5～15	24～26.5

* 茯苓菌核形成适温为 32～36℃。

菌丝生长后期，如果温度降低，受到较低温度的刺激，形成子实体的激素就发生作用，菌丝体扭结形成子实体原基，即分化。如果温度过高就不能形成原基。不同食用菌在子实体分化期间对温度的要求存在一定的差异，根据子实体分化所需的最适温度，我们将食用菌分成三大类群：

（1）低温型　在较低温度下菌丝才能分化形成子实体，最适温度在20℃以下，最高不超过24℃，如香菇、金针菇、平菇等。

（2）中温型　子实体分化的最适温度为20～24℃，最高不超过28℃，如银耳、黑木耳等。这类食用菌多在春、秋两季发生。

（3）高温型　子实体分化的最适温度在24℃以上，最高可达40℃左右，草菇是最典型的代表，常见的还有灵芝、白黄侧耳、长根菇。

2. 子实体发育的温度略高于分化时的温度

食用菌子实体分化形成以后，便进入子实体的发育阶段，子实体由小变大，逐渐成熟并产生孢子。在这一阶段，要求温度最好略高于分化时的温度。这样的温度条件是子实体分化发育最理想的情况。在这种条件下，食用菌子实体生长正常，朵形好，菌柄与菌盖比例正常，肉质肥嫩，质量高。但若温度过高，其生长虽然加快，但组织疏松，干物质少，菇肉（耳片）薄，柄盖比例不正常，容易开伞，质量降低；若温度过低，生长过于缓慢，周期拉长，总产量偏低。

3. 温差刺激

有些种类的食用菌在子实体形成期间，不仅要求较低的温度，而且要求有一定的温差刺激才能形成子实体，我们将这类食用菌的特性称作变温结实性，相应的食用菌成为变温型，如香菇、平菇、紫孢平菇等。与此相反的，则称为恒温结实性和恒温型，如金针菇、蘑菇、猴头菇、黑木耳、草菇、灵芝等。

二、 水分和空气相对湿度

水在食用菌生命活动中具有重要的作用。水不仅是食品的重要成分，而且也是新陈代谢、吸收营养必不可少的基本物质。水本身是食用菌的营养源之一。新陈代谢的任何生物化学反应都必须在水溶液中进行；水直接参与代谢反应过程；高比热与汽化热以及较高的导热性，使水在稳定与调节细胞内温度的过程中发挥重要的作用；由于水保持了细胞的紧张度，也因此维持了各种食用菌固有的姿态。

（一）食用菌的含水量

食用菌菌丝中的含水量一般在70%~80%；子实体的含水量一般在80%~90%，有时甚至可以达到90%以上。但是，不同的食用菌的含水量是不同的。同一种食用菌的含水量与其不同的生长阶段、环境条件（包括基质含水量、空气相对湿度、温度等）具有密切的关系。一般在子实体发育的成熟期，食用菌的含水量比较低，在基质含水量或空气相对湿度比较高时，食用菌的含水量就比较高。

食用菌的水来源有两个，即生活基质与周围空气。基质含水量除了指培养基（料）和段木的含水量外，还有菌根菌着生的土壤湿度。空气含水量常用空气相对湿度表示，空气相对湿度是空气中实际水汽压与同温度下饱和水汽压之比值，用百分数表示。凡是影响湿度的因素，都会直接或间接地影响到相对湿度的变化。在大气中水含量不变的条件下，温度升高，相对湿度减小；温度降低，相对湿度增大。例如：在20℃时，每立方米的空气中含有17.30g的水蒸气，其相对湿度是100%，每立方米空气中含有8.65g水蒸气时，相对湿度是50%。

（二）食用菌对环境水分的要求

食用菌在不同的生长发育阶段对水分的要求不同，菌丝生长阶段对水分的要求主要体现在生活基质的含水量；而在子实体生长发育阶段，除了生活基质的含水量外，更重要的是空气相对湿度（表1–11）。

表 1–11　　　　　　　　食用菌不同发育时期对水分的要求

食用菌的种类	段木的含水量/%	菌丝生长阶段培养基（料）含水量/%	子实体发育阶段空气相对湿度/%
双孢蘑菇	—	63~68	89~90
香　菇	38~42	60~65	80~90
草　菇	—	65~70	85~95
金针菇	—	60~65	80~92
平　菇	约45	60~70	85~95
凤尾菇	—	65~72	80~95
滑　菇	45	65~75	80~90
鲍鱼菇	45	65~70	90左右
银丝草菇	—	60	85~90
杨树菇	—	64~70	85~90

续表

食用菌的种类	段木的含水量/%	菌丝生长阶段培养基（料）含水量/%	子实体发育阶段空气相对湿度/%
杯 蕈	—	60～65	80～90
榆黄蘑	—	60～65	约90
鸡腿蘑	—	60～65	80～90
黑木耳	45	71～80	85～95
毛木耳	约45	65～75	85～95
银 耳	42	66～71	85～95
猴头菌	—	60～72	80～90
茯 苓	50～60	50～60	80～90
灰树花	—	60～63	80～95
竹 荪	—	55～60	80～95

1. 食用菌生长发育对基质含水量的要求

（1）菌丝体阶段　食用菌菌丝在最适含水量的基质中生长最好；含水量太大，菌丝生长因通气不良而长势不旺，甚至受到抑制；含水量太小，菌丝生长量不但少，而且细弱。段木在多雨的季节由于含水量高，食用菌的菌丝一般在外部蔓延，很难深入到内部；相反，在干旱季节，由于段木表层含水量很低，菌丝很难在外部蔓延，而经常伸入到段木内部。在适宜的含水量的条件下，培养料（基质）有足够的水分，又有一定的通气量，利于菌丝的代谢活动；水分太高，容易造成通气不良，抑制呼吸作用，使菌丝吸水力降低，影响代谢活动；水分太低，料中通气量增大，水分挥发增多，造成水分供应不足，营养物质的吸收受到抑制，因而菌丝生长不良。段木适宜的含水量一般在50%左右；复合代料的适宜含水量为60%左右。

总而言之，培养料太湿或太干都会直接或间接地减少菌丝吸水力，从而引起菌丝的生长不良。

（2）子实体阶段　子实体是菌丝扭结而成的，从菌蕾到子实体成熟，它的细胞数目并不增加，而主要是细胞贮存养料与水分的过程。如果基质中没有充足的水分，子实体就不能分化，已经分化的子实体生长缓慢甚至停止生长。因此，基质中的含水量的高低直接影响食用菌的产量。当香菇菌丝长满后，培养料含水量在60%～65%时，子实体发生的个数最多，其干质量也最大；培养料含水量为70%时，子实体发生量少，干质量次之；培养料含水量在50%～55%时由于水分不足，子实体数量与干质量最小。可见，食用菌生活基质的含水量不仅影响菌丝的生长而且还会影响子实体的产量。

2. 食用菌生长发育对空气相对湿度的要求

（1）菌丝体阶段　食用菌菌丝体生长所需的水分，主要来源于培养基质，对空气的相对湿度要求不高，但对于敞开式栽培如生料床栽等，周围的空气湿度会影响培养料中水分的蒸发，过分干燥会影响料面菌丝的生长，所以，在菌丝体生长阶段，也要求保持周围环境一定的空气相对湿度，一般为70%左右。

（2）子实体阶段　子实体的分化与发育阶段，不仅要求培养基具有合适的含水量，而且，还要求适宜的空气相对湿度，否则，子实体就不能分化，即使已经发育的子实体也不能继续生长。适当的空气相对湿度，能够促进子实体表面的水分蒸发，从而促进菌丝体中的营养向子实体转移，又不会使子实体表面干燥，导致子实体干缩。出菇期若空气相对湿度在70%以下，会导致正在形成的菌盖变硬甚至龟裂，低于50%则子实体枯死，停止出菇；若空气相对湿度过高，形成的静止高温环境会影响氧气的供应，导致二氧化碳和其他有害气体的积累，对子实体形成毒害，还会减少菇体水分的蒸发，妨碍菌丝体中的营养成分向菇体运输。另外，出菇期若相对湿度在90%以上，菇盖上会留有水滴，引起细菌污染，造成细菌性斑点蔓延。栽培木耳时，当空气相对湿度在50%以下时，培养基很快干缩。小耳不能分化；在60%~70%时，小耳即使能分化，出耳量也很少，并停止发育；在70%~95%时小耳大量出现，而在80%~85%时分化速度最快，耳丛最大，但耳片小而薄。在90%~95%时分化的小耳很快成长为大耳，其耳片也厚。一般食用菌子实体生长发育阶段要求相对湿度为85%~95%。

3. 孢子萌发对水分的要求

食用菌孢子的萌发，第一步就是吸水，没有水分孢子就不能萌发；在一定的湿度条件下，孢子萌发良好，耳在干燥时，孢子不易萌发。一般食用菌孢子萌发对水分的要求与菌丝体相似，基质含水量为60%~65%，空气相对湿度70%左右。总之，不同的食用菌对水分的要求有一定的差异，同一种食用菌的不同生长发育阶段对水分萌发的要求也不同。

（三）影响食用菌吸收水分的因素

在整个生长发育过程中，食用菌所需的水分主要是通过菌丝吸水来实现的。影响菌丝吸水的主要外界因素有温度、通气量和水质。

1. 温度

环境温度的降低会在一定程度上影响食用菌的菌丝和子实体的正常生长，会引起子实体表面起皱等脱水现象的发生，表明低温影响了食用菌的吸水。其原因主要是低温能使原生质黏度增大，流动性变小，扩散减慢。降低了细胞的吸水力，水分很难通过细胞膜；同时，低温也影响了呼吸作用，伴随着包括水作用在内的许多生理活动的减慢。

2. 通气程度

在通气良好的环境中，食用菌的菌丝体的生长和子实体的发育良好，这与良好的通气保证了食用菌细胞的吸水作用密切相关。在实践中常发现，培养料太湿，菌丝尤其是在培养料深部的菌丝生长不好，这就是由于培养基内部通气性差而妨碍菌丝吸水的缘故。这可能与通气保证了氧气供应，能加强菌丝代谢活动而促进吸水作用有关。

3. 水质

水质是指水中矿物质的成分和含量。栽培用水中含有对食用菌菌丝生长有毒害的物质，将必然影响菌丝生长，尤其是矿物质浓度过高的水，如海水、石灰岩水、盐碱水、锈水田水等，会造成培养料矿物质浓度过高，引起菌丝细胞内渗透压下降，大大降低细胞的渗透吸水，甚至使细胞脱水。

三、空气构成（氧气及二氧化碳）

空气是食用菌生长发育必不可少的重要生态因子。我们周围的空气主要成分是氮气、氧气、氩气、二氧化碳等，其中氧气和二氧化碳对食用菌的生长发育的影响最为显著。食用菌是一类需氧生物,其呼吸作用同其他生物一样,需吸收氧气,呼出二氧化碳,同时释放出能量。因此,在食用菌的生长发育过程中,需要充足的氧气,同时,随之产生的越来越多的二氧化碳将对其产生一定的影响。实验中发现,氧气对一些食用菌子实体的形状的形成有明显的促进作用,二氧化碳对食用菌子实体的发育有显著的影响。

(一) 食用菌的有氧呼吸

所有的食用菌都是需氧微生物,都要进行呼吸作用以提供生长代谢所需的能量。当空气不流通、空气中含氧量低时,食用菌的呼吸受到阻碍,菌丝体的生长和子实体的发育也因呼吸的窒息而受到抑制,甚至死亡,即使靠糖酵解作用暂时维持生命,也因消耗大量营养,使菌丝易衰老、死亡。

(二) 食用菌对二氧化碳的敏感性

如果没有及时通风换气,呼吸作用产生的大量二氧化碳聚集,浓度升高,对于那些二氧化碳敏感的食用菌,具有一定的毒害作用而影响其正常生长。草菇、蘑菇菌丝体在 10% 的二氧化碳浓度下,其生长量只有正常空气下的 40% ;有两种平菇菌丝体,在二氧化碳浓度为 20% ~ 30% 时,生长量比正常的还增加 30% ~ 40%,只有当在二氧化碳浓度大于 30% 时,菌丝生长才骤然下降。这表明,不同的食用菌对二氧化碳的敏感性是不同的。蘑菇、平菇等属于二氧化碳敏感菌;香菇、黑木耳、金针菇等属于二氧化碳抵抗菌。

(三) 空气对食用菌子实体的影响

一方面表现为子实体形成阶段的"趋氧性"。段木栽培香菇时,采用加压造成段木内部缺氧,结果比没有加压者有明显的增产效果;在栽培食用菌(如香菇、木耳、平菇、猴头菇等)时,从菌丝生长到成熟阶段,在袋上开口划破塑料袋,就容易从接触空气的开口部位生长出子实体。另一方面表现在一定浓度的二氧化碳会使菌盖发育受阻,菌柄徒长,造成畸形菇。商品形态的金针菇就是根据此原理培育而成的。

因此,在栽培生产实践中,菌丝体阶段以及子实体的形成期,要给予充足的氧气,尽量避免较高浓度的二氧化碳的影响,即要求提供大量的新鲜空气。在实践中通常采取"通风换气"的措施。在子实体发育阶段,应根据不同食用菌的商品要求,通过调节氧气和二氧化碳浓度的措施控制子实体的形态,以达到提高食用菌商品性状的目的。

四、 酸碱度 (pH)

与其他生物的细胞一样,食用菌的生长发育尤其是其菌丝体的生长,要求生长基质具有适宜的稳定的酸碱度。不同的食用菌对酸碱度的要求也不同(表 1 – 12)。人工栽培要调节好培养基质的酸碱度,保证食用菌的正常生理活动。

表 1 – 12 　　　　　　　　　　几种常见食用菌对 pH 的要求

种名	pH 范围	适宜 pH	种名	pH 范围	适宜 pH
双孢蘑菇	5.5 ~ 8.5	6.8 ~ 7.0	凤尾菇	5.8 ~ 8.0	5.8 ~ 6.2
双环蘑菇	4.0 ~ 8.0	6.0 ~ 6.4	白木耳	5.2 ~ 6.8	5.4 ~ 5.6
香　菇	3.0 ~ 7.0	4.5 ~ 6.0	黑木耳	4.0 ~ 7.0	5.5 ~ 6.5

续表

种名	pH 范围	适宜 pH	种名	pH 范围	适宜 pH
草　菇	4.0~8.0	6.8~7.2	毛木耳	4.0~8.0	5.0~6.5
金针菇	3.0~8.4	4.0~7.0	猴头菌	2.4~5.4	4.0
滑　菇	3.0~8.0	4.0~5.0	茯　苓	3.0~7.0	4.0~6.0
平　菇	3.0~7.2	5.5	灰树花	3.4~7.5	4.4~4.9
白平菇	4.0~8.0	5.4~6.0			

（一）pH 的生理作用

1. pH 与胞外酶活力有关

前面已提到，食用菌的营养作用是通过菌丝细胞向基质中分泌多种水解酶，将大分子物质分解为小分子后再进行营养吸收。这种分解过程都是酶促反应，而任何一种酶的催化作用都要求在特定的 pH 环境中进行，否则都将引起酶活力下降甚至失活，影响营养物质的分解。因此，食用菌生长基质 pH 的任何不适，都将影响其营养作用而阻碍生长。所以，为了使食用菌能正常生长，就必须提供适宜的 pH 基质环境。

2. pH 与营养物质吸收有关

pH 另一方面通过影响食用菌营养作用而影响其生长，这与营养物质的吸收有关。因为环境溶液的氢离子浓度会影响原生质膜带电荷成分的性质，从而影响细胞的渗透性。低 pH 时，氢离子浓度增高，质膜被氢离子所饱和，妨碍了细胞对阳离子的吸收；相反，则会干扰细胞对阴离子的吸收。

3. pH 与呼吸作用有关

细胞外溶液的 pH 与环境的氧化还原电位有关。pH 低时，氧化还原电位高，环境处于富氧状态；而 pH 高时，氧化还原电位低，环境处于富氢状态。食用菌是好氧性真菌，因此，过高的 pH，会影响菌体的正常呼吸。

（二）食用菌生长发育对酸碱度的要求

大多数食用菌同一般真菌一样，喜酸性环境。适宜菌丝生长的 pH 在 3.0~8.0，最适 pH 为 5.0~5.5。木生菌生长的适宜 pH 一般为 4.0~6.0，而粪草生菌则在 6.0~8.0，这与这两类食用菌营养作用所分泌的水解酶不同有关。大部分食用菌在 pH 大于 7.0 时生长受阻，大于 8.0 时生长停止。不同食用菌对环境 pH 的要求存在差异，其中猴头菌最耐酸，它的菌丝体在 pH 低于 2.4 时仍能生长，适宜的 pH 为 4.0；但它不耐碱，pH 大于 7.5 时菌丝即难以生长。草菇则喜碱，最适 pH 在 7.5 左右，在 pH 为 8.0 的草堆中，仍能良好地生长发育。

由于培养基在灭菌过程以及食用菌在生长代谢过程中会产生酸性物质，如乙酸、柠檬酸、草酸等有机酸，会使环境的 pH 下降，因此，在生产实践中，为了使培养基质的酸碱度稳定在最适 pH，常在配制培养基时适当添加 KH_2PO_4、K_2HPO_3 以及 $CaCO_3$（或石膏粉）等 pH 缓冲物质。

五、光　照

食用菌细胞内没有叶绿素，不能像植物一样通过光照进行光合作用。但是，光照对食用菌生长发育的影响是极其明显的。光照对菌丝体生长的抑制作用、对子实体分化的促进作用、对子实体形态发育的生物学效应等说明，食用菌的生长发育与光照密切相关，至今尚未发现一种不需要光照的食用菌。而不同的生长阶段对光照的要求及光照的影响也不同。

（一）光照对食用菌菌丝生长的影响

大多数食用菌菌丝体的生长不需要光照，光照对某些食用菌的菌丝体生长甚至是抑制因素，如猴头菌、香菇、灵芝、金针菇等。这种抑菌作用是由于日光中的紫外线的杀菌作用，日光下的培养基水分急剧蒸发而失水以及光使培养基中的某些成分发生光化学反应而产生有毒物质抑制菌丝的生长，也称光毒作用等。光照对香菇菌丝生长的影响见表1-13。光照对菌丝体的这种生物学效应，不仅与光量有关，而且还与光质有密切的关系。实验表明，引起这种不良影响的主要是波长为380~540mμm的蓝光，而红光对菌丝生长影响最小。

表1-13　　　　　　　　　光照对香菇菌丝生长的影响

菌丝长度 光照强度/lx	2cm	4cm	6cm	长满瓶
0（完全遮光）	12d	20d	29d	35d
20~50	13d	20d	30d	36d
100~500	12d	19d	28d	34d
1000~5000	11d	19d	28d	35d

（二）光照对食用菌子实体发育的影响

尽管食用菌菌丝体的生长不需要光照，但是大部分食用菌在子实体的发育阶段又需要一定的散射光线。

1. 光照对子实体分化的影响

有人做了这样的实验：把同时接种在培养基上的糙皮侧耳一部分培养在始终是黑暗的条件下，另一部分则给予散射光条件，结果当后者已大量形成子实体原基时，前者却仍然停留在菌丝体阶段。通常侧耳在适度光照下子实体出现时间要比黑暗下的提前20d；香菇、平菇、木耳的发生一般是在"三分阴，七分阳"的地带。这些现象证明了光照与食用菌子实体的分化有着密切的关系。适度的漫射光能够促进子实体的分化。对于一些食用菌的生长发育，光线是一个重要的生长因子，没有光线就不能形成子实体，这种在光线条件下产生子实体的反应，称作光效应。但是对于另一类食用菌，如双孢蘑菇、大肥菇以及生在地下的茯苓、块菌等，子实体的生长发育对光线不敏感，甚至连散射光都不需要，在完全黑暗的条件下，同样能够形成子实体。这种菇菌被称为嫌日性菌类。光效应与光量、光质有关，而且不同食用菌对光的要求也不同。若光照条件有利于香菇子实体的形成，最适光照强度一般为10lx，强光对子实体的形成有一定的抑制作用；凤尾菇菇蕾形成在130lx的光照强度下最快，在每天光照8h或10h时，菌丝扭结快，长蕾快，菇蕾数量多；12h光照次之，全光照下再次。不同光照对鲍鱼菇子实体形成的影响见表1-14。

不同的光质对子实体的形成有不同的影响。据报道，近紫外、紫色光到青色光对子实体的形成是有效的。蓝光是最有效的，在蓝光下，不但分化速度快，分化数量和菇体生长情况均与全光照相似，而黄、橙、红色光是无效的，几乎与黑暗一样。不同光质下食用菌子实体的分化速度比较见图1-22。

表1-14　　　　　　　　　　不同光照对鲍鱼菇形成的影响

光照强度/lx	发生菇蕾所需时间/d	光照强度/lx	发生菇蕾所需时间/d
40	11.6	0	16.3
80	12.5	对照	13.9
120	11.4		

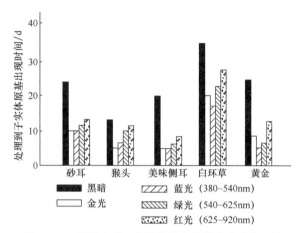

图1-22　不同光质下食用菌子实体的分化速度比较

光线影响子实体发生的机制：有人认为，在诱使子实体原基形成的光生物反应中，菌丝细胞利用光的信号作为细胞分化的转换机制。在光反应诱发细胞分化后，菌丝细胞分裂活性提高了，分枝旺盛，由膨胀、厚壁化、胶质化等各种各样的细胞分化综合起来进行组织分化，形成子实体原基。有人还发现，光照与环-磷酸腺苷的代谢调节有关。而环-磷酸腺苷是子实体形成的诱导物质。

2. 光照对子实体发育的影响

光能抑制某些食用菌菌柄的徒长。在完全黑暗或光线微弱的条件下，灵芝的子实体长成菌柄瘦小、菌盖瘦小的畸形菇。一般光照强度在1000lx以上，灵芝子实体才能正常生长。香菇子实体在光照强度10~300lx，菌盖与菌柄的比例有增大的趋势，在10~40lx的光照下，可获得质量良好的香菇子实体。商品要求的金针菇柄长、菇盖小，因此，在子实体发育阶段，要求有一定的避光条件。

3. 光照对子实体色泽的影响

黑木耳在400lx的光照条件下，子实体是正常的黑色；在200~400lx条件下，子实体是淡黄白色；在无光或极微弱的光照（1~15lx）条件下栽培出来的黑木耳几乎和银耳一样的洁白。在光线明亮的环境中，香菇的色泽是深棕色的；而在完全黑暗的环境中栽培出来的香菇，其色泽是白色的。这些都清楚地说明，食用菌子实体的色泽很大程度上是由不同的光照引起的。一般地说，光照能加深子实体的色泽。

由此可见，几乎所有的食用菌子实体的发育都需要一定的光线，光是食用菌正常生长发育必不可少的环境因子，只有调节好适宜的光照，才能得到产量高、菇形正、色泽好的食用菌产品。

六、生物因子

影响食用菌生长发育的生物因子是指食用菌的生物环境。构成这一环境的因素包括植物、动物和其他微生物，其中有些是必需的，有些则是有害的。不少食用菌能与植物共生，互为有利，但也有不少食用菌侵害树木，造成根腐与干腐；不少食用菌常遭动物的危害，也有不少动物能"栽培"食用菌；许多微生物是食用菌病害的病源，但也有一些食用菌的生长发育必须依靠微生物的帮助。了解、研究食用菌和各种生物之间的相互关系，对食用菌的引种驯化、菌种制作、培养基的制备和病虫害的防治，都有十分重要的现实意义。

（一）植物

食用菌与植物之间的关系紧密而复杂：一是绿色植物是食用菌营养物质的直接或间接的供应者，为食用菌的人工栽培提供无尽的原料。二是大量的绿色植物为自然生长的食用菌创造了适宜的气候条件，如一定的遮蔽度与漫射光、蓝绿光、温湿度调节、空气的清新度（O_2）等。三是不同的树种与植被，造就了品种繁多的食用菌，如在针叶树林地上常产生松乳菇、灰口菇等，在山毛榉林中产生猴头菇，在竹林中产生竹荪，赤松林中产生松口蘑等。

（二）动物

同植物相比，动物与食用菌的关系相对不那么突出和重要。对于食用菌的生长发育而言，动物可分为有益动物与有害动物两类。

1. 有益动物

（1）良好的碳源和氮源　动物的粪便和尸体是许多腐生型食用菌良好的碳源和氮源，许多粪生食用菌，如毛头鬼伞、蘑菇等常生长在草食性动物的粪便上。由于动物粪便和尸体中含有大量的有机氮，因此畜牧业、养殖业可为食用菌业提供优质廉价的有机氮，有利于食用菌栽培业的发展。

（2）传播媒介　动物常是某些食用菌的传播媒介。苍蝇可以帮助竹荪传播孢子；野猪可以帮助地下蕈菌——黑孢块菌传播。有趣的是，草原上的一些食用菌的孢子经过牛羊的消化道后，更容易萌发，有利于食用菌的繁殖与传播。但是动物也是食用菌病虫害的传染媒介。

（3）共生关系　白蚁"栽菌"是食用菌与动物发生共生关系的典型例子——白蚁的半消化食物可作为鸡枞菌生长所需的营养；而鸡枞菌的菌丝则是幼白蚁的主要食物。人们发现在热带与亚热带有近百种蚂蚁能够"栽培蘑菇"，如巴西的切叶蚁所建的菌圃，面积最大可达 $100m^2$。

2. 有害动物

在自然界中，许多动物如蚂蚁、菇蝇、菇蚊、菇螨、跳虫、线虫、蜗牛、鼠类、野猪、猴子等，会直接吞食或咬食食用菌的菌丝体或子实体，危害食用菌的生长；另一些动物如天牛幼虫、金龟子幼虫、白蚁等，虽然不直接吞食食用菌的菌丝体或子实体，但它们会蛀食各种木材、菌棒木屑等纤维材料，与食用菌争食，同样造成减产甚至栽培失败。

（三）微生物

微生物与食用菌的关系是最为复杂和微妙的。自然界中微生物的种类繁多，但仍然可以将其分为对食用菌生长发育有益和有害两类。

1. 有益微生物

有益微生物的作用表现在以下三个方面：

（1）许多微生物能给食用菌提供必要的营养物质。如假单孢菌（*Pseudomomas sp.*）、嗜热真菌［腐质霉（*Humicola*）等］和嗜热放线菌［嗜热链霉菌（*Streptomyces tuermophilns*）、高温放线菌（*Thermo actinomyces*）］能分解纤维素、半纤维素，软化草茎，为蘑菇生长提供必需的氨基酸、维生素和醋酸盐等。微生物自身繁殖产生的菌体蛋白质和多糖体，在它们死亡之后是蘑菇的良好营养成分。嗜热放线菌可产生生物素、硫胺素、泛酸、烟酸等，腐质霉可合成 B 族维生素，栽培蘑菇的培养料就是由堆肥中的这些微生物发酵堆制而成。再如银耳的芽孢子和菌丝不能产生纤维素酶和半纤维素酶，因而不能分解纤维素和半纤维素，甚至也不能很好地利用淀粉，因此不能单独在段木或木屑培养料上生长，必须与一种被称为"香灰菌"的微生物伴生才能完成其生活史。在生产栽培制备银耳菌种时，必须将两种菌混合接种在一起才能人工栽培出银耳来。银耳菌种实际上是银耳和香灰菌丝的混合物。

（2）部分食用菌的孢子在人工培养基上不能萌发，必须在有其他微生物存在时才能萌发。如红蜡蘑、大马勃的孢子在有红酵母等存在时才能萌发。

（3）蘑菇栽培中"覆土"的作用可能与其中的"球形微生物"的作用有关。在双孢蘑菇的栽培中，覆土是一项重要的栽培措施，双孢蘑菇的子实体只有经覆土后才能大量形成。覆土的作用可能就在于能吸附蘑菇菌丝体产生的挥发性代谢物，从而使天然生长在覆土层中的"球形微生物"得到大量繁殖，而这些微生物大量繁殖的结果，又产生能刺激蘑菇原基形成的激素类物质，并活化了铁－蘑菇原基形成必不可少的元素，从而促进蘑菇子实体的大量形成。

2. 有害的微生物－竞争性杂菌或病原菌

这类微生物主要与食用菌争夺养料、污染菌种和培养料、引起子实体腐烂、造成子实体病害等。这类微生物种类繁多，有细菌、放线菌、丝状真菌和病毒等。

（1）细菌类　细菌是单细胞的裂殖微生物，繁殖快，分布广，很多种能产生芽孢，耐热性强，不易杀灭，常造成食用菌菌种污染。主要有枯草杆菌黏液变种和蜡状芽孢杆菌黏液变种。有些细菌还能侵害蘑菇子实体，如荧光假单胞菌和托氏假单胞菌等，能引起蘑菇细菌性斑点病和痘痕病，使蘑菇商品价值大大下降。

（2）放线菌类　放线菌是单细胞丝状微生物，主要存在与土壤和厩肥中，常侵入菌种造成污染。常见危害较大的有白色链霉菌，湿链霉菌和粉末链霉菌等。

（3）酵母菌类　酵母菌是单细胞真菌，对食用菌生长发育有害的酵母是一些红酵母，如深红酵母、淡红酵母和橙色红酵母等。它们常引起银耳、木耳发生病害而腐烂。

（4）丝状真菌　也称霉菌，是危害食用菌的重要微生物，包括青霉、曲霉、镰刀酶、头孢霉、木霉、疣孢霉等，它们中有的与食用菌争夺培养基，有的寄生于食用菌的子实体上产生病害，往往造成食用菌严重减产甚至绝产。

（5）病毒　病毒是生物界个体最小、结构最简单的微生物。自 1950 年法国流行"法国蘑菇病""蘑菇 X 病""蘑菇顶枯病"和 1961 年首次发现蘑菇菌丝和孢子中有病毒样的颗粒是病毒病以来，蘑菇病毒病目前已蔓延成为世界性的病害。不仅如此，人们又发现了 6~7 种香菇病毒，并在茯苓、平菇的子实体和菌种中也发现了病毒。食用菌被蘑菇病毒感染后，菌丝体生长十分缓慢，甚至停止生长；结菇明显减少，即使出现出菇，菇体也多畸形，严重时菌柄出水腐烂，最后枯萎死亡。

总之，生物因子对食用菌生长发育的影响是极复杂的，而且生物因子是很活跃的、可变的，在食用菌栽培过程中是最不容易控制的。

🔍 思考题

1. 食用菌需要的营养物质有哪些？各有什么功能？
2. 用熟料栽培食用菌时，为什么一般不加尿素？
3. 配料时为什么要考虑料的 C/N？
4. 培养料水分过高或过低对菌丝生长有哪些影响？子实体发育过程中，空气湿度为什么不能太高或太低？
5. 为什么配料时料的 pH 往往调高？
6. 光线是如何影响食用菌生长发育的？
7. 菇房为什么要经常通风换气？

第二章

食用菌遗传育种与保藏

第一节　遗传学基础知识

　　遗传和变异是任何生物体的最本质的属性之一。所谓遗传，就是指生物的亲代将自己的一整套遗传因子传递给子代的行为或功能，它具有极其稳定的特性。食用菌遗传和其他生物一样，子代与亲代相似是其最本质、最典型的特征之一。因此，食用菌遗传主要是研究其遗传变异的现象、本质和规律。

一、　遗传和变异

　　遗传和变异是相互对立又普遍存在的生物现象。遗传使食用菌代代相传，变异使食用菌子代与亲代有所差异，从而形成各种各样的食用菌的种、亚种、变种、栽培品种。

　　近代科学实验表明，核酸物质尤其是 DNA 才是遗传变异的真正物质基础。基因是遗传和变异的功能单位。我们肉眼可见的各种食用菌形态正是其基因型个体在适当环境条件下，通过自身的代谢发育而产生的表现型。有些表现型是可遗传的，如黑木耳和蘑菇；在一般栽培条件下，营养、水分、温度、光照只能影响每个品种个体间的大小、形状、色泽，而不影响品种间遗传的本质。但是，食用菌的变异又是非常普遍的，它们在形状、色泽、味道、营养成分、温度反应、抗菌性及其他生理特性等方面都有微小的差异。食用菌的各种差异都是变异的结果。有些变异是由环境条件，如营养、通风、光照等因子引起的，是暂时的，不能遗传的。这种不涉及遗传物质结构改变而只发生在转录、转译水平上的表现型变化在食用菌栽培中会经常发生。例如：营养不足，会使子实体弱小；光照过强，会使子实体色泽变深；二氧化碳浓度高，会产生各种畸形菇等。如果把环境条件重新控制起来，在营养充足、光照适宜、二氧化碳浓度小于 0.1% 情况下，食用菌子实体又能恢复正常。所以与这种遗传物质结构改变而发生的变异有着本质上的差别。

　　由基因自发或诱发的突变是一种永久性的，可以遗传的变异。这种变异可以涉及食用菌菌体内遗传物质分子结构突然发生可遗传的变化。如蘑菇、香菇、毛木耳的白色突变体，就是控制色素的基因发生突变的结果，它与光照强度无关。此外还发现，食用菌担孢子经 X 射线、紫外线诱变处理之后，也会出现突变。

诱变育种是利用物理、化学的诱变剂处理均匀分散的食用菌孢子，促进其突变率显著提高，然后采用出菇实验对比筛选方法，从中挑取少许符合育种目标的突变株，以供栽培之用。在食用菌生产实践中，细心寻找食用菌自然发生或经人工诱变产生的某些有益于人类的变异株，采用组织分离法把这些变异稳定遗传下来，就可能得到有特殊用途的食用菌的新菌株。

二、 无性繁殖

不通过生殖细胞的结合而由亲代直接产生新个体，这种繁殖方式称为无性繁殖。它的特点是能反复进行，产生多个个体，产生的个体性状比较稳定。具体方式有：

（一）通过无性孢子繁殖

食用菌的无性繁殖还可以产生无性孢子来完成生活史中的无性小循环，并产生新的个体。食用菌的无性孢子有粉孢子、厚垣孢子、分生孢子。单核或双核：单核的无性孢子具有性孢子的功能，双核化合，可完成生活史；双核的无性孢子再萌发后可直接进入生活循环，完成其生活史。

（二）通过菌丝片段繁殖

菌丝体能通过分支繁殖不断蔓延扩展，若条件适宜能无休止地繁殖下去。

（三）菌丝组织体繁殖

通过子实体、菌索、菌核的组织分离进行繁殖。从子实体上取下一小块组织，进行组织分离培养。

三、 有性繁殖

通过两性生殖细胞的结合而产生新个体，这种繁殖方式称为有性繁殖。有性繁殖所产生的子代兼有双亲的遗传特性，产生的个体生活力强，但变异性较大。典型的有性繁殖过程包含三个明显不同的阶段：①质配：两个细胞原生质体在同一细胞内相互融合；②核配：由质配所带入同一细胞内的两个细胞核相互融合成合子；③减数分裂：双倍体的合子通过减数分裂，使染色体减半，又分裂成单倍的性细胞。食用菌通过有性繁殖，可产生各种有性孢子，如接合孢子、子囊孢子、担孢子等。

担子菌亚门食用菌的有性生殖可分为异宗结合和同宗结合两大类。

（一）异宗结合

异宗结合使担子菌亚门食用菌有性生殖的普遍方式。异宗结合实际上是一种自交不孕型，即必须经过雌雄（或"＋""－"）性细胞结合才能生育后代。食用菌的"雌""雄"性细胞在形态上无多大差异，而表现在生理特性上，它们或由同一位点上的一对等位基因所控制，或由一两个位点上的两对等位基因所控制。前者产生的后代二二相等，称二极性；后者产生的四个担孢子各不相同，称四极性。人们估计食用菌中属二极性者约有 35%，属四极性者则有 55%。

1. 二极性

二极性是一种单因子异宗配合的有性生殖，其亲和性由单一的等位基因 Aa 所控制。这类食用菌在进行减数分裂时，一对等位基因（Aa）彼此分离，A 与 a 的分离比例为 1:1，由此产生的有性孢子（担孢子或子囊孢子）二二相等，故称二极性。属于二极性的食用菌，其配对的细胞必须具有配套的等位基因（即含有 Aa）才能产生有性孢子。不然，如只含有两个 A（即

AA）或只含有两个 a（即 aa）的组合均不生育。表 2 - 1 所示为单因子控制的异宗结合食用菌二极性组合情况。

表 2 - 1　　　　　　　　　　　二极性食用菌孢子间配对生育情况

孢子性别	A	A	a	a
A	AA^-	AA^-	Aa^+	Aa^+
A	AA^-	AA^-	Aa^+	Aa^+
a	Aa^+	Aa^+	aa^-	aa^-
a	Aa^+	Aa^+	aa^-	aa^-

注："-"表示两者不亲和，"+"表示两者亲和。

2. 四极性

四极性是一种双因子异宗配合的有性生殖，其亲和性由两对等位基因（A_1A_2 与 B_1B_2）所控制。这类食用菌在减数分裂后产生四种不同类型的孢子（A_1B_1、A_1B_2、A_2B_1、A_2B_2）。在四极性的食用菌两对等位基因中，一对（A_1A_2）控制着锁状联合中锁状细胞的形成，另一对（B_1B_2）则控制着核的迁移。属于四极性的食用菌只有同时具有两对等位基因（$A_1A_2B_1B_2$）才能完成有性生殖。两对等位基因异宗配合有四种配对类型：①A≠B≠型：其基因组合为 $A_1B_2 × A_2B_1$ 或 $A_2B_1 × A_1B_2$。该类型每个细胞含两个核，双核菌丝上有锁状联合；②A＝B≠型：其基因组合为 $A_1B_1 × A_1B_2$ 或 $A_2B_2 × A_2B_1$。该型细胞中具多个核，但无锁状联合；③A≠B＝型：其基因组合为 $A_1B_1 × A_2B_1$ 或 $A_1B_2 × A_2B_2$。该型菌丝细胞具单核或双核，但其锁状联合无核迁移，称假锁状联合；④A＝B＝型：该型菌丝为单核，无锁状联合。

在四极性食用菌孢子间进行随机配对时，总会出现上述四种组合，出现频率各为 25%。但由于 A＝B≠、A≠B＝ 和 A＝B＝组合的菌丝体均不能得到两套完整的配对基因，因此不能正常生育。能生育的仅是 A≠B≠一种，生育率仅占总数的四分之一（表 2 -2）。

表 2 - 2　　　　　　　　　　　四极性食用菌孢子间配对生育情况

孢子基因型	A_1B_1	A_1B_2	A_2B_1	A_2B_2
A_1B_1	$A_1A_1B_1B_1^-$	$A_1A_1B_1B_2^-$	$A_1A_2B_1B_1^-$	$A_1A_2B_1B_2^+$
A_1B_2	$A_1A_1B_1B_2^-$	$A_1A_1B_2B_2^-$	$A_1A_2B_2B_1^+$	$A_1A_2B_2B_2^-$
A_2B_1	$A_2A_1B_1B_1^-$	$A_2A_1B_1B_2^+$	$A_2A_2B_1B_1^-$	$A_2A_2B_2B_1^-$
A_2B_2	$A_2A_1B_2B_1^+$	$A_2A_1B_2B_2^-$	$A_2A_2B_2B_1^-$	$A_2A_2B_2B_2^-$

注："-"表示不育；"+"表示能育。

（二）同宗结合

担子菌亚门的食用菌的另一种有性生殖方式是同宗结合。真菌门中有 10% 的食用菌属同宗结合。在同宗结合有性生殖中，由单独一个担孢子萌发出来的菌丝，不经过配对就有产生子实体的能力，是自交可孕的，在同核菌丝体之内或之间会发生菌丝融合，但菌丝体融合对于结实性菌丝的发育来说是不必要的。

同宗结合虽然不需要异性细胞的交配而生育，但它在形成孢子时仍发生"性"的过程——

核配和减数分裂。发生同宗结合的菌丝细胞可以是同核体，也可以是异核体。由同核体发生的同宗配合称为初级同宗配合，由异核体产生的同宗配合称次级同宗配合。前者如粪鬼伞，后者如蘑菇。

1. 初级同宗结合

初级同宗结合的食用菌，没有不亲和性因子，能产生子实体的菌丝是直接从（含有一个减数分裂后的细胞核的）单个担孢子发育而来的。能产生子实体的菌丝体是同核菌丝体（可以是锁状联合的，也可以是无锁状联合的多核菌丝体）。在担子中发生正常的核配和减数分裂。

2. 次级同宗结合

次级同宗结合的食用菌有不亲和性因子，通常每一个担子只产生两个担孢子，减数分裂后两个可亲和性的细胞核同时迁入一个担孢子中，而由单个担孢子直接长出来的菌丝体，本质上对所包括的亲和性因子来说，就是异等位基因的。能产生子实体的菌丝体是具有两种遗传性质的不同的细胞核的异核菌丝体，但也可能是没有锁状联合的双核菌丝体或多核菌丝体。

第二节　常用育种方法

食用菌育种是研究和选育食用菌优良品种的理论和方法的科学。育种途径很多，例如可采用自然选育、人工诱变、杂交、原生质体融合等方法来改变品种的特性，以获得具有高产、优质、适应性强、抗逆性强等特性的品种。因为在同样的栽培条件下，优良品种的产量和质量均高于一般品种，由此能给人们带来更大的经济效益。

一、　自然选育

食用菌在生长过程中，会不断地受到外界及自然因素的影响而发生遗传物质的改变，称为自发突变。随着对自然选择作用认识的深化，人们逐渐有意识地通过人工选择来培育新品种。可收集、分离各地区不同类型地菌株，然后通过栽培和不同性状的品种比较试验，挑选出生产性能最好的，或者具有某优越特性的菌株。

自然选育包括品种收集、分离菌种、生物学特性分析、品比试验、扩大试验、示范推广等步骤。

另外，自然选育还包括引进外地菌种或纯种分离，从当地自然条件和生产要求出发，选出适应当地条件的优良品种加以利用推广。自然选育实际就是一个留优淘劣、有目的选择并累积自发的有益变异的过程，也是一种最简便、应用最广泛的选种方法，无需特殊技术，各地都可进行。

二、　诱变育种

自然选育是在菌种自发突变的基础上进行的，自发突变率极低，而人工诱变突变率远比自发突变率高。所以诱变育种在短时间内比自然选育能得到更多的优良菌株。诱变育种是利用物理或化学因素处理细胞群体，促使其中少数细胞的遗传物质的分子结构发生改变，从而引起其遗传变异，然后从群体中选出少数具有优良性状的菌株。在诱变育种中，常用的诱变剂分物理因素和化学因素两大类。前者如紫外线、X射线、γ射线、超声波等。化学诱变剂的种类很多，而且不同生物类群对某一化学诱变剂的反应往往有所不同，常用于真菌的化学诱变剂如氮芥（NM）、硫酸二乙酯（DES）、亚硝基胍（NTG）等。在诱变育种过程中应考虑到以下几个基本原则。

1. 挑选优良的出发菌株

选好用于诱变育种的原始菌株即出发菌株，有助于提高育种的效果。实践证明，选用已在生产中应用过而且发生了自然变异的菌株；选用具有生长速度快、营养要求低、出菇早、适应性强等有利性状的菌株，选用对诱变剂较为敏感的菌株等，往往会收到很好的效果。

2. 处理单孢子（或单细胞）悬浮液

在诱变育种中，所处理的细胞必须是单细胞并呈均匀的悬浮状态。这是因为，一方面分散状态的细胞可以均匀地接触诱变剂，另一方面又可以避免长出不纯菌落。被处理的细胞内如果含有两个以上的核，由于两个核内的遗传物质对诱变的反应可能不同，因而在其后代中会出现不纯菌落。因此，在对食用菌进行诱变处理时，一般都不处理营养菌丝（异核），而是处理其单核的担孢子。

诱变的效果如何，与细胞的生理状态也有密切的关系。担子菌成熟的孢子一般都处于休眠状态，而稍加萌发后的孢子则对诱变剂较为敏感，因而诱变效果也较好。

3. 选用最适诱变剂量

各种诱变剂有不同剂量的表示方法。剂量在这里一般指强度与作用时间的乘积。化学诱变剂常以一定温度下诱变剂的浓度和处理时间来表示。在育种实践中，还常以杀菌率来作诱变剂的相对剂量。

要确定一个合适的剂量，应是在产生高诱变率的基础上，既能扩大变异的幅度又能促使变异向正变（即产生有利性状的变异）范围移动，这就需要多次试验。

一般来说，诱变率往往随剂量的加大而增高，但达到一定剂量后，再提高剂量，由于杀菌率过高，反而会影响诱变效果。根据对紫外线、X射线和乙烯亚胺诱变效应的研究结果发现，正变较多出现在偏低的剂量中，而负变则较多出现于偏高的剂量中。因此，目前一般倾向于采用较低的剂量来进行诱变。例如，过去用紫外线作诱变剂时，常采用杀菌率为99%或99.9%的相对剂量，而目前则倾向于采用杀菌率为70%~75%甚至更低（30%~70%）的相对剂量。

4. 设计高效筛选方法

通过诱变处理，在很多细胞中会出现各种突变型个体，但其中绝大多数是负变株。要在成百上千的变异菌株中选出极少数性能优良的正变菌株，犹如大海捞针，工作十分繁杂。为了花费最少的工作量，并在最短的时间内取得最大成效，就要求努力设计或采用效率较高的科学筛选方法。

目前，在诱变育种中，常采用初筛和复筛两种方法对突变株进行生产性能的测定。在食用菌中，可利用菌丝形态、生长速度及生理特征进行初筛。在此基础上，选用显著的正向变异株进行栽培试验的测定即为复筛。

5. 诱变育种的一般步骤

食用菌的诱变育种一般可采用如下步骤进行：

出发菇体→制备孢子悬液→诱变处理→初筛→复筛→栽培、推广

三、 杂交育种

杂交是在细胞水平上发生的一种遗传重组方式。由于食用菌能产生有性孢子，因此原则上都可以像高等植物那样通过有性杂交进行育种，从而获得综合双亲优良性状的新品种。

在杂交育种中，亲本的选配是杂种后代出现理想性状组合的关键。近年来，人们在实际杂交育种工作中，应用多元分析法测定若干与产量有关的数量性状的遗传距离，并进而用以预测杂种优势，选配强优组合，提高选配强优组合的预见性和准确性，节省人力、物力，缩短育种进程。

食用菌杂交育种可采用如下步骤进行：

亲本菌株→ 分离单孢 → 配对杂交 → 杂种鉴定 → 初筛 → 复筛 → 扩大试验

四、 原生质体融合育种

食用菌细胞外面包着一层坚硬的细胞壁，它能有效防止外源基因的侵染，保持种性的稳定。但它也构成了食用菌远缘杂交的屏障，只有拆除细胞壁，才更容易使原生质体融合。原生质体融合能培育出许多种间、属间甚至更远缘的杂交新品种，是目前细胞工程中应用最广的一项技术。

通过原生质融合来获得杂种细胞，一般包括以下内容：①原生质体分离培养用适宜的酶处理细胞，使细胞壁解体，从而得到大量无壁的原生质体；②原生质体的融合再生：通过化学、物理方法的诱导，使两个不同的原生质体成为异核体，异核体内不同细胞核进一步融合为共核体，共核体产生再生细胞壁后即成为杂种细胞；③杂种细胞的选择：可利用杂种及亲本的原生质体对某种营养成分要求与反应的差异选择杂种细胞的选择培养基筛选法选择，也可利用亲本在营养缺陷型或抗药性上的互补进行鉴定的互补选择法选择。

🔍 **思考题**

1. 食用菌的无性繁殖方式有哪些？
2. 概述食用菌二极性和四极性的有性生殖过程。
3. 概述食用菌的诱变育种过程。

第三章

场地、设施与灭菌

第一节 菌种生产的设施与设备

优良的菌种需要通过严格的菌种制作技术来生产。食用菌的菌种生产是在无菌条件下进行的，包括培养基的彻底灭菌、接种环境的严格消毒、严格的无菌操作和洁净的培养环境，任何一个环节上的疏忽都会导致菌种生产的失败。因此，菌种生产必须具备一定的设施、设备和良好的生产环境。

一、 灭菌室、 无菌室和培养室

大批量的菌种生产需要具备灭菌室、无菌室和培养室。

（一）灭菌室

灭菌室是专门用于培养基灭菌的地方，需要具备灭菌锅和加热设施。

灭菌锅常用的有手提式高压灭菌锅、立式高压灭菌锅和卧式灭菌锅三种类型（图3-1）。手提式高压灭菌锅有内热式和外源加热式两种。外热式可以用电炉加热，也可以用火焰加热，内热式是用内热式电热器加热的。手提式压力锅容积较小（约18L），主要用于玻璃器皿、琼脂（试管）培养基和无菌水的灭菌。立式高压灭菌锅容积较大（约48L），除用于玻璃器皿、琼脂培养基的灭菌外，多用于原种培养基的灭菌，立式高压灭菌锅的加热方式与手提式高压灭菌锅一致，使用方法也相似，使用时先加水，再放入需灭菌的物品，固定锅盖打开排气阀，然后加热。至排气阀中放出大量的蒸汽后关闭阀门，通过压力表观察锅内压力，当升至所需压力时开始计时，控制火源，保持锅内压力，达到所需时间后停止加热，使压力自然下降。当压力表指针刚回到0位时，先打开排气阀，然后打开锅盖，留一条缝盖好，让锅内水蒸气逸出，并利用自身的余热将棉塞等烘干，10min后将灭菌物品取出。

卧式高压灭菌锅需要附设锅炉提供蒸汽，规模大，使用较复杂，使用者需经培训，故不在此介绍。

使用高压灭菌锅时应注意：

（1）净冷空气 使用开始时应将高压灭菌锅内的空气完全排出，否则压力表所示压力与温

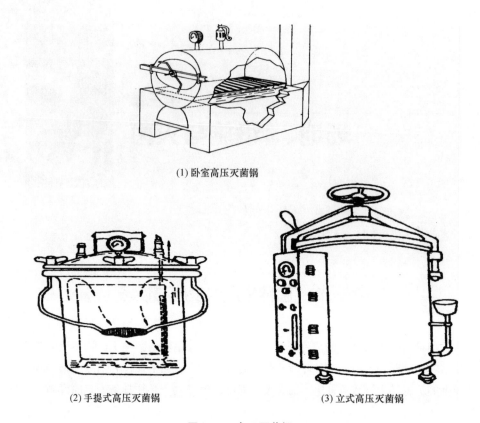

(1) 卧室高压灭菌锅

(2) 手提式高压灭菌锅   (3) 立式高压灭菌锅

图 3 – 1 高压灭菌锅

度的关系与正确使用时不一致，即压力达到了要求而达不到所需的温度，出现"假升磅"现象。

（2）勿人工降压过快 达到灭菌时间后，应使锅内压力自然下降，特别在对液体或固体培养基等灭菌时，压力下降过快，液体会沸腾，或溅到塞盖上，或因试管或培养瓶内外压力差太大冲破塞盖、炸裂容器。最好自然降压。

（3）及时开阀开盖 锅内压力降为 0 时，锅内蒸汽与大气压力相同，要及时开排气阀。打开压力锅盖时留缝的目的是利用灭菌物品的余热将自身的外表水汽烘干。

（二）无菌室

无菌室又称接种室，是一间用于接种的可以严密封闭的小房间（图 3 –2）。无菌室不宜过大，面积 4 ~6m²，高度不超过 2m 为宜，以便于清洁、消毒和保持无菌状态。无菌室外需有一个缓冲间，供工作人员换衣、帽、鞋用。无菌室和缓冲间的门要采用左右移动的拉门，以防止开门时造成空气流动。为保证无菌室的空气清新，还应安装一个带活动门的通气窗，并且用 8 层纱布过滤空气。无菌室和缓冲间上方需各安装一支 30 ~40W 的紫外灯和一支日光灯，无菌室空间较大的可以多安装几个紫外灯，用于杀菌，高度宜距工作台面 80cm，不宜超过 1m。无菌室和缓冲间内的设备力求简单，以减少灭菌死角。电线宜安放在室外或藏入顶内。通常无菌室内安放一个座凳、一个工作台、一个放物搁架，台面上放置酒精灯、火柴、剪、刀、镊、消毒用酒精棉球及杂物盘等。

无菌室的灭菌工作非常重要，启用前要用甲醛熏蒸，平时使用前 15 ~30min 用紫外灯灭菌，

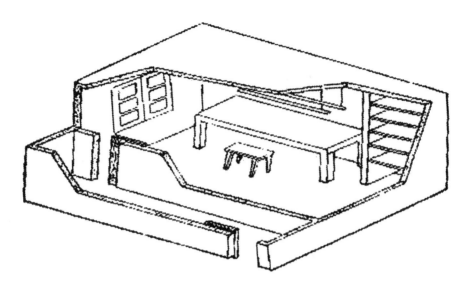

图 3 - 2　无菌室

或用空气灭菌气雾剂灭菌后放入接种用的培养基和用品，然后再开紫外灯灭菌 30min。一般连续使用的无菌室每过 2～3 个月用甲醛熏蒸一次，以彻底灭菌。为方便操作和避免污染，无菌室应建在灭菌室和培养室之间。

（三）培养室

培养室是用于培养原种或栽培种的房间。应具备一定的保温，加热条件，以及遮光换气条件，室内外应洁净无杂物。

二、灭菌灶

无高压灭菌设备或大批量生产原种、栽培种时，需要使用容量大的灭菌灶。灭菌灶是常压灭菌设施，其形式多样，但都是通过灶内加热烧开锅内水，靠水蒸气加热灭菌。可根据实际条件选择建设。

（一）桶式灭菌灶

这是最简单的灭菌灶形式。用砖石垒一灶台，铁锅的直径小于或等于油桶直径。取油桶（铁制）去掉两头封底，使之呈圆筒状。铁锅内加足水后（加水至 3/4～4/5），放一与锅口直径一样的箅子，箅子铁制、铝制、竹制均可。然后放上桶圈，用布或泥土封闭接缝，逐层放入菌种料瓶或料袋，注意瓶（袋）之间要留有一些空隙，便于水蒸气的流通。顶上加盖盖严。这种灭菌灶一次可放 160 个菌种瓶。

（二）柜式灭菌灶

建一地上或地下、半地下锅灶，小型灭菌灶设置一个锅，大型的设置 2～3 个锅，用 8 印锅或更大的铁锅盛水加热。灶台上用砖砌成灭菌柜，一侧开门，顶部拱形封闭，开几个排气孔，孔径 1～2cm。以利于排出空气和蒸汽流通。柜内设置搁板，搁板之间的距离以可放单层或双层菌种瓶（袋）为标准。因常压灭菌时间长（8～10h），在加热过程中需要补充锅内的水，在灶外还要留一个加水孔（图 3 - 3）。

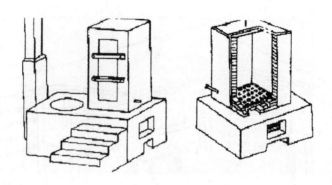

图 3 - 3　常压灭菌灶

三、 超净工作台和接种箱

（一） 超净工作台

超净工作台也称净化工作台，是一种无菌空气层流设备，在工作台面形成无菌操作区，可以不经灭菌过程进行无菌操作，设备包括鼓风机、静压箱、高效过滤器、均匀层、工作台面五部分。工作原理是：鼓风机将室内空气加压送入静压箱，再经高效过滤器除尘滤菌，然后经过均匀层形成匀速平行空气流送入操作区，形成无菌操作空间。操作区中瓶、管上的尘和菌会被无菌空气吹到下风处，而不会扩散。操作时应注意带菌的试管棉塞和瓶盖（塞）不能放在上风处，以免杂菌被气流吹到试管或培养瓶中。

超净工作台分两种，一种是操作区半封闭式，其空气流由前吹向操作人员（图 3 -4）；另一种是操作区封闭式，空气流由上而下（图 3 -5）。

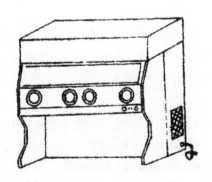

图 3 -4　封闭式净化工作台

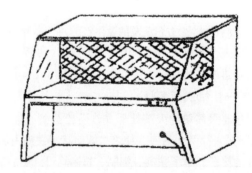

图 3 -5　半封闭式净化工作台

安装超净工作台的房间应洁净无尘，操作区的风速小于 0.3m/s 时应检查风机转向，若风机反向运转应调整电机相线。每次使用需提前 20min 运转。半封闭式工作台操作时严禁做灰尘量大的动作，且防止高速扰动气流的干扰，如来自门窗的风等。工作台使用时间长了操作区的风速会下降，应清洁滤膜或更换滤膜。

（二） 接种箱

条件较差或规模较小的菌种厂可自己制作接种箱。接种箱也称无菌箱，是便于操作的密闭小箱，可根据需要做成单人、双人或多人使用的不同大小规格。接种箱的一般规格见图 3－6，也可以做成其他规格形状，但需要符合如下要求：

（1）密闭。

（2）有易于取放物品的天窗或侧门。

（3）装有白布袖套的适于操作的操作孔。操作孔的距离 45cm 左右。

（4）便于操作者观察操作的透明窗。

（5）若需火焰灭菌，无菌箱应能抗酒精灯火焰产生的热气烘烤。

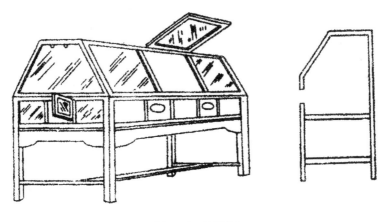

图 3－6　接种箱

四、　恒温培养箱

恒温培养箱的温度控制精度高，是用于培养母种（试管斜面菌种）或少量原种的设备。

（一）电热恒温箱

电热恒温箱可在医疗器械商店买到。电热恒温培养箱由箱体、温度控制（加热控制）器、电热丝三部分构成，通过温度控制器的旋钮控制温度。当旋钮转到某一位置时，控制器接通电源，电热丝加热，达到一定温度后自动断电，低于该温度又会自动接通电源加热。温度浮动一般为 ±1℃，调温旋钮上标志的刻度不是箱内温度，箱内温度要通过附加的温度计指示。因此，使用时要通过附加温度计标定出旋钮的位置。由于电热恒温箱只能加热不能制冷，当室温高于培养温度时，恒温箱则失去调温作用。

（二）霉菌培养箱（或生化培养箱）

霉菌培养箱是既能加热、又可制冷的设备，包括箱体、控温器、电热器（电热丝或管）、制冷器（与电冰箱相似，有压缩机和蒸发器等组成）四部分。其温度仍需温度计标定。当箱内温度低于所要求的温度（由旋钮确定）时电热器加热，当箱内温度高于所需温度时制冷器压缩机工作制冷。

五、　菌种生产的工具

菌种生产的工具（图 3－7）除刀、剪、镊之外，大都是自己制作的。有条件的最好选用不锈钢制作，也可以用普通钢丝制作或是用自行车辐条制作。常用工具选择和制作介绍如下。

（一）解剖工具

解剖工具包括搪瓷盘、解剖剪（16cm 左右）、手术刀（包括刀柄及配套的刀片）、解剖（接种）镊（尖头），这些工具可以到医疗器械商店购买，是实验室常备工具。

（二）接种匙

接种匙可以用硬质不锈钢或镀铬药匙代替，也可以自己制作：取 8 号钢丝或相当粗细的不锈钢丝，一端烧红锤扁，打磨成匙状。转接原种时使用。

（三）接种刀

取自行车辐条或相当粗细的不锈钢，一端烧红后弯成 90°角，拐角处长 0.7～1cm，纵向锤扁，打磨成两面刀即可作为接种刀，用于斜面菌种的纵向切割。

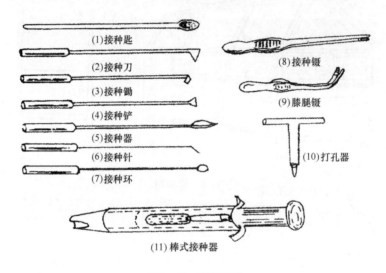

（1）接种匙
（2）接种刀
（3）接种锄
（4）接种铲
（5）接种器
（6）接种针
（7）接种环
（8）接种镊
（9）滕腿镊
（10）打孔器
（11）棒式接种器

图 3-7 接种工具

（四）接种锄（扒）、铲

起初同接种刀一样，一端弯成 90°角，然后横向锤扁，呈锄状，打磨使前端刀口锋利。或前端先锤扁磨锐，呈铲状，然后再弯成锄状。用于斜面菌种的横向切割，或作扒用于移接母种。磨成铲状不弯头的为接种铲，用于接取母种转接或挑取子实体块接种。

（五）接种针、环

取 10cm 长、0.5mm 粗镍铬丝或不锈钢丝一根，装在接种棒的插孔内，前端 0.7cm 处折弯 60°，即为接种针，用于从菌褶上刮取孢子或从琼脂培养基上挑取小菌落；前端弯成直径 0.3～0.4mm 的小环即为接种环，用于移接孢子稀释液。

（六）棒式接种器

棒式接种器又称接种枪、印模式接种器，是由聚丙烯和金属材料制成的专用工具，可从器械商店购买。接种时将接种器压入菌种料中，菌种被印压入前端的菌种室，然后移入培养料中，推压后端的压杆，可将菌种推出菌种室，推入培养料中。上述接种工具均可包扎后高压湿热灭菌，也可用火焰烧灼灭菌。

第二节 食用菌生产场地

一、菇 房

一般的房屋经过改造都可以作为菇房，也可以建立专用菇房。菇房栽培一般采用床架式，以充分利用空间。

（一）菇房应具备的条件

（1）具有良好的保温性能 墙壁宜厚，门窗封闭性能好，能避免外界气温变化造成室内温度产生剧烈变化，具有冬暖夏凉的条件。

（2）具备良好的通风排气性能 既不能有死角，又不能通气时风直接吹到菇床上。

（3）具备加温设施 平稳、均衡供热的高效、经济加温设施，是获得优质、高产、高收的基础。

（4）墙面、地面光洁坚实 若做成水泥墙地面，可便于清洁消毒，防治杂菌和害虫。

（5）采光方便没有直射光。

（6）有水源，有配制培养料的场地、四周清洁，易排水。

（二）菇房的类型

1. 地上菇房

地上菇房可参照图3－8建造。要求地势较高，远离鸡舍畜栏，附近无空气污染源，近水源，有堆料场地。一般菇房宽8～10m、高5.3～6m、长20m。东西走向，便于通风换气，冬季采暖。开上、下两排或上、中、下三排通风窗，窗大小以0.4m×0.5m为宜，窗上装网纱以防虫，下窗口下沿近地面10cm左右，以排除二氧化碳废气，二氧化碳密度较大，常沉积在底层。菇房中间顶上应安置拨风筒，高130cm、直径40cm，拨风筒顶端装风帽。拨风筒可使菇房上下空气均匀一致，又可避免风直接吹到菇床上。菇床可采用木制、钢制或钢筋混凝土预制条架成，宽度以采菇方便为标准，层距60～70cm，底层距地面20cm、床架排列方向与菇房走向垂直为好。

图3－8 地上专用菇房

2. 地下菇房

山洞、地窖、地下室、防空洞均可作菇房栽培食用菌。也可以建造专用地下菇房。地下菇房冬暖夏凉，空气湿度大，适于全年栽培食用菌。但是通风条件差，常需要电动鼓风机送风排气。地下菇房可采用畦式栽培，也可床栽。袋式栽培的可采用脱袋堆墙式出菇方式，简单实用，效果较好。

3. 半地下棚式菇房

这是与冬暖式蔬菜大棚一样的菇房，适于北方地区使用。许多地方已采用蔬菜大棚栽培食用菌。

菇房东西走向，坐北朝南，长度不限，宽 4~5m，地下深度 0.8~1.2m，将四周和地面夯实。地上部分：北墙高 0.8~1.0m，东西墙起脊，北坡长 1~1.2m，上部用竹竿或钢管、角铁、铁丝等物搭框架，中间和南边用水泥立柱支撑，覆盖塑料膜封严，最上面覆盖草帘。围墙可打成 0.4~0.6m 的土墙，也可砌成带夹层的砖墙，中间填满保温材料。后墙打制时，贴地面留通气孔，孔间距 2~2.5m，直径 0.3~0.4m。菇房一端留门。这种菇房，采用塑料袋立体栽培，每 25m² 可投料 1t。

4. 塑料大棚

可制成地上式或半地下式，一般长 10~15m，宽 5~6m，室内空间高度 2~2.5m。棚架可以是竹制，也可以是钢制或木制，可在塑料薄膜外面盖上草帘或苇席，在北方地区作为太阳能温室，也可做成多层薄膜，保温保湿。墙上或壁面上要开通窗或拔风筒，以利空气流通。棚内采用床栽，也可采用袋料立体栽培（图 3-9）。

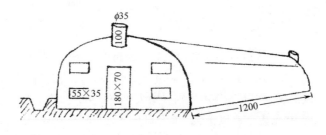

图 3-9　塑料大棚（单位：cm）

5. 坑道式菇房

适用于丘陵山地利用荒坡栽培食用菌。在背风朝阳的南坡、东南坡挖坑道，东西走向，宽 3m 左右，深 2m，长度不限，以管理方便为标准，一般为 8~10m。一端或两端开进出口并作通风口，挖出的石土堆筑在南北两侧，使北高南低，南北两侧分别挖排水沟，坑道上面南北架木棒或钢筋水泥铸造的水泥棒，上面盖以无滴塑料薄膜，再在上面覆盖稻草或草帘、草席，可以遮阳保温。坑道内可进行床栽，袋料菌墙式栽培。坑道式菇房保温保湿性能好，冬季可以利用太阳能提高室温。

二、阳　畦

以前，食用菌栽培大都沿用单菌床阳畦，即一个阳畦一个床面，宽 0.8~1.2m。平菇阳畦栽培发现，单菌床阳畦靠近四周大约 25cm 范围内，发菌快、出菇早；而中部发菌慢、出菇迟，并且易感染杂菌。因此，建议采用双菌床阳畦，既增加了边缘效应，又可节约棚架用料，且控制温度的效果好（图3-10）。

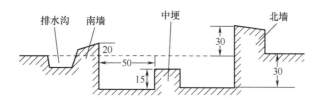

图3-10　双菌床阳畦（单位：cm）

选择地势较高、背风向阳、靠近水源、利于排水、环境洁净的地方建畦，畦宽1.2m，深30cm，中间留有20cm宽、15cm高的土埂，将整个畦底分成两部分，宽度都是50cm。四周筑墙，北墙高30cm，每隔2m留一个通气孔，直径20cm，南墙高10cm，东西两边为南低北高的斜坡墙。阳畦南边留排水沟。畦内见土部位都要夯实，播种后用竹竿、竹片、树条、铁丝等搭成棚架，覆盖薄膜，四周用泥土封严，再盖上草帘。

第三节　灭菌与消毒

食用菌栽培是人工创造适宜食用菌生长繁殖的条件，对食用菌进行纯培养的过程。在自然条件下，食用菌的培养原料、生活空间以及食用菌栽培所使用的工具都存在着大量的微生物，而适宜食用菌生长繁殖的条件同样有利于杂菌的生长繁殖，若不进行处理，杂菌就会与食用菌争夺养料，占据生存空间，给食用菌生产造成损失，或导致食用菌生产失败。对培养料和环境、工具的除菌处理措施称为消毒和灭菌。

灭菌和消毒是两个不同的概念。灭菌是指用物理和化学方法杀死全部微生物。消毒是指采用物理和化学方法杀死部分微生物，即一般以杀死有害微生物为目的，但不能杀死微生物的休眠套（细菌芽孢）。通常对食用菌母种、原种、栽培种的培养基和使用的工具、器皿以及操作环境进行灭菌处理，使菌种在完全无菌的条件下生长，而对食用菌生产用料、生产环境进行消毒处理，使得即使有杂菌存在，也不至于对食用菌生产造成危害。

一、消毒和灭菌的措施

（一）物理方法

高温杀菌是常用的灭菌方法。有机体中的蛋白质、核酸对高温特别敏感，高温可破坏其结构，从而造成细胞死亡。一般情况下60℃可造成蛋白质变性凝固，失去生物活性，80~100℃可造成核酸变性，丧失其功能。多数细菌、真菌的营养细胞和病毒在60℃保持10min可致死，细菌芽孢抗热性最强，在100℃条件下可耐受很长时间。高温灭菌分干热灭菌和湿热灭菌，湿热灭菌又分为高压蒸汽灭菌和常压蒸汽灭菌。

多种辐射线如α、β、γ射线和X射线、紫外光线等能对有机体造成损害，因此辐射线灭菌也是常用的灭菌方法。由于其他射线对人损害大，产生、防护条件要求严格，因此实验室中常用紫外线辐射灭菌，紫外线能引起细胞内的核酸和酶的结构改变，有很强的杀菌作用，另外，空气在紫外辐射下能产生臭氧（O_3），臭氧也有杀菌作用。紫外线杀菌效率最高的波长是260nm，市售紫光灯是热阴极式低压水银灯，其发出的光波长85%在253nm（有效波长为240～280nm），因此灭菌效果好。紫外线波长短，穿透力弱，因此常用于空气和物体表面灭菌。

（二）化学方法

化学灭菌剂有很多，常用的有甲醛、乙醇、高锰酸钾、升汞、漂白粉、苯酚（石炭酸）、新杰尔灭、石灰水、硫酸铜。不同的化学灭菌剂的灭菌浓度、效果不同，使用时应根据具体情况确定使用种类与浓度。

二、 培养基灭菌

（一）高压蒸汽灭菌

高压蒸汽灭菌主要用于母种培养基灭菌，也可用于原种和栽培种培养料灭菌。高压灭菌是一个密闭的容器，因水蒸气不能逸出而压力上升，温度升高，高温、高压加强了蒸汽的穿透力，可以在短时间内达到灭菌的目的。一般琼脂培养基用0.1MPa、121℃、30min，木屑、棉壳、玉米芯等固体培养料用0.15MPa、128℃、1～1.5h灭菌。谷粒、发酵粪草培养基杀菌2～2.5h，有时延长至4h。压力过大，温度过高，维持时间过长会破坏培养基的营养成分，因此，不宜随意改变灭菌条件。使用过高灭菌器时应彻底排除器内冷空气，否则压力达到要求但温度达不到要求，出现"假升磅"现象，达不到灭菌目的。

使用方法是：先向高压灭菌器中加水至刻度要求（卧式灭菌器由锅炉提供蒸汽，不需加水），然后放入灭菌物品，封闭器盖，加热。水沸腾后压力逐渐上升，至0.05MPa时打开放气阀，压力降至0时，再关闭放气阀（或先开放气阀再加热，至放气阀冒出大量蒸汽时再关闭放气阀），继续加热至所需压力开始计时，维持压力至所需时间，停止加热。自然降至0时打开放气阀，打开器盖，温度降至30～40℃时，取出灭菌物。

使用高压灭菌器时应注意：不要打开放气阀排气降压，以免因压力下降过快培养基中的水沸腾溅到塞盖上，或压力差太大冲落塞盖、容器爆裂；压力降至0时立即开放气阀，否则温度下降锅内形成负压，再开阀时大气压会压破纸瓶盖或将棉塞压入试管内。

无高压蒸汽灭菌锅时，可以用家用压力锅灭菌，使用时也应在安全阀口喷出大量蒸汽后再加压阀，灭菌完毕等锅内外压力一致时开阀开锅。

（二）常压灭菌

常压灭菌又称流通蒸汽灭菌，用同蒸馒头一样的锅灶法灭菌。多用于原种和栽培种培养基灭菌，可根据生产需要设计柜式灭菌灶。其灭菌原理是：水蒸气遇到灭菌物时凝成水放热，使灭菌物温度上升，可达95～105℃，水蒸气凝聚成水后体积变小产生负压，使外层蒸汽先进入补充，从而提高了水蒸气的穿透力，达到灭菌的目的。采用常压灭菌柜灭菌，在灭菌柜内温度升至100℃时开始计时，持续加热8～10h，注意补充锅内水，停火后用灶内余火焖一夜，第二天取出。

（三）间歇灭菌

母种、原种、栽培种培养基均可采用间隙常压灭菌法灭菌，其原理是：维持100℃、1h可杀死微生物的营养体，但杀不死芽孢，灭菌后培养基降至室温时，芽孢可萌发形成营养体，24h后再100℃维持1h，再次杀死新生的营养体，再降温，再加热灭菌，重复3次便可达到彻底灭菌的目的。

三、　室箱灭菌

（一）甲醛熏蒸

甲醛常温为无色气体，常用其37%~40%的水溶液，称之为福尔马林。甲醛可使细胞中的蛋白质变性而杀菌。甲醛在空气中含量为15mg/L时，2h杀死细菌营养体，12h杀死细菌芽孢。甲醛常用于培养室、接种室、接种箱的熏蒸灭菌，每立方米空间用10mL福尔马林。可以用玻璃、陶质或金属器皿盛放，用酒精灯加热使之挥发。也可以用高锰酸钾使之挥发（因两者反应产生大量的热），方法是按10mL甲醛配5g高锰酸钾的比例称量好（更理想的配方是每立方米空间用17mL甲醛、4g高锰酸钾），先将高锰酸钾放入容器，然后倒入甲醛，立即关门离开。

甲醛熏蒸后，经24h后才能入室工作，为除残留甲醛气味，可在熏蒸后12h用25%~28%的氨水，以每立方米38mL熏蒸或喷雾10~30min。氨与甲醛反应，产生无色无味的粉末状化合物。无氨水时也可以用5g/m²铵肥进行熏蒸中和。

（二）紫外线灭菌

紫外灯的有效距离为1.5~2m（30W），以1.2m以内最好。紫外灯连续照射2h可杀死所有微生物。在实际应用中常照射15~30min，可杀死空气中95%的细菌。因可见光对紫外线的作用有光复活作用，因此照射时应遮光，照射紫外线后不要马上开启日光灯。紫外线灯管有使用时限，使用时间为4000h，超过这个时限，杀菌效果很快下降，因此应定期更换。

（三）漂白粉灭菌

漂白粉又称氯石灰，溶于水后形成次氯酸，能侵入细胞，靠其强氧化力杀死细胞。漂白粉为白色粉末状，能溶于水但生成沉淀，有效氯一般为25%~32%，通常按25%计算。还有一种高效漂白粉，有效氯为40%~80%，按50%计算。漂白粉的使用浓度为5%，配制后取上清液喷雾杀菌。漂白粉液稳定性差，宜现用现配。在漂白粉液中加入等量或半量的氯化铵或硫酸铵或硝酸铵，称为活性液，可加强杀菌作用，但要在配后1~2h内用完。在潮湿的环境可以用漂白粉直接喷撒地面，用量为20~40g/m²。漂白粉应放在密闭容器内保存，以减少有效氯的损失。使用漂白粉要注意安全和防护工作。因为释放出来的氯可使人流泪、咳嗽，并刺激皮肤和黏膜，干粉溅入眼内可导致烧伤。

四、　器械灭菌

（一）干热灭菌

用电热干燥箱对玻璃器皿、金属工具、棉塞、滤纸、石蜡灭菌，温度160℃，时间2h。也可在171℃加热1h或121℃加热12h以上。

（二）灼烧灭菌

金属用具如接种针、环等可以在酒精灯上灼烧灭菌。床架上局部出现霉斑也可以用酒精棉球涂布烧灼（此法只能用于局部处理并应防火）。

五、 表面灭菌

表面灭菌主要是指子实体，组织块等的灭菌，因为这类物品不能用高温、熏蒸法灭菌。表面灭菌主要使用升汞和乙醇两种试剂。

（一）升汞

升汞即氯化汞，剧毒，是因为重金属汞离子能不断进入细胞，沉淀蛋白质起到杀菌作用。配法：升汞20g加浓盐酸100mL，配成原液，用时取原液5mL，加蒸馏水995mL。直接配制时可取升汞1g、食盐5g、浓盐酸2.5mL、水1000mL。盐酸和食盐可增加升汞溶解度，盐酸可防沉淀，且有增强杀菌的能力。因升汞为剧毒品，可在溶液中加几滴红色或蓝色的颜料，引起注意。一般处理：0.1%升汞浸泡1~2min，取出后用无菌水冲洗干净。

（二）乙醇

高浓度的乙醇杀菌能力低，因其与菌体接触后，引起菌体表层蛋白质凝固，形成保护膜，反而使醇分子不易透过。70%（质量计）或77%（容积计）的乙醇有较强的渗透力，杀菌效果好。乙醇灭菌只能涂拭，不可浸泡，表面有水的应该用80%~90%的乙醇浓度。

🔍 思考题

1. 菌种生产的基本设备有哪些？
2. 什么是消毒、灭菌？消毒与灭菌的方法有哪些？
3. 高压灭菌与常压灭菌有哪些不同？高压灭菌应注意些什么？
4. 紫外线灭菌应注意哪些事项？

CHAPTER

第四章

食用菌菌种生产

食用菌的菌种是指人工培养，并供进一步繁殖的食用菌的纯菌丝体。优良的菌种是食用菌优质、高产的基础。制种工作是食用菌生产过程中的关键技术，对食用菌生产的成败、经济效益的高低起着决定性的作用。

食用菌的菌种通常采用三级扩大培养的方法制作生产，其生产流程见图4－1。

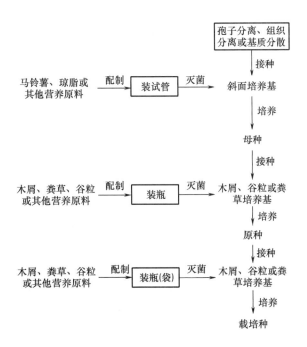

图4－1　菌种生产示意图

一级种，也称母种或斜面菌种，是指在试管斜面上培养出的菌种，是采用孢子分离或子实体组织分离获得的纯菌丝体，再经出菇实验证实具有优良的性状，具有生产价值的菌株。母种的菌丝纤细，分解养料的能力低，需要培养在养料丰富并易吸收的培养基上。母种除了用于扩大培养外，还用于菌种保藏。

二级种，也称原种，是将母种接到无菌的棉籽壳、木屑、粪草等固体培养基上所培养出来的菌种。菌丝体经这种培养基的培养后，变得丰满粗壮，增强了对生产用培养基的适应能力，同时为生产栽培用种提供了较大量的接种材料。二级种主要用于菌种的扩大生产，有时也作为生产用种使用。二级种常用瓶培养，以保持较高纯度。二级种只能作短期保藏，不能长期存放。

三级种，也称栽培种，是将二级种接种在与二级种相同或相类似的无菌纤维材料上所培养出来的菌种，是大面积栽培所使用的菌种，因此也称生产种。菌种经进一步扩大培养，菌丝分解基质的能力进一步增强，更能适应外界环境条件。三级种可用瓶作容器培养，也可用塑料袋作容器培养。长好的生产种最好在 10~40d 内使用，时间长了或自行分化形成子实体，或生活能力下降容易感染杂菌而引起减产。

第一节　母种生产

一、　培养基的制备

食用菌属于异养型微生物，维持其正常生命活动的营养物质必须由外界提供。培养基是指采用人工的方法，将食用菌所需要的各种营养物质按照一定的比例配制而成的营养基质。母种培养基的成分是根据食用菌的营养生理来设计的，一般要求营养平衡、适当的含水量和适宜的酸碱度。

母种培养基除了用于分离或扩大培养菌种外，也常用于生理研究、遗传学分析和生物测定。

（一）母种培养基的类型

1. 天然培养基

天然培养基是直接由天然物质或者天然物质的提取液制备而成的培养基。常用的天然物质有马铃薯、麦芽、酵母、胡萝卜、豆芽、玉米、高粱、水果、蔬菜和植物的茎、根等。天然培养基的化学成分不确定，多用于菌种分离、培养和保藏，不适于生理研究。

2. 合成培养基

合成培养基是用已知成分的有机化合物和无机化合物配制而成的培养基。在一般情况下，培养基应含有磷、钾、钙、钠、镁等矿质元素，以及铁、锌、锰、钼等微量元素。平时所使用的化学纯试剂中含有的杂质，已能满足食用菌对微量元素的要求，配制培养基时，不需要另外添加微量元素。在进行微量元素的生理研究时，应采用分析纯化学试剂并使用蒸馏水，再加入所需的微量元素。

3. 半合成培养基

半合成培养基是在天然培养基中加入一部分已知的化合物所配制成的培养基，是生产和实验中使用最广泛的一类培养基。最常用的有马铃薯葡萄糖琼脂培养基（PDA）、酵母膏麦芽糖琼脂培养基（WY）等。

培养基根据物理状态不同，分为液体培养基和固体培养基。琼脂是最常用和最理想的凝固剂，用琼脂制作的固体培养基称为琼脂培养基。固体培养基适用于菌种分离培育、形态观察；液体培养基多用于生理研究。近来采用液体培养制作菌种也引起了重视。

（二）培养基主要原料的性质

1. 琼脂

琼脂是从海生的红藻（已报道的有十几种，最主要的是石花菜）中提取出来的。提取方法是将红藻用水煮沸或用高压锅煮，得到1%~2%的琼胶溶液，在 -10℃冰冻24h，使溶液中杂质沉淀，胶液干燥后进一步加工，制得冻粉状或粉粒状琼脂。琼脂的主要化学成分是多糖硫酸酯。实验室所用琼脂的化学成分为水16%、灰分4.4%、氧化钙1.15%、氧化镁0.77%、氮0.4%。钙离子和镁离子都以同硫酸根结合的方式存在于琼脂中。琼脂在90℃时溶化，当温度降至45℃时又成凝胶状。在实验工作中，应趁热将培养基制作成所需要的形状。琼脂酸解时，形成 D - 半乳糖及其相应异构体 L - 半乳糖以及硫酸，因此，琼脂对于大多数真菌来说，只是一种凝固剂，而不是碳源。

2. 酵母膏

酵母膏是酵母菌的水溶性自溶物经过浓缩制成的，是多种维生素的最好来源，对于某些菌类有刺激生长的作用。在半合成和合成培养基中，加入酵母膏有时是很必要的。在进行营养生理分析时，不要使用酵母膏，而代之以纯的矿物质、氨基酸和维生素，以便进行定量分析。酵母膏的化学成分见表4 - 1。

表4 - 1　　　　　　　　　　　　酵母膏的化学成分

成分	含量/%	成分	含量/%	成分	含量/%
总氮	7.5 ~ 10.5	钴	0.0005	蛋氨酸	0.7
氨基酸	3.4 ~ 4.8	丙氨酸	3.4	苯丙氨酸	1.7
氯化物	0.07 ~ 1.3	精氨酸	2.0	脯氨酸	1.7
水分	30.0	丝氨酸	2.3	硫胺素	18 ~ 40
五氧化二磷	3.8	苏氨酸	2.3	核黄素	18 ~ 150
碳水化合物	8.2	色氨酸	0.5	缬酸	300 ~ 1250
嘌呤氮	0.27	酪氨酸	1.6	泛酸	20 ~ 100
脂肪	适量	缬氨酸	2.5	吡多素	25 ~ 35
钠	5.6	天冬氨酸	4.5	叶酸	5.0 ~ 10
钾	3.0	胱氨酸	0.45	肌醇	1000 ~ 1700
钙	0.01	谷氨酸	6.7	生物素	0.5 ~ 1.0
铁	0.005	甘氨酸	2.3	对氨基苯甲酸	6.0
镁	0.20	组氨酸	1.2	胆碱	1000 ~ 2000
铜	0.005	异亮氨酸	2.3	钴胺素	0.01
锌	0.005	亮氨酸	3.0		
锰	0.0005	赖氨酸	3.5		

3. 麦芽膏

麦芽膏是由大麦芽抽提物经浓缩制成的，含有较多麦芽糖及六碳糖、糊精，并含有一定数量的含氮化合物，是培养高等真菌的良好碳源。由于还原糖的含量很高，灭菌时如加热过度，还原糖将与氨基酸起作用而使培养基发黑。

4. 蛋白胨

蛋白胨简称胨，由天然蛋白质经酸或酶水解而成，其中主要成分是多肽和氨基酸，是高等真菌良好的有机氮源。蛋白胨的成分与原料、制作方法有关。一般的牛肉蛋白胨、酪蛋白胨或乳蛋白胨，均经胰液处理，又称胰化胨。此外，还有明胶蛋白胨、大豆蛋白胨、胃蛋白酶消化动物组织制成的胃酶蛋白胨。蛋白胨中的色氨酸在制作过程中受到破坏，在进行生物测定时要加色氨酸。前述多种蛋白胨中明胶蛋白胨质量最差。一般来说，任何生物试剂级的蛋白胨，对于制备一般培养基都是适用的。

5. 牛肉浸膏

牛肉浸膏是牛肉浸汁的浓缩物，含有多肽、氨基酸、核苷、有机酸、糖类、矿质和维生素，它能补充蛋白胨所缺少的矿物质营养、磷酸盐、能量来源。牛肉膏在制作过程中，还原糖被破坏，最突出的是氨基酸被破坏。为了纠正这个缺点，可在牛肉汁做氮源的培养基中另加酵母蛋白 $0.5 \sim 1g/L$。在缺乏牛肉膏时可直接使用鲜牛肉：用鲜牛肉 25g，切碎或搅拌后，用 1000mL 热水提取或煮沸数分钟，冷却后通过棉花过滤，再用滤纸过滤，称为牛肉汁。牛肉汁多用于细菌培养，高等真菌较少使用。

（三）母种培养基的配方及配制方法

1. 母种培养基的配方

供食用菌分离培养的培养基配方有很多，下面主要讲一下固体培养基的制作方法。根据各类食用菌的营养生理要求不同，成分各有侧重。常用的食用菌母种培养基有：

（1）马铃薯葡萄糖琼脂培养基（PDA）　马铃薯（去皮切碎）200g，葡萄糖 20g，琼脂 20g，水 1000mL，pH 自然。

广泛适用于培养各类真菌。

（2）马铃薯综合培养基　马铃薯（去皮切碎）200g，葡萄糖 20g，磷酸二氢钾 3g，硫酸镁 1.5g，维生素 B_1（医用药剂）$2 \sim 4$ 片，琼脂 20g，水 1000mL，pH 自然。

适用于培养猴头菇、灵芝等。

（3）复壮培养基　马铃薯 200g，麸皮 100g，玉米粉 50g，蔗糖 20g，琼脂 20g，水 1000mL，pH 自然。

广泛适用于各类食用菌的分离培养。

将去皮的马铃薯碎片和玉米粉、麸皮用纱布包好煮沸 $10 \sim 15min$，在其汁中加入其他成分。

（4）双孢蘑菇培养基　硫酸镁 0.5g，硫酸二氢钾 1g，蔗糖 3g，麦芽糖 1g，葡萄糖 1g，琼脂 20g，蒸馏水 1000mL，pH 自然。

适用于分离双孢蘑菇担孢子。

（5）改进 PDA 培养基　马铃薯 200g，葡萄糖 20g，硫酸钙 1g，琼脂 20g，蘑菇菇床堆肥料 $100 \sim 150g$，水 1000mL，pH 自然。

适用于培养蘑菇菌种，菌丝生长旺盛，易于萌发，不易衰老，可作为保鲜培养基。

用堆肥料加水制取肥液，然后再按常规方法配制。

（6）完全培养基　硫酸镁 0.5g，磷酸氢二钾 1g，葡萄糖 20g，磷酸二氢钾 0.46g，蛋白胨 2g，琼脂 20g，蒸馏水 1000mL，pH 自然。

该培养基是培养食用菌最常用的合成培养基，有缓冲作用，适于保藏各类菌种。用于培养银耳芽孢，孢外多糖减少，菌落较稠，有利于与香灰菌交合。

（7）普通标准培养基 酵母浸膏 2g，蛋白胨 10g，硫酸镁 0.5g，葡萄糖 20g，磷酸二氢钾 1g，琼脂 20g，水 1000mL，pH 自然。

适用于培养各种木生型菌类。

（8）玉米粉综合培养基 玉米粉 20~30g，磷酸氢二钾 1g，蛋白胨 1g，葡萄糖 20g，硫酸镁 0.5g，琼脂 20g，水 1000mL，pH 自然。

很适合培养蘑菇菌种。

（9）高粱琼脂培养基 高粱粉 30g，琼脂 10g，水 1000mL，pH 自然。

特别适用于平菇类生长。

（10）苹果琼脂培养基 苹果（压碎取汁）100g，蛋白胨 2g，蔗糖 20g，琼脂 20g，水（补足）1000mL。

特别适于草菇菌丝生长。

（11）杏汁琼脂培养基 干杏 25g，琼脂 20g，水 1000mL。

特别适于金针菇子实体发生。

（12）稻草汁琼脂培养基 干稻草 50g（取汁），蔗糖 20g，碳酸钙 1g，硫酸镁 0.5g，磷酸二氢钾 1.5g，硫酸钙 1g，琼脂 20g，水（补足）1000mL，pH 自然。

适用于培养凤尾菇。

（13）木汁麸皮培养基 阔叶树木片 500g，麸皮 100g，硫酸铵 1g，蔗糖 20g，琼脂 20g，水 1000mL，pH 自然。

适用于木腐菌类的菌种分离和培养。

（14）草菇琼脂培养基 稻草（切碎）200g，蔗糖 3g，硫酸铵 3g，琼脂 20g，水 1000mL，pH 自然。

（15）木腐菌培养基 牛肉汁 5g，麦芽浸出物 25g，琼脂 20g，水 1000mL。

适用于培养大多数木腐菌。

（16）灵芝培养基 马铃薯 200g，蔗糖 20g，蛋白胨 2g，酵母粉 3g，磷酸二氢钾 1g，硫酸镁 0.6g，琼脂 20g，水 1000mL。适用于培养灵芝菌丝。或马铃薯 200g，蔗糖 20g，磷酸二氢钾 1g，硫酸铵 20g，琼脂 10g，水 1000mL。

适用于促进灵芝担孢子萌发。

（17）羊肚菌培养基 麦芽浸膏 25g，琼脂 10g，蒸馏水 1000mL。或蔗糖 50g，硝酸钾 10g，磷酸二氢钾 5g，硫酸镁 2.5g，氯化铁 0.02g，琼脂 20g，蒸馏水 1000mL。

（18）牛肝菌分离标准培养基 葡萄糖 10g，麦芽汁 2.5g，酵母膏 1.5g，豆胨 2.5g，$NH_4OCO(CHOH)_2COONH_4$ 1g，氯化铵 0.5g，硫酸镁 0.5g，磷酸二氢钾 0.5g，氯化钙 50mg，柠檬酸铁溶液 0.5mL（1g 柠檬酸铁加 0.64g 柠檬酸溶于 100mL 水中）。红花油 2.5g，琼脂 12g，蒸馏水 1000mL。

（19）GMY 培养基 葡萄糖 10g，麦芽糖 10g，酵母膏 4g，琼脂 10g，水 1000mL。

适用于香菇菌种的分离和培养。

（20）金钱菌培养基 葡萄糖 10g，磷酸二氢钾 1.5g，磷酸氢钙 0.8g，天门冬酰胺 1.12g，硫酸镁 2g，丝氨酸 2g，硫酸亚铁 0.02g，氢氧化氨 1g，硫酸锌 0.02g，维生素 B_1 10mg，硫酸锰

0.02g，水 1000mL。

（21）猴头菌培养基　马铃薯 200g，葡萄糖 20g，蛋白胨 5g，酵母膏 1g，琼脂 20g，水 1000mL。

（22）蜜环菌培养基　马铃薯 200g，蚕蛹粉 50g，蔗糖 20g，琼脂 17g，水 1000mL。或杂木屑 100g，麦皮 50g，蔗糖 20g，磷酸二氢钾 1g，琼脂 20g，水 1000mL。

（23）鸡枞菌分离培养基　葡萄糖 250g，牛肉膏 100g，磷酸二氢钾 2g，硫酸镁 2g，硫酸亚铁 2g，丙氨酸 2g，氯化钠 25g，琼脂 20g，水 1000mL。用柠檬酸调 pH 至 4.5。

（24）茯苓培养基　葡萄糖 30g，蛋白胨 15g，磷酸二氢钾 1g，硫酸镁 0.5g，琼脂 17～23g，水 1000mL。

（25）银耳芽孢培养基　蛋白胨 1g，麦芽糖 5.9g，磷酸二氢钾 0.3g，硫酸镁 0.2g 水 100mL。或硫酸铵 20g，磷酸二氢钾 3g，天冬酰胺 2g，氯化钙 1.5g，硫酸镁 0.25g，蒸馏水 1000mL。

2. 母种培养基的配制

母种培养基一般用试管作为容器，所以又称试管斜面培养基，常用于菌种分离、提纯、扩大、转管及菌种保藏。母种培养基大多采用固体培养基，制作方法和步骤基本相同。制作步骤如下。

（1）称量溶解、取汁和补水　易于溶解的物质如琼脂，按配方称取后置于烧杯或搪瓷杯中，先加入总量的 1/3 至 1/4 的水，搅成糊状，然后慢慢加足水分，加热煮沸至琼脂完全溶解。在加热过程中要边加热边搅拌，避免沉淀烧焦。难溶解的物质按配方称取后，加适量水，加热并不断搅拌促使其溶解。所用微量药品先配成高浓度母液，再按比例换算成相应的量加入培养基中。去皮切块的马铃薯、洋葱、黄豆芽等，按配方称取后置于容器中，加清水 1000mL，用文火煮沸 20～30min，再用双层以上纱布过滤取其汁，然后再加入其他成分。麦芽称量后加水 1000mL，加热至 60～62℃，保持温度 60min 温育，然后过滤取汁，再加入其他成分。最后补充水至 1000mL。

（2）酸碱度的测定和调整　溶液的酸碱度以 pH 表示，pH 为 7 的溶液为中性，大于 7 的为碱性，小于 7 的为酸性。每种生物只能在一定的 pH 范围内生长，酵母、霉菌和大多数担子菌喜微酸环境，少数食用菌喜偏碱环境，在制备培养基时，必须测定并调整 pH 至所需范围。

常用 pH 试纸测定 pH。市售 pH 试纸规格很多，分为广泛试纸和精密试纸两种。测定的方法是取培养液滴于试纸上，或用镊子夹住一小段 pH 试纸伸入培养基中 1s，试纸的颜色会立即发生变化，取出后与标准色板比较，找到与比色板上色带相一致者，其数值即为该培养基的pH。如果培养基 pH 不符合要求，则要进行调整。培养基偏酸性时可加稀碱（1mol/L NaOH）液调整；若偏碱性，则用稀酸（1mol/L HCl）液来调整，直至 pH 合适。

（3）培养基的分装　根据使用目的选用不同的培养容器，一般使用玻璃试管或三角烧瓶。所用的容器事先要清洗、干燥。新启用的试管，因馆内常残留烧碱，最好先用稀硫酸溶液在烧杯中煮沸，再冲洗干净，倒置晾干备用。

培养基的分装是通过玻璃漏斗分装进行的（图 4-2）。分装时应尽量避免培养基黏附到管口和外表，若有黏附应擦拭干净后再加棉花塞。分装量如果是作斜面培养基，一般为试管的 1/5 左右，如果是作深层培养，一般为试管的 1/3 至 1/2。分装好培养基不管是试管还是三角烧瓶都要加棉花塞，以防止杂菌侵入和过滤空气，也可以减缓培养基的水分蒸发，塞子大小、松紧要适宜，过紧或过松都不符合要求。棉花塞松紧的标准是手抓住棉花塞试管不会掉下来，把棉花塞拉出来后又能自如地塞进去。

（4）培养基的灭菌 灭菌的目的是杀死培养基中所有的微生物。食用菌母种培养基在高压蒸汽灭菌器内121℃维持20～30min可达到灭菌目的，如果用大容器分装可适当延长时间。灭菌后的固体培养基要在压力降到0时打开放气阀，趁热取出摆成斜面（图4-3）。制好的培养基要妥善保管，以防杂菌污染。

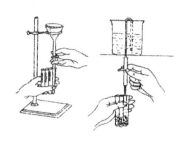 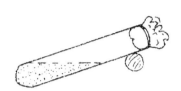

图4-2 试管分装　　　　　　　　　　　图4-3 摆斜面

二、母种接种

母种的分离制作方法将在第五章菌种的分离、保藏和复壮中介绍，这里只介绍用已制备好了的母种进行扩大培养的方法，即母种的转接方法。这里所用的母种可以是自己制备的，也可以是从菌种厂购买的。

母种接种要严格按照无菌操作要求操作。接种可以在无菌箱（或超净工作台）中进行。

（一）无菌室、箱、净化工作台接种

无菌室、箱用紫外线杀菌半小时，净化工作台开机运转20min后（或按说明书要求）即可开始接种。首先点燃酒精灯。左手平握供试种试管和待种试管，试管的斜面向上，管口向右。右手拿接种铲（因食用菌的菌丝粗壮、柔韧、不易折断，用接种环效果不好，而需用专门的接种铲），将接种铲放到酒精灯的火焰上烧灼，前端要烧红，后面可能进入试管的部分从火焰上过一遍灼烧，可不必烧红。试管口放到火焰上端，用右手的小指和环指分别夹住两个试管的棉塞，拔下棉塞。将试管管口放于火焰上烧灼灭菌。接种铲冷却后，将菌种斜面铲成小块，取其中的一小块，迅速放到受种试管的斜面上。烧灼试管口和棉塞，塞好棉塞，烧灼接种铲。操作完毕后贴上标签，注明菌种类型、菌株及接种时间、操作人姓名（图4-4）。

由于室、箱内接种环境是无菌的（事先已杀菌），因此，操作也可以不在酒精灯火焰上部进行，但应做好管口烧灼消毒和棉塞烧灼消毒及接种铲消毒等无菌操作工作。

（二）母种接种时应注意的问题

1. 严格按无菌操作要求操作

要严格按照无菌操作的程序进行接种，以防在母种生产期造成潜在的污染隐患。

2. 防止接种铲、锄、环烫伤或烫死菌丝体

在使用接种工具时，每次都要烧灼灭菌，不要因欲节约时间而在接种工具尚未冷却前接触菌种，从而烫死菌丝细胞，造成人力、物力的浪费，耽误供种时间。

3. 不用接种部位的菌丝作母种

接种部位的菌丝老化快、生活力差，不宜作母种使用，更不宜用于母种扩大培养。气生型

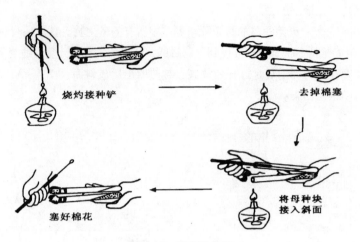

烧灼接种铲　去掉棉塞

塞好棉花　将母种块接入斜面

图4-4　母种的转接

菌如蘑菇、平菇母种斜面的种块附近常出现菌丝塌陷区，原因是种块太厚、培养温度太高、菌丝生长太快，菌丝先向四周蔓延生长然后才向基内定植。

4. 写好标签，做好记录

标签是试管斜面菌种的身份证，而记录是档案。不能使用无标签的菌种，也不能生产无标签的菌种。没有标签会造成菌种混杂，对生产造成不可弥补的损失。

三、 母种培养

由于母种是用试管斜面培养的，占据空间小，且培养条件要求严格，因此，通常用电热恒温培养箱培养。所接母种的量特别大时，也可以在培养室中培养。母种培养要注意以下几个问题：

（1）分类捆扎、摆放　要将不同的种类、株型、接种时间的母种分别捆扎在一起，分类摆放，以免混杂，也便于观察取用。培养箱中培养时，还要注意箱内上、下空气的流通，以保证箱内上、下温度一致。

（2）适温培养　不同食用菌的最适培养温度不同，应将所接种试管放在最适温度下培养至种块长出菌丝，在菌丝向四周蔓延后，再降低培养温度2~3℃，促使菌丝健壮。气生菌丝发达的菌种还要逐渐降低温度培养，如气生型蘑菇，接种后置20℃培养，当长至菌落有蚕豆大小时降温至15℃继续培养，当长至斜面的1/2时，降至12℃培养至长满斜面。过高的温度会致使菌丝衰老快，易倒伏。

（3）保持温度的稳定　温度波动过大，会引起试管壁凝水，水滴接触的菌丝便会出现发黄、倒伏现象。

（4）保证氧气供应　要保证培养环境的空气流通和交换，避免试管排列拥挤，以免因氧气不足造成菌丝衰老发黄、生命力减弱。

（5）注意斜面菌落，防止杂菌污染　接种培养3d后，要检查试管斜面菌落，除去有污染的试管。若发现出现污染的试管的比例较大，还要注意观察没有污染的试管，并分析产生污染的原因。斜面菌落是判断有无污染的标志。斜面接种后，种块第2天即可长出菌丝，菌丝向四周辐射蔓延。常用的食用菌中，金针菇的菌丝前端可以形成粉孢子，老熟的猴头菌丝会折断，银耳的芽孢子会产生掷孢子，这些情况下斜面上会在发生新菌落，其他菌种若出现新菌落，便要认真对待。细菌菌落黏稠光滑，霉菌菌落开始时无色，5～10d后会呈现出特定的颜色并形成大量的孢子。种块一侧或周围出现细菌污染，多是因为母种不纯引起的，斜面上出现分散性菌落，则与灭菌不彻底，无菌操作不严格有关。

（6）注意特殊菌种的培养　灵芝、树舌等菌种的表面气生菌丝光下易革质化，可用黑纸包裹试管进行培养，以延缓老化时间。

（7）适时保藏　不能立即使用的母种要注意适时保藏，通常要在菌丝尚未长满试管时移入4～10℃的冰箱中保存。

四、 母种生产的注意事项

（一）菌种要做出菇鉴定

用于生产的菌种无论是引进的还是自己分离的，都要事先做出菇鉴定，避免因菌种选择不当造成不可估量的损失。出菇鉴定的内容包括生产性状、商品性状和遗传性状三个方面。

（二）限制使用五代以上菌种

由于转接移植的机械损伤及培养条件的改变，会削弱菌丝的生活力。甚至会引起菌种遗传性状的改变，造成出菇率下降、菌丝丧失形成子实体的能力，使产量、品质、商品价值下降，所以，已经选定了的母种要尽量避免过多转管。一般认为，母种经3～4代转管就应进行菌种复壮，繁殖代数应控制在5代以内（图4-5）。

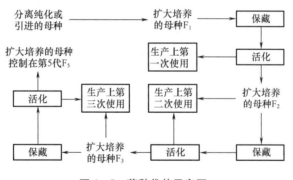

图4-5　菌种代传示意图

（三）建立菌种档案

菌种应有专人管理，并建立菌种档案，详细记录有关菌种的所有情况，包括菌种名称、菌株代号、菌种来源、转接时间、培养基配方、母种性状、生产上使用的情况、保藏的时间和条件。

（四）做好标签或标记，防误用菌种

保藏的菌种要在试管上和捆包装上做双重标记，切勿制作、使用无标记的菌种。

（五）正确使用保藏的菌种

冰箱中长期保藏的菌种，使用时应先进行活化培养1～2d，温度逐渐提高到25℃，使菌丝从休眠状态进入生长状态。要选用菌龄小的母种进行接种。不要使用培养基已经干缩或正在干缩的母种，因为培养基已经干缩的母种可能已导致菌种优良性状的衰退，甚至菌种失活。若无

小龄菌种，而对菌种活力有怀疑时，可先转接试管培养观察，在新斜面长好之后，用活化的斜面菌种进行扩大培养。

保藏的菌种使用前要认真检查有无污染。方法是从斜面上方和背面两个方向观察，有异样的菌落或菌丝出现则说明发生了污染，不能使用。菌种活化后应再检查一遍。保藏的母种即使无明显污染现象，但有可疑的菌丝出现，不能用于生产。

（六）注意保留原始菌种

保藏的菌种无论在什么情况下都不能全部用完，以免菌种绝传，对生产造成损失。

（七）制订菌种生产计划

要根据母种的使用时间认真安排菌种生产计划，最好使用菌丝长满斜面后的母种立即用于原种生产，此时菌丝的生活力旺盛，定植速度快。若不能立即使用，只有在菌丝长满斜面后，用玻璃纸包好试管，置低温避光处保存。

五、母种的质量鉴定

引进的菌种或分离出的菌种，首先要经过检查，只有符合要求的母种才能用于扩大培养。

（一）一般检查的主要项目

1. 外观形态

要求母种菌丝浓密、洁白、粗壮、爬壁能力强，培养基没有收缩，无杂菌，无异色，符合其品种（株型）的外观特征。

2. 镜检菌丝

挑取少量菌丝放在显微镜下检验，查看菌丝特征是否符合所培养的菌类，有无杂菌污染。具有锁状联合特性的种类还应看到锁状联合现象。具锁状联合的种类有锁状联合出现得越多菌种结实性越强的特点。

3. 转接斜面培养观察

将菌丝接种在斜面培养基上，适温下培养，菌丝生长快而整齐、浓密健壮者为优良品种，较差的菌种菌丝细弱、稀疏、不整齐。在适宜条件下生长良好，再放入高温下（一般菌30℃，凤尾菇35℃，草菇等高温型菇例外）培养，菌丝仍能健壮生长者为优良品种，菌丝萎缩者是较差的品种。

4. 转接原种培养料培养观察

将母种接种到原种培养料中，很快定植、萌动、吃料的菌种是优良品种，在湿度适宜和偏干、偏湿的培养料中都能正常吃料者为优良品种，否则说明适应力差，为较差的品种。

5. 出菇（耳）检查

这是菌种投入生产前必须做的结实性鉴定试验，通常称为出菇试验。将原种或母种（无菌操作）转接到原种培养基上培养，适温下培养至长满菌丝，然后降低温度至子实体形成的适温，调节好出菇所需的空气湿度、光照和氧气条件，观察出菇情况。优良品种出菇（耳）快、多、整齐、朵形好。

（二）常见食用菌优良母种的形态特征

1. 香菇

菌丝洁白、细短，呈棉絮状，不产生色素。生长速度中等，接种后一般12~14d长满斜面。

后期会分泌酱油状液滴。在斜面培养基上一般不能形成子实体原基。早熟种可形成原基。

2. 双孢蘑菇

菌丝灰白带微蓝，纤细稀疏。生长速度慢，接种后一般15d以上才能长满斜面。菌种有三种类型，即气生型、匍匐型和半匍匐半气生型。气生型菌种菌丝发达，菌丝尖端挺拔有力，基内菌丝较发达。匍匐型菌种菌丝贴生在培养基表面，横向伸展生长，前端呈线状放射状。半匍匐半气生型介于二者之间。菌种菌丝分布均匀，生长整齐挺拔有力，没有形成扇形变异，基内菌丝发达，斜面上无子实体分化者为优良菌种。

3. 草菇

菌丝淡白至淡黄色，细长、稀疏、透明，有金属光泽，数天后产生厚垣孢子呈链状，初期为淡黄色，成熟后呈深红褐色。菌丝生长快，28～30℃接种后6～7d长满斜面菌丝爬壁能力强，可长满试管空间。不产生厚垣孢子的结菇能力差。若菌丝密集，颜色洁白，可怀疑有杂菌污染。

4. 金针菇

菌丝白色至灰白色，长绒毛状，初期较蓬松，后期气生菌丝紧贴培养基。菌丝爬壁慢。菌丝细胞能产生色素，使培养基逐渐变为淡黄色。菌丝生长速度较快，适温下10d长满斜面。菌丝易断裂，形成节孢子，节孢子成串排列。后期在斜面培养基上易形成子实体，菌丝扭结之前会分泌黄色至琥珀色液滴，有的品系不分泌。已分化的子实体上出现次生菌丝或子实体萎缩，是开始老化的表现。较老的菌种，壁管上会出现菌丝断裂形成的粉状粉孢子。形成粉孢子多的品种，品质一般不理想。

5. 木耳

初级菌丝纤细、透明、洁白，二级菌丝粗壮、密集、洁白、呈棉絮状，后期颜色加深，能分泌褐色色素，培养基会因此而变色。能在斜面上形成耳芽。菌丝生长较快，适温下10d可长满斜面。

6. 银耳

银耳的母种有芽孢母种、银耳纯菌丝、香灰菌丝和混合菌种等几种形式，其使用方式也因此而不同。

银耳纯菌丝体呈白色或浅黄色，气生菌丝直立、斜立或平贴于培养基表面。初期气生菌丝密而成团称为白毛团。菌丝生长极慢。老熟的菌丝会在培养基表面缠结成团，并逐渐胶质化，变成耳原基，小耳片。双核菌丝移植后，或继续长菌丝，或迅速胶质化，或变成酵母状分生孢子，取决于菌株的菌龄、发育程度，或培养基表面有无水层、接种时的热刺激或机械刺激。

7. 香灰菌丝

白色，羽毛状（有细尖的主干和对称的侧枝）。老龄菌丝变为淡黄色或浅棕色，琼脂培养基也逐渐变为淡褐色、黑色或带黑绿色。气生菌丝灰白色，细绒状，有时有碳质黑疤。间或形成黄绿色或草绿色分生孢子。菌丝生长迅速，适温下4～5d可长满斜面。

8. 平菇

菌丝洁白、浓密、粗壮、生长整齐、爬壁力强，不产生色素。一般气生菌丝少，有的菌种如紫孢侧耳气生菌丝发达，可布满试管空间。有的菌株培养时间过长或在28℃培养时气生菌丝顶端会变成橘红色，这种斜面菌种可用于扩大为原种但不能转管培养。菌丝生长快，适温下6～8d可长满斜面。以菌丝粗壮、生长整齐、气生菌丝较少、有菇香味的菌种为优良菌种。气生菌丝多的菌种不宜扩大培养。

9. 猴头

菌丝粉白或灰白，线绒状，气生菌丝粗、短、稀，紧贴于培养基表面。基内菌丝发达。菌丝能产生棕褐色色素，使琼脂培养基变成褐色至茶色。转接后菌丝恢复生长很慢，15～20d 长满斜面。较老的菌丝形成节孢子，后期菌丝产生褐色分泌物，易形成珊瑚状子实体原基。过深的基内菌丝活力下降，不宜扩大培养和接种原种。

10. 蜜环菌

菌丝灰白色、透明、棉絮状，转接初期呈白色，以后颜色逐渐加深，培养 13～15d 形成菌索。菌索根状，幼嫩时为白色，以后逐渐变为红褐色，尖端为白色或黄白色，完全老化时变为黑色，产生的色素使琼脂斜面变为红褐色。菌丝和嫩菌束产生荧光。

11. 灵芝

菌丝白色，浓密，短绒状。气生菌丝不繁茂，老熟革质化，易形成有菌管的子实体原基。菌丝生长速度中等，在适温下 7～10d 长满试管斜面。

第二节　原种和栽培种生产

原种和栽培种营养条件相同，制作方法一致，所不同的是原种由斜面母种扩大培养而来，而栽培种是由原种扩大培养而来。因此，两者一起介绍。

一、 原种 （栽培种） 生产的工艺流程

配料→配制培养基→装瓶（栽培种可以用塑料袋）→灭菌→接种→培养

二、 原种和栽培种培养基的配料

原种、栽培种的制作目的，一是扩大菌种的数量，二是用近乎于栽培料的培养基培养菌种，增强菌种的生活力和适应栽培料的能力。从原理上讲，所有可用于栽培的培养原料都可以用于制作原种和栽培种的培养基。

培养菌种的原料选择和配制对菌种的质量和使用效果至关重要，应根据菌种和生产的实际情况来确定。如蘑菇的菌种若以谷粒（小麦粒或玉米粒）作原料，操作简单，处理方便，适于工业化生产，但菌种的菌丝主要长在谷粒的表面，很少穿透到内部，因此，易损伤且易受不利环境的影响而发育不良，甚至死亡；另外，生产料堆制后若处理不当，上菌床后仍有游离氨，可致使菌种块表面菌丝死亡。若用传统的草堆肥制种，菌丝能伸入到培养料块的内部，抵抗不良环境。因此，对于蘑菇来说，机械化生产宜用谷粒作菌种料，人工种植则用草堆肥作培养料为宜。

培养基的主料有木屑、棉籽壳、玉米芯、谷粒、作物秸秆等。配料（辅料）有麸皮、米糠、蔗糖（食用白糖即可）、石膏。培养基中的辅料用量不宜太大，一般 10% 左右即可，超过 25% 则营养用不完，在菌种培育阶段和播种上床以后，都容易感染霉菌。培养基中的木屑一般

用阔叶树木屑。木屑的特点是颗粒细、颗粒之间的空隙小，通气性差，配制时含水量宜稍小些。另外，木屑含纤维素丰富，含氮较少，应添加麸皮、米糠等辅料。棉籽壳营养成分高，质地硬，利于菌丝逐步分解利用；其碳氮比合适，后劲足；其形状不规则，颗粒大小适宜，又残留有棉纤维，因此通气好，有利于菌丝发育。作物秸秆，如豆秸、稻草、玉米秸、麦秸等，含丰富的纤维素、粗蛋白等营养成分，但营养不均衡或不持久，因此应添加辅料、调节碳氮比。

三、　原种和栽培种培养基的配方

1. 木屑培养基I

阔叶树木屑78%，麸皮（或米糠）20%，蔗糖1%，石膏粉1%。这是常见的木屑培养基配方。适用于制作香菇、平菇、黑木耳、金针菇、滑菇、灵芝、猴头菇等多种木腐型菌种。

2. 木屑培养基II

阔叶树木屑77%，麸皮20%，蔗糖1.5%，石膏粉1%，尿素0.5%。该配方适用于制作平菇、凤尾菇等菌种。

3. 木屑培养基III

松木屑77%，麸皮（或米糠）20%，蔗糖2%，石膏粉1%。该配方适用于制作茯苓菌种。

4. 棉籽壳培养基

棉籽壳78%（93%），麸皮（或米糠）20%（5%），蔗糖1%，石膏粉1%。适用于制作金针菇、平菇、凤尾菇、草菇、银耳、黑木耳、猴头菇等菌种。

5. 棉籽壳木屑培养基

棉籽壳40%，木屑40%，麸皮18%，蔗糖1%，石膏粉1%。适用于制作木腐类菌种。

6. 玉米芯培养基I

玉米芯（粉碎）78%，麸皮20%，石膏粉1%，蔗糖1%。

7. 玉米芯培养基II

玉米芯（粉碎）84%，麸皮10%，石膏粉2.5%，蔗糖1%，过磷酸钙2.5%。适用于制作草菇、平菇、木耳、猴头菇等菌种。

8. 甘蔗渣培养基

甘蔗渣75%，麸皮（或米糠）24%，石膏粉（或碳酸钙）1%。适用于制作平菇、凤尾菇、金针菇、毛木耳等菌种。

9. 花生壳培养基

花生壳（粉碎）78%，米糠20%，石膏粉1%，蔗糖1%。适用于制作平菇、香菇、木耳、猴头菇、灵芝等菌种。

10. 麦粒培养基I

麦粒86.5%，砻糠10%，石膏粉1.5%，碳酸钙2%。

11. 麦粒培养基II

麦粒87%，碳酸钙或石膏粉3%，发酵干牛粪10%，另加少许发酵稻草。该配方适用于制作平菇、凤尾菇、双孢蘑菇等菌种。

12. 稻草培养基

稻草50%，棉籽壳40%，麸皮8%，石膏粉2%。另加石灰0.5%用于浸稻草。适用于制作草菇、平菇菌种。

13. 谷粒（小麦、玉米、大麦、高粱）培养基

谷粒88%，碳酸钙4%，石膏粉8%，另用0.1%的多菌灵浸泡谷粒。该配方适用于多种食用菌的原种、栽培种制作，小麦、玉米培养基多用于蘑菇、平菇，高粱则对平菇效果更好。

14. 干稻草培养基

干稻草89%，麸皮10%，石膏粉1%。适用于制作草菇、平菇、凤尾菇菌种。

15. 厩肥粉培养基Ⅰ

厩肥粉20%，谷壳粉50%，贝壳粉15%，淀粉15%。适用于蘑菇菌种制作。

16. 厩肥粉培养基Ⅱ

厩肥粉42%，废棉线42%，碎稻草11%，米糠2%，石灰3%。适用于制作草菇菌种。

17. 木块（阔叶树）培养基

木块80%，阔叶树木屑12%，麸皮4%，蔗糖2%，石膏粉2%，适用于香菇、黑木耳、银耳等木腐型菌种制作。

18. 木条（竹签）培养基

木条（竹签）84%，木屑培养基16%。适用于制作多种木腐型菌种。

四、 原种和栽培种培养基的配制方法

（一）培养料的要求和预处理

用于配制培养基的材料要新鲜、干燥、无污染变质现象。木屑要用阔叶树的，针叶树木屑中的树脂、挥发油等物质含量高，需经过特别处理后才能使用。木屑、棉籽壳、蔗渣等颗粒较细的培养料可直接用于配制。粗、长、大的培养原料要进行机械粉碎：稻草要在吸足水后切成2～3cm的小段，也可先切段再浸水2～3d，捞出沥至不滴水，然后加辅料配制；玉米芯要用粉碎机粉碎成玉米粒大小再配制；其他作物秸秆如玉米秸、豆秸、花生秧等，日下曝晒后，碾碎，然后同稻草一样处理。谷粒要先用清水浸泡2～3d（中间要换几次清水），吸胀后再煮

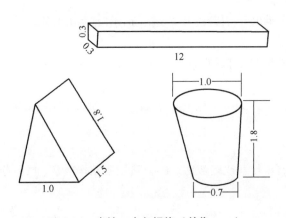

图4-6　木块、木条规格（单位：cm）

至熟而不烂，沥去水滴后使用。粪草必须经过堆积发酵处理，使粪草达到半腐熟程度，晒干备用。木条或竹签要事先切成条状或三角形（图4-6），用时先用水浸1d，沥水后加入适量木屑米糠，以充填之间的大空隙，补充营养。

（二）配制方法

棉籽壳、木屑、作物秸秆作主料的培养基配制时，先将辅料溶于适量水中，然后均匀地洒在料上，然后加上水，一边加水一边搅拌，搅拌后放置一段时间，待料吸水后再分装。若主料（如稻草）已事先浸泡好了，可先将能溶于水的辅料溶于少量水中，然后洒在主料上，不溶于水的辅料粉碎成粉状，均匀地撒在主料上，然后拌匀。若培养料含水量太大，可推开料堆晾至含水量合适。

谷粒煮好后取出，晾至表面没有水珠，加入辅料搅匀，调节含水量至60%左右即可。

（三）配制培养基应注意的问题

首先，培养基的含水量比菇房播种用的培养料稍干一些，因为培养料过湿，菌丝向下延伸较慢，且易衰老、僵化，含水量稍少些，可延缓菌种衰老。其次，不同培养料加水量应有区别，颗粒大的培养料加水量可稍大些，因为颗粒之间的空隙大，便于通气；相反，颗粒小的，如木屑，加水量宜少些，以免影响通气。另外还应指出，原种一般不用袋装培养而用瓶装培养，栽培种可用瓶、袋任一方式培养。瓶装用水宜少，袋装则加水宜多。

五、　装瓶与装袋

用来培养原种、栽培种的容器。一般采用750mL特制玻璃菌种瓶，也可以用大口罐头瓶，也可用聚丙烯塑料袋培养栽培种，聚丙烯塑料袋可以耐受制种所要求的高温高压。装料时应注意以下问题：

（1）装入瓶中的培养料要松紧适度，以用手指按下后有弹性，能够恢复原样为宜。培养料装得过松，虽然菌丝长得快，但细长无力，长势弱；若装得过实，用手指不易按动，则通气不良，菌丝发育困难，吃料太慢，长势也差。

（2）要求瓶中的培养料上紧下松，周围紧中央松。上部的紧密层可以防止水分过快地蒸发，下部的疏松层留有一些空隙，便于菌丝呼吸。

（3）棉籽壳、稻草段等颗粒大的培养料要压实些，因为它们本身空隙大；木屑、稻草粉、玉米芯粉则应松一些，因为它们的颗粒小，过实则不透气。

（4）原种的培养料要紧一些，浅一些，占瓶的3/4即可，栽培种的培养料要松一些，深一些，可装至瓶肩以下。

（5）装瓶之后，要用捣木在中央打一个洞，直达瓶底或料的4/5处，以固定所接菌种块，使之不致因移瓶而改变位置影响成活、定植，还有利于菌丝沿洞穴向下蔓延，另外，还增加了培养料的表面积，有利于菌丝呼吸。

（6）塑料袋只适用于某些食用菌的栽培种培养。使用聚丙烯袋时，木屑等纤维材料装袋前应过筛，去掉具有锐角的大颗粒和枝条，以防刺破塑料袋。袋中的培养料应四周紧中央松，两头紧，中间松。装袋后也应打孔，孔的位置可以在一端，也可以在中央打一孔，然后用橡皮膏贴住口。

（7）培养瓶的封口有两种方法，用双层牛皮纸封口或用一层牛皮纸外加一层聚丙烯塑料薄膜封口。也可以用多层报纸封口。

六、　原种和栽培种培养基的灭菌

（一）高压灭菌

0.15MPa，1~1.5h；谷粒和经过堆制发酵的粪草培养基0.15MPa，2~2.5h。

（二）常压灭菌灶灭菌

水开升温至100℃后维持6~10h，然后用灶内余火焖一夜。

（三）常压间歇灭菌

每天烧开水后维持4h，重复灭菌3次。

七、 原种和栽培种的接种

接种前要检查供接种用的母种或原种的纯度和生活力，检查菌种内或棉塞上有无霉菌斑和细菌菌落，原种瓶内有无因杂菌侵入所形成的拮抗线。有明显的杂菌污染或者对菌种纯度有怀疑的、母种培养基开始干缩的、原种培养瓶上出现大量灰褐色分泌物的、培养基内菌丝长势不好、菌丝稀疏或多是细线状菌索的、没有菌种标签的可疑菌种，均不能用于接种。

在冰箱中保存的母种使用时要提前取出，活化 1 ~ 2d 再用。若母种在冰箱中保藏的时间较长，超过 3 个月，最好转管培养一次再用，以提高菌种生活力，保证接种成功。

（一）原种的接种

1. 无菌箱内操作法

将灭菌后已冷却的料瓶和接种器材（接种铲、接种锄、酒精灯、火柴）放入无菌箱内，用甲醛熏蒸或开紫外灯照射半小时，或用专用气雾消毒剂灭菌。用甲醛熏蒸消毒的，要先打开氨水瓶，除去空气中的甲醛分子，然后开始操作，先点燃酒精灯，灼烧接种工具，拔下母种棉塞烧灼试管管口，然后打开原种瓶塞，无需在酒精灯火焰上，直接接种。接种量可掌握菌丝体连同琼脂培养基有蚕豆大小即可（约 $2cm^2$）。接种之后，烧灼培养瓶的瓶口重新封好（图 4 - 7）。用紫外灯照射灭菌的操作方法同室内操作法。

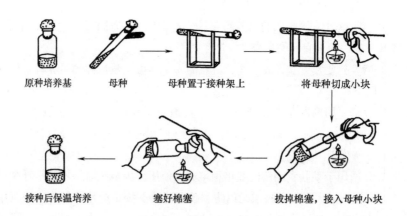

原种培养基　　母种　　母种置于接种架上　　将母种切成小块

接种后保温培养　　塞好棉塞　　拔掉棉塞，接入母种小块

图 4 - 7　原种接种法

2. 室内操作法

接种室灭菌后将菌种瓶侧放在木架上，用酒精灯火焰封口。取斜面母种，在火焰上方拔出棉塞，灼烧管口，烧接种铲或接种锄，放在试管中冷却，然后切去 $2cm^2$ 大小的斜面菌种一块，送入菌种瓶中，固定在接种孔内，然后烧灼试管管口、棉塞，塞好试管放置起来，灼烧原种瓶口，封好瓶口。

（二）栽培种的接种

栽培种的接种原则上同原种的接种一样。但所用菌种是原种，原种瓶大，有时上部或瓶塞、瓶盖上会有污染，操作时应加以注意。

1. 瓶－瓶接种

这种接种方法可以在无菌箱内操作，也可以在无菌室内操作。在无菌箱内操作时，可以先把栽培种料瓶和原种瓶一同放入，然后用甲醛熏蒸消毒，氨水除味后点燃酒精灯，烧灼接种铲等接种工具。打开菌种瓶，烧灼瓶口，用接种铲（锄）去掉原种瓶内上部一层的菌丝层或未长菌丝的培养料。再烧灼一次接种铲。将原种瓶平放，以便于取种。取栽培种料瓶，打开瓶口，若用棉塞封口，应烧灼瓶口和棉塞。若用纸封口，则开一半，使呈45°角，将 $2 \times 2 \times 2cm^3$ 大小菌种块（或花生米大小）放入接种穴中，封口。若在无菌室内操作，则放入栽培种料瓶，消毒后，带入原种瓶，用酒精棉球擦拭原种瓶外壁，用酒精灯烧去封口纸或烧灼露在外面的棉塞，以杀死可能存在的杂菌，拔去棉塞，烧灼瓶口，去掉表层菌种皮或培养料，固定在支架上，用火焰封口（图4-8），其他操作同无菌箱内操作。

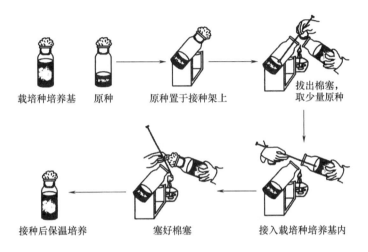

图4-8 栽培种接种法

2. 瓶-袋接种

由于塑料袋无法用火焰封口、灭菌，操作难度大，一般不在无菌室内操作，而是在无菌箱内接种。先对袋、种进行甲醛熏蒸灭菌处理，方法同前，然后接种。若从袋口处接种，接种前要先用石灰水浸泡片刻，接种方法同前，接种完扎紧袋口后，再用浓石灰水浸泡片刻，使可能出现而不易发现的袋壁裂隙被石灰浆密封。若从袋中央打孔接种，则首先用70%的酒精棉球擦拭接种孔上的胶布或胶带，然后掀开胶布，露出接种穴，铲取菌种接种，接种后再用原来的胶布封好接种孔。

（三）原种和栽培种接种时应注意的问题

（1）接种时要严格遵守无菌操作规程。

（2）制作原种时，因所接的母种种块小，菌丝的生活力、吃料能力差，菌丝萌发、定植所用时间较长，无菌操作尤其要特别谨慎，以防霉菌孢子随气流进入培养基表面或深入到接种孔内，造成污染。

（3）若制作栽培种时，所用的原种表面出现污染而下部正常，原则上应弃之不用，若非用不可，则只能用下部或中下部的菌种，方法是用70%的酒精棉球反复擦拭原种瓶外壁（不打开瓶口）。并用火焰烧灼，然后用锤打碎瓶底，从底部取种接种。

（4）栽培种接种时，除将种块放入接种孔内固定之外，表面可撒一些碎菌种屑，既可加快菌丝生长的速度，又可抑制可能出现的污染。

（5）为使瓶内的菌丝体上下菌龄一致，可采用两点接种法接种，先将一小块斜面菌种（或原种块）送入接种穴底部，再将另一块较大的菌种固定在接种穴表面，这样可以上下同时发菌。谷粒菌种也可直接接满接种穴。

（6）菌种瓶（管）中的原接种部位的菌丝体常老化衰老，应弃之不用。

八、 原种和栽培种的培养

菌种转接之后，立即放入培养室中培养。菌种瓶应先竖放，当菌丝萌发定植后，改为横卧叠放。因为竖放菌种瓶，瓶塞易沉积灰尘和杂菌，瓶内的培养料中的水也易下沉，使上部干燥下部积水，菌丝难以吃透料。横放的菌种瓶可经常转动，使瓶内水分分布均匀。菌种瓶叠放可以节省空间。

在培养过程中要经常检查菌种的生长状况和有无杂菌污染，发现污染应立即取出。刚培养的菌种应每天查看一次，3~5d仍不萌发者应单独陈放，1周后仍不萌发者应补种。已萌发的菌种瓶应改为横放。菌丝向下生长1~2cm时可改为5~7d检查一次，并同时转动种瓶。

注意保持和调整培养室的温度。起初应保持菌丝生长的适宜温度，使菌丝能尽快生长、吃料，当菌丝快长满瓶时，要降低培养温度2~3℃，使菌丝健壮、增强生活力。要注意培养室温度和培养瓶内温度的差异，及时调整室温或翻堆倒瓶，使培养瓶（袋）内的温度保持所需温度。室温较高时要注意开门通气，冬季气温低时，将菌袋堆放在一起，可利用食用菌菌丝发育所释放出的热量保持一定的温度。

注意保持室内空气新鲜，经常通风换气。调节光照，避免强光照射。避免空气湿度过大，引起塞盖霉菌污染。做好防虫、杀虫、灭鼠工作。

菌种（特别是原种）培养好之后，要及时使用，若培养、保持时间过长，会引起菌丝生活力下降、菌丝老化、形成子实体原基等情况的发生，还会增加后期污染的可能性。

九、 原种和栽培种的质量鉴定

原种和栽培种质量的好坏，直接影响食用菌生产的产量高低，子实体商品价值高低，甚至食用菌生产的成败。对生产出的或购进的原种、栽培种进行质量检查至关重要，具体项目如下：

（一）外观要求

（1）菌丝已长满培养基，菌丝粗壮、密集、洁白（或呈该菌种应有的颜色，银耳菌种还应有香灰色的香灰菌丝），有爬壁能力，菌丝分布均匀一致，绒状菌丝多，有特殊的菇香味。

银耳的菌种培养基表面要有子实体或子实体原基出现。

（2）无污染 菌丝无绿、红、黑等杂色，培养料形成的菌丝柱状体无收缩，无黄色积液。菌丝长满后放置7~20d内无菇蕾形成。

若上部菌丝生长不均匀，菌丝稀疏或成束生长，底部不长菌丝或长透培养料的时间很长，说明培养基过湿。如果没有酸味产生，还可作为菌种使用，但要加大接种量；若有酸味产生，说明已形成污染，不能使用。若菌丝生长缓慢，或底部不长菌丝、培养料色淡，则是培养料过干，长满后也可使用，但要加大接种量。

如果菌丝柱已收缩，底部有黄色积液，说明培养时间过长（已超过60d），这样的菌种生活力很弱，一般只能直接出菇，不能作菌种使用。

培养基（料）或菌丝柱内有杂色出现，是感染了霉菌造成的，不能作菌种使用，污染严重的应深埋土中，避免霉菌孢子的大量散发，污染环境，造成再度感染。

（二）菌龄要求

（1）要用正处在生长旺盛期的母种（原种）接种进行原种（或栽培种）的生产。

（2）原种和栽培种在常温下可放置1个月，超过此标准，即使直观健壮，其生活力也大大下降，不能用于生产。

第三节　液体菌种生产

液体菌种是在无菌条件下，将斜面菌种接种于合适的液体培养基中，通过振荡、搅拌等方式培养出来的菌丝球。它是将菌种培养在发酵罐或三角瓶内，通过不断通气搅拌或振荡，以增加培养基中溶解氧含量，控制发酵工艺参数，获得大量菌体或代谢产物的方法。它能在短期内获得大量的菌丝体（球）和代谢物，不仅可生产液体菌种用作母种或二级菌种，也可直接作为三级菌种，而且还可以直接用于医药和食品工业上，生产药品、调味品、饮料等。传统的食用菌菌种生产工艺，是由试管母种扩繁成二级菌种、三级菌种，生产周期长、污染率高、成本高、需要大量人力，且管理困难。食用菌液体菌种由于具有生产规模化、控制自动化、生长无菌化、发菌高速化的生产应用优势，是发展食用菌产业的一条崭新途径，将对我国食用菌菌种工厂化生产有重要的推动作用。目前应用深层发酵培养菌丝体作菌种的食用菌有香菇、侧耳、金针菇、草菇、黑木耳、蘑菇、茶树菇、蜜环菌、灵芝等。

一、液体菌种特点

液体菌种与固体菌种相比，具有以下特点。

（一）菌种制作程序简单

固体菌种的制作要经过从母种到原种再到栽培种三级制种过程。而且要更换培养基，手续繁杂。液体菌种的制作，只要同一种培养基，培养出来的菌种，既可作为母种使用，也可作为原种、栽培种使用，减少了培养基的更换和培养环境的改变。

（二）生产周期短

由于菌种采用液体培养，菌种在发酵液内呈均匀分布，加之发酵条件易控制，菌丝可以在最佳条件下生长。因此，食用菌菌丝代谢旺盛，菌丝生长迅速。一般液体菌种的生产周期从接种到发酵结束，需3~7d。固体菌种从母种到三级菌种的时间一般为2个月，培养固体二级菌种或三级菌种的时间需25~40d。液体菌种大大地缩短了制种时间，能够及时地供应生产需要。

（三）菌丝球菌龄一致，生长旺盛，生活力强

采用传统的固体方法制种时，菌种瓶（袋）中的菌龄往往是不一致的。因为固体菌种是靠接种块上的菌丝体蔓延长成的，处在菌种瓶上部和下部的菌丝体菌龄差异很大，一般相差20~30d，往往当下部菌丝体刚长到瓶底时，处在接种处的上部菌丝体就接近"老化"，这就造成菌种瓶（袋）中的菌龄不一致。而液体菌种则不一样，液体菌种在同一个条件下培养而成，菌丝

体生长发育均匀一致，菌龄整齐。一般采用发酵方法培养液体菌种时，处于 3～7d 时的菌丝体正值旺盛生长期，接种后萌发快，发育健壮。此外，由于菌种的菌龄整齐一致，这样出菇时间也较一致，更加便于管理、采收与加工。

（四）接种手续简便

液体菌种呈流体状态，这样更加便于接种，特别是便于接种工艺的机械化、自动化，有利于工作效率的提高。接种时，可采用特殊的液体接种枪或食用菌专用的液体菌种接种机进行接种。一般是将发酵好的液体菌种置于一密闭容器内，容器内加入无菌空气并保持一定气压，菌种经过管道进入一个特制的接种枪内。该接种枪可随时开或关，具有一尖嘴可刺破塑料薄膜，用于接种固体栽培料。

（五）定植发育快

因为液体菌种有流动性，将液体菌种接种固体料后，各个菌丝球和菌丝片断可以流散在不同的部位萌发。这样，菌丝萌发点多、萌发速度快、菌丝出菇周期短。此外，由于液体菌种的生产是在设备完全密闭的情况下进行的，菌种纯度高。而且，用液体菌种扩繁的固体菌种具有各瓶菌丝生长速度较均匀、出现死菌（菌丝不萌发）瓶数较少的优点。用这种固体菌种进行栽培，可获得高产优质的子实体。

液体菌种也有缺点。第一是不便贮藏和运输：液体菌种一旦发酵好，应尽快使用，否则菌种将迅速老化，失去活力。一般常温下（20℃）液体种可保藏 2～3d，0～5℃的冰箱仅放 9～17d。液体菌种和固体菌种相比运输相对困难，包装和贮藏成本也高。第二是技术难度大：液体菌种的生产需要专业的技术人员管理。深层培养过程中菌种的选择，培养基的配比，发酵过程中各个参数的控制和对发酵液污染的判断等，任何一个环节都必须掌握好，否则就会失败。第三是产量不稳：目前用液体菌种进行熟料栽培的技术比较成熟，但产量不稳定，还需进一步研究菌丝从液体培养状态进入固体培养后的生理变化机制的转换。第四是投资大：生产液体菌种需要专用设备和充足的电力，一次性投资大，对设备要求也高。

二、液体菌种生产设备

液体菌种的原初母种，通常是斜面菌种。因为一般是用斜面菌种进行菌种的保藏、转运。因此，液体菌种生产的设备应有一般斜面菌种生产所需要的接种箱、培养箱等。通过接种斜面菌种生产出来的液体菌种称为一级种。一级种通常用三角烧瓶培养，需要有培养室、摇床（圆弧式或往复式）。

二级、三级菌种的生产设备因生产量不同而差别很大，可以用摇床，也可以用小型发酵罐。生产量非常大的可以用大型发酵罐。大型发酵罐配套设施很多，需要电、气、水等配套。电是所有设备运转的动力，气是指给发酵罐供无菌过滤空气。

三、液体菌种培养基

液体菌种的培养基主要成分是碳源、氮源、矿质元素和维生素。碳源主要是蔗糖、葡萄糖、淀粉等。氮源主要是蛋白胨、酵母粉、酵母浸膏等。无机盐可加入 KH_2PO_4、硫酸镁等。维生素可加入维生素 B_1。液体培养基的黏度与食用菌的菌球形成关系密切。黏度小，形成的菌丝球大，数量少；黏度大，形成的菌丝球小，数量多。在生产中常加入淀粉、琼脂和玉米粉增加黏度。下面介绍几种常用食用菌液体培养基配方。

（一）通用液体培养基

（1）葡萄糖3%，豆饼粉2%，玉米粉1%，酵母粉0.5%，磷酸二氢钾0.1%，碳酸钙0.2%，硫酸镁0.05%，pH自然。

适用于多种食用菌的液体培养。

（2）可溶性淀粉3%~6%，蔗糖1%，磷酸二氢钾0.3%，硫酸镁0.15%，酵母膏0.1%，pH6.0。

适用于培养平菇、香菇、草菇、猴头菇、木耳等多种食用菌，以平菇最为适宜。

（二）香菇液体培养基

（1）葡萄糖20g，蛋白胨2.5g，酵母膏2.5g，磷酸二氢钾1g，硫酸镁1g，氯化钠1g，水1000mL，pH6.0。

（2）麦麸5%，葡萄糖2%，硫酸铵0.1%，硫酸镁0.4%，硫酸锌0.02%，硼酸0.01%，石膏粉1%，维生素$B_1$10mg/L，琼脂0.05%，pH自然。琼脂能增加培养液黏度，菌丝生长快。

（3）麸皮3%，玉米粉1%，蔗糖2%，磷酸二氢钾0.15%，硫酸镁0.1%，pH自然。

（三）平菇液体培养基

（1）马铃薯20%，蛋白胨0.2%，葡萄糖2%，磷酸二氢钾0.05%，硫酸镁0.05%，氯化钠0.01%，pH自然。

（2）麸皮3%~4%，玉米粉1%，蔗糖2%，磷酸二氢钾0.15%，硫酸镁0.1%，pH自然。

（四）金针菇液体培养基

（1）玉米粉5%，酵母粉0.5%，蔗糖4%，碳酸钙0.2%，维生素$B_1$1mg/L，pH5.5。

（2）葡萄糖20g，磷酸二氢钾7g，硫酸镁2.5g，氯化钙0.1g，氯化钠0.1g，1%柠檬酸铁0.5mg，硫酸锌20mg，硫酸锰50μg，水1000mL，pH5.3。

（五）蘑菇液体培养基

（1）葡萄糖50g，磷酸二氢钾0.87g，硫酸镁0.4g，尿素5g，维生素$B_1$2mg，微量元素液20mL，蒸馏水1000mL。微量元素组成：硫酸亚铁0.5g，硫酸铜0.05g，氯化锰0.05g，氯化锌0.2g，蒸馏水1000mL。

（2）葡萄糖50g，硝酸钙0.5g，硝酸钾2g，氯化钠0.1g，磷酸二氢钾0.5g，硫酸镁0.5g，硫酸亚铁2mg，维生素$B_1$2mg，水1000mL，pH5.0。

（六）木耳液体培养基

（1）淀粉30g，葡萄糖20g，酵母膏2g，磷酸二氢钾2g，硫酸镁1g，水1000mL，pH6.5。

（2）玉米粉2%，葡萄糖2%，磷酸二氢钾0.15%，硫酸镁0.075%，pH5.0~6.0。

（七）草菇液体培养基

（1）葡萄糖3%，豆饼粉2%，玉米粉1%，酵母粉0.5%，磷酸二氢钾0.1%，碳酸钙0.2%，硫酸镁0.05%，pH7.5~8.0。豆饼粉、玉米粉先用冷水调成糊状，沸水煮制后使用。

（2）淀粉浆4%，蔗糖1%，葡萄糖1%，酵母膏0.3%，蛋白胨0.1%，磷酸二氢钾0.1%，硫酸镁0.05%，pH7.5~8.0。培养二级摇瓶菌种用。

（八）猴头菇液体培养基

（1）玉米糖浆3%，黄豆粉2%，蔗糖1%，酵母膏0.1%，磷酸二氢钾0.1%，硫酸镁0.05%，

维生素 B_1 10mg/L, pH4.0。

(2) 麦麸 5%，葡萄糖 2%，蛋白胨 0.2%，酵母粉 0.2%，磷酸二氢钾 0.15%，硫酸镁 0.075%，pH5.0。

（九）滑子菇液体培养基

(1) 葡萄糖 1%，豆饼粉 1%，磷酸二氢钾 0.1%，硫酸镁 0.1%，琼脂 0.1%，pH 自然。

(2) 淀粉 30g，脱脂大豆 4g，酵母膏 4g，硫酸镁 1g，磷酸二氢钾 1g，氯化钙 0.1g，硫酸亚铁 0.003g，硫酸锌 0.003g. 硫酸锰 0.003g，羧甲基纤维素 10g。

适用于滑子菇的深层培养，也适合金针菇、平菇等的深层培养。

（十）灵芝液体培养基

(1) 蔗糖 2%，豆饼粉 1%，磷酸二氢钾 0.075%，硫酸镁 0.03%，pH6.5。

(2) 葡萄糖 4%，黄豆粉 2%，蛋白胨 0.2%，硫酸铵 0.2%，氯化钠 0.25%，磷酸二氢钾 0.05%，碳酸钙 0.5%，pH 自然。

（十一）灰树花液体培养基

(1) 葡萄糖 20g，酪蛋白水解物 0.3g，磷酸二氢钾 1g，硫酸镁 0.3g，氯化钙 0.1g，硫酸亚铁 0.15mg，硫酸锰 0.1mg，硫酸铜 0.1mg，维生素 B_1 0.01mg，腺嘌呤 5mg，泛酸钙 0.3mg，维生素 B_6 0.2mg，肌醇 0.3mg，叶酸 0.03mg，蒸馏水 1000mL，pH5.5。氨基酸与维生素用微孔滤膜方法除菌后加入。

(2) 葡萄糖 3%，马铃薯汁 20%，蛋白胨 0.6%，豆油 0.1%，硫酸镁 0.05%，磷酸二氢钾 0.05%，pH6.0。可用于灰树花液体发酵产多糖。

（十二）茯苓液体培养基

(1) 葡萄糖 2.5%，酵母膏 0.35%，玉米浆（含氮量7.1%）0.18%，磷酸二氢钾 0.1%，硫酸镁 0.05%，氯化钙 0.006%，每 1L 培养液内另加硫酸锌 4mg，硫酸锰 5mg，柠檬酸铁 5mg，维生素 B_1 0.1mg。

(2) 葡萄糖 3%，蛋白胨 1.5%，磷酸二氢钾 0.1%，硫酸镁 0.05%，pH 自然。

（十三）竹荪液体培养基

葡萄糖 1%，蛋白胨 1%，麦芽糖 1%，磷酸二氢钾 0.15%，硫酸镁 0.15%，生长素微量。

四、液体菌种制作方法

液体菌种的培养方式主要有振荡培养和发酵罐培养两类。振荡培养又称为摇瓶培养，是利用机械振荡，使培养液振动而达到通气的目的，是将斜面试管菌种接种到培养液中，置摇床上振荡培养。经摇瓶培养的菌丝体一般呈球状、絮状等多种形态，培养液呈黏稠状或清液状，有或无清香味及其他异味。菌液中因有菌体发酵产生的次生代谢产物，可呈不同的颜色。发酵罐培养是利用发酵罐进行深层液体培养。

（一）摇瓶种的制备

1. 摇瓶培养工艺流程

制备培养基→分装→灭菌→冷却→接种→摇床培养→一级液体菌种→二级液体菌种

2. 摇瓶培养要点

(1) 培养基的配制　按配方称好各种成分，装入容器中，加水溶解后，分装入三角瓶中，一般 250～300mL 三角瓶装 100mL 培养液，塞上棉塞，用报纸包扎；也可用 8 层纱布封口，外面用牛皮纸包扎。

（2）灭菌 一般采用高压灭菌方法，灭菌要求 121℃、30min。取出冷却到 30℃左右，放入无菌室或接种箱内备用。

（3）接种 按无菌操作要求每瓶接入 1～2cm² 的斜面菌种 2～3 块，每支斜面菌种可接 4～5 瓶。接入的菌种稍带点培养基为好，能使其浮在培养基的表面，接种后用原塞瓶口的纱布展开后盖在瓶口，并用线绳扎牢。

（4）培养 接种好的菌种瓶可置于摇床上培养，也可置于 24～26℃恒温静置培养 48h 后，待气生菌丝延伸到培养液中后再进行振荡培养。往复式摇床的振荡频率为 80～120r/min，旋转式摇床的频率为 150～220r/min，摇床培养 3～4d 即可。培养结束时，因菌种不同，培养液出现不同色泽，如平菇、金针菇的培养液呈浅黄色；香菇、猴头菇的培养液呈红棕色，并有菇香味；木耳的培养液呈褐色，黏稠有香甜味。培养液经检测，无杂菌污染，菌丝干重达 10g/L，菌丝球直径在 1～2mm 时，方可用于生产或进一步扩大培养。

（5）二级液体菌种制作 二级液体菌种培养基的制作同一级液体菌种，培养容器要大些，可采用 5000mL 三角瓶，装量不超过 3500mL。灭菌冷却后，将已经发酵好的一级液体菌种按 5%～10% 的比例接入 5000mL 三角瓶中，置摇床上培养，转速要适当慢些。经过 2～3d 的振荡培养，就可得到菌球均匀分布、发酵液清澈透明的液体菌种。

（二）发酵罐液体菌种的制备

如需要大量的液体菌种，必须使用发酵罐生产。发酵罐的设计与选用必须能够提供适宜于菌丝体生长和产生产物的多种条件，促进菌丝体的新陈代谢，使它能在低消耗的条件下获得较多的产物，如保持适宜的温度、能用冷却水带走发酵产生的热量、能使通入的无菌空气均匀分布，并能及时排放代谢产物和对发酵过程进行监测和调控。采用发酵罐发酵，要掌握培养基装量、pH 调整、温度、接种量、通气量、罐压、发酵周期和消泡剂的使用，操作要比摇瓶培养复杂得多。

1. 工艺流程

发酵罐的清洗和检查 → 培养基配制 → 上料装罐 → 培养基灭菌 → 降温冷却 → 发酵罐接种 → 发酵培养 → 液体菌种

2. 发酵设备

发酵的相关设备很多，整个发酵系统可由种子罐、发酵罐、补料罐、酸碱度调节罐、消泡罐、空气净化设备、蒸汽灭菌系统、温度控制系统、pH 控制系统、溶解氧测量系统、微机控制系统等部分组成。

（1）蒸汽灭菌系统 食用菌液体发酵中必须配有蒸汽发生设备作为灭菌和消毒之用。发酵生产中多采用"空消"和"实消"的灭菌形式。空消即在投放培养料前，对通气管路、培养料管路、种子罐、发酵罐、酸碱度调节罐以及消泡罐等用蒸汽进行灭菌，消除所有死角的杂菌，保证系统处于无菌状态。实消即将培养液置于发酵罐内，再用高压蒸汽灭菌对培养基进行灭菌的过程。此外，在发酵罐发酵过程中，还可以利用蒸汽对取样口进行消毒之用。

（2）空气净化设备 深层发酵生产要往发酵罐内不断地输入无菌空气以保证耗氧的需要及维持罐内有一定的压力，防止外界杂菌的侵入。无菌空气由空气净化设备产生。空气净化设备一般由空气压缩机、油水分离器、空气贮罐、空气过滤器等组成。一般为压缩空气通过一个油水分离器，除去空气中的大部分油和水后通入空气贮罐，再经过空气过滤系统进行过滤除菌，从而达到无菌空气要求。深层发酵中，空气过滤除菌系统的好坏是保证进入的空气无菌度的关键。一般细菌直径在 $0.5 \sim 5\mu m$，酵母菌在 $1 \sim 10\mu m$，病毒一般在 $20 \sim 400nm$，所以采用深层发酵方法生产液体菌种时，空气净化设备要达到设计的要求。

（3）发酵培养设备 发酵培养设备包括种子罐、发酵罐，补料罐、酸碱度调节罐以及消泡罐等设备。此外，在种子罐和发酵罐罐体上往往配有温度控制系统、pH 控制系统以及溶解氧测量系统等，这些设施可以与电脑通过微机控制系统相连接，能够对发酵参数进行监控。食用菌的发酵生产多采用二级发酵和三级发酵。一级种子罐容量一般为 $50 \sim 100L$，二级菌种子罐容量为 $500 \sim 1000L$，有的大型发酵罐还配有三级菌种子罐，容量为 $2000 \sim 10000L$，大的可达 20 万 L。一般以两个种子罐以上配一个发酵罐，这样一旦一个种子罐染菌了，还有一个种子罐可供备用。种子罐容积越小，摇瓶菌种的接种量越小，污染杂菌的概率也越小。

3. 发酵参数

发酵罐培养受很多因素的影响，除培养基外，还有温度、氧气、pH、泡沫、杂菌污染等的影响，每个参数的变化均反映了培养过程的代谢状况。在生产实践中就是通过对这些参数的观察和控制来维持整个培养过程的正常进行。

（1）温度 温度可影响发酵过程中基质的反应速率及氧的溶解度。温度和菌体代谢、代谢产物的产生有密切的关系。不同菌种的适宜温度不同，绝大多数食用菌都属于中温型，其菌丝生长温度为 $20 \sim 30℃$，以 $25 \sim 28℃$ 生长为最好；有的菌类属于高温型，菌丝生长最适温度为 $28 \sim 34℃$，最高可达 $36℃$，如茯苓、草菇等。

一般情况下，发酵罐带有的温度控制系统可以随时监控发酵罐内的温度变化。当温度控制系统与计算机相连接，并设置为自动控制后，罐内温度可以保持恒定，控制发酵生产的温度均采用往发酵罐夹层或蛇形管中注入热水或冷水的方式，进行升温或降温。

（2）溶氧浓度 液体菌种生产中最关键的也是培养液中氧的溶解量，因为在菌丝生长过程中，必须不断地吸收溶解其中的氧气将营养物质氧化分解，并释放能量，用于细胞生长和代谢产物的合成。如氧气供应不足，菌体的生长和代谢会受到抑制。发酵过程中的溶解氧浓度大小和菌株的耗氧相关，如果发酵设备的供氧量不变，那么溶解氧的变化就反映出发酵菌体呼吸量的增减。一般情况下，在发酵的前期，由于菌体逐渐大量繁殖，耗氧会逐渐增加，表现为溶氧浓度逐渐下降；到了发酵的中期，发酵罐内菌体浓度达到最高稳定时期，此时溶氧浓度变化不大；到了发酵后期，由于菌体的衰老，罐内耗氧量逐渐减少，溶氧浓度表现上升。此外，发酵过程中的溶解氧浓度还与通气量、搅拌速度、氧在液体中的溶解及传递等因素有关。一般情况下，通气量大，溶解氧浓度会增大；搅拌速度增快，有助于溶氧浓度的增加；温度越低，氧的溶解度越高；培养基中溶质越多，氧的溶解度越小。

发酵过程中的溶解氧浓度大小可用插入发酵液中的溶解氧电极传感器来测定。在工业生产中，常通过调节通气量和搅拌转速来达到控制溶解氧的目的。其中，通气量可用空气流量计得出。空气流量计是发酵罐的附属设施，空气流量是指每分钟内单位体积发酵液与通入空气体积之比。在食用菌的发酵生产中，往往采取前期通气量小，中期通气量大，后期通气量小的方式，小通气量一般为 $0.5L/(L \cdot min)$，大通气量一般为 $1.5L/(L \cdot min)$。但是，这一方法盲目性较大，对于实际的发酵生产来讲，通气量应当根据具体发酵情况来相应调节。

（3）搅拌速度　食用菌属于好氧生物，生长过程中需要大量的氧气，而氧气的供给属于气液传递过程。液体深层培养菌丝体只能利用溶解的氧，而氧是难溶于水的气体，目前解决此问题主要靠搅拌和连续通入空气的方法。通过搅拌，能把通入的空气打碎成气泡，增加气液的接触面积，一方面增加氧的传递；另一方面还可使液体形成涡流，延长气泡在液体中的停留时间，增加液体的湍动程度，增大氧的传递系数，此外，还可减少菌丝结团现象，改善细胞对氧的吸收，有利于菌丝增殖。

一般在发酵初期，菌种耗氧速度较低，当菌体进入快速生长期，菌体浓度迅速增加，耗氧速度加快，要相应提高发酵罐的通气量和搅拌速度，以满足菌体对氧的需求。

（4）pH　发酵液的 pH 是保证菌丝体正常生长的主要条件之一，也是发酵过程中各种生化反应的综合指标，了解该 pH 的变化规律，可了解菌体的生长规律与代谢特征。pH 影响酶的活力，影响菌体细胞膜所带的电荷，从而改变细胞膜的透性，影响菌体对营养物质的吸收和代谢产物的排泄；pH 还影响培养基中某些营养物质和中间代谢产物的利用，pH 的改变往往会引起菌体代谢途径的改变，使代谢产物发生变化。因此，必须选用合适的 pH 进行发酵。大多食用菌菌丝体最适 pH 为 5.0~6.5。在培养过程中，由于菌体代谢会产酸，导致 pH 下降；到了发酵后期，菌体衰老和自溶，氨基氮回升，pH 也回升。

（5）泡沫　在培养过程中，由于培养基中含有蛋白胨、玉米浆、黄豆粉、酵母粉等原料，这些都是发泡性物质，加上菌体呼吸过程中产生的 CO_2 的作用，就会产生泡沫。此外，在通气和搅拌条件下，由引进的气流和机械的分散作用更加造成了大量泡沫的产生。

泡沫是深层发酵的最大障碍，过多而且持久的泡沫会给发酵带来很多不利因素。如发酵罐的装液量减少，如不加以控制，会造成发酵液从排气管排出而损失；泡沫还可能从发酵罐顶的油封处渗出，增加污染的概率；泡沫还增加了灭菌的困难，由于某些耐热的菌潜伏在泡沫里，泡沫中的空气和泡沫的薄膜有隔热作用，热量不易穿透进去杀死其中潜伏的菌体，一旦泡沫破裂，就会造成污染。此外，泡沫严重时，还会影响菌体的代谢。

消除泡沫的方法有机械消沫和加消泡剂两种。机械消沫法是在搅拌轴上方安装消沫器，利用机械强烈振动或压力变化而使泡沫破裂。常用的消泡剂有天然油脂类、高碳醇、脂肪酸和酯类、聚醚类、硅酮类 5 大类。其中，以天然油脂类和聚醚类在发酵中最为常用。天然油脂类有豆油、菜子油、玉米油等。

4. 发酵终点的判断

食用菌的液体菌种生产主要是以菌丝为目的物的发酵生产，发酵终点可以通过菌丝纯度、菌丝的形态、菌丝含量等综合形态学指标来判断，也可以测定发酵液中养分的消耗和代谢的变化等作为确定发酵终点的指标。

（1）食用菌深层培养中形态学观察指标

①菌丝纯度检查：发酵中定期取发酵液样品用显微镜直接镜检法和液体稀释平板法检测是否有杂菌污染。液体菌种生产要求无任何杂菌污染，如有污染则应及时停止发酵。

②菌丝体形态观察：可以通过肉眼或显微镜观察菌丝体形态。肉眼观察的是菌球的形态，菌球是在深层培养过程中菌丝常常疏松或紧密地集合在一起，呈网状、球状的结构。菌球已经中空，表明菌球中部菌丝已老化，部分菌丝自溶，菌球变得光滑，菌球的颜色由浅变深，也是老化的象征。有的菌丝在深层培养中呈絮状，菌球表面有或无毛刺，有毛刺说明生长旺盛，毛刺消失，菌球光滑，表明开始老化；菌球颜色由浅变深，也表明老化；在正常培养中，80% 的

菌球直径要小于 2mm，培养终止时菌球浓度一般达到 1000~1500 个/mL。显微镜观察菌丝体时，在深层培养的早期和中期，菌丝粗壮，分枝较少，着色深，有锁状联合。而后期菌丝变细，并有大量分枝产生，色浅，出现较多空泡，少量存在锁状联合，这是菌丝衰老的象征，应在此之前放罐。

③菌丝含量测定：采用单位体积内菌丝体的质量或菌泥质量来表示。量取一定体积的培养液，经 3000r/min 离心 10min，倾弃上清液，称得菌泥质量。这种方法的准确性依培养液营养组成而定，若培养液组成都是可溶性的，那么测定结果是准确的；若营养组分是部分溶解性的，如麸皮、黄豆粉等，则测定结果偏高。菌丝体的质量还可用过滤法测得，方法是根据菌丝球的大小，选用适当的筛子过滤，洗涤，滤得的菌丝体在 80℃烘干，再在 105℃烘至质量恒定。培养终止时，菌丝干质量应达 10g/L 或菌泥干质量在 20~25g/L。

(2) 食用菌发酵罐培养中代谢变化

①pH：在食用菌深层培养中，多数食用菌由于菌体代谢会产酸，导致 pH 下降。往往在发酵初期，由于发酵液菌体含量少，代谢较慢，pH 基本稳定。之后，随着菌丝体的快速增长，菌体代谢产酸量增大，pH 会逐渐降低。到了发酵后期，菌体衰老和自溶，pH 会回升。一般发酵终止时，pH 在 5.0 左右。如果有异常发酵时，pH 也会有明显变化。

②含糖量测定：通过测定发酵液中含糖量，可以分析菌体对营养基质的利用情况。在发酵初期，菌体生长缓慢，总糖下降不明显；发酵中期，菌丝大量生长繁殖，降解利用基质能力加强，总糖含量迅速下降；发酵后期，由于代谢产物积累，营养消耗，菌丝生长缓慢，因此，总糖含量保持在一定水平上。此外，在食用菌液体发酵中也经常测定还原糖的变化。还原糖的变化与总糖变化相似，也分三个阶段。在培养初期，还原糖下降缓慢；中期，还原糖含量下降迅速；后期，还原糖含量趋于稳定，但是也有很多菌类在发酵后期产生一些还原性物质并且发生菌丝自溶，其还原糖会出现回升现象。

③氨基氮的测定：食用菌菌丝体在生长过程中，释放胞外蛋白酶，降解基质中的蛋白质，产生氨基酸或短肽，一部分被菌丝吸收利用，另一部分积累在培养液中。在发酵初期，氨基氮含量缓慢上升；发酵中期，菌丝大量生长繁殖，分泌大量胞外蛋白酶，使培养液中氨基氮含量迅速增加；发酵后期，氨基氮的含量又处于缓增状态。发酵结束时，放罐标准以氨基氮含量不超过 30mg/mL 为宜。

此外，发酵终点的判断除了采用形态学指标和代谢指标外，在发酵中还经常通过闻气味的方法分析发酵情况。若培养正常，在发酵罐排气处可闻到菇香或培养液原有的气味，在发酵后期，气味可能会略带酸味。若有杂菌污染，可闻到酸臭味。

培养结束时，需经过检查液体菌种的质量才能使用。因菌种不同，培养出来的菌种液色泽也不同，平菇、金针菇的培养液呈浅黄色；香菇、猴头的培养液呈黄棕色。清澈透明，并有菇香味。木耳的培养液呈青褐色，黏稠，有香甜味。如果培养液浑浊，大多是细菌污染的结果，不能作菌种使用，培养液通过目测检查之后，还需经显微镜下检查，取 5mL 菌液加等量水稀释，倒入培养皿中，在实体显微镜下观察菌丝球的大小、数目，在显微镜下检查有无杂菌污染，合格者才能用于生产。

五、 液体菌种使用

摇床培养的液体菌种数量少，一般作为原种用于固体菌种栽培种的接种，由于摇瓶培养制作液体菌种的周期短，连续扩大培养菌种质量不变，液体菌种可以转接到三角瓶中，继续进行摇瓶液体菌种的培养。液体菌种转接到培养液（每瓶接种菌液10mL左右）后，因菌丝球正处于旺盛生长状态，菌丝球分散性好，再培养的时间大大缩短，2~3d即可再次获得液体菌种，比用液体菌种作母种生产出原种缩短了很多时间。三角瓶中的液体菌种，在4℃的冰箱中可以保藏1~2个月，在15~20℃的室温中，可以保藏7~10d，而生活力无大变化，可以正常使用。

（一）作为原种制作栽培种

用液体菌种作为原种制作栽培种，通过改进接种方式，能够扩大菌种与培养料的接触范围，定植快、生长迅速，周期短，污染率低。改进的接种方式为注射法：取100mL注射器，改造针头，用较硬的塑料吸管（内径2mm左右）作针头，或相同内径的金属管作针尖，锡焊到针头座上，长度为10cm。高温灭菌或沸水中煮30min。瓶装的栽培种料瓶用塑料薄膜封口或一层牛皮纸加一层塑料薄膜封口。可以在普通室内接种，关闭门窗，避免空气流动，空中喷水降尘。接种时用75%酒精棉球擦拭封口薄膜，吸取菌种液，将针头插入封口薄膜内，深入至培养料内，注入8~15mL菌种液，拔出针头后再用酒精棉球擦拭针孔，贴上橡皮膏或透明胶带即可。注射时可边注射边拔针头，在不同培养料层中接种。一般750mL的菌种瓶发好菌的时间在15d左右，比接种固体菌种块提前10~20d。若用塑料袋装料制作三级种，可采用多点注射接种法，长好菌种的时间会更短。

（二）作栽培种使用

若生产的液体菌种量较大，也可直接作为栽培种使用，播种方式有拌料混播法和条播、穴播法。瓶栽、袋栽时，可采用拌料混播法接种，即在拌料时将液体菌种均匀地拌入培养料中，调好培养料的含水量，装瓶，装袋即可，菌种用量为30%~50%（质量比）。也可在装瓶（袋）后将菌种注射入瓶（袋）料内，但要注意培养料的配制时，水含量的控制，以免接种后含水量太大影响发菌。

床栽时可采用散播和穴播相结合的方式接种，在菌床上料时，一边上料一边撒种，用种量在30%左右，上好料后再采用穴播法接种余下的菌种。床栽的用种总量为每平方米500mL左右。

平菇、凤尾菇可采用袋栽法，香菇可采用压块栽培，草菇、猴头、木耳可采用瓶栽法。

液体菌种作为栽培种使用，发菌快、污染率低、产量高、操作简便。因此，液体菌种的使用具有广泛的前景。

🔍 思考题

1. 简述食用菌母种、原种和栽培种的制作过程。
2. 液体菌种有哪些特点？
3. 如何判断液体菌种的发酵终点？

第五章

菌种分离、保藏与复壮

第一节　母种分离

母种是食用菌的第一代种子，其质量的优劣直接影响到生产和经济效益，因此必须十分重视母种的筛选和培养工作。在自然界中各种微生物无孔不入，即使是生长正常的食用菌子实体表面也带有大量的微生物。为了获得高纯度的食用菌菌种，必须排除杂菌的污染，把食用菌从微生物环境中分离出来。这需要具有严格的科学态度和精炼的分离技术。食用菌的分离方法很多，本节介绍常用的孢子分离法、组织分离法、基内菌丝分离法（基质分离法）。

一、　孢子分离法

孢子是食用菌的基本繁殖单位。孢子分离法，是利用成熟子实体产生的有性孢子（如蘑菇的担孢子和羊肚菌的子囊孢子）能自动从子实体层中弹射出来的特性，在无菌条件下收集食用菌的孢子，在适当的培养基上，使孢子萌发成菌丝，获得纯菌丝体的一种方法。所谓有性孢子，是指细胞已经过核配过程和减数分裂而产生的孢子，为担孢子和子囊孢子。有性孢子含有双亲的遗传物质，具有双亲的遗传性。孢子具有生命力强，数量多，变异率高、范围广的特点，因此采用孢子分离法，从中选择出优良菌株的机会较多。但是，孢子分离法过程较繁琐，工作量大，所需时间长，必须通过出菇试验以后才能在生产上使用。

孢子分离法操作过程可分为两步：第一步是孢子的采集，第二步是孢子的分离。

（一）孢子的采集

选择个体健壮、菇形美观、适度成熟的子实体（一般要求成熟度八至九成）作为分离的材料。双孢蘑菇和草菇等有菌膜的菇类，应在其菌膜即将破裂时采集子实体，因为这样的种菇发育已成熟，而子实层又未被污染；香菇、侧耳等无菌膜或菌膜易自动破裂的菇类，可选择八成熟、正在释放孢子的菇体，此时采集的孢子基本上是无菌的。如果条件允许，最好是在无菌瓶中单独培养子实体至生理成熟，从这些子实体上分离的担孢子表面是无杂菌的。

子实体采回后要及时切除基部，并进行表面消毒。对子实层未外露的种菇（如蘑菇）可浸入 0.1% 升汞溶液中消毒约 1min，用镊子镊出后经无菌水冲洗数次，再用无菌纱布将表面水吸干；对于子实层裸露的种菇（如香菇），只能用75%酒精擦拭菌盖及菌柄表面；而对于银耳、木耳类子实体，千万不能接触消毒剂，只能置于烧杯中用无菌水洗涤，然后再用无菌纱布吸干表面的水。孢子采集的常用方法（图5-1）有以下4种。

1. 孢子弹射法

孢子弹射法通常有以下3种形式：

（1）整菇插种法　适用于伞菇类的孢子采集。在接种室（箱）中，将经消毒处理的整个菇体插入无菌收集器里，再将孢子收集器置于适温下让其自然弹射孢子。不同的食用菌释放的孢子的温度不同，如木耳释放孢子的温度为20~26℃，香菇为12~18℃，银耳为20~24℃，蘑菇为14~18℃。待孢子下落后将孢子收集器移至无菌室中，打开钟罩，拿去种菇和支架，将培养皿盖好，并且用透明胶带封贴好保存。如果没有孢子收集器也可用灭菌的大玻璃瓶代替，在瓶口钓挂种菇的同时挂上无菌湿棉花团，增加瓶内的湿度，同样可以收集孢子。

（2）三角瓶钩悬法　适用于不具菌柄的子实体孢子采集。即在无菌条件下，将子实体用无菌水洗涤几次，用无菌纱布吸干表面的水，取一个事先准备好的具有两头钩的铁丝，经火焰消毒后，一头钩住子实体，一头钩在瓶口上。三角瓶内装有固体培养基或空瓶均可，瓶口加棉塞，置于室温下培养1~2d，待看见有一层孢子层时，即可移入无菌室，取出钩子和种菇。如果三角瓶装有固体培养基可直接恒温培养，待孢子萌发在培养基表面形成小菌落时，再挑取无污染，生长良好的菌落，连同培养基一起移到新的试管斜面培养基中培养。如果三角瓶是空瓶也可直接收集孢子。

（3）试管贴附法　具体做法是，在无菌箱里，取一小块经消毒处理的菌褶或耳片，蘸少量无菌琼脂黏附在经灭菌的PDA培养基斜面试管壁的正上方，加棉塞后置适温下培养，待孢子下落再移入无菌箱里，镊除菌褶或耳片，加棉塞后直接培养。

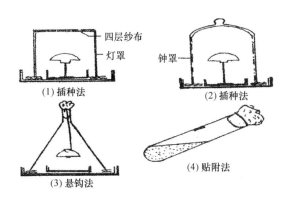

图5-1　孢子的采集方法

2. 菌褶涂抹孢子法

在接种箱内取消毒好的菌盖，用经火焰灭菌的接种环，蘸上无菌水后准确伸入菌褶间，切勿让接种环碰菌体表面，轻轻地抹取子实层，使孢子黏附在接种环上，取出接种环，在准备好的斜面培养基上或平板培养基上划线接种，加上棉塞或盖上皿盖恒温培养。此分离法的动作要准确、敏捷。

3. 孢子印采集法

取成熟的子实体切去菌柄，将菌褶朝下，置于经灭菌的白色或黑色的蜡光纸上，置于玻璃钟罩中，20～25℃静置数小时后，轻轻移去菌盖，此时有大量的孢子弹出，按菌褶的排列方式散落在纸上，称为孢子印，将有孢子印的纸置于无菌条件下保存备用。

4. 空气孢子捕捉法

凤尾菇、平菇、香菇等伞菌子实体成熟后，大量的孢子自动弹射出来，形成肉眼可见的"孢子云"，早晨更甚，此时用培养皿平板或斜面试管，打开盖，慢慢地在空气中迎着孢子云捞过去，孢子就会黏附在培养基表面，随即盖上皿盖或加棉塞即可。

（二）孢子的分离

采集到成堆的孢子，不经分离也可直接在培养基上培养长出纯菌丝，但是所采集到的孢子在萌发的菌丝体中必然会夹有发育畸形或生长衰弱的菌丝，此外，对于性基因属四极性的食用菌来说，由于它们之间能配对的孢子只有25%，在萌发菌丝体中必然混有许多不孕的菌丝体。因此，采集到的孢子必须经过分离选择制成母种，才能选育出性状优良的菇种。其分离方法可分为单孢分离和多孢分离两种。

单孢分离就是将采集到的孢子群单个分开进行培养，让它单独萌发成菌丝而获得纯种的方法。在目前已驯化培养的食用菌中，蘑菇和草菇等同宗结合型的食用菌，由单孢培养的菌丝，经双核化后形成的双核菌丝，一般具有结实能力，因此可以采用单孢分离法生产菌种。其他的一些食用菌如香菇、平菇、金针菇、凤尾菇、毛木耳等异宗结合型的食用菌，其孢子具有性别，单个孢子萌发的菌丝无结实能力，必须通过不同性别的单孢子间的结合形成双核菌丝才能结实。因此，必须用多孢分离法或单孢子分离形成的菌丝再混合培养，控制其杂交，使其形成双核菌丝后制得菌种。单孢分离法直接在生产上应用不多，但它却是研究食用菌生物学特性和遗传育种的一项重要技术。

1. 单孢分离法

单孢子分离的方法，按其分离的手段有如下几种。

（1）稀释分离法　该法通过不断稀释的手段，使孢子分散到最低限度，再吸取一定量的孢子液注入平板，这样分散的孢子就被固定在原处从而形成单孢菌落，其步骤如下：

①制备无菌水：取5支试管，其中1支装10mL蒸馏水，其余4支各装9mL蒸馏水，经高压灭菌即成无菌水。

②制孢子悬液：取一接种勺（量不宜太多）孢子粉，加入10mL的无菌水试管中，摇动使孢子分散成菌悬液。用无菌注射器或无菌吸管，取1mL孢子悬液于第2支试管，摇动使其分散。依此类推至第5支无菌水试管。这种梯度稀释法，每稀释一支试管，悬液中孢子的量就缩小10倍，稀释度越高悬液中孢子含量越少。最终以把孢子浓度控制在每毫升300～500个孢子。镜检时视野中只有1～2个分散的孢子为准。

③培养基平板接种：将煮融的培养基趁热倒入无菌培养皿中制成平板，再加入0.2mL菌悬液，用无菌玻璃刮铲，使菌液涂布于平板培养基的表面，经恒温培养可形成单个菌落。如果平板上形成的菌落不是单个存在，说明菌液孢子含量过多，要增加稀释度，重新培养。要分离出单个菌落每种浓度必须做5～10个培养皿，以利挑选单个菌落。

④挑取单个菌落纯培养：在培养期间要经常观察，及时排出污染。当孢子萌发生长出绒毛状菌丝，并且菌落之间还未连起来的时候，选拔发育匀称，菌丝健壮的单个菌落移入新斜面培养基中培养即成为纯种。挑取菌落要在无菌环境中进行，点燃酒精灯，在火焰旁边打开皿盖。接种铲在火焰上灭菌后，伸入平板中稍冷却，看准挑选的菌落，用接种铲连同菌落周围的培养

基一起移入斜面试管培养基中。如果是异宗结合的菌类则要同时挑选能生育的一对单菌落进行培养，并经出菇试验后方能成为生产用菌种，如果不出菇的则不能使用。

（2）平板划线分离法　该法是根据通过接种环的移动使孢子分散落在培养基表面而生长的原理所采用的一种分离方法。具体步骤如下：

①制培养基平板：将琼脂培养基融化，在接种箱或无菌室，以无菌操作方式向无菌培养皿中倒入培养基，一般以铺满培养皿底部厚1cm为宜。制平板是微生物工作的基本操作技术，要领是左手拿住培养皿，拇指和食指抓住平皿的盖，小指和无名指托住平皿的底部，在酒精灯的火焰旁打开，右手抓住装有煮融培养基的三角瓶，左手的无名指拔出棉塞，将培养基倒入培养皿中，摇匀放于平皿冷却成为平板。用于划线分离的平板要求硬度大些（增加琼脂含量），薄厚均匀，表面光滑，以利于划线。

②制孢子悬液：取一支试管，装10mL蒸馏水，经高压灭菌即成无菌水，在其中接入一接种勺的食用菌孢子，摇匀即成孢子悬液。

③划线分离：划线分离法是微生物最常用的分离法（图5-2）。按无菌操作要求，在酒精灯旁，左手拿培养皿，右手拿接种环，打开皿盖后保持在火焰无菌区，取一环孢子悬液在平板表面划线。划线时要使接种环与平板表面成30~40°角，角度大易把培养基表面划破。根据划线的方法不同，可分为扇形划线、分级划线、方格划线、平行划线和连续划线。分级划线和方格划线每划完一个方向要烧掉接种环上的孢子。划好线的平板，倒置于适宜温度下培养。

单个菌落的挑取与培养方法同前。

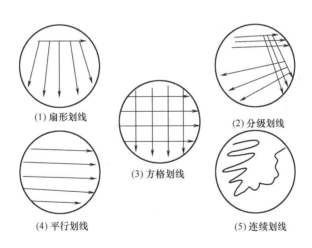

（1）扇形划线　　　　　　　　　　（2）分级划线

（3）方格划线

（4）平行划线　　　　　　　　　　（5）连续划线

图5-2　划线分离

2. 多孢分离法

多孢分离法是将收集到的孢子混合培养在培养基斜面上，使其萌发，自由交配获得纯菌种的方法。此法操作比较简单，在食用菌制种中应用较普遍。常用的方法是划线法。

划线法操作过程：在无菌条件下，用接种环从采集的孢子中蘸取少量的孢子，在试管斜面培养基上或平板培养基上，轻轻划线，不要划破培养基表面，抽出接种环，烧管口，塞上棉塞；置于适宜的温度下培养，每天检查，发现有杂菌污染的应及时挑拣出来，并检查孢子的萌发情况。培养6~10d后，在培养基上会出现星星点点的菌落，这些菌落中有的发育快，有的发育慢，有的菌丝生长整齐，有的参差不齐，有的菌丝浓密，有的菌丝稀疏，易倒伏，挑选发育匀称，生长快速的菌落，移至到另一空白斜面上，然后再进行一次生长情况的比较试验，选取最优者，再经出菇试验后可作为母种扩大繁殖。

也可将孢子先制作成孢子悬浮液，然后再进行划线接种。

（三）孢子的萌发

大型食用菌大多数属于担子菌，担孢子萌发的最适温度，几乎与该菌种菌丝生长的最适温度相一致，一般在 20～30℃ 范围内萌发，其萌发率受诸多因素的影响。

1. 影响孢子萌发的因素

（1）孢子结构影响萌发率　对于孢子壁薄的孢子，水容易通过孢壁渗透进入孢子，使其萌发，如香菇孢子吸胀后，以伸长式萌发形成菌丝。孢子壁厚的（如草菇）水及营养液只能从孢孔进入，再由孢孔萌发出芽管，形成菌丝，因此这类孢子萌发率低。

（2）多孢刺激能诱导萌发　大多数腐生菌类，其孢子都容易萌发，由于孢子呼吸代谢释放出气体，能刺激孢子萌发，所以，多孢子比单孢子容易萌发。

（3）孢子萌发受温度的制约　孢子的萌发受温度的影响最明显。不同食用菌孢子萌发所需的温度和子实体形成最适温度相近。如茯苓在 35℃ 最高萌发率为 34.6%；草菇置于 40℃ 培养 2d 后降到 25℃，萌发率为 73.4%；黑木耳孢子在 30℃ 培养孢子萌发率最高为 65.66%。因此孢子分离时，要置于最适温度中培养。

2. 诱导孢子萌发的方法

（1）洗净处理　孢子用无菌水或 0.05% 磷酸缓冲液（pH8.0）浸 12h，然后用滤纸过滤，取其孢子接种和培养，如草菇。

（2）高温处理　将孢子液在 40℃ 培养 48h，给予"启动"处理，于 25℃ 培养。或 45℃ 处理 4h 后用牛粪提取液琼脂培养基接种，在 25℃ 培养，如鬼伞。

（3）低温处理孢子　在 -7℃ 经过 10 周保存后，移接在 25℃ 麦芽浸膏琼脂培养基进行培养。

（4）添加萌发诱导物质　以 0.001%～0.01%（V/V）异戊酸或异戊醇加入培养基中，于 25℃ 培养（如双孢蘑菇）可提高萌发率。

（5）在培养基中加天然基质提取液　在配制培养基时，将菇类的生长基质、腐殖质、土壤或子实体浸取液加入其中，可以促进其孢子萌发。这是一种常见的简单有效的方法。如用灵芝子实体的浸出液可以促进其孢子萌发。

二、组织分离法

组织分离是将子实体的一部分分离出来，培养形成纯菌丝体的方法。组织分离属于无性繁殖。大型食用菌的子实体实际上是菌丝体的特殊结构，组织化的菌丝团，只要切去一小块组织移到合适的培养基上，便可生长成为营养菌丝，从而获得纯菌种。用组织分离法培养出来的营养菌丝中的两个核并不融合，即双亲的染色体并没有发生重组，因此它们都能出菇。无论是菇蕾或是成熟的菇体，只要菇肉新鲜，菌丝细胞具有生命力都能分离出菇种。组织分离是最常用的菌种分离方法，适合于设备条件较差的广大菇农采用。组织分离法较孢子分离法操作简单，菌丝不容易变异，出菇的机会多。

在进行组织分离时，首先要选择出优良的种菇为材料。要求种菇菇形健壮美观，七八成熟度，在栽培中生产性能好，有推广使用价值。在分离前准备好接种箱、解剖刀、剪刀、接种钩、镊子、斜面培养基、无菌水和酒精灯等。在常见的食用菌中，有的组织肥厚，如蘑菇、平菇、香菇；有的呈薄片状具胶质，如木耳；还有呈密集的块状（即菌核），如茯苓、猪苓等。由于分离材料不同，因此进行组织分离的方法也有所不同。

（一）伞菌类的组织分离

组织肥厚的伞菌类分离方法最简单，具体做法是：在种菇收获前2d停止直接向菇体喷水，以保持菇体的干爽，提高分离的成功率。菇体的含水量越高分离的成功率越低。采菇时用干净的塑料袋将种菇装好拿回来。种菇不经表面消毒。在无菌室或无菌箱中操作效果更好。如果没有无菌条件，可在门窗密闭的室内操作。在工作台上铺上一张干净的湿布，操作就在湿布上进行，湿布有防止尘埃飞扬的作用。

从理论上讲，子实体的任何一部分都可以作为组织分离的材料，但由于各部分组织的细胞性质有差异，所分离的菌种的活力也就有所不同，通常认为采用菌盖与菌柄交接处的组织进行分离的效果好。对于有菌幕的菇类，取菌幕下保护的幼嫩的菌褶接种，生活力更加旺盛。对于某些菌根菌（如松蕈）来说，取靠近基部的菌柄组织才易成活。对大部分菇类来说，若能消除污染，用幼嫩菌褶进行分离，一般要比菌肉好。

从菌盖中的菌肉作材料分离时，先用经火焰灭菌的剪刀将固体表皮剪断，用镊子将菇体表皮拉开、露出洁白的菇肉，再用消毒镊子将菇肉截成小块，最后用消毒接种钩将小块菌肉分别移入斜面培养基中，置于25℃的恒温箱中培养。气温高时也可以置于室温下培养。用菌柄、菌柄与菌盖交接处或菌盖菌肉较厚处的菌肉作材料时，也可以用撕裂法露出内部菌肉组织，然后用无菌镊钳取一小块菌肉组织直接投入斜面试管中。所要注意的是镊子不能碰触任何菇体外表面，包括菌褶，以免发生污染。成功分离的关键是菇体含水量要低，分离工具要用前临时火焰灭菌，暴露出来的菇肉不能接触异物，以防污染。室内分离要在酒精灯的无菌区操作，动作要快。传统的组织分离法，种菇要用75%酒精或0.1%升汞表面消毒。如果菇体较大，结构紧密可以用蘸有酒精的棉花抹擦固体表面，如蘑菇；如果组织疏松，一般不采用表面消毒，更不能把菇体泡在消毒剂中。经过消毒剂浸泡过的菇体，含水量高，分离的成功率低。

斜面培养基中的组织块经过10d左右的恒温培养后菌丝便可布满斜面。在培养的过程中要经常检查，及时排除污染菌株，保留纯菌株。如果培养基表面有黏稠状物，可能是细菌或酵母菌污染，不能使用。如果培养基表面有各种颜色的绒毛状菌丝或蜘蛛网状物，说明有霉菌污染，也不能使用。正常的食用菌菌丝是浓厚洁白，生长速度一致的。如果一支试管的绝大多数菌丝生长良好，但有小部分杂菌污染，可采取超前分离方法将其纯化，即从菌丝生长健壮，并远离污染点的地方切取一小块带有菌丝的培养基移到新的培养基上培养，同样可以获得纯菌种。

（二）胶质菌类的组织分离

黑木耳、毛木耳等胶质菌，因子实体组织层较薄，质地较韧，且菌丝数量极少，故进行组织分离的难度较大。分离时，无菌操作剖取尚未展开的耳片的内部肉质组织块，直接置于斜面培养基上进行培养；也可将经无菌水反复冲洗的耳片，切成约5mm²的小块，移入斜面培养基中培养。银耳和金耳的分离较为特殊，如银耳取其耳片组织块来进行分离，难以获得银耳纯白菌丝，只有取其胶质团内组织来进行分离，才有可能获得银耳的纯白菌丝，或获得银耳纯白菌丝和羽毛状菌丝的混合体。在金耳的组织分离中，只有分离得到了金耳－粗毛硬革双重菌丝体的组织块时，其培养的菌丝体才能形成子实体。

（三）菌核类的组织分离

药用真菌如茯苓、猪苓都是菌核。以茯苓为例，它生长于松树的根旁，菌核组织是一个贮藏器官，其外壳主要是由密集交织的菌丝体组成，中部主要是粉质贮藏物（茯苓聚糖）。由于菌核中的菌丝具有很强的再生能力，因此菌核可作为菌种的分离材料，并可直接用作生产上的"种子"。

进行组织分离时，先将菌核冲洗干净，用纱布擦干水分后，移至接种箱内，再用75%酒精消毒。然后持经火焰灭菌的解剖刀，把菌核切成两半，在接近菌核外壳附近，剖取蚕豆大小的组织块，移入斜面培养基上于25℃培养。

（四）菌索类的组织分离

蜜环菌、假蜜环菌、安洛小伞等属菌索类。菌索一般长而极细，由菌鞘和菌髓组成，它对不良环境有较强的抵抗能力。菌鞘深褐色，具角质化；菌髓白色，似薄壁细胞组织。分离时，将半干湿的菌索用无菌小刀切断，抽出菌髓，取一小段接入培养基中，于23～25℃培养。也可取菌索的生长点，用无菌水冲洗数次，再用尖头镊子夹住插入试管PDA平面培养基中，借其厌氧生长的习性，待菌丝穿入培养基并大量繁殖后，敲破试管底部，将菌索移入含氮量较高的培养基中再培养。

三、基内菌丝分离法（基质分离法）

在进行食用菌工作中，经常会遇到某些子实体已腐烂，但又必须保留该种菌种的情况，在这种情况下可采取基内菌丝分离法制得菌种。有些子实体小而薄，用组织分离法和孢子分离法较困难，也可采用基内菌丝分离法进行分离。还有一些菌类（如银耳菌丝），只有与香灰菌丝生长在一起才能产生子实体，如果要同时得到这两种菌丝的混合种，也只能采用基内菌丝分离法进行分离。

（一）耳（菇）木分离法

此法必须在出菇季节进行。耳木的分离部位是获得纯菌种的关键。腐木上带有各种腐生微生物，在腐木上形成有色抑制线，可根据食用菌的生长特性决定取样部位。把采到的耳木，在生长子实体处的两侧，锯下约1cm厚的木片，置接种箱里，再从耳或菇基穴的周围，切取一个三角形，浸在0.1%升汞溶液中，表面消毒30～60s（时间因材质紧密度而定），取出并用无菌水冲洗，再用无菌纱布吸干水分，移至另一块无菌纱布上，用无菌解剖刀切除树皮后把木片劈成比火柴梗略粗的小块（即菇木），接入斜面培养基上，置于22～25℃培养。

这种分离法是一般单一型耳（菇）基内菌丝的分离法，而对于由两种菌丝混合组成的银耳等菌类来讲，因其两种菌丝生长速度的差别大，银耳纯白菌丝长得慢，只能在其耳基的下部分离得到，而香灰菌丝分解木质素的能力较强，生长较快，可以在离耳基较远的段木中分离得到。在切片取样时，取耳基下方的小块，接入培养基，于23℃培养10d左右，如见有绣球状白毛团，即为银耳纯白菌丝；劈开耳木在黑色抑制线附近取样，将种木接入培养基进行培养，若能很快萌发，并在培养基内分泌黑色素，即为香灰菌丝。两者分别经提纯配合培养后，才能用于生产。纯白菌丝和香灰菌丝配合后，经接入木屑培养基，若出现绒毛团菌丝，并逐渐胶质化，则是适于作段木栽培用的银耳种；若形成淡黄色胶质团，则是适于作袋式栽培的银耳种。

（二）土中菌丝分离法

利用土层中腐生菌的菌丝体，也能分离获得纯菌种。具体方法是：取菇体与菇根相连的粗壮菌丝束，用清水将附着的泥土轻轻冲洗干净，再用无菌水反复轻轻冲洗，并用无菌纱布吸干水分，然后取菌丝束的尖端部分，接入含细菌抑制剂（40mg/L 的青霉素或链霉素）的 PDA 培养基上，于（25±1）℃培养，若无杂菌污染，经出菇试验，即可确认是该菌的纯菌种。

第二节　菌种保藏

　　菌种是重要的生物资源，是以微生物为对象的研究工作和生产必不可少的材料。培育出一个优良的菌株很不容易，在长期的栽培和保存过程中，由于传代次数过多，培养时间过长，或因不利的外界环境条件的影响，常常会导致菌种衰退，丧失其优良性状。因此，在一定的时间范围内要使菌种的生活力、纯度和优良性状稳定地保存下来，就必须采用相应的措施，做好菌种保藏工作。菌种保藏是创造一个特定的环境条件，降低菌种的代谢活动，使其处于休眠状态，在一定的保藏时间内保持原有的优良性状，防止菌种退化，降低菌种的衰亡速度，防止杂菌污染，而当使用时，提供合适的条件，能重新恢复正常生长繁殖。菌种保藏的原理是采用干燥、低温、冷冻或减少氧气供给等方法，降低菌种的代谢强度，终止其繁殖，并保证原菌种的纯度。传统的保藏方法有继代培养低温保藏法、矿油保藏法、冷冻干燥保藏法、液态氮超低温保藏法等。随着食用菌栽培的普及推广，近年来又出现了许多技术要求低、投资少、简便易行的保藏技术，如无菌水保藏法，谷物、木屑或木块保藏法，实用价值更大，适于推广。

一、继代低温保藏法

　　食用菌在适宜的温度范围内，温度越高菌丝的代谢能力越强，菌种越容易衰老。低温保藏就是将培养好的菌株放在冰箱中低温保藏，降低其代谢强度，延长菌种的生活力。同时也防止空气中的杂菌污染。

（一）保藏方法

　　将要保藏的菌种接种于适当的斜面培养基上培养，待菌丝长满斜面后，选择无污染、菌丝健壮浓密的菌株，放在冰箱中低温保藏（一般要求温度在 4~6℃）。为了防止培养基的水分蒸发和杂菌的污染，应将若干支菌株用塑料纸包扎在一起再放入冰箱中。以后每 2~3 个月转管一次。菌种不能转代过多，转代过多会影响其生命力。

　　为了保证保藏的菌种不退，一般选用营养丰富的培养基，如马铃薯琼脂培养基和麦芽汁培养基培养，最好在培养基中加入 0.2% 的磷酸氢二钾、磷酸二氢钾或碳酸钙作为缓冲剂，以中和菌种在保藏过程中产生的有机酸。据荷兰真菌菌种收藏中心报道，在菌种保藏中交叉使用浓度不同的两种培养基，也就是将每支菌株转接两批试管，一批接在正常的培养基上，另一批接在低浓度的培养基上，下次转管时交换使用。这样可以起到互补营养的作用。

（二）注意事项

（1）定期检查　如果发现保藏的菌种被污染应立即重新分离纯化。

（2）制种或转管时要贴好标签，以防搞乱。

（3）对不耐低温的菌种，如草菇在 5℃ 时菌丝会死亡，应置于 10~15℃ 保藏。本保藏法的缺点是，保藏时间较短，经常转管会造成误差和污染，遗传性状也容易在每次转管的过程中发生变异。

二、 液体石蜡覆盖保藏法

液体石蜡，又称矿油，故又称为矿油保藏法。这种方法设备简单，操作方便，只要在菌落上注上一层无菌的液体石蜡，即可使菌种与空气隔绝，达到防止培养基水分散失、抑制菌种新陈代谢、推迟菌种老化的目的。

（一）保藏方法

选用化学纯的液体石蜡，装入三角烧瓶（1/3高度），加上棉塞，用牛皮纸包扎好，置于高压灭菌器内，121℃灭菌30min。起锅后将三角瓶放入40℃恒温箱中数天，以蒸发灭菌时渗入液体石蜡中的水分，使液体石蜡恢复透明。

要将保藏的菌株按照常规方法培养好，然后以无菌操作的方式将无菌石蜡倒入母种试管中，用量以高出斜面1cm为宜，用量过多，以后移接不方便，用量过少，培养基外露易失水干燥。最后加上棉塞，外包塑料纸，竖立置于冰箱或室内阴凉干燥处保藏。

（二）注意事项

（1）液体石蜡易燃，使用时要注意防火。

（2）保藏菌种的场所要干燥，以防棉塞受潮长霉。

（3）定期检查，如发现培养基外露，要及时补加无菌液体石蜡。

（4）移接时不必倒去石蜡，只要用接种针从斜面上挑取小块菌丝即可，余下的母种可继续保藏。

（5）由于挑出接种的菌丝沾有石油，菌丝倒伏，恢复生长慢，长势较弱，必须再转接一次才能恢复正常。

由于液体石蜡保藏不利于菌种的长途运输，也可改用管口加灭菌胶塞，并用固体石蜡封口的方法，在短时间内可以达到同样的目的。

三、 载体保藏法

载体保藏是使食用菌的孢子吸附在适当的载体上（如砂、土等）进行干燥保藏的方法。其原理是利用孢子具有坚厚的细胞壁，对干燥具有很强的抵抗力，在干燥环境中保存若干年后，遇到适宜的条件仍会萌发生长的特性而进行保藏的，绝大多数食用菌孢子都可以用此法保藏。载体的种类很多，这里介绍常用的两种方法。

（一）砂土管保藏法

供保藏菌种用的砂、土要不含有机物质及其他有害物质，pH中性，砂和土的粗细适宜，比例恰当。

1. 砂土处理

将河砂用自来水洗涤数次，烘干后过60~80目筛，并用磁铁吸除铁屑。同时取地表1m以下的贫瘠土，用自来水浸洗数次至pH中性，沉淀后弃去上清液，烘干磨细过100~200目筛。为了彻底清除有机质，砂粒在使用前还要用10%的盐酸浸渍24h，再用自来水洗涤至pH中性，烘干。砂与土的比例以2:1~4:1为宜，砂粒过多菌种保藏质量差。土粒过多易结块，接种后抽干困难。

2. 制砂土管

将砂、土按比例拌匀，装入 10mm×100mm 试管（或安瓿瓶）中，装量为 0.5g 或高 0.5～1cm，加棉塞，高压灭菌 0.15MPa、30min，并重复进行 3 次。如采用干热灭菌，则要在 165℃ 保持 2～3h，一次即可，但要严格控制好温度，以免温度过高而烧焦棉花塞。为了保证质量，对灭菌后的砂土要抽样进行无菌试验，即挑取少许砂土，加入营养丰富的牛肉膏蛋白胨液体培养基中，于 28～30℃ 温箱中培养 24h，经观察，若液体仍透明，证明砂土管灭菌彻底，可以使用，否则要继续灭菌。

3. 砂土管接种

砂土管的接种有干接和湿接两种方法。干接种法是在无菌箱内，用接种环将食用菌的孢子直接刮入砂土中，再用接种针搅拌均匀即成；湿接种法是先将食用菌的孢子刮入盛有 3～5mL 无菌水的安瓿瓶或试管中，经充分摇匀制成孢子悬浮液，然后用无菌吸管吸取 0.15mL 或 10 滴悬浮液滴入砂土管中，再用接种针拌匀。

4. 干燥和保藏

采用干法接种，由于带入砂土管中的水分较少，因此不必干燥处理，便可直接置于干燥器中保藏，干燥器也可用大试管或大广口瓶代替，器内应装有石灰、无水氯化钙或变色硅胶等干燥剂，连同菌种密封后在低温下保藏。采用湿法接种的则需先经减压真空干燥，即将接好种的砂土管移入盛有干燥剂的真空干燥器内，接上真空泵，抽气 5～6h，至砂土基本干燥为止，但要求这个真空干燥过程务必在 48h 内完成，以免食用菌孢子萌发。砂土管抽干后，也要经抽样检查，只有干燥合格者方可移入上述干燥器中，同样密封后于低温保藏。

砂土管保藏菌种时间可长达 2～10 年，使用时用接种环蘸取少许砂土，移入新鲜的培养基上培养。和液体石蜡保藏一样，也需通过转管以后菌丝原有的生活力才能得到恢复。

（二）滤纸片保藏法

这种保藏法是以滤纸为载体，将食用菌的孢子吸附在滤纸上，干燥后再进行低温保藏的方法，操作简便，效果也很理想，其具体作法如下：

1. 滤纸片准备

将滤纸剪成 4cm×0.8cm 的小条，整齐平铺在直径为 9cm 的培养皿中，用纸包好，高压灭菌 0.15MPa、30min，于温箱中干燥备用。

2. 孢子的收集

在无菌箱中，把种菇插在无菌支架上，支架放在铺有滤纸条并经灭菌的培养皿内，罩上无菌玻璃钟罩，在 20～25℃ 经 1～2d，在滤纸条上即可见到孢子印。

3. 保藏管制备

无菌操作移去种菇，镊取积有孢子的滤纸条，分别装入无菌试管中，置于干燥器中 1～2d，以吸除滤纸条上的水分，最后用火焰直接熔封试管口，即制成滤纸条保藏管，于低温下保存。

4. 复苏和培养

需使用时，先用砂轮在管壁外划痕，再在划痕外稍加热，然后用浸有来苏尔的纱布敷上，管壁即自动破裂，此时便可按无菌操作规程镊取滤纸条，将有孢子的一面贴在培养基上，于适温下培养 1 周后，即可观察到孢子萌发和菌丝生长的情况。

用此法保藏食用菌孢子，务必保证纸条和环境高度干燥，否则孢子会不萌发而死亡。如果保存方法得当，其有效期一般为 2 ~ 4 年。据第九届国际蘑菇科学会议报道，美国宾夕法尼亚州立大学辛登（Synden）博士保存在滤纸上的双孢蘑菇孢子存活了 36 年。

四、 液态氮低温保藏法

这种保藏法是将要保藏菌种的悬浮液或菌块，密封于盛有保护剂的安瓿瓶里，先在控制的条件下制冷，使之缓速预冻，再置于 –196 ~ –150℃ 液态氮超低温冰箱中保存。其原理是采用超低温手段，使菌体细胞代谢活动降低到最低水平，甚至处于休眠状态。它的优点是：保存时间长，可长达数年至数十年；适用范围广，对一些即使不耐低温的菌种如草菇，也能在保护剂的保护下进行超低温保存。此外，经保藏的菌种基本上不发生变异。

（一）培养基配制

供保藏用的培养基采用如下配方：马铃薯汁 1000mL，葡萄糖 20g，酵母膏 1.5g，磷酸二氢钾 2g，硫酸镁 0.5g，琼脂 20g，pH5.6。

（二）保护剂制备

冷冻保护剂可用 10% 的甘油蒸馏水或 10% 的二甲亚砜蒸馏水。据报道，澳大利亚悉尼大学用 10% 的蜂蜜作保护剂，效果也很好。

（三）菌种制备

1. 孢子菌种

按无菌操作法收集孢子，制成孢子悬浮液。

2. 菌丝体菌种

将上述培养基，经灭菌后趁热倒入无菌培养皿中制成平板，在中心点接入欲保存的菌种，适温培养。

3. 菌丝球菌种

用液体培养基（上述配方不加琼脂即可），接入欲保存的菌种振荡培养。

（四）安瓿瓶制备

制作安瓿瓶的玻璃应能经受温度的突变而不破裂，并容易熔封管口，故一般选用硼酸玻璃制品。瓶的大小为 75mm×10mm，能容 1.2mL 保护剂。每瓶装入 0.8mL 保护剂，加上棉塞，经 0.1MPa 压力灭菌 15min；若直接用无菌保护剂制备菌悬液，则可将安瓿瓶空管灭菌，然后按无菌操作法将菌种悬浮液或菌丝片装入安瓿瓶，经火焰熔封瓶口，可用浸入法检查是否漏气。

（五）冻结保藏

将封好口的安瓿瓶放在慢速冷冻器内，以每分钟下降 1℃ 的速度缓慢降温，使样品冻结到 –35℃，达 –35℃ 以下后，其冷冻速度则不需要控制。当瓶内的保护剂和菌丝块冻结后，即可将安瓿瓶置液氮冰箱里保藏，冰箱内温度，气相中为 –150℃，液相中为 –196℃。

（六）复苏培养

使用菌种时，取出安瓿瓶，立即置于 38 ~ 40℃ 水浴中来回振荡，使瓶内的冰块迅速融化，然后打开安瓿瓶，取出接种物，移至适宜的培养基上培养。

使用这种保藏法时，操作者应有防护措施，如戴套皮、棉手套等，要严防液态氮飞溅而冻伤人体。取菌种时，要垂直轻取盖塞，再垂直提起提筒，轻轻移到容器中间取物，取毕应立即将提筒与盖塞轻轻复位，以防空气中氮气过浓而引起窒息。

液氮超低温保藏是目前保藏菌种的最好方法，但由于其关键设备液氮低温冰箱价格昂贵，液氮的来源也比较困难，所以目前在国内还不普遍。

五、 悬液保藏法

悬液保藏法是将食用菌的菌丝球或孢子保藏在适当的媒液中的菌种保藏法。根据媒液的种类介绍如下两种。

（一） 生理盐水保藏法

这种方法适合保藏深层培养的菌丝球。

1. 培养菌丝球

保藏的菌种接入马铃薯葡萄糖液体培养基中（250mL 三角瓶装 60mL），振荡培养 5～7d（27～28℃，180r/min）。

2. 制备生理盐水

按常规制备 0.85% 的生理盐水，分装试管，每管约 5mL，经高压 0.15MPa 灭菌 30min 备用。

3. 移菌入管保藏

吸取菌丝球 4～5 个放入上述试管中，管口加上无菌橡皮塞，并用固体石蜡封好，置室温或 4℃保藏。据黑龙江应用微生物研究所报道，用此法保藏香菇、紫芝菌种，可存活 1.5 年；保藏双孢蘑菇、木耳、银耳、金针菇、茯苓、猴头菇等菌种可存活 22 个月以上。

（二） 蒸馏水保藏法

这是一种最简单的菌种保藏方法。

1. 制备蒸馏水

取用玻璃器皿蒸馏的蒸馏水，装入三角瓶中，装量约为瓶体积的 1/3，加上棉塞，同时准备好与三角瓶口径一致并带虹吸管的橡皮塞，用纸包好，一起置于 0.15MPa 压力下灭菌 30min 备用。如果用于保藏孢子，则可将蒸馏水装入试管，每管装 5mL，经灭菌后备用。

2. 保藏和使用

在接种室（或箱）内，将经灭菌盛有蒸馏水的三角瓶的棉塞换上带虹吸管的橡皮塞，即可按无菌操作法将无菌蒸馏水注入欲保存的试管菌种中，水量以高出斜面培养基面约 1cm 为宜，最后将棉塞改用经灭菌的橡皮塞。若欲保存孢子，则可按常规法采集孢子，挑入装有蒸馏水经灭菌的试管中，然后加盖经灭菌的橡皮塞，置试管架上。上述两种菌种都要直立，于常温或低温下保藏。使用时可直接从管内移出菌丝块或用接种环蘸取孢子悬液，接入新培养基上进行培养，剩下部分仍可加塞封好保藏。

六、 自然基质简易保藏法

自然基质的种类很多，这里主要介绍利用发酵粪草、木屑、枝条和麦粒的保藏法。

（一） 发酵粪草保藏法

草腐型菌可用此法保藏，但草菇因不耐低温不可置冰箱内保藏。现以蘑菇发酵粪草料的保藏为例简介如下。

1. 基质制备

取蘑菇栽培用的发酵料，晒干后去除粪块，将料草切成约 2cm 长，在清水中浸 4～5h，让料草浸透水，并使之失去一部分养分，沥水控湿至含水量68%左右。

2. 装管灭菌

将处理好的料草装入大试管中，松紧要适当，过紧因空隙小空气少，菌丝生长慢；过松则架空菌丝多，抗逆能力差，会影响菌种生活力。装管后即清洗管壁，加上棉塞，于0.15MPa压力下灭菌2h。

3. 接种保藏

培养料冷却后接种，于25℃培养，待菌丝长满试管后，用石蜡将棉塞封闭或更换无菌橡皮塞，置冰箱内保藏。

（二）木屑保藏法

多数木腐型的食、药用菌可用此法保藏。

1. 基质制备

配方为阔叶树木屑78%，米糠20%，石膏1%，糖1%，水120%，装入大试管中经0.15MPa高压灭菌1h。

2. 接种保藏

接种培养方法同上，待菌丝长好后，用石蜡封棉塞或更换无菌橡皮塞，置低温下保藏。

（三）枝条保藏法

枝条保藏法是用树枝条作为木腐型的食、药用菌的保藏培养基。

1. 枝条准备

取直径1～1.5cm的阔叶树枝条，截成1.5～2.0cm，晒干备用。使用时将枝条在5%米糠水中浸泡过夜，使枝条吸足水。

2. 木屑培养基准备

按常规木屑麸皮培养基的配方制备。

3. 装管灭菌

将枝条与木片培养基以3:1的体积比混匀，装入大试管或菌种瓶内，最后在表面覆盖一薄层木屑培养基压平，清洗壁管，在0.15MPa压力下灭菌2h。

4. 接种保藏

按常规法进行接种、培养，待菌丝长好后置常温下或冰箱内保藏。

（四）麦粒保藏法

用麦粒作培养基来保藏菌种的方法。

1. 麦粒准备

选饱满的麦粒，洗净再置于清水中浸4～5h，捞起晾干表面水，即装入试管。

2. 装管灭菌

用小试管装料。装量为试管高度的1/3，装好试管后加上棉塞，于0.1MPa压力下灭菌30min，以麦粒不破裂为宜。

3. 接种保藏

待培养基冷却后，接入孢子液或菌丝悬液，摇匀后置适温下培养，至菌丝长满试管后，即可放入干燥器中抽气进行干燥保藏，或直接置冰箱及其他低温条件下保藏。

第三节 菌种退化与复壮

优良菌种是食用菌生产获得最好效益的重要保证。在食用菌生产中，由于环境条件的改变和转管次数的增加，常常发现菌种出现优良性状消失、质量变差、产量变低、适应性变差的现象，这就是菌种退化。

为了防止菌种衰退，必须注意检查菌种的生产性状，一旦发现菌种衰退，需立即采取措施，进行菌种复壮。

一、 菌种退化

（一）菌种退化的实质

菌种退化（或称菌种衰退）是指一个优良的菌种向衰退方面转化，优良性状消失、质量变差、产量变低、适应性变差的现象。退化是一种变异，是遗传物质发生了可遗传的变化。菌种退化是一个由量变到质变的过程。对于群体来说，个别细胞的退化性变异会随着细胞的分裂而逐步增加，衰退的个体逐渐增多，最终使整个群体出现严重的衰退。菌种衰退是普遍存在的，不可避免的，但采取一些措施可延缓其进程，使群体的变异控制在最低程度。在退化的菌种中，往往仍有少数尚未退化的个体，这是对菌种进行复壮的依据。

（二）菌种退化的原因与特征

菌种的衰退与其自身的遗传特性和所处的环境条件密切相关，转管次数多、创伤多、病毒感染的机会多对菌种的生活力也有影响，所以培养繁殖菌种一定要有较好的设备、较高的技术。

菌种退化的主要原因是菌种不纯、自体杂交和基因突变。此外，菌种退化也与培养条件有关。例如，基因突变随温度降低而减少，培养条件对细胞数量产生影响，杂菌污染也可导致菌种退化，不同菌株混合也会造成菌种退化。

优良菌种退化的主要特征是：生活力变弱，生长缓慢，典型性状丧失；代谢能力降低，代谢产物减少，病毒易侵入；繁殖能力不强，菌丝生长势弱等。这些现象多是由于长期人工培养，无法满足其生活需要所致。

（三）延缓菌种衰退的措施

1. 控制菌种转接次数

因为转接的次数越多，产生突变的几率也越大，菌种发生衰退的机会也越多。转接可以诱导产生突变，而大部分突变对生产是不利的，因此，生产中应严格控制菌种转接的次数，在可能的条件下尽量少转管，用于生产的菌种应控制在转接 5 代范围内。三级制种的菌种制作方式在很大程度上减少了转管次数。

2. 采用有效的方法保藏菌种

保藏菌种所采用的方法应该能保持菌种的优良性状，且保藏的时间较长，这样可使菌种在保藏期内减少衰退，见本章第二节内容。

3. 创造菌种生长的良好营养条件和外界环境

营养条件包括营养物质的种类、比例和含量，外界环境则包括空气、温度、湿度、酸碱度及生物因素。实践证明，条件适宜，菌种生长健壮，菌种衰退慢；反之，条件不适宜则会引起菌种衰退。

二、 菌种复壮

退化了的菌种可以通过采取一定的措施进行复壮，使菌种恢复原来的优良性状。所谓菌种复壮，就是从衰退的群体中找出尚未衰退的个体，进行分离、培养，以达到恢复菌种优良性状的一种措施。

（一） 菌种复壮的原理

菌种复壮是人工选择的过程。生物以遗传变异为基础，通过自然选择和人工选择而得以进化。变异提供了选择的基础，选择保存了适应环境的个体，通过保存下来的个体将遗传特性遗传下来。在此基础上，再变异，再选择，再遗传，如此循环往复，生物得以不断进化。菌种复壮就是根据这个原理而进行的。

（二） 菌种复壮的方法

1. 挑选健壮菌丝进行接种

每次转接菌种时，只挑选生长健壮的菌丝进行接种，使"复壮"这一行为落实在每一次的转接工作中，这是防止菌种老化的简便有效的措施。

2. 分离复壮

淘汰已衰退的个体，选出尚未退化的个体，通过分离培养进行复壮。如菌丝分离，用无菌水将斜面上的菌丝稀释，将菌丝体放入三角瓶中，在无菌水中摇匀，然后转接到平板培养基上，使菌丝分布均匀，在适宜温度条件下培养至菌丝萌发形成菌落，挑选出生长健壮的菌丝接入斜面作为母种，经检验证明了同原来菌种的性状抑制，即为复壮了的菌种，可用于生产。

3. 定期分离菌种

生产上使用的菌种一般1~2年要重新分离一次，以起到复壮的作用。最常用的是组织分离法：挑选形状及其他性状与原菌种相同，朵形大，生长健壮的子实体，从菌肉中直接获得双核菌丝进行培养。这样的方法简便易行，周期短，较为实用。也可以用孢子分离法和菇木分离法，但无论用什么样的分离方法，得到的菌种都要经过出菇试验，符合要求后才能用于生产或保存。

另外，在菌种每一次转接保存时，经常改变一下培养基的配方成分，也能防止菌种老化退变。

🔍 **思考题**

1. 菌种的分离方法有哪些？简述组织分离法的操作过程。
2. 如何对各级菌种进行质量鉴定？
3. 延缓菌种衰退的措施有哪些？
4. 菌种常用的保存方法有哪些？

第六章

木腐型食用菌栽培

第一节　平菇栽培

一、概　述

　　平菇在真菌分类上属于担子菌亚门、伞菌目、侧耳属，学名为糙皮侧耳 [*Pleurotus ostreatus* (Jacg：：Fr.）Kummer.]，又称北风菌。各地也有不同的名称，如美味侧耳、鲍鱼菇、凤尾菇、金顶蘑、栎蘑等。

　　平菇除了含有人体必需的 8 种氨基酸外，还含有丰富的维生素 B_1、维生素 B_2 和维生素 PP，还含有草酸等，是一种味道鲜美、营养丰富的食用菌。经常食用平菇，对降低血压、减少胆固醇有明显作用。

　　平菇属木腐菌，冬春季在阔叶树腐材上呈腐瓦状丛生，在我国绝大部分地区都能很好生长。我国平菇栽培始于 20 世纪 40 年代，当时主要以木屑为培养料，栽培规模小、数量少。自1972 年河南省的刘纯业用棉籽壳栽培平菇获得成功后，河南、湖北、河北等省开始进行规模化生产。1978 年河北省晋县利用棉籽壳栽培平菇达到大面积高产，此后全国范围内开始进行平菇栽培，现在平菇已成为商品化栽培的主要食用菌品种之一。

　　平菇适应性强，栽培方法简单，生产周期短，栽培场地灵活多样，具有产量高、成本低、见效快的特点。因此，对于城乡居民而言，进行平菇生产是一项很好的家庭副业。

二、平菇生物学特性

（一）形态特征

1. 菌丝体

菌丝体是平菇的营养器官。菌丝是无色、管状、有分支、有隔膜的多细胞丝状物。成千上万条菌丝集结在一起，就形成肉眼可见的白色菌丝体。

2. 子实体

子实体是平菇的繁殖器官，也是平菇的食用部分。子实体丛生、叠生，也有单生。子实体由菌盖和菌柄两大部分组成。菌盖直径为5~21cm；呈扇形、漏斗状或贝壳状，中部逐渐下陷，下陷处无毛或有棉絮状短绒；菌盖表面一般较光滑湿润；菌盖颜色因品种和发育阶段不同有关外，还与光线强弱有一定关系，一般幼时白色、青灰色，老熟时灰白或灰褐色，光线较暗，颜色较浅，光线强颜色较深；菌盖边缘薄，平坦内曲，有时开裂，老熟时边缘呈波状上翘；菌肉白色、厚；菌褶白色形如伞骨，长短不等，白色质脆易断，在菌柄上部呈脉状直纹延生。菌柄一般长3~5cm，粗1~2cm；色白、中实、上粗下细，基部常有白色绒毛覆盖，侧生或偏生（图6-1）。

（二）生活史

平菇的生活史是"孢子→初生菌丝体→次生菌丝体→子实体→孢子"的循环过程。在适宜的条件下孢子萌发、伸长、分枝，形成单核菌丝，两个不同性别的孢子萌发形成的单核菌丝互相结合形成双核菌丝。双核菌丝吸收大量的水分，分泌酶分解和转化营养物质，生长发育到一定阶段，表面发生局部膨大，形成子实体。子实体成熟后产生孢子，完成一个生活周期（图6-2）。

图6-1 平菇子实体

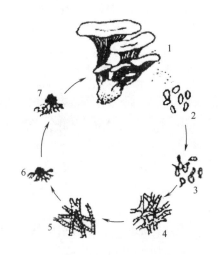

图6-2 平菇生活史

1—成熟子实体 2—孢子 3—孢子萌发 4—单核菌丝
5—双核菌丝 6—子实体原基 7—菌蕾

在人工栽培条件下，平菇子实体的发育可分为以下五个时期。

（1）原基形成期 菌丝发育到一定阶段，形成一小堆肉眼可以看见的米粒状的凸起物，此是子实体的原基。

（2）桑葚期 随着子实体原基的生长，凸起物长成形似桑葚样的菌蕾，称桑葚期。

（3）珊瑚期 在条件适宜时，桑葚期仅在12h就转入珊瑚期。珊瑚期3~5d，就逐渐发育成珊瑚状的菌蕾群，小菌蕾逐渐长大，中间膨大，成为原始菌柄。

（4）成形期 菌柄变粗，顶端出现一黑灰色的扁球，并不断长大，这就是原始菌盖。

（5）成熟期 菌盖展开，中部隆起呈半球形；菌盖充分展开，边缘上卷；菌盖开始萎缩，边缘出现裂纹（图6-3）。

平菇菌盖生长很快，菌柄生长较慢。菌盖在生长过程中一部分萎缩，停止生长，一部分经

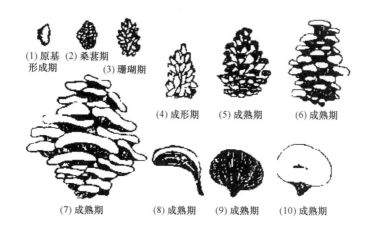

(1) 原基　(2) 桑葚期
　形成期
　　　　　　(3) 珊瑚期

(4) 成形期　　(5) 成熟期　　(6) 成熟期

(7) 成熟期　　(8) 成熟期　　(9) 成熟期　　(10) 成熟期

图 6-3　平菇子实体生长发育过程

过 6~7d 发育成为成熟的子实体。平菇适宜采收期应为菌盖充分展开、边缘上卷时，过 1~2d 即是采集孢子的适宜时间。

（三）对生活条件的要求

1. 营养

平菇是木腐菌，在自然界它生长在朽木、枯枝及死去的树桩上。人工栽培时可用棉籽皮、玉米芯、木屑、甘蔗渣等农副产品的下脚料作为栽培主料，提供碳素营养；用麸皮、米糠、玉米粉、黄豆粉饼、尿素、铵盐、硝酸盐、石膏、石灰等原料作为栽培辅料，提供氮素、无机盐和生长因素等营养。栽培时，营养生长阶段 C/N 比以 20:1 为宜，生殖生长阶段 C/N 比以(30~40):1 为宜。

2. 温度

平菇菌丝生长的温度范围为 5~32℃，最适宜的温度是 24~26℃。15℃ 以下菌丝生长缓慢，26℃ 以上菌丝生长快但质量差。栽培中，发菌过程温度是指料温，但要注意一般料温要比气温略高。子实体形成及生长的温度范围在不同的平菇品种有不同的要求。通常子实体形成及生长温度为 4~28℃，最适温度为 10~24℃，8℃ 以下子实体生长缓慢，25℃ 以上子实体生长较快，但菌盖薄、易破碎、品质差。平菇属于变温结实性菌类，温度变化如昼夜温差大有利于子实体分化，产出的平菇质量好、口感好，因而在营养生长阶段转变到生殖生长阶段的栽培过程中，应给予变温的环境条件。

3. 水分和湿度

平菇菌丝体生长阶段培养料含水量控制在 55%~65%，空气相对湿度应在 60%~70%，水分过大或过小均抑制菌丝生长；子实体生长阶段，空气相对湿度应达到 80%~95%，空气相对湿度低于 80%，则培养料面干燥，影响子实体正常形成和生长，空气相对湿度高于 95%，菌盖容易变色、翻卷，并且高温易造成病虫害的发生。

4. 通气

平菇是一种好气性真菌，在生长发育过程中需要足够的氧气，在菌丝体生长阶段，要求周围环境空气新鲜，通风好。在子实休发育阶段同样需要空气新鲜，如果二氧化碳浓度高，会形成畸形菇。

5. 光照

平菇在菌丝生长阶段不需要光照，但在子实体生长发育阶段需要一定的散射光，一般在栽培场所内，以能看清报纸上的字的光线为宜。如果光照不适宜，会形成畸形菇，并影响菌盖的颜色。

6. 酸碱度

平菇生长发育对酸碱度的要求并不严格，pH5.5~6.5 最适宜。在实际栽培过程中为了防止杂菌生长，将培养料的 pH 调控在 7.0 以上，既能控制滋生杂菌，又能保证菌丝体正常生长。

（四）平菇的种类

平菇是我国食用菌栽培者惯用的名称和商品名。严格来讲，平菇一名专指糙皮侧耳，但是在日常生活中，平菇属中其他的种和品种也泛称为平菇。平菇属中有 40 多个种，其中可供食用者有 10 多个种。目前国内主要有以下几个品种。

1. 姬菇

姬菇〔*P. Corucopiae*（Paul：Pers）Roll.〕，别名小平菇，是与平菇中的糙皮侧耳、美味侧耳、佛罗里达侧耳同属的种类，学名为黄白侧耳。在日本，将姬菇与松茸相媲美。姬菇的菌盖直径 0.5~15cm，呈肾形或扇形，中部下陷，表面光滑，下凹部分微有白色绒毛。菌盖颜色初期呈黑色或浅蓝色，后逐渐变浅，呈灰色或灰褐色。菌肉白色，较厚，菌褶白色，不等长，延生。菌柄偏生或接近中生，几乎上下等粗，直径 1~2cm，长 3~6cm，白色，中实，有时菌柄上形成隆起的脉络。

2. 漏斗状侧耳

漏斗状侧耳〔*P. Sajor-caju*（Fr.）Sing.〕，又称凤尾菇、环柄侧耳、环柄斗菇等。漏斗状侧耳单生、群生或丛生在阔叶树的腐木上，在稻草、棉籽壳及其他作物秸秆上生长很好。菌盖呈脐状至漏斗状。直径 3~15cm，灰褐色，干后呈米黄色至浅土黄色。菌肉白色，有菌香味。菌柄短，呈圆柱形，长 1~4cm，侧生，内实。常具菌环。孢子圆柱形，无色，光滑，孢子印白色。

3. 糙皮侧耳

糙皮侧耳〔*P. Ostreatus*（Jacg. exFr.）Quel.〕，又称平菇、鲍鱼菇、黄冻菌、杨树菇等。

糙皮侧耳子实体大型，呈覆瓦状丛生，是一种低温型品种。菌盖呈扁半球形、肾形、喇叭形或扇形至平展，直径 4~20cm，初期蓝黑色，后逐渐变淡，成熟时呈白色或灰色，下凹部分微有白色绒毛。菌肉白色，肥厚，有菌香味。菌柄短，长 2~6cm，白色，光滑，基部长有白色绒毛，侧生或偏生，内实，基部常相连，使菌盖重叠。孢子近圆柱形，无色，光滑。

4. 美味侧耳

美味侧耳〔*P. Sapidus*（Schulz）Sacc.〕，又称白平菇，冻菌等。美味侧耳子实体覆瓦状丛生，多发生在秋末春初季，是低温型品种。菌盖扁半球形，伸展后基部下凹，直径 3~13cm，幼时铅灰色，后渐为灰白色至近白色，有时稍带浅褐色。肉质，光滑，边缘薄，平滑，幼时内卷，后期呈波浪状，菌肉、菌褶皆白色。菌柄短，显著偏生或侧生，长 2~5cm。孢子长方形，无色至微紫色，孢子印淡紫色。

5. 金顶侧耳

金顶侧耳（*P. citrinopileatus* Sing.），又称玉皇菇、榆黄蘑、黄冻菌、杨柳菌等，是一种原产于东北林区的野生食用菌。子实体多丛生，常发生在夏季及秋初季节，菌丝生长温度范围为 10~32℃，子实体生长温度为 12~28℃，最适生长温度 20~25℃，是一种高温型菌。菌盖呈漏斗形，直径 3~12cm，草黄色至金黄色，光滑，肉质。菌肉和菌褶均白色，有菇香味。菌柄长 2~10cm，偏生，白色至淡黄色，基部常相连。孢子为圆柱形，无色，光滑，孢子印白色。

三、 平菇栽培管理技术

平菇有很多种栽培方法，根据栽培的场地、栽培的容器、对培养料处理方法和栽培管理的不同，分为室外阳畦栽培、室内菌床栽培、人防工事栽培、塑料大棚栽培、塑料袋栽培、熟料栽培、半生料栽培、生料栽培、菌砖栽培、瓶栽、箱栽、两段栽培等。但是各种方法在实践中不是截然分开的，如熟料袋栽、室外塑料大棚栽培等。

（一）栽培季节

平菇栽培的季节主要取决于栽培的温度和方法，根据平菇在菌丝生长和子实体形成时期对温度的要求，在不同的季节播种应选择不同温度类型的品种，各地应以当地气候条件为依据，灵活掌握。首先必须满足子实体形成和生长所需要的温度，再考虑满足菌丝生长所需的温度。一般实行春、秋两季栽培，每年 9 月中旬至第 2 年 3~4 月均可进行栽培。如果采用生料栽培以 11 月下旬至第 2 年的 2 月为适宜，因为这时自然气温通常在20℃以下，虽然菌丝生长慢，但不利各类杂菌的生长。所以这段时间是平菇栽培的安全期，一般不会发生污染。

（二）培养料配方

栽培平菇培养料配方有很多种，目前常用的培养料配方有以下几种。

1. 棉籽壳培养料配方

（1）棉籽壳 97%，石膏 1%，石灰 1%，过磷酸钙 1%。

（2）棉籽壳 87%，米糠或麸皮 10%，石膏 1%，石灰 1%，过磷酸钙 1%。

（3）棉籽壳 96.5%，石膏 1%，过磷酸钙 1%，石灰 1%，尿素 0.5%。

（4）棉籽壳 97.75%，石膏 1%，石灰 1%，氮、磷、钾复合肥 0.25%。

2. 秸秆培养料的配方

（1）稻草 93.85%，石膏 1%，玉米粉 5%，尿素 0.15%。

（2）稻草 55%，棉籽壳 42%，石膏 1%，石灰 1%，过磷酸钙 1%。

（3）稻草 87%，麸皮 10%，棉籽饼或花生饼、豆饼粉 2%，石膏 0.5%，石灰 0.5%。

（4）麦秸 96.5%，石膏 1%，过磷酸钙 1%，石灰 1%，尿素 0.5%。

3. 其他培养料的配方

（1）木屑 77%，麦麸或米糠 20%，糖 1%，石膏粉 1%，石灰 1%。

（2）玉米芯 77%，棉籽壳 20%，糖 1%，石膏粉 1%，石灰 1%。

（3）玉米秸 88%，麦麸 10%，石膏粉 1%，石灰 1%。

（4）玉米渣 78%，棉籽壳 20%，石膏粉 1%，石灰 1%。

（5）粉碎的花生壳 77%，麦麸 20%，糖 1%，石膏粉 1%，石灰 1%。

（6）粉碎的花生壳与秸秆 78%，棉籽壳 20%，石膏粉 1%，石灰 1%。

（三）平菇袋栽技术

塑料袋栽培平菇既省工，又便于管理，还能充分利用菇房空间。它不仅适用于室内栽培，而且也适于在塑料大棚、人防工事等地方栽培。因其移动方便，更可进行两段栽培。还可以放入稻田、玉米地、蔬菜地，与水稻、玉米、蔬菜间作。

1. 塑料袋栽技术

（1）培养料的选择　栽培平菇的培养料很多，如棉籽壳、稻草、麦秸、玉米芯、甘蔗渣、其他作物秸秆等，可因地制宜选择。但不管选择何种原料，均要求新鲜、干燥、无霉变。除上述主料外，还应根据平菇对营养的需求加入少量的石膏、石灰、米糠或麸皮、磷肥等。

（2）拌料　配方选好以后，应选择非雨天时进行拌料。拌料之前将溶于水的物质如石膏、磷肥等先溶于水，不溶于水的物质如麸皮等与干料先混合均匀，然后按料水比 1∶（1.3～1.4）的比例加入上述水溶液拌料。要求拌料要均匀，含水量适中，掌握含水量适宜的标准是：用手抓一把培养料握紧，指缝中如有 2～3 滴水滴下即为适宜。

（3）装料　根据灭菌方式不同，可选用不同材料制作的塑料袋：高压灭菌宜选用聚丙烯塑料袋；常压灭菌宜选用聚乙烯塑料袋。早秋栽培，栽培袋为宽 22～24cm、长 50～55cm、厚 0.04～0.05cm；春季栽培，栽培袋为宽 18～20cm、长 45～50cm、厚 0.04～0.05cm。装料时，先将袋的一头在离袋口 8～10cm 处用绳子（活扣）扎紧，然后装料，边装边压，使料松紧一致，装到离袋口 8～10cm 处压平表面，再用绳子（活扣）扎紧，最后用干净的布擦去沾在袋上的培养料。

（4）灭菌　灭菌不论采用常压灭菌或高压灭菌，装锅时要留有一定的空隙或者呈"井"字形排垒在灭菌锅里，这样便于空气流通，灭菌时不易出现死角。如采用高压蒸汽灭菌，加热升温后，当压力表指向 0.05MPa 时，放净锅内的冷空气；压力表指向 0.15MPa 时，维持压力，开始计时，2h 后停止加热，自然降温，让压力表指针慢慢回落到"0"位，先打开放气阀，再开盖出锅。采用常压蒸汽灭菌，开始加热升温时，火需旺、要猛，从生火到炉内温度达到 100℃ 的时间最好不超过 4h，否则会把料蒸酸蒸臭；当温度到 100℃ 后，要用中火维持 8～10h，中间不能降温；最后用旺火猛攻一阵，再停火焖一夜后出锅。

（5）播种　一般采用两头播种：解开一头的袋口，用锥形木棒捣一个洞，洞尽量深一点，放一勺菌种在洞内，再在料表放一薄层菌种，播后袋口套上颈圈，袋口向下翻，使形状像玻璃瓶口一样，再用 2～3 层报纸盖住颈圈封口。再解开另一头的袋口，重复以上操作过程。为降低成本，颈圈可以自制，即用 1cm 宽的编织带，剪成长 15～18cm 的小段，在火上灼烧接成直径为 3～4cm 的圈。早秋气温高，空气中杂菌活动频繁，播种时稍有疏忽极易造成杂菌污染。播种时应注意以下几点：①播种要严格按照无菌操作程序进行；②料袋温度在 28℃ 左右播种较好；③灭菌出锅的菌袋要在 1～2d 内及时播种，菌袋久置不播种会增加杂菌感染率，制袋成品率显著下降；④高温期，接种箱内采用酒精灯火焰杀菌，箱温可达 40～50℃，极易灼伤和烫死菌种，因此播种要尽量安排在早晚或夜间进行，有条件可以安装空调降低接种室温度，能有效地减少杂菌感染；⑤适当加大播种量，使平菇菌丝在 1 周内迅速封住袋口的料面，阻止杂菌入侵，提高播种成功率。

（6）发菌期管理　平菇播种后，温度条件适宜才能萌发菌丝，进行营养生长。菌袋堆积的层数应根据播种时的气温而定：气温在 10℃ 左右，可堆 3～4 层高；18～20℃ 左右，可堆 2 层；20℃ 以上时，可将袋以"井"字形排列 6～10 层或平放于地面上，以防袋内培养料温度过高而烧死菌丝。大约 15d 后，袋内料温基本稳定后，再堆放 6～7 层或更多层。这个阶段要注意杂菌与病虫害的发生，促使菌丝旺盛生长。应根据发菌生长的不同时期进行针对性的管理。

①定植期：播种后 2～3d，温度控制在 20℃ 以上，最适温度 24～26℃，一般 24h 后菌种块开始萌发，长出绒毛状的白色菌丝，这时开始遮光培养。注意控制料温在 32℃ 以下，料温过高会烧死菌丝。如果发现多数菌袋菌种不萌发，即属于菌种问题，应重新灭菌，重新播种。

②伸展期：播种后 5～10d，菌袋两端布满菌丝，并向深层蔓延生长，即菌丝吃料。这时菌丝生长速度较快，代谢较旺盛，呼吸作用加强，需氧量增大。特别到 5～20d，要注意通风换气，每天 1～2 次，每次 10～20min。但仍然以保温为主。这时如果发现菌种萌发但不吃料，并且封口层报纸潮湿，是培养料水分太多的原因，可加大通风换气量，以利水分散发；如果是菌种质量的原因，应重新灭菌，更换菌种重新播种。

③巩固期：播种后 25～30d，菌丝生长速度加快，代谢、呼吸作用更加旺盛，应增加通风换气次数和时间，保证发菌场所的空气新鲜。菌袋内的培养料温度即料温保持在 20～25℃，防止阳光直射。这时如果发现污染菌袋，应将污染袋移出发菌场所，污染不严重的，可继续发菌或用石灰水浸泡 24h 晒干后掺在新料中重新使用；如污染严重，应远离发菌场所深埋。

总之，发菌期间要加强培养室的温度、光照和通风的管理，经常检查菌袋污染情况。培养温度最好控制在 18～20℃，最高不要超过 22℃。要经常逐层检查菌袋的温度，尤其是排放在中间部位的菌袋，一旦发现菌袋温度过高，要及时疏散菌袋，同时采取在门窗外搭遮阳棚、墙内外刷石灰水等措施，降低墙面吸热率，采取此法可将室温降低 4～5℃；整个发菌期间不需要光照；培养室的空气要保持新鲜，每天夜晚和清晨开门窗通风；发现污染的菌袋应及时剔出处理。

（7）出菇期管理 当见到袋口有子实体原基出现时，立即排袋出菇。两头播种的菌袋，一般垒成墙式两头出菇，即在地面铺一层砖，将袋子在砖上逐层堆放 4～5 层，揭去袋口的报纸。根据子实体发育的 5 个时期，抓住管理要点。

①原基形成期：播种 30d 以后，即菌丝发满袋 3～5d，要求通风良好，有充足的散射光。这时关键是创造一个较大的温差环境，昼夜温差最好在 10℃ 以上，经 3～5d 袋口可见子实体原基。

②桑葚期：此期不能把水直接浇在菌蕾上，可向空间喷水，空气相对湿度控制在 85%～90% 为宜；在温度适宜条件下维持 2～3d。

③珊瑚期：必须加强通风换气，温度控制在 7～18℃，空气相对湿度控制在 85%～95%。

④成形期：此期可根据培养料和空气相对湿度进行喷水，每天喷 2～3 次，以培养料不积水为宜，温度控制在了 7～18℃，空气相对湿度为 90%～95%，并保持空气新鲜。

⑤成熟期：当菌盖直径达 8cm 左右，颜色由深变浅时就可采收。

总之，出菇阶段要加强出菇场所水分、光照和通风的管理。子实体生长需要大量水分。气温高的天气蒸发量大，培养料与子实体极易干燥失水。因此要根据子实体生长的不同时期，采用向空间或向料面直接喷水的方法，保持空气相对湿度在 85%～95%。为减少菌袋水分蒸发，可在菌袋上面覆盖一层遮阳网，向遮阳网上喷水。这样，不仅能提高保湿效果，还可以避免喷水对菌丝造成的直接损伤；此外，还要注意给予一定的散射光；并在清晨、晚间通风换气，保持充足的新鲜空气。

（8）采收 气温高的天气平菇生长快，子实体从现蕾到成熟只需 5～7d，当菇盖展开度达八成，菌盖边缘没有完全平展时，就要及时采收。采收方法是：用左手按住培养料，右手握住菌柄，轻轻旋转扭下；也可用刀在菌柄基部紧贴斜面处割下。一般隔天采收一次，采收前 3～

4h 不要喷水，使菇盖保持新鲜干净，采收时连基部整丛割下。轻拿轻放，防止损伤菇体。

（9）转潮期管理　转潮期是指从一潮菇采摘结束到下一潮菇子实体原基出现的时间。每批菇采收后，要将袋口残菇碎片清扫干净，除去老根，停止喷水 3～4d，待菌丝恢复生长后，再进行水分、通气管理，经 7～10d，菌袋表面长出再生菌丝，发生第二批菇蕾。

平菇在出菇期，水分管理是平菇优质高产的第一大管理要素，也就是说，必须千方百计使空气相对湿度在 85%～95%，培养料含水量在 65%～70%。

在出过一至两潮菇后，培养料的水分和营养含量会严重下降，应及时补充水分或营养液。补充水分或营养液的方法很多，如用竹签或粗铁丝插 3～4 个小孔，放入水或营养液中浸泡 12h。营养液种类很多。现介绍几种如下：①100kg 水加糖 1kg、维生素 B₁ 100 片，制成混合液；②100kg 水加糖 1kg，过磷酸钙 4kg，尿素 0.3kg，制成混合液；③100kg 水加糖 1kg，过磷酸钙 4kg，制成混合液；④淘米水。以上营养液可结合水分管理喷施。由于转潮换茬，基质的 pH 自然下降，影响菌丝的恢复能力，可喷洒 1%～2% 石灰水，使培养料呈中性。按以上方法管理，栽培周期一般为 3～4 个月，可采收 4～6 潮菇。

有条件者也可以利用室外大田覆土，这是目前采用的新技术，能很方便地满足空气相对湿度在 85%～95%、培养料含水量在 65%～70% 这一要求，可显著提高平菇的产量和质量，有试验证明，产量可提高 30% 左右。下面主要介绍室外大田覆土的方法。

平菇覆土对土壤的选择很重要。从土壤的物理性质来讲，选用壤土为好，即选用土粒不太坚硬、不含肥料、新鲜、保水、通气性能较好、毛细孔较多、团粒结构好的菜园土或树林表层腐殖土或稻田土。覆土应呈颗粒状，土粒直径约 0.5cm，土壤的 pH 以 6.5～7.0 为宜。此外，也可将土壤改良后再覆土，改良土的配制方法为：取地表 20cm 以下的菜园土或树林内表层腐殖质土过筛后，添加 10% 稻谷壳、10% 草木灰或细煤渣、2% 过磷酸钙、0.2% 尿素、3% 石灰粉、1% 食盐，反复拌匀后，喷洒 1∶500 倍多菌灵和 1∶1500 倍敌敌畏药液，再用薄膜密封 2d，杀死土壤内的杂菌和虫害。利用改良土作覆土，既增加了土壤中的矿质元素，又改变了土壤的物理结构，特别是添加谷壳后，增强了土壤的透气性，还可避免菇体沾上泥土，也能显著提高平菇的产量、质量。

平菇覆土的方法很多，主要有畦床平面覆土出菇法、单墙式泥墙覆土出菇法和双面菌墙式填充覆土出菇法等。常用的是畦床平面覆土法，具体操作如下：选择近水源的场地，按宽 1.2m 开厢整畦，长度不限，畦床深挖 20cm，畦底挖松整碎，撒少许石灰粉、喷敌敌畏、甲醛药液消毒杀虫；然后将长满菌丝的菌袋（或称菌筒）或出过一至两潮菇的菌袋（菌筒）脱去塑料袋，筒与筒之间按间距 10cm 摆放好，再把经处理的覆土填满菌筒空隙，直至高出菌筒面 1cm 即可；随即用水或营养液将畦床浇透，使覆土层自上而下全部吸足水分，干后将床面沉落部位再用覆土补平；最后插上竹弓，盖上薄膜、草帘养菌。覆土之后，菌丝会很快长入覆土内，1 周左右便可现蕾出菇。整个出菇期的水分管理只要保持土层湿润，表土不发白即可，可大量节省管理用工。

2. 半熟料袋栽

（1）培养料的堆制发酵　堆制发酵的作用：一是在堆制过程中，堆内温度可升到 63℃ 以上，能杀死培养料内病菌和虫卵，起到高温杀菌的作用；二是使料内的营养成分由原来不能被菌丝吸收状态变为可吸收利用状态；三是经堆制发酵后的培养料，质地松软，保水通气性能好，适于菌丝的生长发育。

堆制场地要选在地势较高，背风向阳、距水源近而且排水通畅的地方，地面要夯实，打扫干净。一般播种前 7~9d 进行。堆制材料不同，处理方法也不同：秸秆切成 1~2cm 长，浸泡 1~2d，然后捞起滤去水分；棉籽壳可直接堆制发酵。

堆制发酵的步骤：

①建堆：先在地面上铺一些高粱秆或玉米秆，以利于通气。堆的大小要适中，松紧要适宜，堆形要做成馒头状。堆好以后，上盖草席或塑料薄膜，以便保持温度和湿度，但 2~3d 以后要去掉薄膜，以免通气不良，造成厌气发酵。

②翻堆：培养料堆制过程中、要进行多次翻堆，翻堆的作用是调节堆内的水分条件和通风条件，促进微生物活动，加速物质的转化。翻堆的方法是把料堆扒开，将料抖松，将堆内外、上下的培养料混合均匀，并喷水调节湿度和 pH、添加辅料。正常情况下，建堆后 2~3d 堆温开始上升，温度可达 70~80℃。温度达到高峰后，可维持 1~2d，然后进行翻堆，翻堆后重新建堆。第一次翻堆后经 1~2d，堆温很快就上升到 75℃左右，可进行第二次翻堆。如此进行 2~3次，且每次间隔都比上一次翻堆时间缩短 2d。最后一次翻堆要调节好水分、pH，加入 0.3% 的多菌灵或其他杀虫杀菌剂将料拌匀待用。

堆制发酵的注意事项：选择晴朗的天气；升温要快，温度要高；翻堆要认真，不夹带生料。

（2）装袋、播种　选用宽 18~22cm、长 40~50cm、厚 0.04~0.05cm 的塑料袋。装袋、播种前，先离袋口 8~10cm 处将袋的一端用绳扎好（活结）；培养料装入袋内 1/2 时加入菌种一层；再装料至离袋口 8~10cm 时加 1cm 厚的菌种封面，用绳子扎好口；然后解开另一端的袋口，加 1cm 厚的菌种封面后，再用绳子扎好口。如果气温较高，绳子扎口改为套颈圈封口更好。一般视袋子的长度和栽培时的温度，可以 2 层料 3 层菌种或 3 层料 4 层菌种。装袋时要注意使料松紧一致，每层料的厚度也应尽量一致。

（3）发菌期管理　发菌要求在清洁，干燥、通气良好、无光线的培养室内进行。菌袋不论怎样堆放，都要保证袋内温度在 28℃以下，若袋温降不下去，应疏散菌袋，分室培养。

发菌期其他管理方法同熟料袋栽。

（4）出菇期管理　出菇管理方法与熟料袋栽相同。

3. 生料袋栽

生料袋栽的时间只能在自然温度低于 20℃时进行，并且培养料一定要新鲜、质量好。在常规配方中加入 0.3% 的多菌灵或其他杀虫杀菌剂拌料，pH 调至 9.0~10.0。料拌好后，要立即装袋、播种，播种量要高于半熟料袋栽，并保证袋内温度在 10~20℃，在防止烧菌和防杂菌污染的基础上，使菌丝尽快萌发、吃料、快速生长。其他同熟料袋栽。

4. 阳畦生料栽培

平菇阳畦生料栽培，即利用室外空闲地建造阳畦来栽培平菇，是一项工艺简单、成本低、周期短、产量高的栽培技术。

（1）选择场地　应选择干净、背风向阳、灌排水方便、地势平坦的田块。

（2）做畦　畦的长度不限，宽度 1~1.2m，深度 0.2~0.3m。在畦面及四周喷洒浓度为 2%~3% 的石灰水或其他杀虫杀菌溶液。

（3）拌料　在常规配方中加入 0.3% 的多菌灵或其他杀虫杀菌剂拌料，pH 调至 9.0~10.0，拌好的料最好当天用完，不宜过夜。

（4）播种前的准备　菌种量以占干料重的 12%~15% 为宜；所用工具及器皿应洗净，并用

0.1% 浓度的高锰酸钾液消毒；将菌种掰成蚕豆大小，放在梢毒液清洗过的面盆里，用消过毒的湿纱布覆盖备用。

（5）播种　通常采用层播法，即先在畦面铺 1/3 培养料，并均匀撒入 1/4 的菌种；再铺上 1/3 的培养料，均匀撒入 1/4 的菌种；最后铺入剩余的 1/3 培养料，表面均匀撒入 1/2 菌种，培养料四周尤其不能遗漏，可适当多撒些。播后将料面稍压实拍平，立即覆盖用浓度为 0.1% 的多菌灵液或 0.1% 的高锰酸钾液消过毒的报纸，再盖上薄膜和草帘，四周压上砖块。

（6）发菌期管理　接种后的 5~7d 内，切忌揭膜查看，中午前后料温如超过 28℃，这时可掀草帘或掀草帘和膜通风降温，等温度下降后盖上薄膜，将料温保持在 24℃ 左右。料温稳定后就不必掀动薄膜。根据发菌及天气情况，逐渐增加早晚揭膜次数和时间。

（7）搭拱棚　当菌丝生理成熟，即将形成子实体原基时，应立即搭拱棚，以便出菇期的管理。

（8）出菇期管理　利用拱棚创造一个具有温差的环境条件，使子实体原基尽快出现；当子实体原基出现后，揭去报纸、薄膜和草帘，在保湿的基础上加大通风量；一般每天喷雾水 2~3 次，每次喷水量以菇床上料面湿润、不积水、菇体表面有光泽为度。

当子实体长到八成熟（菌盖边缘开始平展）时，应及时采收。每潮菇采收后，要将床面残留的死菇、菌柄清理干净，以防腐烂；停止喷水 4~5d 后，喷足水或营养液体，盖上薄膜，保湿发菌；待料面再度长出菌蕾，仍按第一潮菇的管理方法管理。出 1~2 潮菇后可以覆土，覆土后的管理和熟料袋栽覆土管理方法相同。

第二节　香菇栽培

一、概　　述

香菇 [*Lentinus edodes*（Berk.）Sing] 又名香蕈、冬菇、香菌。属于真菌门，担子菌亚门，伞菌目，口蘑科，香菇属，是世界上最著名的食用菌之一。主要分布在中国、日本、朝鲜、越南等国。野生香菇在我国分布范围很广，浙江、福建、安徽、江西、湖南、湖北、广东、广西、云南、四川都有分布。香菇是我国山区传统土特产品和出口商品。我国传统的人工砍花栽培技术早在 800 多年前就已基本定型，并一直沿用至 20 世纪初。日本在 20 世纪 30 年代创立了人工接种新技术。我国在 20 世纪 60 年代中期开始推广纯菌种接种生产技术，20 世纪 70 年代中期开始用木屑代替段木生产香菇，20 世纪 80 年代，福建创立了"古田模式"香菇生产技术，仿天然条件栽培香菇，缩短了生产周期，提高了产量，以后"香菇半熟料开放式栽培"技术和"马尾松有害物质简易除去法香菇生产技术"等新技术不断产生，使我国香菇产量不断提高，超过日本，成为世界香菇第一出口大国。

香菇肉质肥厚细嫩、味道鲜美、香气独特、营养丰富，并具有一定的药用价值，是不可多得的保健食品。香菇之所以被称为健康食品，主要是因为它含有人体所必需的蛋白质、碳水化合物、纤维素和灰分。据分析，每 100g 干香菇中，含有蛋白质 18.64g、脂肪 4.8g、碳水化合物

71g、粗纤维9.6g、灰分5.56g，此外，还含有十分丰富的维生素和矿物质。其中人体必需的8种氨基酸，除色氨酸未测出外，香菇具备7种。在10种非必需氨基酸中，香菇中谷氨酸等含量特别丰富，而谷氨酸就是味精的主要成分，所以食用香菇时显得比其他菇品更为香甜。鲜香菇中的脂肪类似于植物脂肪，所含脂肪酸多为不饱和脂肪酸，对降低血压有明显的好处。干香菇灰分3.4%，含有人体必需的矿物质元素，磷、钾、钠、铁含量尤多。香菇还是一种著名的药用菌，富有维生素D（即麦角醇），且在食用菌中含量最高，具有促进钙的吸收的功能。经常食用香菇可促使小孩骨骼和牙齿的形成，促进身体发育，可增强人体的抵抗力。香菇中的香菇多糖能提高人体的免疫力，增强人体对疾病的抵抗力。目前，香菇子实体及其深层发酵培养物，不但用于中药制剂生产，也成为保健食品生产中的重要功能性成分。

香菇生产周期短，投入少，售价高，可取得较高的经济效益，深受国内外人们的喜爱。在国际市场上，无论是鲜菇、干菇或罐头，都享有盛誉。我国已成为香菇生产和出口大国，发展了传统的栽培技术，积累了丰富的栽培经验，香菇生产具有很大的发展潜力。

我国香菇的主要产区是福建、浙江、广东、湖北等南方省市。特别是福建的古田县、浙江的庆元县，其规模之大、效益之高，名列全国之首。我国北方的香菇业也正在悄然兴起、蓬勃发展。北方有着丰富的菇木资源和棉籽壳、玉米芯、木屑等大量农作物的下脚料，再加上昼夜温差大的特点，更容易产花菇。目前已在河南的西峡县、沁阳县，山西的安泽县，陕西的陕南秦岭山区等地进行大规模生产，并已逐步形成当地的支柱产业。多年实践证明，大规模产业化栽培香菇，是活跃农村经济、帮助农民脱贫致富的有效途径，同时对于出口创汇和丰富菜篮子工程有着重要的意义。

二、香菇生物学特性

（一）形态特征

1. 菌丝体

菌丝体是香菇的营养器官，由许多菌丝集合联结而成的群体，呈蛛网状。菌丝由孢子或菇体上任何一部分组织萌发而成，白色，绒毛状，纤细有横隔和分支，细胞壁薄，粗2~3μm。气生菌丝少，略有爬壁现象，老熟菌丝分泌褐色素，形成韧性菌皮，生长慢，12~14d长满试管，斜面上形成原基者多为早熟品种。

2. 子实体

香菇子实体由菌盖、菌褶、菌柄3部分组成，单生、丛生或群生。

菌盖圆形，直径5~10cm，有时可达20cm，表面茶褐色、淡褐色，少数品种为淡灰色，披有深色鳞片。幼时呈半球形，边缘内卷，有白色或黄色绒毛，成熟时渐平展，边缘微下卷。老熟后盖缘反卷、开裂。盖的颜色和形状，随菌龄大小、受光强弱、气候条件及其营养不同而有差异。如在缺水、干燥、通风较大的环境中，菌盖表面易形成菊花状或龟甲状裂纹，称为花菇。幼时菌盖下方有白色膜状内菌幕，菌盖展开时破裂，部分附着于盖缘，部分则残存在菌柄上，形成不完整的菌环。盖部菌肉肥厚，白色质韧。干后有特殊的香味，是食用的主要部分。

菌褶位于菌盖的下面，成辐射状排列，弯生、白色，生长后期变成红褐色。刀片状，褶片表面着生担子和担孢子。担子无色，棍棒状，顶端长有4个小突起，上面长着担孢子，担孢子无色、椭圆形，表面光滑。孢子印白色。

菌柄生于菌盖下面的偏心处，圆柱形，中实坚韧，常弯曲，下部和基质内的菌丝相连，是

图6-4 香菇子实体

支撑菌盖和运输养料、水分的器官。菌柄的粗细长短随温度、养分、光照、品系不同而有差别，菌柄长3~6cm，直径1.5cm。幼时菌柄表披白色绒毛，干时呈鳞片状（图6-4）。

（二）生活史

香菇的生活史是指从孢子萌发到子实体产生孢子的整个发育过程，即孢子在适宜的条件下萌发形成单核菌丝，单核菌丝经过质配形成双核菌丝；双核菌丝发育到生理成熟阶段，菌丝进一步发育形成三生菌丝，三生菌丝进一步扭结、分化形成香菇子实体。

（三）生长发育条件

1. 营养

香菇是木腐菌，靠腐生生活，其主要营养物质是碳水化合物和含氮化合物，也需要少量的无机盐和维生素。

（1）碳源　香菇能利用单糖、双糖和多糖。菌丝通过分泌纤维素、半纤维素和木质素水解酶，体外酶降解培养料中的纤维素、半纤维素和木质素，使这些大分子有机物分解为单糖、双糖等还原糖，然后吸收利用。人工代料栽培中添加的糖类（蔗糖、葡萄糖等）、麸皮、米糠、玉米粉等，都是很好的碳源。足够的碳素能促进香菇菌丝正常生长，提升出菇效果。香菇子实体原基的形成和子实体的发育取决于碳源是否充足和培养基的含糖量。当糖的浓度达到8%时，子实体发育良好。

（2）氮源　香菇菌丝能利用有机氮（蛋白质、氨基酸、尿素）和铵态氮，不能利用硝态氮。在代料栽培中，常添加麸皮或米糠以提高氮的含量。

香菇菌丝生长阶段碳氮比以25:1为好，而子实体形成时以30:1~40:1为适宜。氮素含量过多会抑制香菇子实体分化，影响香菇的产量。

（3）矿质元素和维生素　香菇生长还需要少量的矿质元素，其中常量元素为磷、钾、镁，微量元素为铁、锌、锰、铜、钴、钼等。硫胺素（维生素B_1）对香菇菌丝碳水化合物的代谢和子实体的形成有一定的促进作用，尤其对菌丝的生长影响更大。代料的添加辅料麸皮、米糠、马铃薯等含有丰富的维生素B_1，料内若有这些物质，不必再另外添加维生素B_1。

2. 水分和湿度

香菇菌丝只有在水分适宜的培养基中才能很好的生长。料中含水量过多时，其菌丝常因缺氧而生长缓慢或停止生长，甚至菌丝萎缩腐烂死亡。料中的含水量太少时，菌丝分泌的各种酶就不能通过自由扩散接触培养料进行分解活动，营养物质也就不能运输和转换，菌丝不能正常生长。一般木屑的含水量为60%左右，段木栽培含水量35%~40%。出菇时，要求空气的相对湿度为80%~90%。一定的湿度有利于子实体的分化、花菇的产生。

3. 温度

香菇是一种低温型变温结实性的食用菌。温度是影响香菇生长发育的一个最活跃、最重要的因子。

香菇孢子萌发的温度是15~30℃，最适为22~26℃。菌丝生长的温度范围较广，在5~32℃之间，以24~27℃为最适宜，在10℃以下或30℃以上时，菌丝生长不良。在5℃以下或35℃以上停止生长，超过40℃很快死亡。对低温的忍耐力较强，一般不会冻死。

香菇子实体分化的温度一般为5~25℃，以10~17℃最为适宜，昼夜温差越大，子实体原基越易分化，并且分化形成的子实体原基的数目也越多。所需温差的大小，由香菇的品种决定，一般温差为 5 ~ 10℃时为好。在恒温条件下，不能产生子实体的分化。

香菇子实体生长发育温度范围一般为 5 ~ 26℃，适宜温度为 10 ~ 20℃，最适温度为 15℃左右。由于品系不同，其最适温度也有差异。一般在较高的温度下，香菇生长迅速，肉薄柄长，菌盖易开伞，且肉质比较粗糙，质量差；在低温条件下，菇体发育缓慢，菌盖肥厚，菌柄粗短，质地密，品质优良。在子实体发育阶段，短时间的低温、风吹干燥会使子实体表面细胞停止分裂生长，而内部细胞仍在发育，使菌盖表皮膨胀裂开，愈合后形成龟状花纹，为花菇。

4. 光照

菌丝生长阶段，不需要光线，在黑暗的条件下菌丝生长较快，过强的光线反而会抑制菌丝的生长。

子实体分化和生长发育阶段，则需要一定的散射光。在完全黑暗的条件下，子实体不能形成。如果光线微弱，子实体发生少，朵形小，菌柄细长，菌盖色浅；在适宜的散射光条件下子实体发育良好，数量多，生长正常；但光线过强，对子实体的分化有一定的抑制作用。

5. 空气

香菇属好气性菌类，在生长发育过程中，需从环境中不断吸收空气中的氧气，排出二氧化碳。通风良好的环境，有利于菌丝的健壮生长、子实体的分化和生长发育。通风好，则香菇的菇形好、盖大柄短、商品价值高。反之，则常形成盖小柄长的畸形菇，其商品价值低。

6. 酸碱度

香菇菌丝生长要求偏酸性环境，pH 在 3.0 ~ 7.0 之间都可生长，以 4.5 ~ 5.5 最为适宜。当培养料呈碱性时，其菌丝很难生长。一般木材中的 pH 最适合香菇的生长发育。在培养过程中，由于高压灭菌、菌丝生长过程中自身产生的有机酸的积累，会使料的 pH 降低，所以在配料时，pH 可适当的偏高些，一般掌握在 6.0 ~ 6.5 之间。为了使料中的 pH 变化不大，配料时常加入适量的磷酸二氢钾或磷酸氢二钾作缓冲剂，也可在料中加入石膏、碳酸钙等碱性物质，来调节培养料中的 pH。

三、香菇栽培管理技术

香菇栽培常见的栽培方法有段木栽培和代料栽培。

（一）段木栽培

段木栽培就是利用一定长度的阔叶树段木进行人工接种、栽培食用菌的方法。一般经过选树、砍树、截断、打孔、接种、发菌、出菇管理、收获等过程。香菇的段木栽培生产步骤如下。

1. 选择菇场

选择场所需要兼顾林木资源、水源、地形、海拔等条件。菇场周围应有水源、菇木资源以及高大树木遮阳。菇场应坐北朝南，西北方向日照不足，易受寒风袭击。一般采用两场制，即将"发菌场"和"出菇场"分开。出菇场的选择，应根据香菇的生物学特性，创造适合于香菇生长发育的环境条件，能给予其出菇期的温度、湿度、光照控制条件。

2. 准备段木

（1）菇树的选择　段木栽培选用的树木以桦、杨、柳、枫、栎树等阔叶树较好，松、柏、杉等针叶树因含有酚类等芳香性物质，对菌丝的生长有一定的抑制作用，通常不用。一般选用树皮厚薄适中（0.5~1cm），不易脱皮，具有很好的保温保湿、隔热、透气性能，具有一定弹性；木质比较坚实、边材发达、心材较少、树皮较厚又不易脱落的木材。直径要求在10~20cm粗的树木为好。

（2）适时砍树　休眠期是砍树的最佳季节。在休眠期，树叶中的营养物质转移至树干和根部贮存，形成层停止活动，砍下的树木营养物质含量高，有利于种菇。黄叶凋落时节，为休眠期中树木形成层养分最多和树皮最紧的时期，此时砍树最好。

（3）适当干燥　通常将砍伐后的菇树称作原木，将去枝截断后的原木称作段木。进行原木干燥，实质上就是为了调节段木含水量，以利于香菇菌丝在段木中定植生长，段木含水量在40%~50%时接种较易成活。段木含水量太高霉菌易侵入；含水量太低，接种后菌种易失水干缩，难以成活。干燥的时间不能一概而论，常以干燥后没有萌发力为度，或以接种打孔时不渗出树液为宜。一般说来宁可湿些，也不可太干，因此一定要适当干燥。

（4）剃枝截断　原木干燥后，应及时剃枝截断。这项工作应在晴天进行。把原木截成1~1.2m长的段木。截断后段木两端及枝桠切面要用5%石灰水或0.1%高锰酸钾溶液浸涂，以防杂菌感染。

3. 段木接种

（1）接种季节的确定　人工栽培香菇，在气温5~20℃范围内均可接种，其中，以月平均气温10℃左右最为适宜。一般年份，长江流域接种季节在春季，2月下旬至4月底，最好在清明前过定植关。华南地区冬季气温常在2~3℃以上，可在12月至第二年的3月接种。华东地区最适接种季节为11月下旬至12月上旬。

（2）菌种的选择　选菌龄适宜、生命力强、无杂菌、具有优良的遗传性状、适合段木栽培的优质菌种。可用木屑菌种、枝条菌种或木块菌种等。

（3）打眼接种　打眼工具一般用电钻或打孔器，钻头直径一般为1.2~1.3cm，用工具在段木上打孔，接种穴多呈梅花状排列，行距5~6cm，穴距10~15cm，穴深1.5~1.8cm。打好孔后，取一小块菌种塞进穴内，装量不宜过多，以装满孔穴为止，切忌用木棒等物捣塞。菌种装完后，在孔穴上面立即盖上树皮，用锤子轻轻敲打严实，使树皮最好和段木表面相平，不能凸出也不能凹陷。树皮盖的厚度以0.5cm为宜，太薄时易被晒裂或脱落。条件好的，还可用石蜡封口。石蜡封口材料的配方是：石蜡75%，松香20%，猪油5%，加热熔化调和，待其稍冷却后，用毛笔蘸取涂抹于盖口，冷却后即粘着牢固。

4. 发菌期的管理

接种后的段木称作菇木或菌材。发菌是根据菇场的地理条件和气候条件，对堆积的菇木采取调温、保湿、遮阳和通风等措施，为菌丝的定植和生长创造适宜的生活条件。接种好的菌木应立即进行发菌期的管理，一般分两个阶段，前一阶段称作伏场或假困山，后一阶段称作困山。

（1）假困山　从段木接种后至菇木表层菌丝化或基本长满菌丝这段管理过程，称为伏场或假困山。将接种好的菇木立即在菇场堆放，堆放的方法有许多，但一般以覆瓦式和"井"字式堆放较好（图6-5）。

①覆瓦式堆放：适合一般平坦较干燥的菇场，方法是在山坡上打两根有叉的木桩，架上一根横木，横木离地30~40cm，将菇木靠上一排，一般为8~10根，每根之间保持5~6cm的空隙，然后再靠一根菇木作枕木，靠上第二排菇木。如此反复，似覆瓦般重叠。这样，菇木一端落地，使其充分吸收地表蒸发的水分。

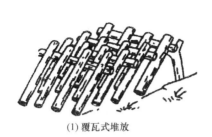
(1) 覆瓦式堆放

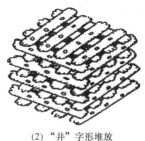
(2) "井"字形堆放

图6-5 菇木堆放方法

②"井"字形堆放：井字形堆放有利于通风排湿，适合雨水较多，场地较湿的菇场，或采菇后短期养菌时堆放菇木。一般底层用砖石垫起，离地10cm以上，一层层井字交错堆放，堆高以1.2~1.5m为宜。然后覆盖塑料薄膜，防雨、保温、保湿。

堆放好的菇木应放到阴凉潮湿的环境中发菌，如果菇场自然遮阳不足，则要搭盖荫棚，保持半阴半阳，让适量的阳光散射菇木，以利于发菌及抑制杂菌的生长蔓延。经15~20d，接种口就长出白色菌丝圈。若1个月还不见菌丝圈，应赶快补种。此外，菇木堆放2~3个月后，要进行一次翻堆，把上下里外的菇木互相调换位置并加强通风换气和调节菇木湿度，使菌丝继续蔓延。

(2) 困山 经过一段假困山后，菌丝就已在菇木中生长蔓延，因气温回升，如再继续假困山，会使堆内温湿度太高，有利于杂菌繁殖。此时一般把假困山的菇木堆拆散，将菇木移至更通风、更适于菌丝生长的场所，继续培养，这一过程称作困山。

困山是养菌之意，即培养成熟菇木，是按照干干湿湿、干湿交替的管理方法，培养菌丝向木质内部延伸，以达到生理成熟的管理过程。重在以遮阳、通风、防杂菌、促进菌丝进一步生长为主。

当气温稳定通过15℃时，就进入困山阶段。即去掉菇木堆上的塑料薄膜，搭棚遮阳或用遮阳黑网在菇木上遮阳。困山场地以三分阳、七分阴为宜，或采用70%~85%的遮阳黑网搭棚。每个月翻堆一次，把菇木上下左右的位置调头换位、相互调整，从而使菌丝生长一致。雨后天晴时要及时翻堆，旱季或高温季节必须进行喷水保湿。应根据菇木的干燥程度给菇木喷水保湿。在困山过程中还要防止病虫害的发生。一般经过8~10个月的培养就逐步发育成熟，在适宜的条件下即可出菇。

5. 出菇期的管理

(1) 补水催蕾 成熟的菇木，经过数个月的困山管理，往往大量失水，同时菇木上子实体原基开始形成，并进入出菇阶段，对水分和湿度的需求随之增大。菇木中水分若不足，就影响到出菇，因此一定要先补水，再架木出菇。补水的方法主要有浸水和喷水两种。浸水就是将菇木浸于水中12~24h，一次补足水分。喷水则首先将菇木倒地集中在一起，然后连续4~5d内，勤喷、轻喷、细喷，要喷洒均匀。补水之后，将菇木井字形堆放，一般在12~18℃温度下，2~5d后就可陆续看到"爆蕾"。

(2) 架木出菇 补水后，菇木内菌丝活动达到高峰，在适宜的温差刺激下，菌丝很快转向生殖生长，菌丝体在菇木表层相互扭结，形成菇蕾。为了有利于子实体的生长，多出菇，出好

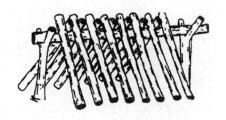

图6-6 "人"字形架木

菇，并便于采收，菇木就应及时地摆放在适宜出菇的场地，并摆放为一定的形式，即架木出菇。架木出菇主要有"人"字形架木（图6-6）出菇和覆瓦状架木出菇两种方式。

①"人"字形架木方式：即在出菇场地，先栽上一排排木杈，一般高60～70cm，两根木杈之间距离为5～10m，架上横木，横木距地面60～65cm，比较湿的菇场可稍稍架高些，较干燥的菇场可架低些。然后将菇木一根根地交叉排列斜靠在横木两侧，大头朝上。小头着地，每根菇木之间10cm左右的空隙，有利于子实体接受一定的阳光，正常生长，方便采摘。架与架之间留下作业道，一般宽30～60cm。

②覆瓦状架木出菇方式：即在菇场架木垫石或木桩高30cm，架上枕木，排放上菇木，大头搁在枕木上，小头着地，每根菇木之间距离10～15cm。菇木上端距离地面50cm左右。比较干燥的菇场，菇木要架得低些，以利于菇木吸收水分；较潮湿的菇场，架木要高些，以利于通风排湿。架与架之间也留下作业道。

"人"字形架木方式采菇方便，但占地面积大，菇木水分散失多，不利于保湿，是潮湿地区菇场常采用的方式；覆瓦状架木出菇方式，占地面积小，排放同样数量的菇木，只占人字形架方式一半的场地。生产时应因地制宜，选择适宜的架木出菇方式。

段木栽培香菇在北方自然条件下，一般春秋季菇产量不高，只有夏季才是香菇的盛产期。在南方则是春秋季产量高。特别是在北方，在春秋季的出菇管理上要注意保温保湿，尽可能延长产菇期。出菇期要多喷水保湿，防止干热风对菇木的侵袭。在秋末冬初还要加强保湿措施，严防寒潮的危害。

在出菇过程中，尽可能创造条件使其多出花菇。花菇指菇盖表皮有花纹的香菇。花菇是香菇个体在生长过程中，受温差、干湿差等不良环境刺激，菇体表里细胞增生不同步，导致表皮开裂，菌盖形成纹理的一种现象。花菇是香菇中的最佳上品，肉质肥厚，柄短，菌盖半球形，表面龟裂成明显的白色花纹，吃起来细嫩鲜美，有浓郁的香味。

湿度、温度和光照是影响花菇形成的主要因素。花菇形成应具备的条件：菇木内菌丝发育良好，积累了足够的营养；菇木中含有刚好能供给子实体生长所需的水分，以40%～50%最合适；菇蕾形成后，环境较干燥，空气相对湿度在70%以下，干湿差在15%左右；温度能够保证其子实体缓慢生长，温差持续在10℃左右；光照充足，三至五成以上的直射光。

上述气候环境下，夜间气温低，香菇生长缓慢，菌柄增粗菌肉增厚，白天气温升高，空气干燥，菇盖表面细胞失水较多不能正常分裂，而菇体内水分尚可维持其细胞分裂正常进行，这样气温时高时低，空间一干一湿，菇盖表里细胞增生不同步，致使菇盖皮包不住菌肉，表面龟裂，露出洁白的菌肉，形成各种形态各异的花菇。这种气候条件持续半个月至一个月左右，菇盖裂痕会加大加深，露出的菌肉细胞又重新形成一层保护层，使菇形花纹美观而自然。

在南方香菇产区花菇多在春季产生；北方花菇产期较长，春秋季花菇率较高。

6. 采收

当香菇子实体长到七八成熟时，菌盖尚未完全展开，边缘稍内卷呈铜锣边状，菌幕刚刚破裂，菌褶已全部伸直时，就应适时采摘。如果采摘过早，就会影响产量，过迟采摘则会影响品质。

采摘香菇的方法为：用手指捏住菇柄基部，轻轻旋转拧下来即可。注意不要碰伤未成熟的菇蕾。菇柄最好要完整地摘下来，以免残留部分在菇木上腐烂，引起病菌和虫害，影响今后的出菇。上冻前收菇后便进入越冬管理。

7. 越冬管理

在较温暖的地区，段木栽培香菇的越冬管理较简单，即采完最后一潮菇后，将菇木倒地、吸湿、保暖越冬，待来年开春后再进行出菇管理。在北方寒冷的地区，一般都要把菇木井字形堆放，再加盖塑料薄膜、草帘等保温保湿安全越冬。

（二）代料栽培

代料栽培香菇主要分成压块栽培和袋栽两种方式。压块栽培是过去室内传统的栽培方式，利用挖瓶或脱袋压块后在室内出菇。香菇袋栽是近十几年来发展起来栽培香菇的新方法，即把发好菌的袋子脱掉后直接在室外荫棚下出菇。两种栽培方法所用的培养料和基本生产工艺相同，只不过袋栽省去了压块工序，减少了污染的机会，更适合于产业化大规模生产。香菇袋栽的主要生产工艺过程可概括为：

菌种制备→确定栽培季节→菇棚建造→培养料选择→料的处理→拌料→调pH→装袋→扎口→装锅灭菌→出锅→打穴→接种→封口→上堆发菌→脱袋排场→转色→催蕾→出菇管理→采收→后期管理

1. 菌种选择

选择适合于当地栽培的优良代料栽培香菇品种。引种时一定要考虑菌种的出菇特性以及对培养料的适应性，还必须根据市场的需要和当地的气候等自然条件而定。菌龄一定要适宜。1t原料需购买8~10瓶菌种即可。

2. 确定栽培季节

过去香菇一直在我国南方栽培，近10多年来香菇在北方也开始大规模栽培。香菇属于在中温条件下发菌。24~27℃的温度最适于菌丝生长；低温条件下出菇，其中15℃左右的温度最适于出菇。同时香菇出菇需要变温刺激，一定的温差有利于子实体的分化。因此在自然栽培条件下一般选择秋季，立秋之后，8~9月份即可栽培接种。

确定香菇栽培接种期必须以香菇发菌和出菇这两个不同阶段的生理特点和生态条件的要求为依据，因地制宜地掌握"两条杠杆"：一是栽培接种期当地每旬平均气温不超过26℃；二是从接种日算起往后推60d为脱袋期，当地旬平均气温不低于12℃。只有把握住这"两条杠杆"，才能使接种后的菌丝处于最适条件下生长、出菇，子实体能在适宜的温度下发育。

在北方条件好的大棚温室里，可以人为地控制生活条件，一年四季栽培香菇。

3. 培养料的选择

可用于栽培香菇的代料有很多，如棉籽壳、玉米芯、阔叶树木屑、豆秸粉、麦秸粉、花生壳、多种杂草等，但其中仍以棉籽壳、木屑培养料栽培香菇产量高。辅料主要是麦麸、米糠、石膏粉、过磷酸钙、蔗糖、尿素等。培养料的配方很多，常见的有以下几种。

（1）阔叶树的木屑78%，麸皮或米糠20%，石膏粉1%，蔗糖1%。料与水之比为1:1.2。

（2）阔叶树的木屑76%，麸皮18%，玉米芯2%，石膏粉2%，过磷酸钙0.5%，蔗糖1.2%。

尿素 0.3%。料与水之比为 1：1.2。

（3）阔叶树的木屑 63%，棉籽壳 20%，麸皮 15%，石膏粉 1%，蔗糖 1%。料与水之比为1：1.2。

（4）棉籽壳 76%，麸皮 20%，石膏粉 1.5%，过磷酸钙 1.5%，糖 1%。料与水之比为 1：1.3。

（5）棉籽壳 40%，木屑 35%，麸皮 20%，玉米粉 2%，石膏粉 1%，过磷酸钙 1%，糖 1%。料与水之比为 1：（1.2~1.3）。

（6）玉米芯 50%，棉籽壳 30%，麸皮 15%，玉米粉 2%，石膏粉 1%，过磷酸钙 1%，糖 1%。料与水之比为 1：1.3。

（7）玉米芯 50%，阔叶树木屑 26%，麸皮 20%，糖 1.3%，石膏粉 1%，过磷酸钙 1%，硫酸镁 0.5%，尿素 0.2%。料与水之比为 1：1.3。

（8）稻草 62%，木屑 15%，麸皮 19%，糖 1%，石膏 1.5%，过磷酸钙 1%，尿素 0.3%，磷酸二氢钾 0.1%，料与水之比为 1：1.2。

（9）野草 76%，麸皮（或米糠）20%，石膏粉 2%，过磷酸钙 1%，糖 1%。料与水之比为 1：1.3。

4. 料的处理

作物秸秆要切成 1~2cm 的小段，并浸泡水中软化处理。玉米芯要粉碎成玉米粒大小，不应太细，否则透气性太差。以棉籽壳为主要原料时，最好添加一些木屑，从而使培养基更为结实，富有弹性，有利于香菇菌丝生长和后期补水。木屑要用阔叶树木屑，针叶树的木屑内有芳香类物质，对菌丝生长有一定的影响，处理后才能使用，木屑要过筛，剔除料中的木块及有棱角的尖硬物，以防装料时刺破塑料袋，引起杂菌污染。

5. 拌料

无论是采用机械拌料还是人工拌料均以培养料各成分搅拌均匀为目的的。应根据每天的生产进度将料分批次拌和，当天拌料，要当天及时装袋灭菌。拌料前，对每批次代料自身含水量有所掌握，要先做试验确定具体含水量。拌料时，先将木屑、棉籽壳、玉米芯等主要原料和不溶于水的麸皮、玉米面等辅助原料按比例称好后混匀，再将易溶于水的糖、过磷酸钙、石膏等辅料称好后溶于水中，拌入料内，充分拌匀，调节含水量为 60% 左右，即手握培养料时，指缝间有水渗出，但不下滴为宜。拌料时还应注意培养料的 pH，一般料的 pH 为 5.5~6.5 为宜。

6. 装袋

拌好料后要及时装袋，一般用规格为 15cm×55cm，0.045~0.050cm 厚的塑料袋，每袋装干料 0.9~1.0kg，湿重 2.1~2.3kg。原则上天气热的地方袋子宜细些，天气冷的地方宜粗些。装袋的方法有机械装袋和手工装袋两种方法。

手工装袋的方法是用手一把一把地把料塞进袋内。当装料 1/3 时，把袋子提起来，将料压实，使料和袋紧实无缝线，装至离袋口 5~6cm 时，将袋口用棉绳扎紧。装好的合格菌袋，表面光滑无突起，松紧程度一致，培养料坚实无空隙，手指按坚实有弹性，塑料袋无白色裂纹，扎口后，手掂料不散，两端不下垂。一般说来，装料越紧越好，虽然菌丝生长的慢些，但菌丝浓密。粗壮，生活力强，袋均产菇多，品质好。相反，料松，空隙大，空气含量高，菌丝生长快，呼吸旺盛，消耗大，出菇量少，出菇小，品质差，而且料松易受杂菌感染。

大规模生产时，最好用装袋机。这样既能大大提高工作效率，又能保证装袋质量。一台装袋机每小时一般可装香菇菌袋 300～500 袋。

7. 灭菌

装袋后，及时进行灭菌。装锅时，一般把料袋井字形叠放，常压灭菌过程要遵循"功头、保尾、控中间"的原则。开头旺火猛攻升温，4h 之内灶温达 100℃，中间小火维持灶温，不低于 100℃，持续一段时间，最后用旺火烧，要求 100℃保持 14～16h。

8. 接种

接种时，应预先做好消毒工作，接种环境、接种工具、接种人员都要按常规消毒灭菌，将灭菌后的菌袋移入接种室，待料温降至 30℃以下时接种。香菇的接种方法很多，但最为常用的是长袋侧面打穴接种的方法（图 6-7）。

接种时，可由 3～4 个人流水作业操作，即第一个人用 75% 酒精棉球擦净料袋，然后用木棍制成的尖形打穴钻或空心打孔器，在料袋正面消

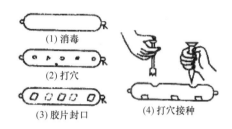

图 6-7　料袋打穴接种

过毒的袋面上以等距离打接种孔（每袋打 4～5 个孔，一面打 3 个，相对一面错开打 2 个）；第二个人用无菌接种器或镊子取出菌种块，迅速放入接种孔内。尽量按满接种穴，最好菌种略高出料面 1～2mm；第三个人用食用菌专用胶布或胶片封口，再把胶片封口顺手向下压一下，使之粘牢穴口，从而减少杂菌污染；第四个人把接种好的料袋递走。整个接种过程要动作迅速敏捷，尽可能减少"病从口入"的机会，接种时忌高温高湿。

9. 上堆发菌

接种后，料袋放入培养室内控温发菌，发菌时多采用"井"字形堆放，每层排四袋，依次堆叠 5～10 层，堆高 1m 左右，接种穴侧于两边，以利于通风换气，菌种萌发定植。要注意堆放时温度高堆放的层数要少，反之，要多些。发菌时一定要注意防湿遮阳、通风换气和及时翻堆检查。

（1）通风换气　接种后的菌袋培养时，前 3d 关闭门窗，保持室内空气稳定。48h 后，菌种开始萌发，慢慢吃料，菌丝呼吸代谢微弱，对环境变化抵抗力差，维持空气相对稳定，有利于菌丝萌发生长，减少杂菌污染。第 4 天起，打开门窗通风，前 10d 之内，早晚通风，每次 1～2h，随着菌龄的增长，通风时间应适当加长。遇外界气温超过 28℃时应改在凌晨至清晨通风。气温低于 25℃时，白天通风。通风的目的在于保持室内空气新鲜，氧气充足，降低室温。外界气温较低时，要注意培养室保温，室温控制在 20～26℃。

（2）翻堆　培养至第 7 天时，菌丝已定植，开始第一次翻堆，以后每隔 7～10d 翻堆一次。翻堆的目的是使菌袋发菌均匀，同时有利于拣出杂菌污染的菌袋，翻堆时尽量做到上下、内外、左右翻匀，并且轻拿轻放，不要擦掉封口胶布或胶片。

（3）撕掉胶布或胶片　接种 15d 后接种穴菌丝呈放射状蔓延，直径达 4～6cm，可将胶布对角撕开一角或在周围刺孔透气，以增加供氧量满足菌丝生长。20～25d 后菌丝圈可达 8cm 左右。接种 30d 后，菌丝生长进入旺盛期，新陈代谢旺盛，此时菌袋温度比室温高出 3～4℃应及时把穴口上的胶布撕掉，并加强通风管理，把室温降到 22～23℃。

经过 50～60d 的培养，即可长满菌袋，在接种穴周围出现菌丝扭结形成的瘤状物。菌袋内出现色素积水，菌丝已生理成熟，准备脱袋出菇。

10. 脱袋排场

脱袋后的菌袋称为菌筒或菌棒。要适时脱袋，脱袋过早菌丝没有达到生理成熟，难以转色出菇，产量低；过迟，袋内已分化形成子实体，出现大量畸形菇，或菌丝分泌色素积累，使菌膜增厚，影响原基形成和正常出菇。早熟品种，在种穴周围开始转色，形成局部色斑，伴有菇蕾显现时，将菌袋移至菇棚脱袋；中晚熟品种，尽可能培养至全部或绝大部表面转色后再脱袋；同一品种的同批次菌袋，也会出现转色程度不一样的情况，先转色的先进棚，先脱袋。脱袋的时期，还应根据时间、气温等因素综合判断。日平均气温在 10℃ 以上时，可适当提早脱袋，若低于 10℃ 时，应延长室内培养时间至菌袋基本转色后脱袋。脱袋的最适温度为 16 ~ 23℃。高于 25℃ 菌丝易受伤，低于 10℃ 脱袋后转色困难。

脱袋应选无风天气，刮风下雨或气温高于 25℃ 时停止脱袋。脱袋时用刀片沿袋面割破，剥掉塑料袋使菌筒裸露。菌袋脱袋时要保留两端一小圈塑料袋不脱，以免着地时菌筒沾土。脱袋后要保温保湿，一般边脱袋、边排筒、边盖膜。

脱袋后，要及时起架排场（也称排筒）。常采用梯形菌筒架为依托，脱袋后的菌筒在畦面上呈鱼鳞式排列。架子的长和宽与畦面相同，横杆间相距 20cm，离地面 25cm。为了便于覆盖塑料薄膜保湿，还必须用长 2 ~ 2.5m 的竹片弯成拱形，固定在菌筒架上，拱形竹片间相距 1.5m 左右。菌筒放于排筒架的横条上，立筒斜靠，与全面成 60° ~ 70° 夹角。排筒后立即用塑料薄膜罩住。

11. 转色

脱袋后进入菌筒转色期，也就是菌筒"人造树皮"形成的关键时期。

脱袋排场后，3 ~ 5d 内尽量不掀动薄膜，保温保湿，以利菌丝恢复生长。5 ~ 6d 后，菌筒表面长出一层浓白的香菇绒毛状菌丝，开始每天通风 1 ~ 2 次，每次 20min，促使菌丝逐渐倒伏形成一层薄薄的菌膜，同时开始分泌色素，吐出黄水。此时应掀膜，往菌筒上喷水，每天 1 ~ 2 次，连续 2d，冲洗菌柱上的黄水。喷完后再覆膜。菌筒开始由白色略转为粉红色。通过人工管理，逐步变为棕褐色。正常情况下，脱袋后 12d 左右，菌筒表面形成棕褐色的像树皮状的菌被，即转色，也就是"人造树皮"的形成。影响菌棒转色的因素很多，科学地处理好温度、湿度、通风、光照之间的关系，是菌筒转色早、转色好的关键。转色后的菌被就相当于菇木的树皮，具有调温保湿的作用，有利于菌筒出菇。转色过程中常因气候的变化和管理的不善，出现转色太淡或不转色，或转色太深、菌膜增厚，这些都会影响正常出菇和菇的品质。

12. 出菇管理

脱袋转色后的菌筒，通过温差、干湿差、光暗差及通风的刺激，就会产生子实体原基和菇蕾。香菇菇期长达 6 个月，有冬、秋、春之分，管理上要根据气候条件，采取相应措施尽量创造适宜的生长发育条件。

（1）秋菇管理　从出菇至第一浸水前的这段产菇期均属秋菇期。秋菇期菌棒营养最丰富，菌丝生长势也最为强盛，棒内水分充足，自然温度较高，出菇集中，菇潮猛，生长快，产量高，应抓好以下几个方面的工作：

①变温刺激，促进子实体形成：香菇属变温结实性真菌，自然状态下，随昼夜温差变化形成子实体。代料栽培，菌棒转色后，人为拉大菇床温度变幅，白天将塑料薄膜罩严菇床，提高温度，到了晚上，气温回落到低点时，又将薄膜敞开降温，造就 8℃ 以上的温差变幅，连续刺激 3 ~ 4d，菌棒局部增大，表皮裂缝，菇蕾冒出。变温刺激时，也应注意水分管理，掌握阴天

少喷水，雨天不喷水，晴天多喷水的原则，适当喷水，维持90%左右的相对湿度。

②调控温度，抑制初生菇的生长速度：初生菇蕾长出后，母体处于营养最丰富阶段，加之气温较高，生长速度较快。应加强通风换气，覆好遮阳物，晴天中午全掀床上薄膜，降低温度，避免子实体生长过快，也便于及时采收，减少开伞菇、薄片菇的形成。采菇后，停止喷水，增加通风次数，待采菇部位培养基长出菌丝后，再拉大温差刺激催蕾。

③香菇采收：不论哪茬菇，严格掌握采收标准，才能提高香菇质量，提高经济效益。采收的标准是菇体生理八分成熟为宜，即菌盖边缘下垂，呈铜锣状，稍内卷，未开伞，无孢子弹射或刚出现孢子弹射。采大留小，菇采后不能有残留，以免引起腐烂。

（2）冬菇管理　从11月下旬至来年2月底为冬菇管理期，这段时期内气温低，一般在10℃以下，香菇原基形成受阻子实体生长缓慢，自然情况下，产菇量少。但冬菇质量高，含水量低，烘干率高，价值也高，所以，促进菇蕾形成，提高冬菇产量，是冬菇管理的主要目标。实践证明，采用"保温催蕾""双覆膜"技术，能获得理想的效果。

①适时浸水，保温催蕾：秋菇采收后，气温下降，进入冬季，菌棒内水分消耗较多，应及时补充水分。菇已采净，明显变轻的菌棒，两头用粗铁丝打3~5个10cm深的洞，排放于浸水池中，放满后，先用木板及石块压好后，再向池内注水，将菌棒全部淹到水中。第一次浸水约2~5h。浸好的菌棒捞出，待表面水分晾干后催蕾。催蕾可在室内也可在菇棚向阳一侧进行，先在地面上铺一层稻草或草帘，上铺塑料薄膜，将菌棒如同发菌期一样堆积，用塑料薄膜把整堆周围及顶部覆严，再包盖一层草帘或其他保温材料。这样利用室温高及菌丝自身代谢产生的热量，提高堆内温度，促使菇蕾产生。催蕾的前2d不要动保温材料及薄膜，第3天后，每天上下午各通风一次，第5天要翻堆，把显蕾的菌棒挑出来排床管理，剩余的重新放起，按上述操作循环进行。冬季一般补水三次，都可采用"保温催蕾"来促进子实体形成。

②菇床管理：冬季要设法采取措施提高或保持菇棚温度。第一，加厚菇棚背光面的围栏材料，白天拉稀棚顶覆盖物，尽量使阳光直射菇床，太阳光照射围栏时，将其拉开，增加棚内光照，提高床温。第二，为保持和提高菇床温度，采用双层塑料薄膜盖菇床。第三，棚内菇床不要积水，降低湿度，减少通风次数，减少床内热量散失。

（3）春菇期管理　从3月份开始到栽培结束为春菇期。春菇产量占到总产的45%左右，香菇的产出主要在4月份以前。5月份以后，气温逐步升高，条件很快就不适宜代料香菇生长，如果棒内营养物质还未转化完，高温季节将限制下茬出菇期。所以，为使菌棒春季多出菇、出好菇，应做好以下管理工作：

①平抑温度变幅，提高鲜菇质量：早春气温变幅大，原基易形成，生长快，连续采收，菇体变小，肉变薄，质量差。要保证质量，提高产量，必须控制子实体形成速度与数量，可采用间苗的办法及时去掉弱小的原基，保证营养集中供给。缩小昼夜温差，中午揭膜通风，延长通风时间，加厚荫棚上的遮阴材料，减少透光率。

②补水补肥：结合浸水，适当加入氮、磷、钾速效肥及微量元素每100kg水加尿素0.2kg，过磷酸钙0.3kg，磷酸二氢钾0.1kg，补充棒内养分，提高产量与质量。春菇每采完一茬后，让菌棒休养，恢复数日，然后浸水，浸水时间要适当延长。达原重的90%左右较合适。

③勤喷水，喷细水，保持适宜的湿度：随着气温的升高，水分蒸腾加快，床内湿度变化较大，菌棒表面容易失水，要细水多喷。

(三) 其他栽培方法

香菇栽培还有许多方法，如压块菌砖栽培、覆土栽培、长袋吊栽、长袋卧式床架栽培、床栽、太空包栽培、小袋床栽、阳畦栽培及抹泥墙栽培法等。

为了在半地下菇棚或室内更有效地利用空间，可采用作床架，并在架上进行长卧袋式出菇或小袋立式出菇；也可搭架用绳子吊袋出菇。

在没有装袋机的情况下，可采用小袋出菇，特别是太空包出菇法和床架小袋出菇；还可采用压块栽培或覆土栽培，即把发好菌、转过色的菌袋进行脱袋，然后压块或覆土出菇。

为了方便没有装袋机的菇农，山西农业大学食用菌科技服务中心经过多次实践，探索出抹泥墙的方法栽培香菇。具体操作是：用 16cm×33cm，厚 0.02~0.03cm 的袋子装料、灭菌、接种，最后制成菌袋。发菌转色后脱袋，用垒墙的方法，一层菌筒一层泥砌成菌筒墙，然后再用稀泥，轻抹菌筒墙表面一层，数天后待泥墙稍硬些时，再在墙的顶部，每隔 10cm 从上至下打一孔，以备注水、补水用。这种方法有利于保温、保湿，并且省工、省时、便于管理，还能防止高温季节的病虫害大量发生，同时还能有效地利用菇房空间。用该方法生长出的香菇盖大肉厚，产量高。

第三节　黑木耳栽培

一、概　　况

黑木耳 [*Auricularia auricula* (L.：Hook) Underw.]，又名木耳、光木耳、云耳、细木耳、丝耳子等，是温带常见的木腐菌，属于真菌门、担子菌亚门、层菌纲、木耳目、木耳属。主要分布于温带和亚热带的高山地区。

黑木耳主产于中国，是我国传统的出口商品之一。其营养丰富，蛋白质的含量相当于肉类。化学分析表明：每 100g 黑木耳干品含蛋白质 10.9g、脂肪 0.2g、碳水化合物 65.5g、总糖 22.8g、氨基酸 7.9g、灰分 4.2g、钙 357mg、磷 201mg、铁 185mg，还含有胡萝卜素 0.03mg、硫胺素 0.40mg、核黄素 0.73mg、抗坏血酸 8.2mg。可以看出，黑木耳是一种营养价值较高的食用菌。它所含的蛋白质、维生素远比一般蔬菜和水果高，而且其蛋白质中氨基酸的种类比较齐全，尤其赖氨酸和光氨酸的含量特别丰富。黑木耳子实体含有极为丰富的胶质，不仅对人类的消化系统具有良好的清滑作用，可以清除肠胃中积败食物，并对痔疮有较好的疗效，而且还有清肺润肺的作用。经常食用黑木耳能减低人体的血液凝块，缓和冠状动脉硬化。因此，黑木耳不仅是一种滋味鲜美，营养丰富的高级佐料，而且是一种具有药用价值的保健食品。

我国人民栽培和菜食利用黑木耳的历史悠久。早在后魏贾思勰的《齐民要术》和唐朝苏恭的《唐本草注》中就有关于黑木耳栽培和食用方面的记载。在我国黑木耳的自然分布很广，北自黑龙江、吉林，南到广西、贵州，西起陕西、甘肃，东至福建、台湾，遍及二十多个省、市、自治区。20 世纪 50 年代前，黑木耳主要靠自然接种法生产，将砍伐的树木堆放在落叶多、生有杂草的潮湿树林中，让黑木耳的孢子随风飘落，自然接种，这种栽培技术落后，产量低而不稳定。20 世纪 50 年代后，黑木耳生产由自然接种发展到"半人工、半自然"的方法，但产量仍远远不能满足社会的需要。20 世纪 70 年代以来，由"半人工、半自然"的接种方法改为用纯菌种进行人工接种。栽培管理进行了一系列的改革，如段木由长杆改短杆，刀截改锯断；由段木栽培发展为代料栽培；耳场由阴坡改阳坡，分散改集中；增添喷灌设施，及时防治害虫和杂菌等，使黑木耳生产不断向前发展，产量和质量都有显著的提高。据资料报道，1989—1990 年度全世界产木耳约为 40 万吨，其中我国产 36 万吨，占世界总产量的 90%。

二、 黑木耳生物学特性

（一）形态特征

1. 菌丝体

菌丝体无色透明，呈细绒毛状，菌丝不爬壁，在试管内紧贴培养基表面匍匐生长，生长速度中等偏慢，有分枝，粗细不匀，有锁状联合。但是，锁状联合不像香菇菌丝那样多而明显，而呈骨关节嵌合状。

2. 子实体

子实体单生为耳状或叶状，群生为花瓣状，胶质半透明，中凹，有弹性，背面常呈青褐色，有绒状短毛，腹面平滑，有脉状皱纹，红褐色或棕褐色，干后变深褐色或黑褐色。子实体直径 6 ~ 12cm、厚 0.8 ~ 1.2mm，干后强烈收缩。担子圆柱形，有 3 个横隔，每个细胞上产生一个小梗，其上着生担孢子，担孢子腊肠形或肾形，光滑，无色，其大小为（9 ~ 16）μm ×（5 ~ 7.5）μm（图 6 - 8）。

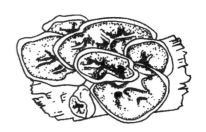

图 6 - 8　木耳子实体

（二）生活史

黑木耳的子实体成熟时，在腹面子实层长出大量担孢子，担孢子成熟后，从小梗上脱落，在适宜条件下萌发，长出芽管，伸长并分枝，形成单核菌丝，当具有不同性别的"＋""－"单核菌丝通过异宗结合后发生融合，即进行质配，形成双核菌丝，双核菌丝通过锁状联合进行分裂生长，达到生理成熟，在适宜的条件下就分化原基，进而形成耳片，进一步生长发育成肥厚的子实体。在子实体子实层中，两个细胞核发生融合，即进行核配，产生双倍体核。又经过两次分裂产生四个单倍体，发育成担孢子，成熟后的担孢子弹射出来开始新的生活周期。这样一个从担孢子萌发到产生新的担孢子的过程，称之为黑木耳的生活史。

（三）外界条件对生长发育的影响

1. 营养

黑木耳属于木腐菌，自己不能进行光合作用合成有机物，必须从基质中摄取碳素、氮素、无机盐等营养物质。这些物质均可以从木材中的木质素、纤维素、半纤维素等获得。也可从代料栽培的适宜树种的木屑或相适宜的农副产品下脚料中获得。黑木耳所需营养物质主要有四个方面：

（1）碳源　碳源来自各种有机物，葡萄糖、淀粉、纤维素、木质素等。在碳源中小分子化合物如葡萄糖等，可以被菌丝直接吸收利用。而纤维素、木质素等大分子化合物不能被菌丝直接吸收，必须由菌丝分泌出各种酶将其分解成小分子化合物后才能被菌丝吸收利用。

（2）氮源　黑木耳生长发育所需的氮源有蛋白质、氨基酸、硝酸盐等，其中氨基酸等小分子化合物能被菌丝直接吸收。蛋白质是一种高分子化合物，必须靠菌丝分泌的蛋白酶分解成氨基酸后才能被吸收利用。要注意调整好菌丝和子实体生长发育适合的碳、氮比例。菌丝生长阶段适宜的碳氮比为（20~23）:1，子实体生长阶段碳氮比为（30~40）:1。在代料栽培过程中，配料时还需添加一定量的含氮较高的麸皮、米糠、豆饼粉等辅助原料来增加氮素营养，促进菌丝生长，缩短生长期，提高产量，并且还能起到把木屑、棉籽壳、稻草连起来的作用，有利于菌丝生长繁殖的需要。

（3）无机盐　又称矿质元素，是黑木耳生长发育过程中不可缺少的营养物质，其中磷、硫、钾钙镁最重要，需要量比较大，在培养料配方中要加入一定量的石膏、石灰、磷肥等来满足菌丝生长的需要。另外还需要少量的铜、铁、锰、锌、硼、钴等微量元素，这些微量元素在一般培养料中及普通自来水、井水、河水中的含量足够满足黑木耳生长发育的需要，不必另外添加了。

（4）生长因子　黑木耳在生长发育过程中所需的维生素、激素、生物素等称为生长因子。它是一种需要量甚微而又是必不可少的特殊物质，主要在生命活动中起到调节作用，使新陈代谢、生长发育处在一个正常状态。它在麸皮、玉米面、耳树等培养料中含量较多，能满足黑木耳生长发育的需要，一般不需添加。

2. 温度

黑木耳属中温、变温结实性菌类，菌丝耐低温能力很强，不耐高温。成熟的子实体在22~32℃大量弹射孢子，孢子最佳萌发温度为25~30℃。

黑木耳菌丝在4~36℃的范围内均能生长，以25~28℃最适宜，低于14℃生长缓慢，在5℃生长极微弱。但木耳在-20~15℃长时间也不会冻死；子实体形成和生长的温度在10~32℃，以15~25℃最为适宜于黑木耳子实体的发生与生长（毛木耳偏高，光木耳偏低）。低于15℃，原基形成缓慢，低于10℃不能或很难形成原基。高于25℃耳片生长特快，耳片薄而黄，温度再高子实体就会发生自溶，遭到病虫害发生，加上高湿极易产生烂耳、流耳。

黑木耳在其能够生长发育的温度范围内，温度低，生长发育慢，菌丝体健壮，子实体色深肉厚，质量好；温度越高，其生长发育速度越快，造成菌丝徒长，纤细易衰老，子实体色淡肉薄，质量较差。

3. 水分

水分对于营养物质的吸收和胞外酶的扩散都是必需的。因此，它是黑木耳生长发育的主要条件之一。在不同的生长发育阶段，对水分的要求是不同的。人工栽培时，一般要求段木含水量为40%，栽培料为60%，在菌丝蔓延生长期，要求空气相对湿度在70%左右，子实体原基分化时耳木内的含水量要求达到70%，空气相对湿度为80%左右，子实体生长发育时期则要求空气相对湿度为85%~90%，这样可促进子实体迅速生长，耳丛大，耳肉厚。湿度过低，子实体形成迟缓，湿度过高易形成病害。总之，在黑木耳生长过程中，对水分的要求是"干干湿湿，干湿交替"。即在菌丝生长发育阶段（包括采耳之后）要调节耳木内及空气中的湿度，使其较干，促进菌丝生长蔓延。同时，耳木的树皮外无水膜积存。当菌丝分化为耳芽时，就要保证空气中的湿度，使其较湿，有利于促进子实体生长和发育，保证黑木耳高产优质。干湿交替的水分管理是目前人工栽培黑木耳增产的有效措施。

4. 空气

黑木耳是好气性真菌。它的呼吸作用是吸收氧气排出二氧化碳。在黑木耳的正常生命活动中，必须保持足够的氧气供应，无论在菌丝生长阶段还是在子实体生长阶段都要通风良好，保持新鲜空气。黑木耳生命活动所需的能量是依靠菌丝分解袋内培养基质的糖类物质获得，而分解糖类是靠氧化作用进行的，所以栽培场地的空气不新鲜、缺氧，就会影响黑木耳的正常呼吸活动，影响黑木耳的生长发育。在配料时，培养料的含水量不可太高，装瓶装袋时不能太满，以利供给菌丝体生长的充足的氧气。保持良好的通风条件，还可以避免耳片霉烂和减少杂菌的感染。

5. 光照

黑木耳各个发育阶段对光照的要求不同。在黑暗条件下菌丝能正常生长，但子实体分化和发育必须有散射光，黑暗环境中很难形成子实体。光线不足，子实体发育的色泽浅、不正常，光强为200～400lx时浅黄色，耳片小而薄；1250lx以上时才呈黑色，且生长厚实丰满。在实际栽培中，黑木耳对光的需求量，随品种及当地气温而异。北方气温低，日照长，栽培棚遮阳度以"六分阳四分阴"为宜；在南方则相反，"三分阳七分阴"较适宜，而华中一带以"五分阳五分阴"为宜。

6. 酸碱度

黑木耳喜欢在酸性环境条件下生长，菌丝在pH4.0～7.0范围内均能生长，以pH5.0～6.5为最适宜。在段木栽培中，除了应注意喷洒的水所具有的酸碱度以外，一般不考虑整个问题。但是，在代料栽培时，应将料的pH适当调高一些，应将其调至pH6.5～7.0。

三、 黑木耳栽培管理技术

（一）段木栽培

段木栽培是将树木砍伐后，经过适当干燥，把培养好的纯菌种接到段木上，使菌丝在段木中定植，并生长发育长出木耳子实体的过程。

1. 耳场的选择

应选择耳树资源丰富，向阳避风的山坳、山脚、缓坡地带，或有稀疏遮阳的地面，附近有水源的场所。此场所日照时间长，比较温暖，昼夜温差较小，湿度较大，不易积水，便于管理，也便于抗旱。在有条件的地方，可采用两场制，即山上发菌，山下长耳。耳杆砍倒后，就地接种，以节省搬运劳力和减少杂菌感染。待菌丝生长发育良好，分化子实体时，搬至潮湿肥沃的山坡起架。

栽培场选定后，必须进行彻底的整理，开排水沟，在场地和周围喷洒一些杀虫和杀菌药剂，以备排杆。

2. 耳树选择及段木准备

能够生长黑木耳的树种有几十种。一般应选用当地资源丰富、容易生长黑木耳，而又不是重要的经济林木的树种。凡含有松脂、精油、醇、醚以及芳香性物质的松、杉、柏、樟等树种均不适于作栽培黑木耳的树种。一般都采用阔叶树种来栽培黑木耳。我国常用的耳树主要有栓皮栎、麻栎、枫杨、榆树、柳树、刺槐、悬铃木、黄连木等。

段木准备包括砍树、整枝（剃枝）、截杆和架晒四个步骤。

（1）砍树 选择砍伐的时间应当根据地区的差异而定，因地制宜进行安排。我国习惯是

"进九"砍树。从老叶枯黄到新叶初发之前都可以砍树，此称为砍收浆树。

砍树的树龄以8~9年的树为宜，直径10~12cm为宜。砍树时应"择伐"（即选择适龄的砍）。砍树的方法要求两面下斧，砍成"V"形，这样对于老树蔸发枝更新有利。砍树时要求砍得低，一般老树蔸留茬13~16cm，新树蔸留茬10~13cm。树杆要倒向山坡。

（2）整枝（剃枝）　耳木砍伐后，要进行整枝，将枝桠剔掉。整枝的时间因地区而异，南方一些地区多在耳木砍倒后10~15d进行整枝。北方地区气候寒冷干燥，树木内含水量较少，多在砍伐后立即进行整枝。

整枝时，用锋利的砍刀，自下而上地顺着枝桠延伸的方向齐树杆削平，但不能削得过深而伤及皮层，以免造成杂菌入侵的危险。

（3）截杆　截杆就是将树杆截成长1m左右的段木。段木要求长短一致，便于排放管理。截杆时可用电锯、手锯和砍刀。但是，使用电锯速度快，质量好。截面要求平整，截杆后，两头的截面和伤口用新鲜石灰水涂刷，预防杂菌污染。

（4）架晒　架晒的目的是为了加速木材组织干死，使段木干燥到适合接种的程度。架晒场所应选在地势高燥、向阳、通风的地方。粗大的段木架成三角形，直径10cm左右的段木架成"井"字形，堆高1m左右。每隔10~15d进行翻堆，将上下内外的段木调换位置，以利段木干燥均匀。雨天应用塑料薄膜将木堆遮盖起来，避免段木淋雨。架晒的时间一般需要30~45d，待段木有六七成干时就可以接种。从外表观察，经过架晒，段木两端的颜色由白变黄，横断面出现明显的放射状裂纹，敲击时声音变脆。干燥到这种程度时就可以接种。

3. 接种

各地应根据气温情况，因地制宜，灵活掌握接种时间。当外界气温基本上稳定在5℃以上时就可以接种。

接种的密度应根据段木的粗细、木质的松紧而定。段木粗、木质紧的接种密度可以大些，段木细、木质松的接种密度可以稍小。粗的段木两面打穴，或者打几行穴；细的段木只打一行穴。每行穴位应在一条直线上，一般掌握穴距7cm，深度为1.5cm（必须深入木质部1cm）较为合适。行与行间的穴位交错成梅花形。这样的密度，菌丝很快就在段木里蔓延开来，不仅可以早出耳，多出耳，而且可以减少杂菌的侵入。

由于所用菌种种型不同，接种方法也有所区别。常用的菌种为木屑菌种和枝条菌种。

（1）木屑菌种接种法　接种前先选择优质菌种，用经过消毒的镊子去除菌种表面的菌膜，然后将菌种自瓶中挖出，放在已消毒的容器内备用。挖出的菌种尽量保持块状，这样的菌丝容易恢复生长，也可避免杂菌污染。用电钻或打孔器按照密度要求在段木上垂直打孔。打孔后立即接种。取一小块菌种填入接种穴中，以装满为止，轻轻按紧，使菌种与穴内壁接触，然后盖上事先准备好的、稍大于穴口直径的树皮盖，用小捶打严实，使其与段木的表面相平。接种时不可用力硬压，以免压伤菌丝和挤出水分。树皮盖的直径不能小于接种穴，以提高接种质量。

（2）枝条菌种接种法　将枝条菌种插入接种孔后，不需要树皮盖，而直接用捶敲紧，使枝条菌种的末端与段木表面平贴，孔穴无空隙。这种操作应在室外荫蔽处进行，最好选择雨后天晴的时间，避免在强烈的阳光下或雨天进行。段木应随钻孔随接种。菌种掏出后当时用完。接种后的段木搬动时应轻拿轻放。

4. 栽培管理

栽培管理包括上堆发菌、散堆排场、起棚上架等步骤。

（1）上堆发菌 目的是为了使菌丝在耳木内生长蔓延，更好地定植和发育。上堆的场所应选择向阳、避风、干燥的地方。上堆前将地面打扫干净，用横木或石块作垫脚，在垫脚上摆放接种后的耳木。

上堆的方法通常采用"井"字形或"山"字形堆垛法，其中以"井"字形堆垛法更为普遍。将已接种的耳木，按树种、粗细、长短分别排列在横木上，上下两层耳木呈"井"字形。堆成1m高。排放时耳木与耳木之间应有一定的间隔，堆的上下四周用薄膜或用其他材料严密覆盖。堆内的温度以20～28℃、相对湿度在80%左右为宜。堆内温度较高时，应掀膜通风降温。上堆1周后进行翻堆，调换上下左右内外的耳木位置，使菌丝发育均匀，堆后再覆盖薄膜。第一次翻堆时不需要补充水分。上堆期间要经常注意保持堆内新鲜空气，干燥时注意喷清水，调节温度，喷水后一定要待耳木的树皮稍干后再覆盖薄膜。一般经3～4次翻堆后，耳木上菌丝已延伸到木质部，并产生少量耳芽，这时应及时排场。

（2）散堆排场 目的是使耳木接受地面潮气，接受阳光、雨露和新鲜空气，有利菌丝在耳木中迅速蔓延，从营养生长阶段逐渐进入生殖生长阶段，促进耳芽成长。

排场的方法，常用平铺式排场，即用枕木将耳木的一端或两端架起，整齐的排列在栽培场地上。如果场地是平地，以东西方向排成行；耳场是斜坡，耳木的小头向上呈横行排列。耳木与耳木之间相隔5cm，以留作业道。

排场期间，应该具有适宜的温度，良好的通风和"干湿交替"的环境条件，而以加强水分管理为首要问题。

耳木排场后，根据耳木干湿程度，适当喷水。排场初期，每5～7d喷洒一次水，以后改为每2～3d喷一次水。随着气温的升高，菌丝生长更旺盛，每天傍晚喷洒一次水。阴天或雨天，少喷或不喷水。每10d左右翻杆一次。将贴地的一面翻向上，使耳木上下左右吸潮均匀，雨后天晴勤翻杆调头，严防耳木长期处于过湿状态。在此期间，也应加强对杂菌和害虫的防治工作。经过1个月左右的排场，当耳木上有80%左右的耳芽产生时，便可起架。

（3）起架 起架是黑木耳子实体不断发育成长，反复出现子实体的阶段，也是基本上完成了菌丝的生长，进入到"结实"采收的阶段。在此阶段，黑木耳的生长发育需要"三晴两雨"和"干干湿湿"的干湿交替的外界条件。起棚上架就能满足这个要求，同时，也可以避免部分杂菌和害虫的危害。

起架的场地要选择地势平坦，向阳避风，雨后不积水，水源方便的地方。最好选择有七分阳、三分阴的散射光条件的自然林，也可以搭简易荫棚。

耳木起架的形式有多种，但是，一般多采用"人"字架形（方法同香菇）。

耳木起架的具体方法是：用两根长约1.5m，顶端有分杈的木桩，按南北定向埋在栽培场的两端，然后将一根横木架在木桩的分杈处，横木离地面约70cm，耳木斜放在横木的两侧，成"人"字形，立棒的角度以45°为宜。晴天或新耳木，立棒的角度可大些，雨天或隔年耳木，立棒的角度可小些。耳木之间要留有7cm左右的间隔，便于管理。木桩及横木在使用前必须用石灰涂伤口或用火焰烧焦，以防杂菌。

起架阶段的管理，关系到黑木耳的产量和质量，其重点仍以水分管理为主。在黑木耳生长发育过程中，如果隔3d获得一场小雨，半个月有一场大雨，就可以促进菌丝的发育和幼耳的生长，在干旱的情况下，应以人工喷水达到"干干湿湿"的湿度。起架场地的湿度应掌握在相对湿度为85%～90%为宜。喷水时间，在早春和晚秋期间，一般应在中午；在夏季、晚春和初秋期间，以傍晚喷水为最好，否则会出现水分蒸发快，耳片生长慢和烂耳、流耳、耳棒变质等不良后果。每次喷水要循回喷，喷细、喷匀、喷足，让耳木吸到足够的水分。天气阴凉，可以酌情少喷水，雨天不喷水，晴天多喷水。每次采收后，应停止喷水，让阳光照晒耳木 3~5d，耳木表面即干燥，断面出现丝毛裂缝。在这期间，菌丝恢复生长，并向耳木更深的部分蔓延，吸收新的养分，以供给下一茬子实体的生长。干了几天以后再进行喷水管理。第一次要喷足，使耳木湿透，以后再连续喷水，这时又可产生大量耳芽。一般为 20d 左右可采第二批耳，一直到秋末冬初为止。

（4）耳木过夏越冬的管理　段木栽培黑木耳一般可以连续采收三年，头年初收，次年盛收，第三年尾收。木耳的总产量是段木原来重量的 10% 左右。

耳木过夏越冬管理在三年连续栽培中极为重要。夏季温高光强，可搭简易凉棚，保持耳片正常生长。每年秋末冬初，气温下降，子实体就会停止生长，菌丝体由缓慢生长至休眠，此时便进入越冬管理。其方法是将耳木集中，仍按"井"字形堆放在清洁干燥处，上加覆盖物保温保湿。到来年的 3~4 月份间气温回升，耳芽大量发生后，再进行散堆起架，按照出耳后的条件精心管理。

（5）采收及加工　黑木耳成熟后应及时采收，这是实现丰产又丰收的最后一个环节。此阶段要求勤采、细采，确保高产优质。

当黑木耳的耳片舒展变软，肉质变厚，耳根收缩变细，而且腹面产生白色粉末状的担孢子，说明已经成熟，应及时采收。

黑木耳生长季节长，不同季节生长的黑木耳，采收的要求不同。采收春耳和秋耳要求采大留小，因为这时气温低，有利于黑木耳正常生长，让留下的小耳长大后再采收。采收伏耳则要求大小耳一齐收，因为伏天气温高，如不及时采收，容易遭杂菌和害虫的危害或产生流耳。采耳的时间最好是在晴天的早晨，露水未干，耳片潮软的时候进行，否则容易将耳片弄碎。如果遇到雨天，成熟的耳片也应及时采收，以免造成烂耳。

采收的方法是用手指挤黑木耳基部，将整朵耳片连同基部一起捏住，稍扭动，即可将耳片完整地采下来。采收时要将耳根采摘干净，但是要留下耳芽。采耳后，耳木要上下倒放，阴面转向阳面，使耳木均匀地接受温度、湿度和阳光，促使黑木耳菌丝周身生长。

黑木耳加工主要是干制，鲜耳含水量约为干制品的 10~22 倍。晴天采回的黑木耳，应立即薄薄地摊放在晒席上，在烈日下 2d 即可晒干。晒时，湿耳不宜经常翻动，以免耳片卷成拳耳或破碎，影响质量。阴雨天采收的黑木耳可用微火烘干，烘烤的温度从 35℃ 逐渐升到 60℃，经常通风换气，排除烘房内湿热空气，使鲜耳的水分很快蒸发掉。当温度升到 60℃ 时，可关闭通气孔，促使黑木耳很快烘干。

（二）代料栽培

代料栽培是利用黑木耳适生树种的木屑，以及棉籽壳、甘蔗渣、玉米芯等农副产品来代替段木，以塑料袋、玻璃瓶等为容器来栽培黑木耳。它不仅可以综合利用各种农副产品，变废为宝，减少林木资源的消耗，而且在栽培上又具有工艺简单、生产成本低、生产周期短（与段木栽培相比较而言）、收益快等优点。因此，代料栽培是当前农村普遍采用的一种栽培方式。这里着重介绍袋栽木耳的栽培技术。

1. 菌种选择与质量鉴别

（1）菌种选择　袋栽黑木耳的菌种要求生长迅速，耳芽形成集中，子实体生长快，抗霉能力强，栽培种的菌龄要求在40d左右，菌种生命力强，接种后菌丝恢复生长快，吃料快，可减少培养过程中杂菌的污染。

（2）菌种的质量鉴定 菌丝洁白，有时上方可能出现淡褐色，粗壮有力，生长较快，发育均匀，为优良菌种，培养一段时间后，瓶壁会出现菊花状或梅花状的胶质原基，褐色至黑褐色。

菌丝稀疏，可以看到培养基的颗粒，可能是培养时间太短，若经过一段时间的培养，仍无显著变化，可能是营养成分不足，特别是与米糠质量不好有关。在菌丝满瓶之前，便有原基出现，说明生理成熟度大，或因转接次数过多，此类栽培种用于生产，出耳数量多，但耳片小，不易长大，应予淘汰。瓶底积满淡黄色液体，为过老菌种，不宜使用。

2. 栽培季节的确定

黑木耳是一种中温型食用菌，袋栽时要考虑出耳期尽量避开30℃以上的高温及18℃以下的低温。在南方，不论室内室外袋栽，一般以春、秋两季为最适宜。春季袋栽的在2～3月份制袋接种，4～5月份出耳；秋季袋栽的，在8～9月份制袋接种，10～11月份出耳。也可以在11～12月份制袋接种，次年3～4月份在室外挂袋出耳。北方气温低，一般以春季袋栽为主。

黑木耳也可以采用反季节栽培，在9月份中旬至10月份中旬制袋接种，至春节前后菌丝长满袋，即可进行排场出耳。其栽培要点主要是要选用抗性强、出耳快的菌种。反季节栽培的优点是接种的成品率高，出耳整齐，耳片肉厚色深，有光泽，质量好。

3. 栽培料的选择

凡是含有碳源、氮源、矿质元素、生长素而不含有害物质的各种工农业下脚料，都可以作为培养料，如棉籽壳、木屑、玉米芯、甘蔗渣、豆秸秆和稻草等。但用不同培养料生产，木耳的长势、产量和质量会有差别。用棉籽壳培养料生产的木耳长势好，产量也高，但胶质较粗硬；用木屑培养料生产的木耳耳片舒展，胶质柔和，产量也高；用稻草和麦秸培养料生产的木耳也比较柔软。木耳为木腐菌，代料生产时在各种培养基中加入15%～30%的木屑，对提高木耳生产的产量和质量有利。多种农作物秸秆原料混合使用，一般比单一使用效果要好。生产中常用的培养料的配方如下：

（1）木屑78%，麸皮或米糠20%，蔗糖1%，石膏粉1%。

（2）棉籽壳93%，麸皮或米糠5%，石膏粉1%，蔗糖1%。

（3）玉米芯76%，麸皮20%，石膏1%，石灰1%，蔗糖1%，豆饼1%。

（4）甘蔗渣84%，麸皮14%，石膏1%，碳酸钙1%。

（5）棉籽壳40%，玉米芯40%，麸皮18%，石膏粉1%，蔗糖1%。

（6）玉米芯50%，木屑30%，玉米面10%，米糠8%，石膏1%，蔗糖1%。

（7）稻草40%，棉籽壳50%，麸皮8%，石膏1%，蔗糖1%。

4. 培养料的处理

培养料应选择新鲜、干燥、无霉变的原料，使用前先经太阳曝晒1～2d，可有效降低杂菌污染率。木屑可选用阔叶树杂木屑，使用前最好过筛，或拣去大木柴棒，以免装袋时刺破料袋。由于木屑吸水较慢，拌料时可以提前将木屑拌水吸湿，至木屑吸透水无白心。麸皮和米糠要求新鲜、无结块、无霉变。棉籽壳要求新鲜、无霉烂，使用前（特别是陈年棉籽壳）一定要曝晒。玉米芯使用前要晒1～2d，再粉碎成黄豆大小。配料前，干燥的玉米芯要加水预湿（一般要100kg玉米芯加水150～180kg）。稻草应截成2～3cm长的小段，浸水5～6h。麦秸、豆秆要新鲜，未经雨淋和无霉烂变质，粉碎成木屑状的碎片。甘蔗渣必须选用新鲜色白、无发霉酸味、无霉变的细渣。新鲜原料要及时晒干，妥善贮藏备用。甘蔗渣培养料一定要加适量石灰水调节其 pH 为 8.0 左右，或者在装袋前建堆发酵 2~3d。

5. 拌料

可采用人工拌料或机械拌料。人工拌料时，按照配方要求，称量好各种培养料。首先将不溶于水的辅助原料如麸皮、玉米面等，与主料木屑或棉籽壳等混合干拌均匀，石灰和蔗糖、石膏、碳酸钙、过磷酸钙等辅料溶于水中再和主料拌匀。再按料水比要求加水，充分拌匀。培养料含水量以 55%~60% 为宜。手握配好的培养料，指缝中有水渗出但不下滴。酸碱度把握在 pH7.0~7.5。机械拌料时，先将主料倒入机仓，辅料拌匀后撒在主料表面。干拌 2~3min 后，按比例加水，加水量可用水表来定量。加水后再拌 3~5min 即可。

6. 装袋

培养料配好后应立即装袋。常压蒸汽灭菌的，选用低压聚乙烯塑料袋，厚度为 0.06~0.08cm。高压灭菌，可选用聚丙烯塑料袋。用于木耳袋栽的塑料袋有长袋（12cm×48cm）和短粗袋（17cm×33cm）两种规格。装料前，先将袋底两个角向内塞，装料后袋可立置。装袋方法有手工装袋和机械装袋两种。装料后擦净袋口薄膜，将料袋另一端扎紧。长袋每袋可装干料 0.5kg。短粗袋当料装至袋 2/3 时，将料面压平，擦净袋口薄膜，套上套环，使成瓶口状，赛上面塞，外面再包上牛皮纸或报纸。短粗袋每袋可装干料 0.4kg。

7. 灭菌

常压蒸汽灭菌时，保持料温 100℃，维持 12~16h。高压蒸汽灭菌时，控制蒸汽压力 0.11~0.14MPa，维持 1.5~2.0h。

8. 接种

灭菌后的料袋要及时搬进冷却室或接种室，待料温下降到 28℃ 开始接种。春季栽培木耳，由于外界气温较低，料温降至 30℃ 时要"抢温"接种。生产量较小时可在接种箱内接种。接种箱用甲醛（10mL/m³）和高锰酸钾（5g/m³）混合熏蒸消毒，1h 后开始接种，也可采用气雾消毒剂熏蒸消毒，但最好是两种方法交叉使用。生产量较大时，接种可在接种室内进行。料袋冷却后，对接种室进行熏蒸消毒，2~3h 后开始接种。秋季栽培时，在接种室内接种要选择凉爽的清晨或夜晚进行。

接种前，接种人员要用肥皂水洗手，并用 75% 的酒精棉球对手和接种工具（镊子、接种铲、打孔器等）表面消毒；点燃酒精灯，对接种工具进行火焰灼烧灭菌；去掉菌种瓶包扎和棉塞，灼烧瓶口，用接种工具扒去上层的老化菌种。对套环棉塞封口的短粗袋，接种时，去掉牛皮纸或报纸包扎，拔下棉塞，将接种通过套环接在培养料表面。对长袋采取打穴菌种法。表面消毒后，先用打孔器在菌袋上均匀打 3 个直径 1.5cm，深 2~3cm 的穴，然后取菌种接种。菌种要略高于料面。接种后贴上胶布或在菌袋外再套一个内径稍大的塑料袋对接种穴封口。接种一定要严格无菌操作。接种量要大，一般每瓶栽培种接种 10~15 袋。

9. 发菌期的管理

接种后的菌袋应及时移入发菌室，堆放或立置在培养架上进行发菌管理。发菌期的主要管理工作有以下几个方面：

（1）调节温度　接种后 1~5d，应控制室温在 24~26℃，使黑木耳菌丝迅速定植、蔓延。春季栽培时要进行人工增温；秋季栽培时，应通风降温，防止"烧菌"。菌丝占领料面后，可适当降温，保持室温在 22~23℃，使菌丝粗壮生长。

（2）加强通风换气　发菌初期每天打开门窗通风换气一次，每次 30min 左右，气温高时，选择早、晚通风，气温低时中午通风。袋堆大而密时多通风，袋温高时多通风。在翻堆时先把门窗打开以通风换气。采用打孔贴胶布接种的，当菌丝长至接种穴四周直径 4 ~ 6cm 时，应揭开胶布的一角，以增加氧气加速菌丝生长。采用套颈圈塞棉塞接种的，可用消毒针在长菌丝的袋面扎孔，即采取刺孔增养的方法，促进菌丝生长。

（3）注意控湿控光　控制发菌室空气相对湿度 70% 以下，发菌期湿度过大，容易污染杂菌。应避光培养，培养室要提供黑暗条件，可在门窗上挂黑布遮光。如果光线过强，菌丝生长速度会减缓，发菌后期菌袋会提前出现耳基，使菌丝老化，影响产量。

（4）空间定期消毒　发菌期每隔 7 ~ 10d 要进行空间消毒。可往发菌室内喷洒 0.2% 多菌灵或 0.1% 甲醛溶液，以降低杂菌密度。

（5）及时翻堆检查，处理杂菌　发菌期间要进行 3 ~ 4 次翻堆。第一次翻堆在接种后 5 ~ 7d 进行。以后每隔 10d 翻堆一次。翻堆时做到上下、里外菌袋调换位置，使发菌均匀。翻堆时要认真检查菌袋杂菌污染，并及时处理。对微孔污染用 75% 酒精和 36% 甲醛按 2∶1 的比例混合成的药液进行密闭注射处理。对两端或接种穴污染的菌袋应及时挑出，重新灭菌后再接种。菌种不萌发但未被污染的，可重新接种。严重污染的菌袋，应取出室外深埋，防止杂菌扩散。

（6）出耳前菌袋预先见光　一般菌袋培养 40 ~ 45d，菌丝就能长满全袋，再继续培养 10d 左右，使菌丝充分吸收和积累大量营养物质，菌丝达到生理成熟。在菌丝长满袋后，应去掉门窗的黑布，提前见光，即可进入出耳期。

10. 几种袋栽方式及其出耳期的管理

（1）室内、荫棚吊袋出耳法

①搭建荫棚及耳架：室外挂袋出耳的需要搭建荫棚，荫棚以建在靠近水源，通风良好，光线充足和远离污染源的空闲地或林地为最理想。耳棚立柱用高 2.5 ~ 2.8m 的水泥柱或木桩，下埋 40 ~ 50cm，间距 2m 左右。顶棚用 8 ~ 10cm 的木棍搭成。荫棚面积按挂袋的数量而定，棚顶及四周围盖草帘，光照以三阳七阴为宜，使用前四周围帘应喷洒敌敌畏及石灰粉以消毒杀虫。棚内架设耳架，架上每隔 25cm 放一横杆，并分成若干个挂袋小区，长 1.8m，宽 1.5m，小区之间留过道 0.5m。

室内挂袋的不必搭荫棚，但要搭耳架，耳架高 2m 左右、宽 1 ~ 1.2m，架顶每隔 20 ~ 25cm 横放一木棒供挂成串的菌袋用。多层次的耳架，一般架宽 1m、长 2m，共 5 层，层距约 50cm，每层固定 7 根铁丝，用来吊挂耳袋，每个出耳架可吊挂 200 袋。出耳架之间应留 50 ~ 60cm 的作业道，以便喷水和采耳。

②催耳：菌丝长满袋后，将栽培袋仍置放于原来的床架上，开门窗加大通风，增加光照，使室温降至 18 ~ 20℃，以刺激原基分化。经 2 ~ 3d 袋壁上有部分耳芽出现即可进行开孔催耳，并增大室内相对湿度，促使耳芽大量发生，然后进行吊挂出耳管理。

③开孔：开孔前，套颈圈接种的去掉棉塞和颈圈，再将口扎紧。然后将栽培袋用消毒液进行表面消毒处理。消毒液可选用以下配方：0.1% 的高锰酸钾溶液，0.2% 托布津液，3% 来苏尔液或 3% 石灰澄清液。可用擦洗袋面的方法，或将袋面浸入消毒液中随即提起也可。

木耳栽培袋开口有多种形状：圆形、长方形、长条形、"＋"、字形和"V"字形等。生产实践证明，以"V"字形开孔出耳最好。前几种开孔方法，因开孔较大，难于保持水分，养分流失多，喷水时水分易渗入料内，并容易造成污染，或使原基分化过密，影响耳片分化，在采耳后残留耳基易形成烂耳。采用"V"形开孔口，不仅保湿性能好，水分不易散失，而且喷水时可避免过多水分渗入料内，出耳时，由于耳片将切口薄膜向上撑起，可防止耳基积水过多造成烂耳。"V"形开孔方法如下：用经消毒的刀片在袋面斜轻划两刀，使之呈"V"形，孔口长1.5~2cm，共分3行，孔口相互交错，每袋开孔10~12个，孔距5~6cm。

④吊挂出耳：开孔后，将菌袋系在一根长塑料绳上，每根绳可系8~10袋，菌袋间距5cm左右，最底下的一个菌袋离地面20cm，在把整串菌袋挂在耳架顶端的横杆上，成串呈柱状排列。如采用多层次的菇耳架，则每根绳子只系一个菌袋，袋与袋之间距离10~15cm。

⑤出耳管理：

a. 保持湿度。栽培袋开孔上架后，标志着木耳由营养生长转向生殖生长，菌丝内部的生理变化处于整个生育过程中最活跃的时期，对水分十分敏感。尽管塑料袋保湿性好，但因开孔后料内水分易散失，所以在开孔上架后，应在室内地面浇一次大水，以水泥地面稍有积水为宜，使之能保持室内所需空气相对湿度。一般从开孔至出现耳基3~5d内，相对湿度不能低于90%；原基至耳片分化3~4d，相对湿度不能低于85%；耳片生长至成熟6~7d，相对湿度不能低于90%。从开孔至采收第一茬木耳需12~16d，其中除在采耳前后各停水1~2d外，其他时间均应浇水保湿。

b. 控制温度。出耳阶段室温以控制在23~24℃最为适宜，出耳整齐、健壮、开片好，最低不能低于20℃，最高不能超过26~27℃。温度过高或过低均会影响耳片的生长。室温低于20℃则耳片分化困难，在18~20℃时，虽然湿度保持在正常水平，但已分化的木耳生长不良，其直径只有1~2cm大小，商品价值低。因此秋栽出耳后期要采取加温措施。温度过高则难以开片，在高温高湿环境中，已开片的木耳也会出现流耳。故春栽时的出耳后期，要采用加厚棚顶覆盖物，增加喷水结合通风等措施降低室温。

c. 通风换气。木耳出耳期需要充足的氧气，对高浓度的二氧化碳很敏感，会抑制木耳的正常生长。因此，室内吊袋栽培要特别注意通风换气，排出二氧化碳等废气。尤其是夏季出耳，因气温高，室内空气湿度大，要经常保持空气对流，这不仅有利于出耳和耳片生长，也是防止病害发生的一项重要措施。通风要与喷水、温度调节等有机地结合起来进行。喷水前通风，喷水后1h停止通风；高温季节早晚通风，低温季节只在中午或下午通风；喷水后若耳片较湿，颜色较深，增加通风时间；阴雨天气一直保持通风，刮风、干燥天气微通风。耳场内要保持空气清新流畅，一定不能有闷的感觉。

d. 增加光照。木耳子实体的正常生长发育需要充足散射光和一定量的直射光。在光照充足的条件下，耳片肥厚，色深，品质好。因此，室内栽培除要求有充足的散射光外，力求增加室内直接透射光。据观察：在1000lx的光照强度下，耳片色泽深黑；在500lx光照强度下分化的耳片为黄白色。如果把暗光条件下形成的黄白色子实体，移到光强为3000lx以上的地方照射6h后，子实体逐渐由耳片边缘向内转为黄褐色；经过2d的处理，耳片就会全部变为黑色或棕色。故在出耳期，应将出耳架上的耳袋经常移位，以调剂自然光照的不足，提高出耳品质。耳场保持七阳三阴，并可见到花花太阳为好。

⑥适时消毒杀虫：春季气温较高时，耳场内地面、棚体及耳场周围每隔7~10d要全面喷洒消毒和杀虫药液一次。注意药液不要喷到耳片上。

（2）挖阳畦排袋出耳法　先选场挖畦沟。栽培场所通常选择在树荫下或建筑物背阴处的空闲地，整平后，挖一条深40cm、宽100cm的龟背形畦沟，拍平后，喷洒800倍敌敌畏杀虫剂，再浇灌2%石灰水于畦沟内至不渗水为止，以防土壤中的杂菌侵染。

将发菌后经割出耳口的菌袋，斜靠在沟沿和平排在沟畦内，注意开口朝上，菌袋间隔5~10cm，畦沟上方设置横杆覆盖薄膜保湿。耳芽大量出现后，畦内间歇轻灌水，保持空气相对湿度在90%以上，并注意揭膜通风换气。采耳后，停止喷水2~3d，并揭膜2~3h，然后继续灌水盖膜管理。

（3）脱袋建菌墙出耳法　常规的代料袋栽，大多是当菌丝长满袋后，采用割出耳孔和挂（吊）袋或排袋的栽培方式，近年来也有采用脱袋建菌墙的栽培方式。具体作法如下：

①将菌丝已达到生理成熟的菌袋，脱去膜袋，用0.1%高锰酸钾溶液清洗菌筒表面，晾干后供筑菌墙用。

②在田间取肥土（最好是菜园土），然后消毒并拌入1%石灰，加水调成泥浆，作为涂抹筑菌墙的材料。

③脱袋的菌筒按2筒为一排，排成宽37cm、长43cm，铺一层菌筒，然后在其上面加一薄层泥浆，再铺一层菌筒、一层泥，如此反复，使菌墙高90cm，两面用泥浆抹0.5~1cm厚，菌筒两端不抹泥。菌墙顶端用泥砌成一个水槽，供补充水分和营养用，最后覆盖薄膜保湿，按常规进行出耳管理。

11. 流耳的防治

木耳菌丝纤细，生长较缓慢，抗逆性和抗杂能力都较弱，袋栽时，长期处于中温、高湿、偏酸的生活环境中，加之培养料含氮化合物较丰富，很容易遭致杂菌害虫的侵染。危害木耳的害虫虽然很多，但在室内吊挂栽培的条件下，相对而言则虫害较轻且便于防治，而对于生产危害最大的则莫过于"流耳"。

"流耳"又称"溻耳""烂耳"，其发病原因较为复杂主要是由于高温、高湿、环境通风不良、光照不足或采收过迟等而造成的生理病害。特别是在盛产期，如遇梅雨天或持续高温，常造成耳片溃烂。在上述不良环境条件下，由于木耳生活能力减弱，也容易被细菌、红酵母、线虫或某些原生动物侵害而造成流耳。被害的耳根往往失去再生能力，发生流耳后，一般会减产3~4成，严重时造成绝产，或只能收少量薄而色淡的耳子，没有商品价值。

流耳的防治可采用以下方法：高温梅雨季节，要加强通风排潮工作，室外耳棚、地沟要疏通排水沟，保持场地不积水，并搭防雨棚防止雨水直接冲淋；对出耳室的墙面、地面要定期冲刷，彻底清除采耳时遗留在地面碎耳片及其他有机物，并用药物喷洒消毒；耳袋被霉菌污染后，要用清水或石灰水刷洗，并喷3%来苏尔液，如被细菌污染引起烂耳，可用25mg/L的金霉素、青霉素或500~600倍的代森锌液进行防治；若因虫害引起烂耳，应于每次采耳后用乐果、鱼藤精等进行防治，但应避免在出耳期用药；耳袋出现流耳，应从耳架取下，在室外用清水冲洗，再用75%酒精或石灰水进行消毒，放在阳光下晒1~2h再放回出耳架上；成熟的耳片要及时采摘，特别是在高温多雨季节，耳片八分成熟时即要采收，避免成熟过度引起流耳。

12. 采收及加工

袋栽木耳只能控制原基发生的部位，而不能控制原基发生的数量，耳片常呈丛生状，因此要注意采收的方法。正在生长中的幼耳，呈深褐色，耳片内卷，富有弹性，耳根扁而宽。当耳片颜色变浅，耳片舒展变软，耳根由粗变细，基部收缩，腹面略见孢子时，为采收适期。

黑木耳生长季节长，不同季节生长的黑木耳，采收的要求不同。采收春耳和秋耳要求采大留小，因为这时气温较低，有利于黑木耳正常生长，让留下的小耳长大后再采收。采收伏耳则要求大小耳一齐收，因为伏天气温高，如不及时采收，容易遭杂菌和害虫的危害或产生流耳。采耳的时间最好是在晴天的早晨，露水未干，耳片潮软的时候进行，否则容易将耳片弄碎。如果遇到雨天，成熟的耳片应及时采收，以免造成烂耳。

采收的方法，用手指挤木耳的基部一起捏住，稍扭动即可将整朵耳片完整的采下来。采收时要将耳根采摘干净，以免残留耳根溃烂引起病菌侵染。

采耳前应停水1~2d，使耳片向内收卷时采摘。采耳后将料面整理干净，停水2~3d，减少光照，使菌丝恢复生长。再喷一次大水，增加光照和空气相对湿度，大约10d会出现第二茬耳。第二茬耳的管理同第一茬耳。在管理正常的情况下，室内吊袋栽培可采4~5次，多者可达10次以上。如能有效地控制流耳，每100kg干料一般可收干耳8~10kg，高产可达12kg以上。

黑木耳的加工主要是干制，鲜耳含水量约为干制品的10~20倍。晴天采回的黑木耳，应该立即薄薄地摊放在晒席上，在烈日下2d即可晒干。晒时，湿耳不宜经常翻动，以免耳片卷成拳耳或破碎，影响质量。阴雨天采收的黑木耳可用微火烘干，烘烤的温度从35℃逐渐升到60℃，经常通风换气，排除烘房内湿热空气，使鲜耳的水分很快蒸发掉。当温度升到60℃时，可关闭通气孔，促使黑木耳很快烘干。

黑木耳干制后，拣净杂质，再装入无毒的塑料袋内密封，即成商品。

第四节　银耳栽培

一、概　　述

银耳（*Tremella fuciformis* Berk）又名白木耳，隶属于担子菌亚门、层菌纲、有隔担子菌亚纲、银耳目、银耳科、银耳属。此属目前在全世界分布约有40余种，除少数种类生长于土壤或寄生于其他真菌上之外，绝大多数腐生于各种阔叶树或针叶树的原木上。

银耳是一种经济价值很高的食用菌和药用菌。据分析，银耳营养价值高，含有丰富的蛋白质、氨基酸、矿物质元素、维生素和许多特殊的糖类，对人体健康十分有益。在药用方面，银耳也是一种久负盛名的良药。历代医学家都认为，银耳有"滋阴补肾、润肺止咳、和胃润肠、益气和血、补脑提神、壮体强筋、嫩肤美容、延年益寿"的功效。据张仁安《本草诗解药性注》云："此物有麦冬之润而无其寒，有玉竹之甘而无其腻，诚润肺滋阴要品。"现代医学分析认为，银耳所含多种氨基酸以及有机磷、有机铁和多糖等物质，特别是一些酸性多糖类物质能起到保护肝脏的作用。

银耳栽培在我国历史悠久。据记载，四川的通江银耳发现于1832年，我国人工栽培银耳始于1899年。但过去银耳栽培方法原始，主要是在半野生半人工条件下进行，产量很低，价格昂贵。近几十年来，我国科研人员经过不断努力，逐步摸清了银耳生长发育的规律，并于20世纪70年代前后利用段木栽培银耳获得成功，产量由原来的50kg段木产干银耳50g左右提高到500g左右，并很快在全国推广。至20世纪70年代中期，银耳代料栽培获得成功。20世纪80年代以后，代料栽培银耳迅速得到推广。目前，银耳遍及全国各地，产量也大幅度提高，每100kg干料可产干银耳 12～15kg，高的可达 20kg。银耳已发展成为食用菌栽培中的一个重要种类。

二、银耳生物学特性

（一）形态特征

1. 菌丝体

广义的银耳菌丝体包括银耳菌丝（纯白菌丝，俗称白毛团，属担子菌）和香灰菌丝（羽毛状菌丝，属子囊菌），他们之间存在一种特殊的关系，即香灰菌丝将银耳菌丝难以利用的木质素、纤维素、淀粉等复杂有机物降解为银耳可以吸收的简单有机物，以供银耳菌丝吸收与利用。没有香灰菌丝，银耳菌丝几乎不能生长，甚至也不会出耳；香灰菌丝单独存在，也不可能形成银耳，它只能完成自己的生活周期。因此，银耳菌丝和香灰菌丝之间的关系为单向共生关系，属于混合菌丝类型。

（1）银耳纯菌丝　银耳纯菌丝的形成过程是：首先由担孢子芽殖形成酵母状分生孢子，再由其萌发形成单核菌丝。单核菌丝纤细，生长非常缓慢，当两条单核菌丝配对结合形成具锁状联合的双核菌丝以后，生长较快，且洁白粗壮。至生理成熟时，形成白色绒毛团状菌丝体，称为纯白菌丝，俗称"白毛团"。在马铃薯葡萄糖琼脂（PDA）培养基上，纯白菌丝表现为短而密，前端整齐，前期呈白茸绣球状，菌丝生长较慢，每天仅生长 0.1cm 左右。

（2）香灰菌丝　菌丝细长，呈羽毛状分枝，爬壁力很强，生长速度很快，在 PDA 培养基上培养 3～5d 即可长满试管，且能自行分泌黑褐色色素，使培养基变黑，在碳源较高的培养基表面易出现"黑疤"。

用于栽培的银耳菌种均为纯白菌丝和香灰菌丝的混合体。一般而言，同一地区分离的两种菌丝可以搭配；不同地区特别是跨省、异地的香灰菌丝，有的可以与本地的纯白菌丝搭配，有的则不能，如任意混合则可能导致不能正常发育。

2. 子实体

银耳子实体新鲜时纯白色，由多个（一般 3～14 个）耳瓣组成，形似菊花或牡丹花，柔软、半透明，胶质且富有弹性，能吸收大量水分。耳根鹅黄色。子实体形状因品种不同而异，如菊花状、牡丹花状、鸡冠状等。干燥子实体为角质，硬而脆，白色或米黄色。干耳吸水后能恢复鲜耳状态。

子实层位于耳片的腹面，由担子和侧丝组成，每一担子上着生 4 个担孢子。担孢子球形或卵形，大小为（5～7）μm×（4～6）μm，无色透明，成堆时呈白色。银耳子实层横切面见图 6-9。

（二）生活史

银耳的生活史比较复杂，包括一个有性世代和几个小的无性世代。银耳为异宗结合、四极性的菌类，一个担子可产生 4 种不同交配型的担孢子（AB、aB、Ab、ab），担孢子在适宜条件下萌发形成单核菌丝，在不适宜条件下（如氮素过多、培养基过湿、温度过高或过低等）则反复繁殖产生大量酵母状分生孢子（俗称芽孢，炼乳状，乳白色）或产生次生担孢子（扫帚状分生孢子）。在环境条件适宜时（基质含糖较多、培养基含水量适宜、温度为 20～25℃），酵母状分生孢子或次生担孢子又可萌发出单核菌丝。

单核菌丝在生长发育的过程，相邻的可亲和的两条单核菌丝相互结合，经质配形成具锁状联合的双核菌丝。无论是单核菌丝还是双核菌丝，受到某些环境条件的刺激，如过热、搅动、

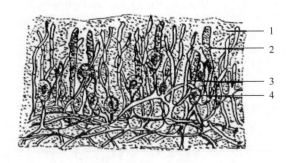

图6-9 银耳子实层横切面

1—子实层 2—隔孢 3—侧丝 4—担子

浸水等，均可断裂成许多节孢子，在环境条件适宜时，节孢子可萌发形成单核菌丝或双核菌丝。

在香灰菌丝的参与下，双核菌丝加快生长和繁殖，至生理成熟时双核菌丝发育成"白毛团"，并胶质化形成银耳原基，原基不断分化形成耳片，最后释放大量的担子，产生新的一代。从担孢子萌发到子实体成熟需45～50d。

（三）生活条件

1. 营养

银耳为木腐菌类。银耳纯菌丝分解有机化合物的能力很差，对纤维质、木质素等高分子有机物几乎没有分解能力，也不能直接利用淀粉，这些复杂的有机物只有通过银耳半生菌——香灰菌丝降解为可溶性的小分子化合物以后，才能被银耳菌丝吸收和利用。在人工合成培养基中，常用马铃薯或麸皮等辅料作为氮源，这些辅料同样需经香灰菌丝降解后才能被银耳菌丝利用，这是银耳在营养方面的一个特点。

除需要充足的碳源和适当的氮源外，银耳的生长发育还需要一定的无机盐类，如硫酸镁、硫酸钙、磷酸二氢钾等，这些矿质元素参与了银耳细胞原生质的组成和能量的交换。因此，钙、镁、磷等元素对银耳产量的形成具有一定的影响。

2. 温度

银耳属于中温型恒温结实性的菌类，温度变化不宜过大。在栽培实践中，应尽量创造条件满足银耳生长发育对温度的要求。具体见表6-1。

表6-1　　　　　　　　　　　　银耳生长发育对温度的要求

项目	生长范围/℃	最佳温度/℃	抗逆范围
孢子	15～32	22～25	3℃以下保存数年仍有活力，于0℃下24h失去萌发能力
菌丝	6～32	22～26	35℃以上停止生长，39℃以上死亡
子实体	15～30	20～25	低于18℃或高于28℃对子实体形成不利

应引起注意的是，银耳属于混合菌丝类型，其中俗称"白毛团"的银耳纯菌丝生长的最适温度为20～22℃，而香灰菌丝生长的最适温度为25～28℃，因此在菌丝培养阶段，要创造适合两种菌丝都能良好生长的适宜温度（22～26℃）。子实体生长阶段同样必须兼顾香灰菌丝和银耳子实体生长发育的最适温度。

3. 水分和湿度

银耳属于喜湿性真菌。菌丝体生长阶段，要求段木的含水量在 40%～47%，代料栽培时培养料的含水量则以 55% 左右为宜。培养料适当偏干符合银耳菌丝较耐干旱的特点，如湿度偏高会使香灰菌丝生长过旺，对银耳菌丝生长则不利。在子实体发育阶段，要求空气相对湿度为 80%～95%。

4. 空气

银耳属好气性真菌，菌丝生长期需氧量不及子实体生长期严格，但如果发菌期供养不足，二氧化碳浓度过高，菌丝则生长缓慢。子实体发育阶段，如遇高温、通风不良，则子实体不易开片或蒂头过大，甚至造成烂耳及杂菌滋生。因此，保证新鲜空气的供应是耳片正常生长的必要条件。

5. 光线

银耳生长发育对光线的要求不及其他食用菌严格，但在菌丝生长后期和子实体发育阶段仍需要一定的散射光。散射光能诱导子实体原基的分化，并使耳片伸展有力、洁白。但强烈的直射光和近黑暗的条件对菌丝体和子实体均不利。

6. 酸碱度（pH）

银耳适宜在微酸性条件下生长，其适宜 pH 范围为 5.2～7.0，以 5.2～5.8 为最适宜，pH3.8 以下或 7.2 以上均不利银耳孢子的萌发和菌丝的生长。

三、　银耳栽培技术

目前银耳的栽培方式主要有段木栽培和代料栽培两种。

银耳段木栽培在我国早期以四川通江县最为著名，近年在森林资源丰富的部分地区仍有少量栽培。段木栽培的优点是可以就地取材，栽培技术容易掌握，同时银耳质量也比较好。但其不足之处是耗资大，尤其是砍树过多会对森林生态环境造成一定的不良影响。同时段木栽培单位产量较低，周期也相应较长。目前，生产上除森林资源特别丰富的山区以外，一般较少采用段木栽培法。银耳段木栽培应选用不含芳香油、油精、树脂等杀菌性物质的阔叶树种，一般以材质疏松、边材发达、心材小、树皮厚度适中且不易剥落、树体直径为 5～10cm 的幼龄树最为适宜。其栽培技术与黑木耳、香菇段木栽培相似，可参阅黑木耳、香菇的有关部分。由于段木栽培周期较长，且产量较低，特别是近年来由于代料栽培技术的不断提高和完善，为银耳的高产稳产创造了有利条件，加之代料栽培原料来源广，周期短，效益高，技术易被广大栽培者接受，所以现在代料栽培已成为我国人工栽培银耳的主要方式。

（一）栽培工艺

1. 培养料的准备

适合银耳栽培的培养料种类较多，常见的如棉籽壳、木屑、玉米芯、甘蔗渣、花生壳等，目前使用较多的主要是棉籽壳和木屑。由于棉籽壳和木屑等物质所含营养成分不完全，因此在配料时还需添加适量的麸皮、米糠或玉米粉等含氮量丰富的物质以及补充少量石膏、磷肥、硫酸镁等矿质营养。

（1）棉籽壳　棉籽壳也称棉籽皮，是棉花产区榨油厂加工棉籽后的副产品。据分析，棉籽壳含纤维素 37%～39%、木质素 29%～32%、多聚糖 22%～25%，其碳氮源比例为（79～85）：1，质量稳定，结构疏松、通气性能好，具有较好的吸水性能，是栽培银耳的上等原料。单独使用棉籽壳栽培银耳时，应添加适量的麸皮或米糠等有机氮丰富的物质，以补充其氮源的不足。另外，因棉籽壳经常温或高压灭菌后，会释放出醛、酮、羧酸等有毒物质，对菌丝生长有一定的抑制作用，故在配料时最好添加 5%～10% 的杂木屑或甘蔗渣作为吸附剂，以减少毒害。

（2）木屑　一般由多树种的阔叶树木屑混合而成，故也称杂木屑。根据大规模栽培实践，选择适宜的木屑是提高银耳产量和质量的重要措施。一般而言，银耳菌丝和香灰菌丝分解木屑的能力较差，故通常选用软质阔叶树种的木屑作为栽培银耳的主要原料。其中以千年桐、山乌桕、盐肤木、悬铃木、相思树、拟赤杨等树种的木屑最好，桃、李、柿、桉、柳等次之，槠、栲类木屑较差。栽培时也可以用棉籽壳、甘蔗渣等代替部分（30%～50%）木屑作为栽培料，如木屑质量较差，也可适当添加一些麦麸或米糠，以改善营养成分。木屑培养料最好能提前准备，以便在栽培之前能淋水堆积发酵 6～10 个月，使木屑内的树脂、单宁等有害物质流失，以提高木屑颗粒的吸水性，并使木屑的复杂有机物通过发酵得到部分降解。发酵结束后，将木屑及时晒干、备用。

（3）其他培养料　除棉籽壳、木屑以外，目前用于栽培银耳的还有甘蔗渣、甜菜渣、花生壳、高粱秆、玉米芯等，只不过这些原料在栽培实践中还存在一定的缺陷，有待进一步完善。另外，用野草栽培银耳目前处于试验阶段。据报道，有些种类的野草，其营养成分的种类、含量已超过木屑。

不论选用何种原料栽培银耳，均要求培养料新鲜、干燥、无霉变。

2. 工艺流程

银耳代料栽培的工艺流程见图 6－10。

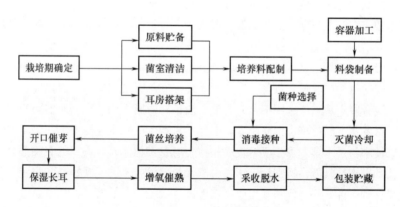

图 6－10　银耳代料栽培工艺流程简图

3. 季节安排

银耳代料栽培应根据银耳生长发育对温度的要求以及银耳从接种到采收所需时间来合理安排季节。如有控温设备，能随时满足银耳生长发育过程中对温度的要求，则一年四季均可栽培。但在大多数地区特别是在我国广大农村，目前主要是依照自然气候条件安排银耳生产，或在银耳生长的某一阶段因地制宜进行短时间的升降温。根据自然气候条件，我国大部分地区一年可在春秋两季安排 2～4 次银耳栽培。若一年安排两次，长江中下游各省区可在上半年的 4 月上、中旬和下半年的 9 月中下旬各制一次栽培袋为宜。若一年栽培 4 次，制栽培袋时间因安排在上半年的 3 月份下旬、4 月份下旬和下半年的 9 月份上旬、10 月份上旬各一次，但在早春和晚秋要进行短时间的升温来满足银耳生长对温度的要求。我国南北各地气候差异较大，安排生产时间应根据当地实际情况适当提早或推迟。总的原则是，以银耳生长发育温度 20～25℃（最高不超过 30℃），以及银耳生长周期 35～40d 来统一安排。

4. 配料与装袋

（1）培养料配制　为了便于栽培者就地取材，因地制宜选用培养料，现介绍几种配方如下：

①杂木屑 50kg，麸皮 12.5kg，蔗糖 250g，过磷酸钙 500g，石膏粉 1kg，尿素 250g。

②杂木屑 50kg，细米糠 12.5kg，黄豆粉 1kg，蔗糖 500g，过磷酸钙 500g，石膏粉 1kg。

③杂木屑 50kg，麸皮 15kg，石膏粉 2kg，尿素 200g，石灰粉 200g，硫酸镁 200g。

④棉籽壳 50kg，麸皮 12.5kg，石膏粉 2kg，尿素 200g，硫酸镁 200g。

⑤棉籽壳 50kg，玉米粉 5kg，黄豆粉 3kg，石膏粉 1.5kg，尿素 250g，磷酸二氢钾 150g，硫酸镁 150g。

⑥棉籽壳 50kg，杂木屑 5kg，玉米粉 5kg，黄豆粉 3kg，石膏粉 2kg，草木灰 2kg，尿素 250g，硫酸镁 150g，蔗糖 500g，磷酸二氢钾 200g。

⑦干甘蔗渣 50kg，麸皮 17.5kg，黄豆粉 1.5kg，石膏粉 1.5kg，硫酸镁 250g。

⑧玉米粉 250g，棉籽壳 250kg，麸皮 11kg，石膏粉 1.5kg，尿素 250g。

⑨甘蔗渣 20kg，杂木屑 20kg，棉籽壳 10kg，麸皮 15kg，石膏粉 1.5kg，过磷酸钙 1kg，尿素 250g。

以上所有原料要求新鲜、干燥，最好用前曝晒 2～3d，其中杂木屑用前应过筛，玉米芯应粉碎为蚕豆大小的颗粒状，配方中加入草木灰的，草木灰也应过筛，以防内含石块、铁钉和未烧透的竹、木等在装袋过程中将袋刺破。黄豆粉也可用黄豆浆代替，方法是将黄豆称好，浸水 6～12h，然后磨成豆浆并溶于一定的水中拌料。注意豆浆应随配随用，不可久放。拌料时先将木屑（或棉籽壳、甘蔗渣）、麸皮（玉米粉、米糠）等不溶于水的物质进行拌料，然后将糖、石膏、尿素、磷肥、硫酸镁等能溶于需加的水中，再将水溶液加入料中进行拌料。一般每 100kg 干料要求加水 110～120kg，做到边加水边搅拌，力求拌料均匀，使含水量保持在 55% 左右，pH 保持在 7.0，灭菌后达到 6.0 左右，适合银耳菌丝生长。

（2）装袋打穴　栽培银耳的塑料袋一般以 12cm ×50cm 的聚乙烯袋为适宜，小规模也可用罐头瓶作为容器栽培。装料前，先将袋的一端用纱线扎紧，料装至离袋口 5cm 左右时，用纱线将另一端扎紧，再用手将袋压成椭圆形。如用罐头瓶栽培则装至瓶口 1cm 即可。料袋装好后，在料袋稍扁的一面即袋的正面均匀打 4～5 个接种穴，要求穴口直径 1.2cm、深 1.5～2cm，然后擦去料面残存的木屑等杂物，贴上 3.25cm×3.25cm 的小方块胶布封口。瓶载时可用瓶口略大的聚丙烯薄膜加一层牛皮纸或双层纸扎封口。料袋制作（图 6-11）。装袋时应注意最好不超过 5h，以防培养料久置变酸。打穴时残存于穴口内的薄膜应及时曲调，以免影响今后菌种定植。

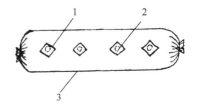

图 6-11　料袋

1—胶布　2—接种穴　3—料袋

5. 灭菌与接种

（1）灭菌　生产上大多采用常压灭菌灶灭菌，小规模也可采用锅灶上放蒸笼或采用去掉顶盖的柴油桶，进行蒸汽灭菌。料袋在灭菌灶内的排放以"井"字形堆叠为宜。堆叠时应注意将贴有胶布的一面朝上，并注定不要装得太满。灭菌温度和时间同常规。灭菌完毕后焖一晚上，于第2天趁热将料袋去处，搬入经消毒的接种室呈"井"字形堆叠，冷却后接种。

（2）接种　料温降至30℃以下即可接种。接种之前应将银耳栽培种表层3～4cm菌丝在无菌操作条件下充分搅拌均匀。接种时先将菌袋穴口上的胶布揭开一部分，使其露出接种穴，然后用弹簧接种器从菌种瓶中取蚕豆大小的菌种，迅速地通过酒精灯火焰接入穴内，然后盖好胶布。接好的菌种应比胶布下凹1～2cm，即接入菌种的表面与胶布之间留有1～2cm的空隙，其目的是避免在以后揭胶布过程中将穴口表层"白毛团"菌丝拉掉而导致不出耳。一般每瓶栽培种可接25～30个栽培袋。如瓶装接种牛皮纸掀开一角，使培养基露出，然后用接种器取蚕豆大小的菌种迅速接入瓶中，盖好瓶盖即可。

（二）管理与采收

1. 发菌期管理

接种完毕，应及时将菌袋运到培养室进行发菌管理，如菌袋数量少，也可在接种室直接培养发菌。

发菌期管理一般需9～11d，其中头3d为菌丝定植期，后5～7d为菌丝生长期。各期生长情况不同，管理工作也各有侧重。

图6-12　菌袋堆叠方式

（1）菌丝定植期的管理　接种后的第1～4天为菌丝定植期，此期管理主要应注意以下几方面的问题。

①保持培养室的干燥：培养室除注意清洁卫生外，还应保持环境干燥，使室内空气相对湿度保持在60%左右，如遇春季阴雨潮湿，可在室内地面上撒少许新鲜少许干石灰粉吸潮和消毒。

②菌袋堆叠合理：菌袋堆叠方式应根据当时的气温而定。早春气温较低，可将菌袋按每4袋并列为一排，每排之间纵横交错呈"井"字形，堆叠层高1～1.5m。当气温较高时，则改为3袋并列堆叠或用"△"式堆叠，使袋与袋之间保持一定空隙，以利通风散热，堆高以不超过1m为宜。菌袋堆叠方式见图6-12。

③胶布密封：接种过程因菌丝受到损伤，需要一定时间恢复，故在接种后6～11d内必须保证接种穴胶布密封，如发现胶布翘起或脱落，应及时贴封好或用新胶布重新补贴。

④控温定植：接种后的3～4d内，料温比室温要低2～3℃，应将室温控制在27～29℃。这样，有利于菌丝尽快定植和萌发，提高菌袋成功率。早春应注意采取措施提高室温，秋季则应注意防止高温烧菌，特别是用棉籽壳作培养料栽培的，因含纤维较多，料温往往上升快，必须给予足够重视。

（2）菌丝生长期的管理　接种后5～11d为菌丝生长期，主要做好以下工作：

①翻堆检杂：接种后第5天，菌丝已定植并向穴口扩展，这时应进行翻堆。将堆内、堆外及堆顶、堆底的菌袋对调，以利于菌丝生长一致，并及时检查菌丝成活及菌袋污染情况，发现问题应及时分析原因并及时解决。

②疏袋降温：菌丝萌发后，袋内新陈代谢逐渐旺盛，料温日渐上升，此时可结合翻堆，将

菌袋排稀，改为每排 2~3 袋并列，并降低堆高。瓶栽的则把料瓶排稀，使其散热，同时室内进行轻微的通风以更新空气，有利菌丝生长。

③保持干燥、弱光培养：菌丝生长期银耳菌丝所需水分主要靠培养基供给，而外界杂菌则主要靠空气中的湿度来维持生命力，室内空气偏高，则容易滋生杂菌。因此从接种后至整个菌丝生长期，均应保持室内空气相对湿度在 70% 以下。干燥的环境有利于菌丝生长而不利于杂菌繁殖，可提高成功率。另外，发菌期间培养室应以弱光为宜，可在门玻璃上用报纸进行遮光处理，或在料堆上覆盖报纸遮光。

2. 出耳期管理

菌丝经过 10d 左右的生长发育，将逐步进入生殖生长阶段。一般接种后的 12~14d 为子实体发生期，15~19d 为耳芽发生期，19d 以后进入子实体发育期，35d 前后进入子实体成熟阶段。

（1）耳芽发生期管理　菌袋接种后第 11 天左右，接种穴菌丝呈现出清晰辐射状的菌丝圈，且穴口间菌丝圈左右相连，同时还会出现黄、黑等色斑，掀开胶布，接种穴内出现白毛团。此时可将菌袋搬入已提前清洗干净并经消毒的出耳室，进行耳芽发生期的管理。此阶段主要做好以下工作。

①开口增氧：接种后约 11d，接种穴菌丝圈直径达 10cm 左右，穴与穴之间的菌丝圈已相互连接，此时可进行开口增氧。开口增氧是菌丝体从封闭培养过渡到露天培养的一个转折点，其目的是通过开口增氧，促使香灰菌丝向纵深发展，从而更好地分解养分，加速菌丝的发育，诱导原基的形成。开口的方法是先把接种穴上的胶布掀开一角，顺手拱起成半圆筒形，再把胶布边缘贴在袋面上，使其形成一个黄豆大小的通气孔，以利氧气进入穴内，促使菌丝更快生长。开口时注意每一菌袋胶布开口的方向要抑制，即朝向于菌袋的同一侧面，以利于今后的喷水管理和穴内代谢黄水的流出。瓶栽的则将瓶口覆盖物去掉，再在瓶口套上高出料面 5~7cm 的纸筒，以利增氧和保湿。

②控制料温：开口增氧后，袋内菌丝新陈代谢会骤然加快，料温也随之突然升高，经过 12~24h 后则又趋于稳定。因此，在揭胶布通风后的一定时间内要密切注意料温的变化，防止烧菌。具体方法是菌袋通过结胶布开口后，应一律单层排放，如室温在 25℃ 以上，应开门窗通风，并可在墙壁、地面上喷冷水降温，使室温保持在 20~23℃。

③喷水加湿：开口 12h 以后，可开始向菌袋表面喷水，以提高周围小气候的相对湿度，促进原基顺利形成。喷水之前，应将菌袋单层倾斜排放，注意胶布开口朝下，以防喷水时水珠滴入穴内导致原基或白毛团菌丝浸水腐烂。喷水时可采用喷雾器向菌袋或瓶口纸筒上直接喷雾，每天早、中、晚各喷 1 次，以穴口胶布背面有水珠为宜，保持室内空气相对湿度在 80%~85%。

④及时处理黄水：揭胶布开口 2d 后，接种穴内白毛团会分泌出黄水，这属生理成熟的正常现象。但黄水如果积累过多，将会对银耳"白毛团"造成严重损害。处理黄水的方法：首先将菌袋侧放，让黄水自穴口自动向外流出。其次对于少部分难以流出的黄水，可用脱脂棉或吸水纸从穴口轻轻吸出，每 2~3d 清理一次，注意小心操作，不要擦伤"白毛团"，另外还可将温度调节至 24~26℃ 之间，黄水即自行减少。瓶栽的可将瓶卧放，让黄水自动留出穴外。

⑤通风换气：黄水珠出现以后，耳芽需氧量增大，为防止二氧化碳浓度过高，栽培室可在早晚结合喷水进行通风换气，每天 3~4 次，每次 20~30min。如气温已达到 25℃，则可将窗户

长期敞开，并经常喷水降温。

（2）子实体发育期管理　经开口增氧后，菌丝发育加快，经2~4d接种穴内白毛团逐渐胶质化，形成晶莹碎米状耳芽，预示已进入幼耳期，从而开始进入银耳子实体发育期的管理。此阶段管理要点如下。

①揭胶布敞口：当接种穴内白毛团逐渐胶质化，并形成碎米状耳芽时，应及时将接种穴的胶布全部撕去，进行敞口培育。撕胶布通常是在接种后14~16d进行。揭去胶布后，能更好地满足菌丝体发育对氧气的需求，促使耳芽顺利膨胀。

②盖纸喷水：穴口揭去胶布后，要用整张干净的报纸覆盖于整个菌袋的上面，并喷水保湿。此时菌袋仍需侧靠排放，以利穴内多余的黄水自动流出，同时还可避免处于转化期的白毛团粘连在报纸上。盖纸后要用喷雾器喷雾状水于报纸上，一般每天可向报纸喷水2~3次，保持报纸湿润，以报纸表面不积水为度。如遇阴雨天，喷水可适当减少。同时每天必须掀动报纸一次，以保持空气新鲜，防止白毛团粘在纸上，引起烂耳。如发现穴中黄水过多，则可减少喷水量和喷水次数。当子实体直径长至3~4cm时，应将菌袋散开单放，穴口朝上，袋与袋之间保持8~10cm的距离，以利子实体进一步发育长大。瓶栽的为了增氧保湿，出耳后可用针在纸筒口刺8~10个针孔，使其通气。子实体长至与纸筒接近时，应把纸筒脱掉，也用旧报纸覆盖并喷水保湿。

③割膜扩穴：揭胶布后，菌丝新陈代谢更加旺盛，耳芽发育需氧量骤增，幼耳开始伸展，此时即转入割膜扩穴工作。割膜扩穴通常在撕胶布敞开口后2~3d，即在接种后17~18d进行为宜。方法是用锋利刀片沿穴口周围1cm处将薄膜割掉，使穴口直径达4~5cm。注意切勿割伤菌丝体。通过割膜扩穴，可增加穴口的通气量，促使子实体迅速长大。

④喷水加湿：银耳子实体生长阶段喜湿性强。当子实体形成并转入伸展期，应采取措施提高房间的湿度，使空气的相对湿度保持在90%~95%，每天应向报纸喷水2~4次，保持报纸湿润，同时做到干湿交替。当子实体直径为3cm左右时，为防烂耳应将覆盖的报纸取下，放在阳光下曝晒1d，收回后再使用。以后每隔3~5d进行一次，然后再覆盖，继续喷水保湿。此阶段喷水要结合气候变化和子实体的生长情况进行，做到晴天多喷，阴雨天少喷或不喷；气温高多喷，气温低少喷；耳蕾多、耳黄多喷，耳蕾少、耳白少喷；袋栽的适当多喷，瓶栽的少喷。喷水时应注意通风，切忌喷关门水。

⑤控温增氧：子实体生长发育期室内温度应以23~25℃为宜，低于18℃，子实体难以开片，高于30℃耳片疏松肉薄，容易烂蒂。春秋季节自然气候适宜，培养室可整天将门窗打开，使室内空气流通，以满足子实体生长对氧气的要求。接种后24~29d，为银耳子实体生长旺盛期，袋温较高，需氧量也较大，此时要结合喷水加强通风，防止室温过高。

⑥加强散射光照：子实体发育阶段，室内必须加强散射光照。这样才能使耳片肥厚，色泽鲜白，展片速度也较快，有利于提高产量。特别在冬季气温低、门窗紧闭、挂帘保温的情况下，更应设法增加散射光的照射。

（3）成熟期管理　扩穴后10~13d，即接种后30d左右，子实体可长到直径12cm，这就进入了成熟期。子实体成熟的标志是：耳片充分展开，疏松，弹性减弱，料袋较以前明显变轻。一般从成熟到采收还需6~8d，这时起对环境条件的要求与长耳期不同，主要应注意以下两个方面：

①停止喷水：当子实体已发育长大，并进入成熟期，开始弹射担孢子时，应停止喷水，保持室内相对湿度85%左右，如湿度过高则易导致烂耳。停水后子实体发育后期所需水分主要靠菌丝从培养料中吸收输送，这样可使基内水分和养分在生长期内全部被吸收利用，同时可使尚

未伸展的耳片进一步向外发育；已伸展的耳片由于缺水也停止生长，使耳片长势平衡，朵形美观，产量也进一步提高。

②加强通风：子实体进入成熟到采收这段时间，必须增加通风量，使室内空气保持新鲜，保证子实体有充足的营养供应。特别是遇到阴雨天，如果通风不足，湿度偏大，容易造成烂耳。

3. 采收

银耳袋料栽培从接种到采收，一般为 35～40d。银耳采收应适时进行，同时还应注意采收方法，这样才能提高银耳的商品价值，收到较好的经济效益。

采收时应选择晴天的上午进行。具体操作是：用刀片或用长柄剪刀伸入耳片底部，沿培养料表面耳基处将银耳割下，然后再将耳蒂黑色部分刮除干净。采收和刮蒂时应小心，注意保持朵形完整，以免降低商品价值。采下的银耳应保持清洁，防止杂物沾附耳片。并置于干净的竹筐等容器内。要轻采轻放，防止重压，以免变形。银耳采收后应及时晒干或烘干，并妥善贮藏。

银耳属于一次性长耳、一次性采收的食用菌。除个别菌袋养分尚未充分分解消耗或瓶栽的还可长出"再生耳"外，一般不会再长。再生耳的管理方法与首批相同，只是应注意留下头批耳的耳基才能长出再生耳。再生耳产量低，质量差。

第五节　金针菇栽培

一、概　　述

金针菇 [*Flammulina Velutipe* (Fr.) Singer]，又名朴姑、构菌、毛柄金钱菌、金菇等。

金针菇脆嫩适口，味道鲜美，营养极其丰富。据报道，每 100g 鲜菇中含水分 89.73g、蛋白质 2.72g、脂肪 0.13g、灰分 0.83g、糖 5.45g、粗纤维 1.77g、铁 0.22mg、钙 0.097mg、磷 1.48mg、钠 0.22mg、镁 0.31mg、维生素 B_1 0.29mg、维生素 B_2 0.21mg、维生素 C 2.27mg，此外还含有丰富的 5′-磷酸腺苷和核苷酸类物质。在每 100g 干菇中，氨基酸总量为 20.9g，其中人体所必需的 8 种氨基酸为氨基酸总量的 44.5%，高于一般菇类。其中赖氨酸和精氨酸含量特别丰富，这两种氨基酸能有效地促进儿童的健康生长和智力发育。所以在国内外被誉为"增智菇"。

经常食用金针菇，可以预防高血压和肝脏及胃肠道溃疡病。金针菇子实体中还含有一种朴菇素，它是一种碱性蛋白质，对小白鼠肉瘤 180 的抑制率达 81.1%～100%。

金针菇是我国最早栽培的一种食用菌，始见于唐代，明代对金针菇的栽培有了详细的介绍，大约有 1400 年的历史。1928 年日本森木彦三郎发明了金针菇瓶栽法，1960 年日本开始了工厂化瓶栽金针菇。现已在我国北方广泛栽培。

二、　金针菇生物学特性

（一）形态特征

金针菇由菌丝体和子实体两大部分组成。

1. 菌丝体

菌丝体由孢子萌发而成，在人工培养条件下，菌丝通常呈白色绒毛状，有横隔和分支，很多菌丝聚集在一起形成菌丝体。和其他食用菌不同的是，菌丝长到一定阶段会形成大量的单核或双核的粉孢子或节孢子，在适宜的条件下可萌发成单核菌丝或双核菌丝。

2. 子实体

图6-13 金针菇子实体

金针菇的子实体丛生，幼小时为球形至半球形，后渐展开为扁平状，菌盖直径2~8cm，中央厚，边缘薄，边缘早期内卷，后呈波状或上翘。表面湿色黏滑，干燥时稍有光泽，淡黄褐色至黄褐色，边缘乳黄色有细条纹。菌肉白色或稍黄色，菌褶弯曲，密至稍稀，宽，不等长，与菌柄多为凹生。菌柄形似麦秆状，稍硬，呈圆柱形，纤维素内部松软，初期内部有近木质的髓心，后期变中空，长3~20cm，直径0.4~0.8cm，上下等粗或上方稍细，下半部暗褐色，且密生黑色短绒毛，有时整个菌柄呈绒毛状。有时整个菌柄不长绒毛或绒毛少。孢子印白色，孢子平滑，无色或淡黄色，椭圆形或长椭圆形，长5~8μm，宽3~4μm（图6-13）。

（二）生活条件

1. 营养

金针菇是一种木腐性菌类。需要的营养物质有碳源、氮源、无机盐和维生素4大类。这些营养物金针菇可以从蔗渣、棉籽皮、油菜壳、稻草、谷壳中获得，也可以从阔叶树的木屑中，甚至松、杉、柏的木屑中获得。但是金针菇分解木质素能力较弱，未经腐熟的木屑一般不能用于金针菇栽培。在生产中，用陈旧木屑，一般堆积发酵后更适合于金针菇栽培。

金针菇是维生素 B_1 和维生素 B_2 的营养天然缺乏型菌，因此栽培时必须添加维生素 B_1 和维生素 B_2 才能良好的生长。通过添加米糠、麸皮、玉米面等来补其不足。

2. 温度

金针菇是低温型的恒温结实性食用菌。菌丝体在5~32℃范围内均能生长，但最适温度为22~25℃。金针菇的菌丝体耐低温的能力很强，在-21℃的低温下经过3~4个月仍具有旺盛的生活力，但是不耐高温，在35℃以上菌丝就会停止生长而死亡。

金针菇子实体分化的温度为5~18℃，但形成的最适温度为8~15℃；子实体生长适宜温度为8~12℃。低温下子实体生长速度慢，但子实体生长健壮，不易开伞，能保证产量和质量。温度偏高，柄细长，易早衰。金针菇5~10℃时子实体生长要比12~15℃时慢3~4d。低于8℃时子实体生长缓慢，高于19℃时子实体很难形成。

3. 湿度

金针菇是喜湿性菌类，抗旱能力较弱，菌丝在含水量为60%~70%时均能生长发育，最适宜的培养料含水量以65%左右为宜，不同配方的培养料含水量也有所变化。培养料的含水量过多、过少均会影响菌丝生长。如含水量过多，则通气不良，菌丝生长发育受到抑制而停止生长。空气相对湿度为85%~95%时，有利于子实体的生长发育。

4. 空气

金针菇是好气性菌类，在培养菌丝体阶段，培养室要经常通风换气，保持空气清新，使菌丝健壮生长。在出菇阶段，则对二氧化碳的浓度比较敏感，二氧化碳是决定菌盖大小与菌柄长短的主导外界因子。通过试验表明。当菇房空气中二氧化碳含量达到 $0.114\% \sim 0.152\%$ 时，金针菇的菌盖受到抑制，菌柄伸长，形成菌盖小、菌柄长的商品菇。

5. 光照

菌丝体生长阶段需要在暗处生长发育，不需要光线。一定的散射光有利于子实体的分化：光照过强，则菌柄短，开伞早，色泽深，常呈黄褐色或深褐色；光照弱，则柄长，盖小，不易开伞，色泽浅，常呈黄白色或乳白色，还能抑制菌柄基部绒毛的发生和色素的形成，从而使金针菇的商品价值提高。

6. 酸碱度

金针菇在弱酸的培养料上能正常生长发育，pH 在 $3.5 \sim 8.4$ 的范围内，菌丝都能生长，最适宜 pH 为 6.0。在实际生产中多采用自然 pH。

三、 常见的金针菇栽培品种

目前在国内栽培的金针菇品种有近百种。根据颜色的深浅可分为黄色品系和白色品系两大类。黄色品系，其菌盖的颜色多为黄褐色，柄基部绒毛多，易栽培，产量比较高，一般栽培的品种多为此类；白色或浅色品系，菌盖白色或浅黄白色，柄白色或浅黄褐色，柄基部无绒毛或有很少的绒毛，此类品种，适合于出口。根据金针菇柄分枝的多少，又可分为细密型和粗稀型。菌柄长出时易分枝，菇丛细密，子实体朵数极多的，为细密型。长出菌柄分枝少的，菇丛粗稀，菌柄粗壮，子实体朵数较少的，为粗希型。

在国内常用的金针菇品种：三明 1 号、三明 3 号、金针菇 8909、苏金 6 号、金针 FV908、FV7、金针 92、金针 129、金针 227、F26、I58、F21、9808、杂交 40、高产 707、川 12、F31、B27、江都 513、金野 1 号、日金 2 号、F - 21、三明 1193、杂交 19、纯白、金杂 19、苏金 6（河北）、FV093、日本白。

四、 金针菇栽培技术

金针菇的栽培有多种方法。原始的栽培法是段木栽培，但该法产量低，颜色深，易开伞，菌盖大，朵形差，商品价值低，不受消费者欢迎。因此，目前不采用此法，多采用棉籽皮、锯末、稻草粉、酒槽等进行代料栽培。栽培的主要方式为袋栽、瓶栽和床栽。下面主要介绍袋栽和瓶栽。

（一）袋栽

袋栽是栽培金针菇的一种主要栽培方式，成功率很高，高达 98% 以上。金针菇袋式栽培技术在实践中得到不断完善和发展。目前，在河北省推广的金针菇墙式栽培两头出菇新技术，经实践证明，比单袋排放一头出菇的效果好，菇棚空间利用率高，管理方便，设备投资和管理消耗减少，生产成本低，经济效益高，深受栽培者欢迎，是一种高效益的栽培技术（图 6 - 14）。

1. 栽培程序

金针菇墙式袋栽两头出菇栽培法具体栽培程序为：

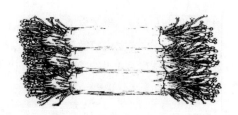

图 6 - 14　金针菇墙式袋栽两头出菇法

菌种制备→栽培季节选择→原料准备→培养料配制→拌料→装袋→打孔→装锅灭菌→出锅接种→发菌→出菇管理→第一次采收→转潮→后期管理

2. 菌种制备

选择适宜的优良菌种，采用常规制种方法制种，在配制栽培种培养料时，一般要添加麸皮、米糠或玉米粉等，以满足金针菇对氮源及维生素 B_1 和维生素 B_2 的需求，从而使扩大培养的菌种生长的更健壮。

3. 栽培季节选择

金针菇栽培季节的选择，主要参照当地自然季节性气温变化，确定栽培适期，以满足金针菇低温出菇的要求。使出菇阶段的温度保持在 5～15℃ 的低温范围内，就能获得优质高产的金针菇。我国地域辽阔，不同地区气候不同，同一个季节，气温差异甚大。因此，在安排栽培季节时，必须掌握金针菇低温出菇的特点。

根据各地的栽培生产实践经验，栽培季节大致确定为：

(1) 在我国北方地区，全年可安排两次栽培。第一次于 9 月中下旬接种发菌，最迟不超过 10 月份上旬，11 月份下旬或 12 月份上旬进入出菇期。一般 9 月份中下旬气温在 20～24℃ 左右时，正适合金针菇菌丝生长，进入 11 月份下旬，气温逐渐下降到 10℃ 左右时，正适合出菇的温度要求。接种过早，因气温高、湿度大，容易感染杂菌；接种过晚，出一潮菇后，因气温过低不再出菇影响产量。第二次于 12 月份或 1 月份，采用室内生火加温培养菌袋，温度维持在 18℃ 以上，菌丝就能正常发育，于春节 (2～3 月份) 自然气温回升到 10℃ 左右时即可出菇。

(2) 南方地区寒冷的季节短，春季气温回升快，金针菇栽培安排一次为好。一般在 10～11 月份接种发菌，12 月份至翌年 2 月份出菇，在低温条件下培养，金针菇的商品质量好。其具体的播种时间因品种、栽培方式、栽培环境的不同而异，如在地下室栽培就提前近 1 个月播种为好。至于其他地区，可根据当地气温变化情况，灵活掌握，选择适宜的栽培季节。

4. 原料准备

(1) 塑料薄膜筒的选择　袋栽金针菇常用塑料薄膜筒裁制成栽培袋。塑料薄膜筒的薄膜应选择厚薄均匀，无折痕，无砂眼。菌袋应选择聚乙烯或聚丙烯塑料薄膜筒，制成规格为长 35cm、宽 17cm、厚 0.05cm 的袋筒，太宽的袋子菇蕾少时子实体易弯曲，影响菇的品质。

(2) 培养料的准备　培养料的选择和处理是否得当，对金针菇栽培的成败有密切的关系。根据各地实际情况可选择棉籽壳、玉米芯、酒糟、废甜菜丝、甘蔗渣、秸秆和废棉等，常用配方如下：

①棉籽壳 87%，麸皮或米糠 10%，石膏粉 1%，糖 1%，过磷酸钙 1%。料与水的比例为1:(1.4～1.5)。

②棉籽壳 80%，麸皮 15%，玉米粉 3%，糖 1%，石灰粉 1%。料与水的比例为 1:(1.4~1.5)。

③棉籽壳 37%，木屑（阔叶树）37%，麸皮 24%，糖 1%，石灰粉 1%~2%。料与水的比例为 1:(1.4~1.5)。

④木屑（阔叶树）75%，麸皮或米糠 23%，糖 1%，石灰粉 1%。料与水的比例为 1:(1.4~1.5)。

⑤稻草粉 73%，麸皮 25%，糖 1%，石灰粉 1%。料与水的比例为 1:(1.4~1.6)。

⑥麦秸粉 68%，麸皮 20%，玉米粉 10%，糖 1%，石膏粉 1%。料与水的比例为 1:(1.4~1.5)。

⑦废甜菜丝 73%，麸皮或米糠 23%，过磷酸钙 1%，石灰 1%。料与水的比例为 1:(1.4~1.5)。

⑧啤酒槽 80%，棉籽壳 20%。料与水的比例为 1:1.4.。

⑨酒槽 71%，棉籽壳 15%，麸皮或米糠 10%，石膏 1%，过磷酸钙 1%，石灰粉 2%。料与水的比例为 1:1.4。

⑩醋槽 71%，棉籽壳 20%，磷酸二氢钾 0.5%，石膏粉 1.5%。料与水的比例为 1:1.4。选择出池不久的新鲜醋槽，每 100kg 原料用 3kg 石灰拌和，以杀灭杂菌，中和残酸，提高 pH。

⑪玉米芯 73%，麸皮 25%，石膏 1%，蔗糖 1%。料与水的比例为 1:(1.4~1.5)。

⑫玉米芯 73%，麸皮 25%，石膏 1.2%，过磷酸钙 0.5%，尿素 0.2%，硫酸镁 0.1%。料与水的比例为 1:(1.3~1.5)。

⑬甘蔗渣 34.4%，棉籽壳 33%，麸皮 27%，玉米粉 3%，碳酸钙 1%，糖 1%，尿素 0.2%，硫酸镁 0.2%，磷酸二氢钾 0.2%。料与水的比例为 1:(1.4~1.6)。

⑭苇叶 88%，麸皮 10%，石膏 1%，糖 1%。料与水的比例为 1:(1.5~1.6)。

⑮高粱壳 50%，高粱粉 50%，尿素 1%，过磷酸钙 1%，石膏粉 1%。料与水的比例为 1:1.4。

⑯豆秸屑 78%，麸皮 10%，玉米粉 10%，糖 1%。料与水的比例为 1:1。

⑰龙眼荔枝核（壳，粉碎）70%，蔗渣 23%，玉米粉 5%，硫酸镁 0.5%，碳酸钙 1.5%。料与水的比例为 1:(1.4~1.6)。

5. 培养料的配制

栽培根据当地资源条件，就地取材，选择适宜的培养料，按配方的比例准确称料。要求称好料后放在水泥地面上，或塑料薄膜上进行拌料。不能在土地上拌料，否则使泥砂等杂物装入袋内，将刺破塑料袋。防止拌料时营养水渗入泥土中，造成 C/N 比例失调。在配制培养料时，注意以下几点：

（1）严格按照配方的比例称量。

（2）拌料时必须将培养料拌均匀　如培养料存有干料块，在灭菌时，湿热蒸汽就不能穿透干料中间，造成灭菌不彻底，而感染杂菌。

（3）严格控制培养料的含水量。

（4）调节好适宜的酸碱度。

（5）在拌料时，加入 0.1% 多菌灵，可减少杂菌的污染。

6. 装袋

将配制好的培养料在堆闷 1h，使培养料吸足水分后，就立即装袋。装袋一般手工操作，有条件的可用装袋机进行装袋。

①手工装袋的方法：取17cm×35cm的塑料薄膜筒。用塑料绳把筒的一头扎好，接着将培养料装入筒内，边装边轻轻压实，上下用力要均匀。使袋壁光滑而无空隙，装料15cm左右，装完料后，把袋筒口合拢扭拧用塑料绳扎好（或用曲扭针将袋筒口两端固定，或用钉书钉将筒口固定好）。使袋筒的两端各留有10cm长的薄膜，袋筒内长满菌丝后，撑开袋筒口供子实体生长。一般每袋装干料300g左右。

②装袋机装袋的方法：购置一台专用装袋机。装袋时，将扎好口的薄膜筒套在装袋机的搅龙套上，一手轻抓套筒出口处，一手托住塑料袋末端，让料自然均匀地进入袋内，装料15cm左右时，从搅龙套上取下，再用塑料绳扎好袋口。装袋机装料比较均匀，装袋效率高，1h可装500个左右。

不论选用哪种方法装袋，装袋的要求必须做到七要：一要快装袋，从拌料到装袋结束尽快完成，以防培养料发酵变酸；二要轻装轻压，用力均匀，防止塑料袋破损；三要使培养料紧贴薄膜，如存有空隙，会出现袋壁四周出菇；四要料面平整，如料面不平，则出菇稀少，产量低；五要扎（或固定）牢袋口。以防灭菌时，薄膜筒内气体膨胀而 使袋口散开；六要装料适量，如装料过多，不能发挥最佳效益；七要装好袋后，必须将袋放在干净的地板上或放在薄膜上或放在苇席上，防止砂粒或硬杂物将袋刺破，引起袋料污染。

7. 灭菌

料袋装完后立即进行灭菌，杀死料内各种微生物，并促进培养料内部分有机物质的降解，使料软化以有利于菌丝的吸收和利用。灭菌方法常采用常压蒸汽灭菌。把装好的料袋装到土蒸锅中灭菌。装锅时，要注意：料袋是一种软化包装，料袋直立排放，不要重叠堆积，以免料袋之间间隙被堵塞，湿热蒸汽难以流通和穿透料内，如受热不均影响灭菌效果。

装好锅后，将锅门盖严实、无缝、不漏气，立即点火升温。使锅内温度迅速升到100℃（或锅内大气上来）开始计时，一般连续灭菌8~12h，停火焖数小时后即可打开锅门，取出料袋移入接种室接种。

8. 接种

料袋灭菌后，使料温降到30℃时，即可开始接种，接种关键是无菌操作，接种技术要正确熟练，动作要轻、快、准，以减少操作过程中杂菌污染的机会。

在消毒的接种室、接种箱、或超净工作台上进行接种。操作过程为：菌种袋或瓶表面用75%酒精擦洗后，带入接种箱，点燃酒精灯，接种铲或大镊子放在酒精灯外焰上进行灼烧，充分灭菌后用灭菌镊子剔除菌种表面的老化菌种，将菌种夹成花生豆大小的菌种块，在酒精灯的无菌区内，打开料袋两头的扎口，分别接入栽培种，然后用塑料绳把袋口扎好。接种量以3%~5%为宜，接种量过多，容易在老菌块上出菇，抑制基内菌丝正常形成子实体，影响产量。接种时，菌种接入要迅速，尽量缩短暴露于空间的时间。天气热时，接种时间最好选在早晨和晚间，有利于提高接种的成功率。

一般1袋或1瓶栽培种可接60袋栽培袋。接种时，要注意把菌种放入袋中接种穴时，一定要用穴周围的培养料轻轻覆盖住。这样接种，一方面可以促进菌种尽快定植，均匀发菌，另一方面还可以防止金针菇菌种在袋中未满菌就提前产生菇蕾，造成栽培生产的损失，甚至失败。因这样的菇蕾无法正常生长发育。这样失败的金针菇栽培，在实际生产中也是常见的。接种完毕后，将菌种移入培养室培养。

如无接种箱或超净工作台时，可在接种室或接种帐内接种。这种接种方法可提高接种效率。将料袋取出后移入接种室（帐）内，放入接种工具，密闭熏蒸，按每平方米用甲醛 10mL、高锰酸钾 5g 进行混合熏蒸，熏蒸一昼夜后，在室内喷洒 1/2 甲醛用量的氨水，中和多余的甲醛气体，1h 后进行接种。接种时 3 人一组，一人取菌种，供 2 人接种。接种工作直接关系到发菌的成功率，必须严格按照无菌操作规程进行操作。

9. 发菌管理

将接种后的菌袋移入培养室的床架上进行发菌培养。发菌期要创造适宜条件，以促进菌丝健壮生长。这是培养管理好菌袋以至提高产量和质量的重要环节。

金针菇菌丝生长最适温度为 23℃，温度过高或过低会降低其生长速度，在发菌过程中，由于菌丝呼吸作用产生的热量，料温要比气温高 2~4℃，所以气温控制在 19~21℃ 为宜，温度偏高时，菌丝生长弱，而且容易感染杂菌，温度度过时，菌丝生长慢，且易在未发满菌丝时就出菇。发菌期间，为使菌丝受温一致，发菌均匀，每隔 7~10d，将床架上下层及里外放置的菌袋调换一次位置。发菌期间温度超过 24℃ 以上时，要及时通风降温。发菌期间空气相对湿度要低些，不需喷水，保持 60%~65% 即可，湿度过大，污染杂菌的机会则增加。发菌期最好在黑暗条件下进行，这样菌丝生长速度快且不易老化，出菇整齐。发菌期间加强通风，通风可排除菌丝生长过程中产生的二氧化碳，补充新鲜空气，才能使菌丝健壮生长。培养菌袋期间，要经常逐袋检查，发现有杂菌污染，及时处理，防止扩散蔓延。发菌室应密闭，防止老鼠咬破菌袋，损伤菌丝体，造成杂菌污染，可用捕鼠器或鼠药杀死老鼠。

发菌期间主要是控制温、湿、光、气 4 个环境条件，在培养正常的情况下，25~35d 即可长满料袋。这是因为采用的培养料不同及发菌温度、接种量多少、发菌时间也不一致而形成的。长满料袋后立即移入出菇棚进行出菇管理。

10. 出菇管理

金针菇的发菌培养期较短，出菇至采取的时间较长，出菇管理工作要认真细致，不可疏忽，这是关系到产量和质量的关键环节。

（1）搔菌 即将菌袋移入预先消过毒的的培养室或菇棚内，把菌袋两头紧扎的绳解开，打开袋口，将菌袋表面的一层厚菌膜和残存的一部分老菌种去掉。若菌膜不厚，也可以不进行搔菌，只把料表面的老菌块去掉即可。搔菌的工具，可用铁丝做成一个 3~4 个齿的手耙，搔破菌袋表面菌膜或清除老菌块，而后将菌袋表面整平，以防杂菌侵染，搔菌的工具在使用前要在酒精灯火焰上消毒。

（2）降温 低温是菇蕾形成的重要条件。出菇的适宜温度为 10~12℃。在适宜的温度下出菇，子实体生长慢，颜色淡，质嫩，生长整齐，产量高，质量好，如温度高时则菇质差，容易感染杂菌。

（3）增湿 在子实体生长过程中应保持较高的空气相对湿度。增湿的方法：在墙壁、地面及空间进行喷雾，在菇蕾期使空气相对湿度保持在 85%~90%，随着子实体的伸长，可逐渐降到 80% 为宜。

（4）降低光照 金针菇对光线是比较敏感的菌株，在避光的条件下，培养的金针菇颜色浅，质嫩，绒毛少。某些菌株对光线不敏感，出菇期间需要进行微光诱导，如培养室可拉开窗帘，要是菇棚可掀去少部分草帘，微弱的光线能促进子实体的形成，并且顶棚上的顶光，使菌柄朝着光的方向快速伸长，整齐生长，而不散乱。

（5）通风调节　在子实体生长期间，需要大量的氧气，培养室或菇棚内必须保持适度通风。二氧化碳浓度过低，不利于菌柄伸长，菌盖易开伞。因此，根据子实体生长发育的不同阶段进行通风调节。在催蕾阶段及子实体生长后期，要增加通风次数，加大通风量，可使菇蕾形成量多，出菇整齐，菌盖圆整，否则二氧化碳浓度过高，菇蕾形成少，不整齐，易形成针头菇。在子实体生长阶段，需减少通风量，使培养室或菇棚内空气中二氧化碳的含量增高到 0.1% ~ 0.15% 为宜。当料面出现菇蕾后，把袋两头剩余的薄膜撑开拉直。这样即可保湿，又可改善小气候环境中二氧化碳的浓度，有利于菌柄整齐的伸长，菌盖发育受到抑制，而获得菌盖小，菌柄细长而得到质量高的商品金针菇。

（6）采收　菌柄长到 13 ~ 18cm，菌盖直径 0.8 ~ 1.2cm 时，就可采收。采收完第一潮菇后，应及时清理菌袋表面的死菇，搔破料的表面，露出新菌丝，轻轻拧住袋口，养菌 5d 左右时，继续后期管理，约 20d 后可出第二茬菇。二茬菇出后，由于袋内水分减少，可在袋内注水，使水分补充到原来的含水量（65%），补水时可加适量的营养，如 1% 的糖和尿素，这样可出三四茬菇，提高金针菇的产量。

（二）瓶栽

金针菇栽培，一般多采用瓶栽法。此法成功率高。日本和我国台湾都已采用瓶装进行工厂化、自动化周年生产。但在我国仍采用手功劳动为主的瓶装。具体栽培程序基本上同袋装。

1. 栽培容器

一般都采用菌种瓶 750mL 或玻璃罐头瓶 500mL 作为栽培容器。

2. 装瓶打孔

瓶装金针菇时，其菌种的制备、栽培季节的选择、原料准备、培养料配制、拌料等都与其袋栽相同。将拌好的培养料装入瓶中，料装至瓶肩，要求上紧下松，压平料面。

用一根直径为 2 ~ 2.5cm 的锥形棒，在瓶内料面中央打一个直通瓶底的接种孔，以利通气，促使菌丝能上、中、下同时生长。

3. 扎口灭菌

打孔后，取一块干净的布，把瓶口内外粘的培养料擦干净，减少杂菌污染的机会，然后用一层牛皮纸或用二层报纸或二层塑料布盖在瓶口上，而后用绳子扎好瓶口。

把装好的罐头瓶装到土蒸锅中去灭菌。装锅时，将罐头瓶横倒放于锅内隔层架子上，瓶口对瓶口，瓶底对瓶底。摆满一层后，以上摆放的方法同第一层。这样装锅灭菌的方法比瓶子竖着放好。瓶口的纸盖不易潮湿，从而减少污染。装好锅后，点火升温，灭菌方法同袋装。

4. 接种

将灭过菌的瓶子凉至 30℃ 以下时，可在消过毒的接种箱内或超净工作台上接种。接种方法参照袋装。

5. 发菌管理

接种完毕后，将栽培瓶移到消过毒的培养室发菌，瓶栽金针菇发菌培养条件和其袋装时要求的条件一样。只不过由于瓶栽比袋装的原料少些，因此发菌时间短些，一般在适宜条件下菌丝长 25d 左右后，准备搔菌。其中以棉籽皮培养料生长较快。在发菌过程中一定要防鼠害。

6. 出菇管理

（1）催蕾　菌丝长满瓶后，要及时地把瓶移到适宜的栽培室，去掉瓶口膜，进行搔菌，把培养料表面的老菌丝扒掉，让新菌丝露出来，在瓶口上覆盖报纸或两层湿纱布，经常保持覆盖报纸和纱布湿润。空气相对湿度要求在85%～95%，催蕾最适宜温度为13～14℃。每天对空间进行喷雾，几天后培养料表面就会出现琥珀色的水滴，有时还会形成一层白色棉状物，这是现蕾的前兆。这时要结合上下午的喷水，去掉覆盖物1～2h，就可通风换气，促进菇蕾的产生。现蕾后要加强通风，促使大批量的菇蕾产生，出菇快的品种约需7d时间现蕾，慢的则需要10d现蕾。

（2）套筒　当子实体生长到高出瓶口2～3cm时，就应及时在瓶口上套上一个高度为10～15cm的喇叭状纸筒。套纸筒的目的是为了防止光线过强对子实体着色的影响，使其颜色深，同时减少氧气的供给，增加了CO_2。因此抑制了菌盖的生长，有利于促进菌柄的伸长。套筒后，菌柄长势较为一致。套完纸筒后，不必再盖报纸保湿，必须调节室内相对湿度来促进菇蕾生长。如空气相对湿度低时，可在纸筒上进行雾状喷水，但不可直接在菇蕾上喷水。

（3）金针菇的生长　套上纸筒后，培养室或菇棚温度应控制为6～8℃，空气相对湿度80%～90%，避光培养，经过5～7d子实体可长至10cm左右。

温度对子实体生长影响很大。当培养室或菇棚温度为6～8℃时，子实体生长较慢，但子实体菌盖小，菌柄长，菌盖圆整、色淡，不易开伞，商品价值高，如果温度为9～16℃时，子实体生长较快，品质有所下降，但通过调节湿度、通风等措施，还能得到品质较好的菇。当温度高于16℃以上时，菌盖易开伞，颜色深，质量差，因此高温季节影响出菇。要选好适宜的栽培季节，才能培养出质量好、产量高的金针菇。

7. 采收

菌柄长到13～18cm，菌盖直径8～10mm时，开始采收。

采收完第一潮菇后，就要进行搔菌、通气、保湿等转潮出菇管理措施，尽快产生第二潮菇。详细的出菇管理方法参照袋栽。

国外瓶装金针菇采用800～1000mL、口径为7cm的聚丙烯塑料瓶，瓶盖采用无棉盖体。这样的瓶栽产量高、品质好。而我国多采用500～750mL罐头瓶来栽培，营养不太足，产量低，特别是第二、第三潮菇产量更低，质量差，管理不便。因此，国内广泛应用塑料袋栽培，塑料袋容积大，可装入足够的培养料，营养充足，有较好的保湿性能，有充足的出菇空间和通风环境。所以现蕾早，多而整齐，产量高，品质好，有利于金针菇的生产和开发。

🔍 **思考题**

1. 试述平菇发酵料栽培、生料栽培的关键技术。
2. 香菇段木栽培与代料栽培各有什么优缺点？
3. 香菇菌筒的脱袋应掌握什么标准？脱袋后应采取哪些措施促进菌筒转色？
4. 在木耳栽培中，如何有效避免杂菌污染？
5. 叙述木耳棚架吊袋栽培的管理要点。
6. 银耳菌丝和香灰菌丝在银耳生长发育过程中所起的作用有何不同？
7. 袋料银耳揭胶布开口增氧后的24h内应注意的主要问题是什么？为什么？
8. 简述银耳袋栽、瓶栽的生产过程。

第七章

草腐型食用菌栽培

第一节 双孢菇栽培

一、概 述

双孢菇 [*Agaricus bisporus*（Lang）Imbach] 在真菌分类中属于担子菌亚门、伞菌目、伞菌科、蘑菇属，因其担子上大多着生 2 个担孢子而得名。又因其栽培最早起源于西欧和广泛栽培的绝大多数品种是白色，又被称为洋蘑菇和白蘑菇。

双孢菇肉质肥嫩，鲜美爽口，是一种高蛋白、低脂肪、低热能的健康食品。蛋白质含量几乎是菠菜、白菜、马铃薯等蔬菜的 2 倍，与牛奶相等。蛋白质的可消化率高达 70%~90%，是有名的植物肉。脂肪含量仅为牛奶的 1/10，比一般蔬菜的含量还低。蘑菇所含的热量低于苹果、香蕉、水稻、啤酒，其不饱和脂肪酸占总脂肪酸总量的 74%~83%。

双孢菇含有丰富的氨基酸，尤其是多数谷物所缺乏的赖氨酸和亮氨酸含量较高，还含有维生素 B_1、维生素 B_2、维生素 C 和磷、铁、钙、锌等多种具有生理活性的物质。

双孢菇鲜品中的胰蛋白酶、麦芽糖酶可以帮助消化，所含的大量酪氨酸酶有降血压作用。此外，双孢菇还有降低胆固醇作用。可见，双孢菇有强身健体和延年益寿的作用。

双孢菇的人工栽培始于法国，距今约有 300 多年的历史。从 20 世纪中叶开始，双孢菇的经济价值和栽培生产引起了人们的高度重视，由于栽培技术不断改进，使双孢菇单位面积产量大幅度提高，成本降低，一举成为世界上栽培最广泛的菇类。现在约有 100 多个国家在进行蘑菇生产。发达国家蘑菇生产已同现代高新技术接轨，整个生产过程按可控制的工厂化程序来进行，不受自然气候的影响，控制了病虫为害，稳定了产量。

我国栽培双孢菇始于 20 世纪 30 年代，当时只有上海、福州等地栽培，但规模小，产量低。自 1958 年后由于用猪粪、牛粪代替马粪栽培成功，栽培面积迅速扩大，现已遍及全国各地。现在我国的双孢菇栽培规模已超过了起始国——法国，仅次于美国，名列世界第二。我国的罐装双孢菇和冷冻鲜菇的出口量历来占世界第一位，是有名的双孢菇出口大国。

二、双孢菇生物学特性

（一）形态特征

双孢菇由菌丝体和子实体两大部分组成。

1. 菌丝体

菌丝体是双孢菇生长的营养体。孢子萌发形成菌丝，菌丝靠顶端细胞不断分裂生长而延长，并不断分枝而形成白色棉絮状的菌丝体。

2. 子实体

双孢菇子实体（图7－1）呈白色伞状，有菌盖、菌柄、菌褶、菌膜和菌环组成。菌盖圆而厚，表面像顶帽子，故又称菌帽。菌盖除呈球形，老熟时展开呈伞状。菌柄中生，白色圆柱状，中实。优质菇的菌柄应粗短，表面光滑，不空心。菌膜是菌盖边缘与菌柄相连的一层薄膜，有保护菌褶的作用。子实体成熟前期，菌膜窄、紧；成熟后期，由于菌盖展至扁平，菌膜被拉大变薄，并逐渐裂开。菌膜破裂后便

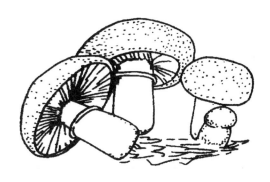

图7－1　双孢菇子实体

露出片层状的菌褶。菌褶离生，初为白色，子实体成熟前期呈粉红色，成熟后期变深褐色。菌环是菌膜破裂后残留于菌柄中上部的一圈环状膜，白色，易脱落。

（二）生活条件

1. 营养

双孢菇属粪草腐生型菌类，需从粪草中吸取所需的碳源、氮源、无机盐和生长因素等营养物质。栽培蘑菇的原料主要是农作物下脚料、粪肥和添加料。稻草、麦秸、玉米秸、豆秸、甘蔗渣、玉米芯、棉籽壳等是常用的碳源，各种禽畜粪是常用的主要氮源，饼肥、尿素、硫酸铵、石膏粉、石灰等是常用的添加料。

双孢菇只能吸收利用化学氮肥中的铵态氮，不能同化硝态氮。所以补充氮源的化肥是尿素、硫酸铵、碳酸铵等。蘑菇不能利用未经发酵腐熟的培养料，因此上述原料必须合理搭配和堆制发酵才能成为蘑菇的营养物质。培养料在发酵前的适宜C/N是30：1～33：1。

2. 温度

蘑菇不同的菌株和在不同的生长阶段对温度的要求有差异。目前国内大面积栽培的菌株基本属于偏低温度型。

（1）各生长阶段对温度的要求　双孢菇在菌丝体生长阶段的温度范围是5～30℃，最适生长温度是22～24℃。低于5℃生长缓慢，超过30℃衰老快，超过33℃易停止生长或死亡。

双孢菇子实体生长的温度范围是5～22℃。在13～16℃的最适温度下，菌柄粗短，菌盖厚实，产量高；在18～20℃条件下，虽出菇多，生长快，但菌柄细长，肉质疏松，易出薄皮菇和开伞菇；当室温持续高于22℃时，容易导致菇蕾死亡；低于12℃时，菇长得慢，产量低；室温低于5℃时，子实体停止生长。

（2）料温与气温　菌丝体生长阶段所需的温度是指料温，而子实体发育的温度是指气温。

料温一般比气温高，主要由料中微生物和蘑菇菌丝生长产生的热量所致。料温一般在培养料发酵后或菌丝基本长满培养料时才趋近于气温。所以在菌丝生长阶段应认真检查料温，严防高温烧菌。调节好气温，对子实体的发育速度、转潮速度、产量和质量的提高均有极大影响。

（3）恒温和变温　双孢菇在菌丝生长和子实体发育阶段，需要较稳定的适宜的温度，而在子实体分化阶段则需较小温差的刺激，昼夜温差在 3~5℃可促进原基发生。一般自然变化的气温就可满足双孢菇对变温的需求，但空调菇房，必须人为调控出适当温差。

3. 水分与湿度

双孢菇所需的水分主要来自培养料、覆土层和空气湿度。在不同生长阶段对水分和空气湿度有不同的需求。在菌丝体生长阶段，培养料的含水量一般保持在60%左右为宜。低于50%，菌丝生长慢、弱、不易形成子实体；高于70%时，培养料中的含氧量减少，菌丝不但生活力降低，而且长得稀疏无力，培养料易变黑、发黏、有臭味，易生杂菌。产菇阶段，培养料的含水量应保持在62%~65%。

覆土层的含水量以18%~20%为宜。土层湿度在菌丝体生长阶段应偏干些，为17%~18%，此时的土层湿度一般以手握能成团、落地可散开的方式测试。在出菇阶段，尤其是菇蕾长至黄豆大时，土层应偏湿，其含水量保持在20%左右，此时的土层湿度应能捏扁或搓圆，但不粘手。具体的含水量应视不同的覆土材料而确定。

空气相对湿度在菌丝生长阶段应控制在70%左右。太低的空气湿度易导致培养料和覆土层失水，阻碍菌丝生长；而过高又易导致病虫害。在出菇阶段，空气相对湿度需提高至85%~90%。空气湿度小，菇体易生鳞片，柄空心，早开伞；过湿则易长锈斑菇、红根菇等。一般在发菌阶段不宜向培养料直接喷水。喷水应根据菇房的保湿情况、天气变化、不同菌株和不同发育阶段而灵活调控。

4. 酸碱度

双孢菇属喜偏碱性的菌类。菌丝生长的pH范围是5.0~8.5，最适pH在7.0~7.5。子实体生长的最适pH为6.5~6.8。由于菌丝在生长过程中会不断产生草酸、碳酸等酸性物质，易使培养料和覆土层的pH逐渐下降，播种时培养料的pH应调至7.5~8.0，覆土材料的pH为8.0~8.5。栽培管理中，还需经常向菌床喷洒1%石灰水的上清液，以防pH下降而影响双孢菇生长及诱发杂菌滋生。

5. 空气

双孢菇对氧气的需求量随其生长而不断增加。一般在菌丝生长阶段，菇房内的 CO_2 浓度不能超过0.5%；在子实体分化及生长阶段，空气中的 CO_2 浓度不能超过0.1%。如果在超过0.1%的环境中，子实体易菌盖小，菌柄细长，容易开伞，畸形菇和死菇多。在栽培管理中，应根据菇房、天气和蘑菇的生长情况，采用适当的通风措施，以及时排除菇房中的 CO_2、H_2S、NH_3 等有害气体。为蘑菇生长提供新鲜的空气环境，是栽培成功及高产优质的关键性措施。

6. 光照

蘑菇属喜暗性菌类，菌丝体和子实体可在完全黑暗处生长。子实体在阴暗处生长的颜色洁白，菇肉肥厚，菇形圆整，品质优良。光线过亮，菌盖表面变得黄而干燥。可充分利用地下室、洞穴等场所栽培蘑菇，若利用地上大棚生产蘑菇，应罩盖黑膜、遮阳网或草帘等遮光物。

三、 常见的双孢菇栽培品种

原来野生的双孢菇被驯化改良成可栽培的菌类后，又经过不断分离、选育，现已有众多的栽培品种。

按子实体色泽划分，目前栽培的双孢菇可分为白色、棕色和奶油色三种。白色双孢菇因颇受市场欢迎，在世界各地广泛栽培；而棕色、奶油色双孢菇因色泽差，仅在少数国家有局限性种植。

按照品系（菌株）划分，不同国家有不同的划分标准。我国栽培的双孢菇，一般是按照菌丝在琼脂培养基上的生长形状而将其分为气生型和贴生型菌株。目前国内推广使用的多为杂交型菌株。

常用品种有蘑菇 176、浙农 1 号、闽 1 号、As1671、As2796、Ag150、Ag17、Ag118、紫米塞尔 110、普士 8403、新登 96、大棕菇、双 5105、蘑加 1 号等。

四、双孢菇栽培技术

（一）栽培季节及菌种的准备

1. 栽培季节

播种时间因各地气候条件的差异而有所不同。选择播种期是以当地昼夜平均气温能稳定在 20~24℃，约 35d 后下降到 15~20℃ 为依据的。

我国双孢菇播种时间的一般规律是自北向南逐渐推迟。因双孢菇属偏低温度型，故播种期多安排在秋季，大部分产区一般在 8 月份中旬至 9 月份上旬播种；江、浙、沪及长江流域一带多在 9 月份上中旬播种；福建在 10 月份上中旬播种；广州、广西等约在 11 月份上旬播种。具体的播种时间还需结合当地、当时的天气预报，培养料质量，菌株特性，铺料厚度及用种量等因素综合考虑。

2. 菌种准备

要依据播种时间推算出适宜的制种时间，以保证栽培使用的菌种有适宜的菌龄。菌龄长，菌丝老化，生活力、生长速度和抗逆性都随之下降；而幼龄菌种菌丝量少，不够健壮，使用价值低。菌龄与培养基成分、培养温度、播种量、培养容器的大小等因素有关。双孢菇母种一般 15d 左右长满斜面；原种 40~50d 长满；栽培种 30~40d 长满。为使菌丝健壮及在基质内部长透，母种以长满斜面再延长 3~5d 使用为好；原种、栽培种以长满栽培料再延长 7~10d 使用为宜。播种期向前推进 5 个月是制母种的大致时间；播种期向前推进 4 个月是制原种的大致时间；播种期向前推进 2 个月是制栽培种的大致时间。

播种量为每 111m^2 栽培面积约需 750mL 瓶装粪草菌种 350 瓶（或麦粒菌种 100 瓶左右，或棉籽壳菌种 200 瓶左右）。采用袋式菌种者，用种量可按瓶式菌种的净重进行折算（每瓶约 0.45kg）。播种时要注意播种量：播种量太大，虽发菌快，不易感染，出菇早，但易出现密菇、球菇、小菇等；播种量太小，虽降低成本，但发菌慢，易污染，出菇迟。

（二）菇房与菇床的设置

1. 菇房

菇房是双孢菇生长的场所，能否为双孢菇生长创造良好的环境，取决于菇房结构是否合理。菇房应设置在地势高、近水源、利于排水、周围无污染源、场地开阔的地方。菇房最好坐北朝南，以利于通风换气。菇房大小以栽培面积在 150~200 m^2 为宜，过小利用率不高，过大则不利于环境条件的控制。菇房应具有保温、保湿、通风性能好和易于病虫害防治等特点。因此，菇房顶部及上、中、下都要设有通风口，地面、墙壁要坚实，光滑，便于消毒清洗。所有进出口要装防虫、鼠的纱网。

传统的双孢菇房是土木结构，现已逐渐被塑料膜菇房所替代。塑料膜菇房容易架设和拆迁，可逐年更换，减少了病虫害，还有利于和农作物的轮作及立体栽培。当前我国菇房大致分为地上菇房（普通菇房、塑料棚架式菇房、塑料棚畦式菇房、冬暖式菇房）、地下菇房及半地下菇房（图 7-2）。

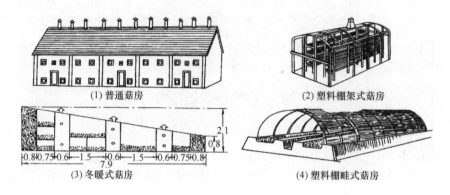

(1) 普通菇房　(2) 塑料棚架式菇房　(3) 冬暖式菇房　(4) 塑料棚畦式菇房

图 7-2　常见的几种菇房（单位：m）

2. 菇床

菇床在菇房内的排列应与菇房方位垂直，即东西走向的菇房其菇床应为南北向。菇床排列于菇房中间，四周留出 50~70cm 的走道。通风口设于菇床的行间，以免风直吹床面。床架必须坚固、平稳安全、能承受培养料及覆土层的重压，每平方米承受力为 150~200kg，还要便于拆拼、冲洗、消毒、不易潜伏病虫。可用不易霉腐的竹木结构或钢筋水泥结构。菇床宽度以能采到菇床中间的双孢菇为宜，两侧操作的床宽一般在 1.5m 左右，单侧操作的床宽约 0.8m。菇床层数一般不超过 5 层，层距 60~70cm，底层距地面 20cm 以上，顶层距屋顶 1.3~1.6m。床距约 66cm。床层上铺竹条后再摊上秸草，四周用秸草或木板、铁皮等围边（图 7-3）。

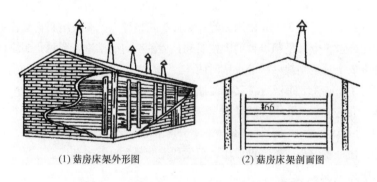

(1) 菇房床架外形图　(2) 菇房床架剖面图

图 7-3　菇房床架排列示意图（单位：cm）

3. 菇房的消毒

菇房在进料前 3~4d 必须进行消毒，以杀灭潜伏的病菌及害虫。消毒前，先将菇房的孔洞、裂缝堵塞严密，以保证药味不外溢。菇房消毒常用的方法是熏蒸法，即每平方米用 10mL 甲醛、10g 硫黄、2~3mL 敌敌畏、5g 高锰酸钾。硫黄、敌敌畏可用燃烧法使其挥发，甲醛可倒入高锰酸钾中使其自动氧化。放药点可采取上、中、下部均匀放置，不同药剂要错开放置，边放药边退出，密闭熏蒸 24~28h。密闭性差的菇房，可用波尔多液、石硫合剂、敌敌畏等喷洒。喷洒时应注意人身安全。

当出菇稀少、没有生产价值时就应及时清料，以减少污染。清料前，最好先用甲醛、敌敌畏等杀菌杀虫药剂熏蒸菇房。将能拆卸下的床架材料浸泡于石灰水中，然后刷洗干净，晒干。再使用时要经过生石灰水或漂白粉或波尔多液的浸泡。不能拆卸的床架、墙壁、屋顶可涂一层石灰浆。若地面是泥土的，可挖取 3~5cm 厚的老土，再用石灰拌新土填补。

（三）培养料的配制

双孢菇的产量取决于培养料的质量和数量。因此，培养料的配比及发酵是双孢菇栽培的重要环节。

1. 主料的准备及培养料配方

粪肥与草料占培养料的 90%~95%，是栽培双孢菇的主要原料。粪草比例有 5:5、6:4 和 4:6 三种，粪肥不足应添加饼肥及化学氮肥，以保证培养料的 C/N 在发酵前达到（30~31）:1。目前生产上多采用 5:5 的粪草比例。

各种禽畜粪便是常用的粪肥，多种粪肥混合使用比单一粪肥的效果好。粪肥可晒至半干时将其打碎，待完全晒干后收藏备用。也可将湿粪堆积、拍紧后覆盖收藏，不要日晒雨淋，以防养分流失。湿粪在用前应调成稀糊状。

草料应新鲜、干透，不要长期日晒雨淋或霉烂变质。多种草料混合比单一草料的养分高。因各种草料腐熟的难易程度不同，所以多种草料不能同时堆制发酵。如堆制稻、麦草混合料时，麦草难腐熟，可提前 5~7d 堆制，在第一次翻堆时，在另外堆制易腐熟的稻草，在第二次翻堆时，将腐熟程度相近的草料再合并在一起，以免出现生熟不均的现象。

一般把配方中不含化肥的称为粪草培养料，不含任何粪肥的称为合成培养料，即用粪肥又补充少量化肥的为半合成培养料。培养料的配方各地有所不同，通常用的是粪草比为 1:1 的配方，如干猪、牛粪 46%，稻、麦草 46%，饼肥 3%，化学氮肥 1%（尿素 0.8%、硫酸铵 0.2%），石膏粉、过磷酸钙各 1%~2%，石灰 2%。每平方米可用干料 35~4kg，可根据栽培面积算出总用料量，再按各原料占总料量的百分比，求出其实际用量。

2. 培养料的堆制发酵

（1）发酵意义及发酵类型 双孢菇是一种草腐菌，分解纤维素、木质素的能力很差，培养料中的复杂物质不易被蘑菇分解吸收，所以用未腐熟的培养料栽培蘑菇很难成功。必须堆制发酵，经过物理、化学作用及微生物的分解转化作用，才能成为蘑菇的培养料。

培养料经堆制发酵可分为一次发酵、二次发酵和增温发酵剂发酵。在室外一次完成培养料的发酵，称作一次发酵法。该法是传统的发酵法，所需设备简单，对菇房密闭度要求不高，成本低，发酵技术易掌握。但因在室外进行发酵，受自然条件影响大，发酵质量较差，发酵时间长，劳动强度大。发酵时间因草料质地而异，稻草培养料约需 26d，麦草约需 30d。在整个堆制过程中，需翻 4~5 次堆。分两个阶段完成培养料的堆制发酵，称作二次发酵。二次发酵的第一个阶段与一次发酵法基本相同，是在室外进行的，堆制时间一般是 12d 左右，需翻堆 2~3 次。第二个发酵阶段是在菇房内进行的，也称后发酵或巴氏发酵消毒法。后发酵是人工控制温度，使培养料完成升温、控温和降温变化的三个过程。先使培养料快速升至 60℃ 左右，维持 8~10h，以进一步杀死培养料及菇房中的病虫害。然后适当通风，使料温慢慢降至 50℃ 左右，保持 4~6d，以促进有益菌大量生长，并产生有益代谢物。最后再加强通风，使料温降到 30℃ 左右就可结束发酵过程。

二次发酵技术是当前双孢菇生长中不可缺少的重要增产工艺。比一次发酵技术缩短 7 ~ 10d 的发酵期，减少翻堆次数，降低了劳动强度；进一步杀灭了培养料及菇房中的病虫害；不但减少了培养料因长时间堆制而造成的营养物质的耗损，还使培养料增加了大量有益于双孢菇生长的物质；改善和优化了培养料的理化综合指标，增产幅度约达 20%。

用增温发酵剂堆制发酵培养料的方法为增温剂发酵法，是继二次发酵后的双孢菇培养料堆制发酵技术。增温剂是一种活性高、升温快、由多种分解培养料和固氨性能优良的高温型放线菌制成的活菌制剂。具有省工、节能，不减少培养料养分，缩短发酵周期 5 ~ 10d，优质高产等优点。约比二次发酵增产 20%。

（2）建堆时间及堆制发酵的原则　培养料腐熟之日应正好是播种之时。采用一次发酵法，一般在播种前 30d 左右进行建堆；采用二次发酵法可在播种前 20d 左右进行建堆；用增温剂发酵法在播种前 16d 左右进行建堆。

堆制发酵培养料应掌握的原则是：培养料的含水量应逐渐降低，使其发酵后的含水量正好达到栽培要求；堆形逐渐缩小，堆料前紧后松，随培养料的细碎程度不断提高料堆的透气性；每次翻堆间隔的时间逐渐缩短，后一次翻堆所需的天数约比前一次翻堆所需的时间缩短 1 ~ 2d。一次性发酵需翻 4 ~ 5 次堆，翻堆间隔时间一般是 7、5、4、3、2d；二次性发酵约翻 3 次堆，间隔天数是 4、3、3d；一次性发酵在最后一次翻堆时，要均匀喷入杀菌、杀虫药液，并控制料温在 55℃左右；料堆严防日晒雨淋。

（3）建堆发酵过程　建堆发酵需要经过培养料的预湿、建堆和多次建堆才能完成。

①一次性发酵：一是培养料预湿。干的粪肥及草料因吸水性和保水性差，建堆时不易浇湿浇透。浇水过多，粪肥易随水流失；浇水不足，易造成升温不高或"烧堆"现象。粪肥应打碎，无块状物。牛粪用水或粪尿水调成手握成团，落地可散的湿度，含水量约达 60%，湿粪可搅成稀糊状。饼肥打碎，用水调湿，覆膜焖 1d，以杀灭螨虫。也可用浓硫酸铵、尿素溶液浸泡 2d。草料可提前 2 ~ 3d 用 1% 石灰水浇透预堆。若硬而长的草料，应通过碾压或轧切再预湿。

二是建堆。在地势高，靠近菇房和水源处建堆，地面应平整、坚实，建堆前 1d 用石灰水或氨水泼浇地面。料堆最好南北向，以利于升温一致。堆宽一般约为 2m，长 8 ~ 10m，高约 1.5m。料堆四周要陡直，顶部呈龟背形。建堆时，先铺一层约 20cm 厚的草料，撒一层粪肥，厚度以均匀覆盖草层为准，按照此顺序建堆。为防氮素流失，饼肥与部分尿素混匀后分层撒入料堆中部，顶部及四周不要撒入。从料堆中部开始补浇水分，以料堆底部有少量水溢出为宜。料堆顶部的粪肥后，再用草被覆盖，料堆四周围罩薄膜，以利于保温、保湿。尿素、石膏、磷肥、铵盐等辅料的加入要注意顺序。料堆中的分解同化过程是逐步进行的，尤其尿素若一次性加入，微生物不能充分利用，易造成流失。尿素一般在建堆时只加入总需量的 50%，第一次翻堆时加入 30%，第二次翻堆时再加入剩余的 20%。尿素一般在发酵前期加入，为微生物提供氮源，加速其对培养料的分解，并利用微生物的活动，将尿素转化为菌体蛋白，间接的为蘑菇菌丝所利用，所以不能在发酵后期加入。否则，不仅会影响发酵程度，还会因产生大量游离氨而毒害蘑菇菌丝。硫酸铵一般在第三次翻堆时加入，过早加入会造成铵盐流失。石膏、过磷酸钙能改善培养料的结构和加速对有机物质的分解，一般在第一、第二次翻堆时加入。石灰可在第三次翻堆或视培养料的酸度分次加入。

三是翻堆。用草叉等工具把培养料抖松，更换其在料堆中的位置，再重新建堆的过程称为翻堆。培养料应腐熟，而不是腐烂。翻堆是堆制发酵的重要工作。通过翻堆，可以改善培养料的通气状况，既补充氧气，又散除发酵产生的废气；调节培养料的含水量及 pH；便于辅料的加入，促进微生物的进一步生长繁殖；利于继续升温，使培养料腐熟均匀。

翻堆时间：应根据料堆温度确定适宜的翻堆时间。堆料后，次日堆温便开始上升，早上或傍晚可看到堆顶冒出白色热气，到第 3、第 4 天，堆温可升到 65 ~ 75℃。一般当堆温升到 70℃ 左右，维持 1 ~ 2d 就要翻堆。翻堆时间还要灵活掌握，若堆温持续低于 60℃ 或高于 80℃ 时，也要及时进行翻堆。堆温低往往是缺水少粪的缘故，通过翻堆进行补充。堆温长时间处于 80℃，易造成养分的大量耗损，影响培养料的质量和蘑菇产量，通过翻堆达到控温的目的。

翻堆方法：翻堆有直翻和横翻两种。直翻是从料堆的一头开始，逐渐翻拌到重新成堆；而横翻是从料堆的一侧开始的。翻堆是将上、下、内、外各部位的料调换位置。先将上层及外周的料取下放置一边，在重新建堆时，再逐渐将其混入料堆中间，原来料堆中部的料应翻到下部，下部料翻至上部。边翻拌边分层加入辅料，并调整水分和 pH。

第一次翻堆，尿素加入总需量的 30%，磷肥加入总需量 50%，石膏全部加入。培养料含水量降至能用手拧挤出 6 ~ 7 滴水。新堆可缩短料堆长度，堆高、堆宽不变。

第二次翻堆，加入剩余尿素和过磷酸钙，培养料含水量调至能挤出 4 ~ 5 滴水，料堆可打透气孔，以提高透气性。新堆宽缩短 30cm，堆高不变，堆长随之改变。

第三次翻堆，加入硫酸铵，视培养料干湿度加入石灰粉或石灰水，调 pH9.0 左右，培养料含水量调至能挤出 2 ~ 3 滴水。进一步加强料堆透气性，新堆高度不变，堆宽再缩短 30cm，堆长随之改变。堆表喷洒杀菌杀虫药液。

第四次翻堆，若培养料已基本腐熟，可边翻拌边喷洒杀菌杀虫药剂，含水量以紧握料手指缝中有水泌出或滴下 1 滴水为宜，调 pH8.5 左右。新堆宽不变，堆高降至约 1m，长度随之改变。料温保持 55℃，再维持 2 ~ 3d 就可拆堆进房。若培养料偏生，需继续进行第五次翻堆。

四是培养料腐熟适度的标准。双孢菇培养料以 6 ~ 7 成腐熟为宜。过生的培养料，因养分未完全分解转化，双孢菇菌丝因难以吸收利用而生长慢，出菇迟，还易烧菌和诱发病虫害。过熟的培养料没有弹性，透气性差，还因养分消耗太多，对蘑菇生长极为不利。

优质腐熟料的颜色应为棕褐色，略有面包香味，无氨、臭、酸和霉味；质地松软，有弹性，拉之易断，捏得拢，抖得散，无黏滑感；指缝有水泌出，欲滴不滴，手掌留有水印；pH7.5 左右。

②二次发酵：首先是前发酵，粪草预湿、建堆与一次性发酵相同，化学氮肥在建堆时可全部加入。堆期一般 12d 左右，需翻堆 3 次，间隔时间为 4d、3d、3d。最后 1 次翻堆后，在维持 2d 就可拆堆进房，转入后发酵。前发酵结束的培养料呈浅咖啡色，材料不易拉断，但不刺手，略有氨味，pH8.0 ~ 8.5，含水量约 70%，约能挤出 4 滴水。若在后发酵的升温阶段采用湿热加温法，应降低培养料的含水量。

其次是后发酵，第三次翻堆维持 2d，当料温升到 70℃ 左右时，选择晴天午后气温较高的时段，快速将培养料运入已消毒菇房的床架或菇畦中。若床架栽培，顶层和底层床架不要放料，料堆呈垄式，厚度约 50cm。进料前先封闭拔风筒和上窗，待中窗以上的床架上完料时再封闭中窗，全部上料后再关闭门和所有通风口。后发酵的温度控制可分为升温、控温、降温三个阶段。前两个阶段主要通过人工加温来完成，最后一个阶段只需采用管理就可完成。

第一个阶段的初期先不要加温，让培养料自然加温（发汗）5 ~ 6h，或当料温不能再上升时，采用炉子或通入热蒸汽法进行加温。炉子上最好放热水锅，锅内按每平方米面积加甲醛和敌敌畏各 10mL，以提高熏蒸效果。在 1～2d 内，尽快使料温升至 60℃，维持 6～10h，以进一步杀死料与菇房中的有害病虫。但料温不要超过 70℃，以免杀死料中的有益微生物，影响控温阶段的发酵作用。

升温阶段结束，菇房应适当通风，可每日小通风 2 次，每次 20～30min，并降低加温力度，使料温慢慢降至 50～55℃，维持 4～6d，以促进料内有益菌大量生长繁殖，使培养料继续分解转化，并产生大量有益代谢物。该阶段是后发酵的主要阶段。在人工加热时，若培养料偏干，可洒 2% 石灰水，并严禁炉烟存积。

控温阶段结束后，应先停止加热，以缓缓降低室温，约 12h 后料温降至 45℃ 左右，可打开所有通风孔，料温降至 30℃ 左右时，后发酵即告结束。调整好培养料的水分和 pH，将其抖松，均匀铺入隔层床架或菇畦中。培养料后发酵成功的标志与一次性发酵料基本相同。

③增温剂发酵：增温剂发酵法可分为床式发酵和堆式发酵法。床式发酵法要求菇房有良好的密闭性和通风性，又有坚固的菇床。能进行二次发酵的菇房也可满足增温剂床式发酵的要求。堆式发酵适于密封条件较差的菇房。增温剂的用量为每 111m² 栽培面积的培养料加入 1kg。

增温剂床式发酵法：草料铡切成 10～20cm 长，预湿 2～3d，使其含水量约达 70%。按照每铺一层 20cm 厚的培养料，撒一层化学氮肥，再铺一层培养料，撒一层石灰的办法，将草料建成宽约 2m、高 1.3～1.5m、长度不限的料堆，7d 左右软化结束。此时培养料含水量约为 70%，pH8.0～8.5。草料软化的最后一个晚上，可在室内将压碎的粪肥、饼肥、石膏、磷肥等辅料与增温剂充分拌匀，喷水使其含水量达到 60%，即手握成团，甩手可散。堆成小堆，覆盖薄膜 8～12h，但不要超过 12h。将培养料打散，均匀拌入大堆料中，此时培养料含水量约为 63%，pH 为8.0～8.5。将培养料铺入床架上，料厚 50～60cm，底层床架不要铺料。然后封闭门及通风口，只留南北地窗各一个，仅留 5cm 的窗缝。培养料进房后在增温剂作用下，很快进入增温发酵期，第 2～3 天料温可达 70℃ 左右，室温也在 60℃ 以上，实现了巴氏消毒。高温持续 2～3d 后自然回落，此时应做好保温措施，使料温在 50～55℃ 维持 4～5d，以促进有益菌大量生长。此时培养料颜色较深，表面长有稀疏白色絮状物。但当料温降至约 45℃ 时，可及时通风降温，使料温在 1～2d 内降至室温，即可铺料播种。床架发酵时间 9～10d，整个发酵期为 15～16d。

增温剂堆式发酵法：该法与床式发酵法基本相同，只是在小堆料与大料堆混堆后，不立即进菇房铺料发酵，而是建成其截面积约 2m×1.9m 的料堆。堆要疏松，勿踩压，并有纵横通气孔。可在堆堆至约一半大小时纵横放 3～5 根竹竿，堆结束时拔除。用薄膜覆盖料堆，堆顶、堆下脚及通风口处要留缝隙，外覆草苫或整捆稻草。堆式发酵需 8～10d，中间不翻堆，结束时就可拆堆进房。

（四）播种

菌种应选择无杂菌，无虫害；菌丝生长清晰有力、洁白粗壮、生命力强、菌龄适宜；菌种培养料呈红棕色，并有浓厚菇香味。勿用有黄水、有菌皮、菌丝萎缩或严重徒长的菌种。菌种瓶或菌种袋在开启前，先在 0.2% 高锰酸钾或其它消毒液中略浸，擦干瓶壁后将菌种成块取出，将其掰成蚕豆大小的块。

气温高的产区，铺料厚度以 15～18cm 为宜；长江流域及其以北的气温低、生长季节长的产区，适宜的铺料厚度在 20cm 左右。料太薄，单产和质量不高；料太厚，因透气性、散热性差，易供氧不足、料温高，影响菌丝生长和诱发病虫害。铺料时，应加强通风换气，以排除发酵产生的有害气体。

有效的播种方法是撒播。在料温约28℃时，先将一半的菌种撒入料面，用草叉或手抖动表层，使菌种下落至料深4~5cm处，整平料面，再均匀撒入剩余菌种，用少量培养料略微掩盖菌种，然后用木板轻轻按压，使菌种与料密切贴合。若气温低、空气湿度小，料面应覆盖一层消毒的报纸或薄膜。撒播播种速度快，菌丝封面早，杂菌不易污染，发菌整齐，不易发生"球菇"。

（五）管理

从播种到菇潮结束要经过发菌、覆土、覆土后、出菇、采菇和间歇等期的管理。不同生长期需要不同的生长条件，应采取相应管理措施。

1. 发菌期

从播种后到覆土前的一段菌丝培养期，为发菌期。发菌期长短与温度、铺料厚度、播种量等因素有关，一般需15~18d。发菌期的管理目标是：控制料温在22~28℃，一般不要超过30℃，严防"烧菌"；空气湿度控制在70%左右；随菌丝生长量逐渐加强通风换气，避免病虫害的发生；促使菌丝快速"吃料"，培育足够数量的健壮菌丝，为出菇打好基础。发菌期的具体管理可分为初期微通风、中期多通风、后期打扦等措施。

（1）初期微通风　在播种2~3d内，以保湿、微通风为主，以促使种块萌发，若气温低，空气湿度小，可不通风。菌种1~2d就能萌发出绒毛状新菌丝，约3d开始"吃料"。3d后可开背风窗，稍微加大通风量，以降低料温及空气湿度，促使菌丝封盖料面。

（2）中期多通风　播种后7~10d菌丝已基本封盖料面，此时应多通风。无风天气，南北窗及拔风筒昼夜开启；有风时开背风窗，以适度吹干料面，防止杂菌滋生，促使菌丝向料内生长。若料面覆盖薄膜，可经常轻轻抖动。

（3）后期打扦　铺料较厚时，可在菌丝长至料深的1/2处时，用约1cm粗的木棍自料面打扦到料底，料孔间距约15cm，并进一步加强通风。以排除料内积存的有害气体，促使菌丝在料内长得快而壮。

在发菌期，若料面过干，可向报纸上喷水。一般不要向料面直接喷水，以免伤害菌丝，诱发杂菌。一般20d左右菌丝就可长透培养料。

2. 覆土期

把覆土材料均匀覆盖于菌床表面的过程称作覆土。双孢菇菌床不覆土不出菇，覆土虽不能补充营养，但却能改变菌床的生态环境。覆土是双孢菇栽培环节中的一项重要工作。

（1）覆土的作用　覆土为菌床提供了保护层。减小了气温对培养料的影响；因有保水和减少水分蒸发的作用，可调节及保持培养料的含水量，防止菌丝直接遇水而萎缩和失水而干枯；由于土层与培养料的营养状况有较大落差，土层压力及覆土后料内 CO_2 浓度的增加，迫使菌丝停止营养生长，变形形成线状菌丝，有利于原基的形成；土层中的臭味假单胞杆菌等有益微生物的代谢产物可刺激和促进子实体的形成；土层还有支撑菇体及便于调节 pH 的作用。

（2）土质要求及覆土材料的制备　覆土材料的结构与理化性质都应符合蘑菇生长的要求。应结构疏松，通气性好；具有团粒结构，持水性强，遇水不黏，失水不板结；含适量腐殖质（5%~10%），但不肥沃，过肥沃的土层易致菌丝徒长；pH7.5~8.5；不含任何病虫害。草炭土、壤质土、塘泥以及人工配制的砻糠土、发酵土等是常用的覆土材料。覆土材料应在播种前

30d 左右制备。每立方米土约覆盖 20m² 的菌床，每 111m² 栽培面积约备 4.5 ~ 5.5m³ 土。覆土材料一定要经过杀虫消毒。常用的方法是：拌入占土重约 2% 的石灰，以杀死线虫；再喷入 10% 甲醛（1m³ 土约需甲醛 0.5kg）及敌敌畏、三氯杀螨醇各 1%，覆膜堆闷 2 ~ 3d，然后摊晾至无药味时再使用。传统的覆土材料是制备粗细土，现多采用省工、省力的砻糠土和发酵土，有条件的地方可用草炭土。

①草炭土：草炭土是最理想的覆土材料。它具有很强的持水性和透气性，疏松柔软，不板结，病虫害少。可提前 3 ~ 5d 出菇，菇质好，后劲足，可稳定增产 20% ~ 30%。也可将草炭土和壤质土按 1:1 或 1:2 的比例混合，以降低购置草炭土的成本。

②细土砻糠土：为提高覆土材料的透气性，将混入适量砻糠的细土，称为砻糠土。该土具有取土方便、制备简单、结构疏松、土层菌丝生长量大、出菇早、转潮快和高产优质的优点。制备时将壤土表层 30cm 以下的土挖出，打碎，过 7 目筛。拌入 2% 石灰粉，并做常规消毒杀虫处理。

③发酵土：在 7 ~ 8 月份，将适量粪肥、砻糠、化肥等与土壤混合，在水层淹没条件下厌气发酵成的覆土材料称作发酵土。该土具有良好的持水性、透气性且养分适宜。

每 111m² 的菌床需用土地约 15m²，翻土 20 ~ 30cm 深，四周筑土埂，打碎土块，撒入粪肥 125kg、砻糠 150kg、石灰 10kg、过磷酸钙 20kg。与土翻拌均匀，放水至高出土面 5cm，以形成厌气环境。2 ~ 5d 就可冒泡，在不放水条件下每隔 7d 左右翻 1 次土，一般翻 2 次，若 pH 为 8.0 以下应撒石灰，约 30d 完成发酵。放水后晾至表土裂缝，人能行走时，将土挖出，晒至半干时打碎，然后晾干贮藏。但不要装入塑料袋。以免滋生杂菌。使用时，按常规法消毒杀虫，调节适宜 pH 与含水量。

（3）菌床在覆土前的要求　菌床在覆土前一定要无病虫害，否则，覆土后就很难根治。将有色薄膜放在料面 1 ~ 2min，若发现上面有螨虫，可用 0.5% 敌敌畏或其他有效药剂采用喷、熏结合法进行彻底的杀虫。

菌床表面进行 1 次骚菌，并轻轻拍平料面，以产生的机械刺激作用促使菌丝萎缩。若料面很湿润，应加强通风后再覆土；若料面干燥至菌丝稀少时，可提前 2d 轻轻喷水，并覆盖报纸，使菌丝回返料面时再覆土。

（4）覆土时期及覆土方法　当菌丝长至料面的 2/3，是最佳覆土时期。一般在播种后 15 ~ 18d。覆土太早，会影响料内菌丝继续生长；覆土过晚，菌丝已长透培养料，容易冒菌丝、结菌块，使表面菌丝老化，推迟出菇时间及影响产量。

覆土厚度以 3cm 左右为宜。土层太薄，因持水性差而影响产量；太厚的土层会影响透气性。一般在低温干燥产区、覆土材料疏松、培养料偏薄等情况下，覆土层可适当增厚。

覆土时应边覆盖边达到一定厚度，使土层厚薄均匀，不要全部堆到料面上再摊开。覆土厚度不均，会导致喷水不匀和出菇不整齐。覆土后不要拍压，可保持自然松紧度。

3. 覆土后的管理

从覆土到出菇需 15 ~ 20d。该期的主要管理措施是：控制室温在 20 ~ 22℃，空气湿度在 80% ~ 85%；调整土层湿度及通气状况，及时吊菌丝和定菇位。调水、通风是该阶段的主要管理工作。调水的原则是先湿后干，通风的原则是先少后多。在湿度大、通风少的条件下，有利于吊菌丝；在湿度偏小、通风量大的条件下，有利于定菇位。

覆土后，根据土层湿度情况进行喷水。应在 2 ~ 3d 内，用 pH7.5 ~ 8.0 的石灰水将土层调足水分，以土层稍粘手、水分不渗入料内为宜。喷水应选择室温低于25℃的时段，并做到轻喷、勤喷、匀喷，每天喷4~5次，菌床每次喷水量为0.7~0.9L/m²。

调水结束后，大通风5~10h，再关闭门窗吊菌丝。通常在调水后3d，在早、晚适当进行小通风，每次通风约30min，以诱导菌丝纵向生长，快速上土。若室温高于28℃，应适当加大通风量。一般经调水6d，当菌丝即将长至土层表面时，及时覆盖一层约1cm厚似黄豆大小的湿润小土，然后停止喷水。

覆小土3~4d，菌丝已在小土下的土层中长足，此时应加大通风量。迫使菌丝在小土下横伏，使其横向生长，并加粗成线状，以备在该位置出菇，这就是定菇位。若通风不足，易使菌丝冒土或菇位太高；若菌丝还未长至约距表土1cm就开始通风，菇位就会定得太低。菇位太高或太低，都会严重影响产量与质量。

4. 出菇期

蘑菇一次种植出6~9潮菇，需历经秋、冬、春三个季节的管理，约在次年5月份结束生产。不同季节，有不同管理措施。

从播种到出菇一般需35~40d，此时因正值秋季，所出的菇也称为秋菇。秋菇是蘑菇的盛产期，约占总产量的70%，故秋菇管理是夺高产优质的关键期。秋季前期温度高，应以通风、降温为主；后期温度低，侧应保温、保湿为主，通风为辅。喷水、通风是该期的主要管理工作。此时的空气湿度应维持在90%左右，控制室温在12~18℃，并避免大温差的出现。

（1）喷水 喷水是一项十分精细和技术性很强的工作，喷水太少或太多都会严重影响子实体的分化及发育，甚至引起菇蕾死亡，喷水主要有连续喷水法和间歇重喷法。喷水不多，天天喷水，没有轻重的喷水法为连续喷水法。该喷水法不伤菌丝，技术性不强，但菇潮不明显，产量略低。在一潮菇中，重喷结菇水和保菇水的方法为间歇重喷法。该喷水法菇潮明显，出菇整齐，有高产优质效果。但技术性强，喷水时期和喷水量掌握不当，易致菇蕾死亡或因土层漏水而伤害料中菌丝。

①结菇水：结菇水是由发菌期转向产菇期的关键性用水，是以大量水分和大通风条件使菌床环境发生迅速变化，迫使菌丝转入生殖生长。当定好菇位，横向生长的菌丝变成线状，菌丝尖端呈扇状，或有零星白色米粒状原基出现时，是喷结菇水的最适时期。

结菇水的喷量应根据菌株耐水性、土层持水性、菇房保湿性及空气湿度的大小去综合考虑。一般气生型菌株的菌床，总用水量为2.2~2.7L/m²；贴生型的总用水量为3.1~3.5L/m².结菇水要在2d内喷完，每日喷4~5次，以最后达到土层最大持水量，而不渗入料内为宜。

喷完结菇水后，保持1~2d大通风，以形成一定温湿差和防止菌丝冒土，待土层表面水分湿度散发，再逐渐减小通风量，在适宜温、湿、气条件下，表土下1cm处会很快出现大量白色米粒状原基。

②保菇水：当大多数菇蕾长至黄豆大时，为进一步补充土层湿度，满足菇蕾迅速生长对水分需求的一次重水称作保菇水。保菇水的用量较结菇水大，气生型菌株的菌床总用水量约2.7L/m²，而贴生型的约控制在3.6L/m²，应在1~2d内分多次喷完。最后以达到最大持水量或少量渗入料内为宜。停止喷水2d，然后随着菇的长大逐渐增加维持水的喷量，再随着菇的采收逐渐减少喷水量。

喷水的原则主要是看天、看菇、看菌丝生长势、看菌株耐水能力及菇房保湿能力等。喷水宜在18℃左右条件下进行，温度低时中午喷，温度高时早、晚喷。不要喷"关门水"，喷水后都要通风数小时，以免形成闷湿环境。喷水要注意干湿交替，使出菇与养菌紧密结合。喷水应轻、勤、匀，水雾要细，以免死菇或生长不整齐，喷水不能超过土层持水量而渗入料内，长时间的土层漏水，易使土层下的菌丝萎缩，培养料变黑，甚至因烂料而绝产。阴雨天、菌丝生长弱的菌床及保湿能力强的菇房，都要减少喷水量。

（2）通风　通风量小，易致菇体畸形和发生病虫害；而通风过量，菇体会发黄、产生鳞片、早开伞或菇蕾死亡。通风应根据温度、空气湿度、天气及菇的生长情况而灵活掌握。温度低时中午通风，温度高时早、晚通风，以不造成菇房温度变化太大为宜。有风天气开背风窗，无风或阴雨天气开对流窗，干热风劲吹时尽量不通风。菇小、菇少时少通风，菇大、菇多时多通风。产菇盛期，当风力小于3级时，可采用持续通风法。门窗最好挂湿草帘，以免影响空气湿度。适当的通风效果，应以嗅不到异味、不闷气、菇生长良好而又感觉不到风的吹动为宜。

5. 采菇期

采菇太早，影响产量；采菇太迟，会影响产量、质量及下潮菇的生长。采菇要视品种、气温、菌床养分、菇的销售渠道等情况而定。小而密的菌种应早、采小；菌床上菇多的高产品种，应采菌盖直径约达3cm的菇；气温高于16℃时，因菇生长快，可采小些；低于14℃时，可稍迟采收；菌床料厚、养料足，可让菇长得略大些；若制作双孢菇罐头，优质菇的菌盖直径在2~4cm；若销售鲜菇，一般在菌盖直径达2~6cm之间采收，最好在3~4cm时才收。每天应采2~3次。

采收前约4h不要喷水，以免手捏部分变红。采收时，手捏菌盖轻轻拧下，生长成丛的球菇，用刀片只切下需采收的菇体，以免整丛双孢菇因带动而全部死亡。三潮后的蘑菇，可用提拔法采菇，以减少土层中无结菇能力的老菌索。将采下的菇及时用锋利刀片削去带泥的菌柄，切口要平，以防菌柄断裂。

6. 间歇期

采完一潮菇后到下一潮菇产生前的一段菌丝恢复期称作间歇期，一般为5~10d。间歇期的主要管理工作是整理床面、调整pH、使用追肥和防治病虫害等。

（1）菌床整理　菌床整理的内容是清除菇根、老菌索与死菇；及时补土、松土和打扦等。在产菇前期，由于土层菌丝生命力旺盛，再生能力强，一般不必松土和打扦。只在采菇后及时清除留下的菇根和死菇，以免腐烂而招致病虫害；并及时补平土层产生的孔穴，保持床面平整，以免积水伤害菌丝；用1%~2%石灰水调整好土层湿度与pH，最后彻底清洁菇房卫生，喷洒杀虫杀菌药剂，地面经常撒石灰粉。在参照发菌期的管理方法，5~10d后可再现菇潮。

（2）追肥　产菇到中、后期时，可采用撬土或划锄的方法松动板结的土层，并结合松土拣弃发黄的无结菇能力的老菌索；用打扦法改善过于紧实的培养料的通气状况，以利菌丝的复壮和再生；整平料面，调整pH，喷施追肥；降湿、保温和适当通风，让菌丝休养生息，积聚能量后再转入生殖生长。

双孢菇经过盛产期后，由于营养物质的消耗和pH的下降，出菇质量严重减少，菇小而薄，早开伞。结合喷水，喷施2%石灰水和各种追肥，是此时的一项重要工作。常用追肥有：

①发酵料浸出液：将事先发酵腐熟、晒干的培养料，加入约10倍水浸泡，取其滤液煮沸，冷却后再对1倍清水喷施。经常喷施此种肥液，能延长出菇高峰期，菇体肥厚。

②菇根汤：采菇时切下的菇根是很好的一种追肥资源。将菇根切碎，加两倍水煮沸15min，取其滤液，再对两倍水喷施。

③豆浆汁：将黄豆1kg浸泡后磨浆，取其滤液加水100kg喷施。滤下的豆渣可再加水磨浆，一般能重复使用2~3次。每2~3d喷一次，可使菇洁白粗壮。

④蘑菇健壮剂：蘑菇健壮剂分I号和II号。I号促进菌丝生长，II号促进子实体发育。可以向浙江农业大学购买或自己配制。

I号配方：比久0.5g，维生素$B_1$40mg，硫酸镁40g，硼酸10g，硫酸锌20g，尿素100g，加水100kg。

每包成品健壮剂粉剂为50g，可加水100kg喷施。若一次性用量较小时，可将一包健壮剂加水0.5kg，配成原液贮存于瓶中，用时按每50mL原液加水10kg稀释。若在覆土前喷0.25L/m^2，有吊菌丝作用。在间歇期每隔2~3d喷一次，每次喷量约0.25L/m^2，共喷2~3次。

II号配方：比久1g，维生素$B_1$100mg，硫酸镁50g，磷酸二氢甲100g，水100L。当菇蕾长至黄豆大时喷II号健壮剂。每1~2d喷1次，喷量与I号相同，每潮菇约喷2次。

⑤蘑菇增产灵：蘑菇增产灵是一种新的子实体生长促进剂，能活化蘑菇细胞的酶系统，增强从菌窗中吸收养分的能力和促进细胞分裂等。每包增产灵用25kg水溶解，可喷50m^2菌床。当子实体长至黄豆大时，结合喷保菇水喷施，总喷量约占菇水总量的1/5。如保菇水的总喷量是3.5L/m^2，可先喷2.8L清水，再喷0.7L增产灵溶液。

追肥注意事项：

第一，在采收2~3潮菇后开始追肥。在一潮菇采收结束后至下潮菇长至黄豆大前进行追肥。

第二，追肥宜在整理好菌床、调好pH、气温低于18℃时进行。

第三，追肥浓度不易太高；喷施追肥后，立即喷清水，以免养料积存于表面而滋生病虫害。蘑菇健壮剂不能与石灰等碱性物质混用。

第四，几种追肥混合或交叉使用，可提高肥效的作用。

7. 越冬管理

秋菇结束后，若气温下降到5℃以下，双孢菇就基本停止生长，菌丝进入休眠状态。此时应保护好菌丝，为春菇高产奠定基础。冬菇管理主要是清理床面，喷施追肥，调整酸碱度，保持有利于菌丝复壮的温、湿、气等环境条件。

秋菇结束后，松动板结的土层，拣弃菇根、死菇及发黄的老菌索，若菌床厚而紧实，可进行打扦通风换气，然后用新土补平菌床凹陷处。每隔7~10d喷一次2%石灰水及肥液，喷量约0.5L/m^2，使土层表面保持干湿状态。每天中午通风一次，早、晚做好保暖工作。每半月左右对地面、墙角喷杀虫剂。

8. 春菇管理

春菇约占总产量的30%。3月份下旬以后，气温逐渐回升，待稳定在10℃以上时，可逐步调足土层水分，以满足出菇要求。调水时，先喷pH8.0~9.0的石灰水上清液，在气温15℃以下时，可结合喷施追肥。4月份气温常在15~25℃，是春菇大量发生的时期，应增加喷水量。5月份的气温常在25℃以上，水分蒸发量大，春菇也即将结束，土层含水量可提至最高限度，菌床每天喷量约0.5L/m^2，争取时间采到最后一批菇。

春菇调水的总原则是"3月稳，4月准，5月狠"。春天温度不稳定，喷水与通风应躲避寒流和干热风的袭击，以免发生大量死菇。并时常喷石灰水，及时调节不断下降的酸碱度。

第二节　鸡腿菇栽培

一、概　　述

鸡腿菇 [*Coprinus comatus* (Mull. ex Fr) Gray] 又名鸡腿蘑、毛头鬼伞，日本称细裂一夜茸。属真菌门、担子菌纲、伞菌目、鬼伞科、鬼伞属。

鸡腿菇幼时肉质细嫩，鲜美可口，色香味俱佳。据分析，鲜菇含水分90%左右。每100g干菇中含粗蛋白25.4g、脂肪3.3g、总糖58.5g、灰分12.5g、热能值346kcal。鸡腿菇含有多种氨基酸，包括8种人体必需的氨基酸，菌盖中以天冬氨酸、天冬酰胺、谷氨酸为主；菌柄中以谷氨酰胺、甘氨酸、鸟氨酸、δ-氨基丁酸、缬氨酸、异亮氨酸和赖氨酸为主。

鸡腿菇也是一种药用菌。味甘滑性平，有益脾胃、清心安神等功效。经常食用有帮助消化、增加食欲的作用。另外，鸡腿菇含有缓解糖尿病的有效成分。据《中国药用真菌图鉴》记载，鸡腿菇的热水提取物质对小鼠肉瘤180和艾氏瘤抑制率分别为100%和90%。近年来，美国、荷兰、法国、德国相继栽培鸡腿菇成功，并形成了商业化生产。鲜菇、干菇、罐头菇均受到欢迎。

极少数人食用后饮酒有轻微的过敏反应。

二、鸡腿菇生物学特性

(一) 形态特征

鸡腿菇由菌丝体和子实体两部分组成。

1. 菌丝体

菌丝体一般呈白色或灰白色，气生菌丝较少，前期绒毛状，整齐，长势稍快；后期菌丝致密，呈匍匐状或扇形凸状，表面有索状菌丝。在母种斜面培养基上，菌丝将长满试管斜面时，培养基内常有黑色素沉淀。显微镜下观察菌丝，大多菌丝无锁状联合。

2. 子实体

子实体较大，多数丛生，少数单生，由菌盖、菌褶、菌柄、菌环4部分组成。菌盖圆柱形，高9~15cm，形似鸡腿（图7-4）。菌盖初期为锥体形，后期菌盖呈钟形，最后平展。菌盖表面初期光滑，后表皮裂开，成为平伏的鳞片，鳞片初期白色，中期淡锈色，后期色渐加深。菌肉白色，薄。菌柄白色，中空，表面有丝状光泽，纤维质，长17~30cm，粗1~4cm，上细下粗。菌环白色，脱落前后变成棕色，脆薄，可以上下移动。菌褶密集，与菌柄离生，宽6~10mm，白色，后变黑色。孢子黑色，光滑，椭圆形，(12.5~16) μm×(7.5~9) μm。有囊状体，囊状体棍棒状或柱状，顶端钝圆，略带弯曲，稀疏，(24.4~60.3) μm×(11~21.3) μm。

(二) 生长发育的条件

1. 营养

鸡腿菇属草腐菌，但其分解纤维素的能力不亚于各种木腐菌，因此，可利用的原料来源广泛。

（1）碳源　鸡腿菇能利用相当广泛的碳源。果糖、葡萄糖、木糖、乳糖、半乳糖、麦芽糖、淀粉、纤维素都能利用，其中果糖是鸡腿菇最易利用的碳源，其次是葡萄糖。生产上鸡腿菇可利用各种农作物秸秆与下脚料，也可利用杂草、木屑、酒糟、淀粉渣、甘蔗渣等。

图7-4　鸡腿菇子实体

（2）氮源　鸡腿菇不属于高氮菌，但在配制原料时其碳氮比最好控制在40:1。鸡腿菇主要利用有机氮，也能利用各种铵态氮和硝态氮。在生产上，可选用各种动物粪作为鸡腿菇的氮源，也可选用麦麸、米糠等作为氮源，还可加入一定量的无机氮和尿素。

（3）无机盐　在鸡腿菇母种培养基中加入适量硫酸二氢钾、磷酸氢二钾、硫酸镁、硫酸钙等，对鸡腿菇的生长有明显促进作用。

（4）维生素　鸡腿菇不能合成维生素 B_1，培养基中缺少硫胺素时则影响其生长。可在培养基中加入含有维生素 B_1 的天然基质，如麦芽浸膏、玉米粉、燕麦、豌豆、扁豆、红甜菜、麦麸、米糠及红三叶草、苜蓿等绿叶的煎汁，促进鸡腿菇菌丝的生长。

（5）微生物菌体　各种农作物秸秆和动物粪便经过发酵后，在培养料内积累了无数的微生物细胞群，此群死亡后，在培养料下面残留下微生物的细胞、碎片和多糖类物质等表面物质，是焦糖化的黑色物质，富含氮素，称为木质素腐殖素复合体。这种黑色复合体也是很好的碳源。这种复合体不仅为营养源，而且在改善培养料的保水性方面也有很好的效果。

2. 温度

鸡腿菇菌丝生长的适宜温度为 24～28℃，35℃时停止生长。鸡腿菇菌丝抗寒能力强，-30℃的低温下菌丝依然可安全越冬。鸡腿菇琼脂试管种在低温（-27℃）冰箱内保存8个月溶冻后转管，菌丝仍正常生长，对子实体形成及产量也无影响。

鸡腿菇属恒温型食用菌，子实体的形成不需要低温刺激，只要温度在25℃以下10℃以上皆可现蕾出菇。但在不同的季节，鸡腿菇现蕾的最低温度不同，如秋季积温不断减少的环境下，在12℃以下难以现蕾，而在春季日积温不断增加时，可在7℃环境下现蕾出菇。积温决定着鸡腿菇子实体形成的最低温度。子实体形成和发育的最佳温度范围为 15～18℃。

3. 水分

鸡腿菇菌丝生长的培养料含水量范围是 50%～70%，其最适含水量为 63%～68%。但不同的培养料持水能力不同，如棉壳持水能力较差，配制时其含水量不宜高于65%，麦秸（粉碎）和豆秸（粉碎）持水能力较强，可使含水量达69%。栽培时应根据具体情况确定培养料的含水量。

发菌时的空气相对湿度75%左右即可。空气相对湿度过高易造成污染，过低培养料水分散失较多，出菇能力下降。

子实体发生时空气相对湿度宜控制在90%左右。95%以上时菌盖变褐，菇质下降，商品价值较低。80%以下时，鳞片易翘起，菇床覆土干燥，产菇能力下降。

覆土的含水量以20%左右为佳，出蕾时粗土含水量可达22%，细土为12%。采菇前夕整个土壤含水量应控制在16%左右，含水量过低菇脚含水量小，造成采菇困难和鲜菇产量下降；含水量高菌盖菌柄变褐，甚至菌盖鳞片和菌柄变黑，失去商品价值。

4. 酸碱度

鸡腿菇菌丝生长速度受 pH 影响显著。其生长的最适 pH 为 6.0~8.0。鸡腿菇对培养基的 pH 有较强的适应能力和调节能力，偏碱鸡腿菇调节后生长迅速，偏酸鸡腿菇的调节能力较差。在配制培养基（料）时，应将 pH 调节到 7.0~8.0。

5. 空气

鸡腿菇是好氧真菌，无论是营养生长还是生殖生长阶段都必须注意培养室的通风。氧气不足，菌丝体活力下降，菌丝呈灰白色；在缺氧的条件下不能形成子实体。因此，在现蕾时应加大通风量。子实体出土后可适当减少通风，目的是增加室内的二氧化碳浓度，从而抑制二元酚氧化酶和自溶酶的形成，并降低其活性，从而使菇体洁白，提高商品价值。但室内二氧化碳浓度不可超过 0.5%，否则菇柄太长，菇盖部分所占比例太小，影响销售。

6. 光线

鸡腿菇菌丝生长不需要光线，子实体的形成及发育亦不需要光线，因此，鸡腿菇可在完全无光的条件下正常生长，光照会使菇的颜色加深，降低商品价值。

7. 刺激

鸡腿菇子实体形成需要覆土或微生物代谢产物的刺激，在完全无菌或覆土经彻底灭菌的条件下不易形成子实体。

三、 鸡腿菇栽培技术

（一）培养料的配制

培养料是栽培鸡腿菇的基础物质，制备优质的鸡腿菇培养料是鸡腿菇丰产的关键。它包括培养料的选择、配方的设计、农作物秸秆的处理和发酵料的堆制等过程。

1. 培养料的选择

用来配制的培养料应能保证鸡腿菇整个生长发育所需要的营养物质，其中碳、氮必须合理，磷、钾、钙、硫等也要配比适当。培养料质地要疏松，富有弹性，能含较多的空气，这不仅为鸡腿菇菌丝体的呼吸所必需，同时也是好气性微生物分解培养料的需要，此外，培养料还能通过发酵发出热能以消灭杂菌及害虫。

培养鸡腿菇的原料十分丰富。草料有稻草、小麦秆、大麦秆、玉米秆、豆秆、甘薯、花生藤叶等。粪肥材料有牛粪、马粪、猪粪、鸡粪及厩粪等。稻草和麦秆是栽培鸡腿菇的主要原料，在收割之后，于烈日下晒数日，妥善保管待用，防止雨淋、霉变。稻草和麦秸富含纤维素，半纤维素及木质素等，质地疏松，具有弹性，通气良好，并能提高培养料的吸肥和吸水能力，起到保肥保水的作用，但稻草和麦秸的氮、磷、钾含量及产热能力不如畜粪高。

鸡腿菇另一种主要的培养料原料是家畜粪尿，主要是牛粪、马粪及猪粪。牛粪中有机物氮、磷、钾的含量较高，适于种鸡腿菇，但湿粪含水量较高，组织致密，发酵慢。将牛粪晒干后堆料，才能发酵快，堆温高。因此，应注意收集牛粪晒干备用。在牛粪中以黄牛粪最好，荷斯坦牛粪次之，水牛粪最差。马粪含有较高的有机物，氮、磷、钾含量也很高，质地疏松，有较高的发热能力，栽培鸡腿菇的产量和品质与牛粪差不多。猪粪有机物含量较少，氮、磷、钾含量高，堆温不如牛、马粪提得高。用猪粪栽培鸡腿菇后期产量较低。但可在堆料中加入一定量的豆饼进行补偿。上述三种畜粪是鸡腿菇栽培较易获得的、便于操作（臭味小，黏度小）、含有机物和氮、磷、钾较高的好原料。另外，鸡、鸭、鹅粪也是鸡腿菇栽培的好原料。

除了以上主要原料外，培养料中还需添加一些辅料，一方面增加培养料中的氮、磷、钙、硫等元素的含量，同时也改变培养料的理化特性。目前常用的辅料有豆饼粉、花生饼粉、棉籽饼粉、尿素、硫胺、氮磷钾复合肥，以及石灰、石膏等。添加石灰的目的主要是改变培养料的pH，此外还有软化秸秆，去除秸秆表面蜡质和补充钙元素的作用。添加石膏除补充钙元素外，其主要作用是使秸秆表面的胶体凝集，改变培养料的结构，降低其黏度，便于鸡腿菇菌丝吃料。

在畜粪不易获得的地方，可用麦麸、米糠、玉米面、啤酒渣等含氮较高的物质替代，但增加总量应为15%左右，不可像畜粪那样加得太多。在畜粪不足的地方，为了提高培养料的发热能力，前期最好加入少量畜粪，后期再加入麦麸、米糠等原料，在培养料中加入麦麸、米糠等不但可提供较高的氮元素，还可提供大量的维生素，便于鸡腿菇菌丝吃料、生长。

2. 培养料的配方

栽培鸡腿菇的培养料多种多样，各地原料不同，价格不一，栽培者宜就地取材选择价格低、处理方便的原料，才能获得较好的效益。因此，要找到一种适合所有栽培者的统一模式和统一配方很难，但有一个标准是统一的，就是C/N。鸡腿菇栽培养料的C/N以40∶1为好，按此原则，栽培者可根据不同原辅料的C、N含量，设计不同配方。在此列举常用的配方供参考：

（1）稻草75%，干牛粪20%，尿素0.5%，过磷酸钙1%，石膏1.5%，石灰2%。

（2）稻草74%，干牛粪20%，菜籽饼2%，硫酸铵0.5%，过磷酸钙0.5%，人尿粪1%，石灰2%。

（3）稻草50%，麦秸25%，干牛粪17%，花生饼2%，草木灰1%，过磷酸钙1.5%，尿素0.5%，石膏1%，石灰2%。

（4）草75%，混粪20%，过磷酸钙1%，尿素1%，石膏1%，石灰2%。

（5）稻草（或麦秸）76%，牲畜粪20%，饼肥1%，尿素石灰2%。

（6）麦秸65%，干鸡粪30%，石膏3%，石灰2%。

（7）麦秸85%，花生饼6%，尿素0.5%，硫酸铵0.5%，过磷酸钙3%，石膏3%，石灰2%。

（8）稻草91%，尿素0.5%，硫酸铵1%，过磷酸钙3%，碳酸钙2.5%，石灰2%。

（9）稻草92.5%，尿素1%，过磷酸钙2%，石膏2.5%，石灰2%。

（10）玉米芯91.5%，过磷酸钙3%，尿素1.5%，石膏2%，石灰2%。

（11）木屑77%，玉米面15%，尿素1.5%，过磷酸钙2.5%，石膏2%，石灰2%。

（12）棉籽壳50%，小麦秸44%，过磷酸钙2.5%，石膏2%，石灰2%。

（13）棉籽壳98%，石灰2%。

（二）栽培技术

1. 发酵料畦床栽培

（1）工艺流程

培养料的配制 → 发酵 → 培养料上床接种 → 菌丝体培养 → 覆粗土 → 覆细土及诱导原基 →
发育期管理 → 采收

（2）培养料的堆制　鸡腿菇适宜在发酵料中栽培，培养料应当堆制腐熟。堆料发酵可以利用堆肥的高温促使粪草腐熟，改变粪草的理化性质，并借发酵高温（70℃）杀死粪草中的害虫和杂菌。在高温发酵过程中所繁殖的大量高温、中温型微生物菌体（菌体蛋白）及其代谢产物

（生长素类）都是鸡腿菇菌丝可直接吸收利用的营养物质。在发酵过程中，由于微生物的活动，有机物经过复杂的变化，放出二氧化碳、氨气和蒸汽。为了适应微生物的繁殖，堆料的水分、通气、酸碱度、氮肥等各方面的条件都应适当。

①堆料的季节和时间：鸡腿菇在利用高温膜或其他升温设施的条件下，我国除东北和西北高寒地区外，皆可进行周年栽培，培养料在全年皆可堆制，只是冬季堆制时表面应多加草苫子保温，一般夏季堆制7~8d（稻草、大麦秆）或8~9d（小麦秆）、春秋两季9~10d（稻草）或10~11d（小麦秆），冬季适当延长。

堆料要选择便于运输，距水源、菇房较近，地势干燥的场所，地面以水泥地最好。

②堆料的方法：堆料包括预湿、建堆、翻堆、调水等过程。预湿是指先将栽培鸡腿菇的主要原料（如麦秸、稻草）浸湿，一般在建堆前一天进行。其方法是将石灰加入水中，使之成为石灰的悬浊液，每100kg秸秆粉碎料需加水200kg，石灰3~4kg。在建堆的头一天需将畜粪用孔径1cm的筛子筛过，喷入一定量的水进行预湿，预湿后的第2天，首先将饼肥、石膏粉与畜粪拌匀，撒在预湿的草料上，最后将料翻拌2~3次，将其拌匀（图7-5）。

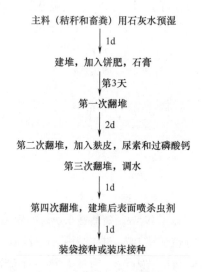

主料（秸秆和畜粪）用石灰水预湿

↓ 1d

建堆，加入饼肥，石膏

↓ 第3天

第一次翻堆

↓ 2d

第二次翻堆，加入麸皮，尿素和过磷酸钙

第三次翻堆，调水

↓ 1d

第四次翻堆，建堆后表面喷杀虫剂

↓ 1d

装袋接种或装床接种

图7-5　鸡腿菇发酵料制作过程示意图

建堆的方式如图7-6所示。堆的底部宽150~170cm、高90~100cm，长度不限，在堆内每隔50cm放一倒"T"字型发酵管。发酵管为塑料制成，其横管长140~150cm、粗6~7cm，塑料管上打6排直径1~1.2cm的圆孔，孔间距为5cm，竖管长80~90cm，粗4~6cm的圆棒打两排通气管，通气管的距离为20~25cm。堆建好后盖草苫以防日晒和水分散失，同时起到保温作用，雨前要盖塑料薄膜，雨后应尽快揭掉，上述发酵管的使用和通风道打的多少，可根据料的粗细灵活掌握。

为保证整个发酵期间堆温不降，应根据具体情况进行翻堆。翻堆的程序一般是3、2、2、1、1，即第一次翻堆是在建堆后的第3天，第二次是在建堆后的第5天，第三次是第7天，余类推，如外界温度高，可采用2、2、1、1、1的程序，如遇雨天可采用2、2、2、1、1的程序。翻堆的方法是把下面的料翻到上面，四边的翻到中间，中间的翻到外面，将料尽量抖松，翻料时发酵管的放置和打通气道同建堆初期，料翻拌改善了通气条件，便于料内的酸气，氨气、二

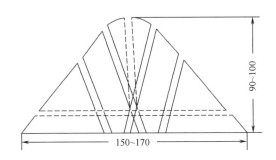

图 7 - 6 堆料横断面示意图（单位：cm）

注：虚线为倒"T"字形发酵管，实线为通气道。

氧化碳以及其他废气排出，让大量的新鲜空气补充进来，以改善微生物的发酵条件，调节水分，使高、中温微生物得以大量的生长繁殖，从而能更好的使培养料得到分解转化，其物理性状也得到改善。翻堆时应注意原料的含水量，水分不足应随时补充，最后一次翻堆时不可补入冷水。在第三次翻堆时应将水调好，其含水量应达 65% 左右为好，若进行二次发酵，可将含水量调至 70%。另外，麦麸、米糠、尿素的加入应在第二次翻堆时，不可过早或过晚加入。过早加入，损耗太多，过晚则达不到杀虫和灭菌的目的。另外，在第二次翻堆时可加入一定量的过磷酸钙（一般每 100kg 加 1kg）以中和氨气。应注意在最后一次翻堆后在料堆表面需喷洒一定量的杀虫药，然后覆盖经石灰水浸泡过的塑料编织片，以防蚊蝇污染。注意培养料切不可堆制时间太长，造成过熟，使培养料损耗过大，造成人为减产。

上述为一次发酵，在有条件的地方可进行短期二次发酵，其方法是前发酵（室外发酵）5 ~ 6d，程序为 2、2、1、1，后发酵（室内发酵）3d。后发酵是将室外发酵的培养料趁热迅速运进菇房内，密闭所有门窗和通气孔，然后把热蒸汽通入菇房，或在菇房放置多个煤球炉，使菇房温度在 24h 内升高到 60℃，保持 6 ~ 8h 后使温度降至 50℃，保持 40h，最后使菇房和培养料温度降至 25℃ 左右，即可接种。

（3）播种 畦栽时将培养料直接进入栽培场，采取层播、混播、点播菌种的方式进行栽培。发酵料的层播方式栽培较为普遍，一般三层料、三层种、播种量为干料重的 10% 左右。在适温下，一般 5 ~ 7d 封面，18 ~ 20d 发菌完成，可在 15 ~ 18d 时覆土。

畦栽又可分为浅箱式栽培和床架栽培，二者并无本质的区别，其特点基本一致。

（4）覆土和诱导原基 覆土是鸡腿菇栽培过程中不可缺少的重要环节，覆土具有诱导原基形成，防止培养料水分散失和病虫害污染，便于菌丝随时补水和构成子实体物理支持物的作用。

覆土必须具备持水量高，通气性好（团粒结构），pH7.0 ~ 8.0，含钙（改善结构），不含未分解的有机物，不含寄生菌，盐分低（不能用盐碱土）等性质。

鸡腿菇的覆土在国外多采用泥碳土，其配方为 95% 泥碳加 5% 石灰石粗粉。国内覆土多为因地制宜，常选用黏壤土（含黏土 37.5% ~ 50%）和壤土（含黏土 25% ~ 37.5%）。含有机物丰富的黏土（如菜园土）也是覆土的良好材料。沙土和沙不能用作覆土材料。

①覆土的调制：挖取覆土时，应将表层 10 ~ 15cm 的表土除去，挖深层新土，在水泥地面上用孔径 2cm 的筛子将土筛出，同时将各种植物根捡出，然后加入 15% ~ 20% 的细煤渣，以增加土壤的通气性（或加入 10% 的稻壳），同时加入 5% 的石灰渣或 3% 的石灰，以调节 pH7.5 ~

8.0，拌匀后喷洒2%的甲醛溶液，每1m²土可用市售甲醛（36%~40%）700~1000mL。然后覆薄膜2~3d，消毒后可用孔径0.8cm的筛子将土分成粗土和细土，待药味散去后即可使用。

②覆粗土：畦床栽培第15天即可进行覆粗土。覆粗土前可向料面喷0.2%的克霉灵溶液、每1m²喷150~200mL。覆粗土的厚度依土的粗细而定，土壤较粗可覆得厚些，土粒较细者（如不经筛子筛的土）可覆得薄些，一般厚度为2~3cm为宜。覆土后进行调水，1d后再次调水，每次调水，都以看到土粒发亮为准，使土壤水分达22%左右。调水时应用喷雾器，不用喷壶。水调好后覆地膜，第5天揭膜透气1~2h，此时覆土薄的地方已有菌丝露出，可补少量细土，使整个床面厚薄一致，重新覆膜，室温（18~20℃）保持到第8天时，菌丝即布满粗土表面的80%~90%，此时可揭膜覆细土。

③覆细土和诱导原基：覆粗土不应急于诱导原基，其原因是在覆粗土时就诱导原基形成，很难使整个床面出菇一致，造成管理的困难，因此覆粗土后应覆地膜，使菇蕾无法形成，同时覆膜还有防止水分散失和防止床面污染等作用。原基的诱导应在覆细土后。两次覆土可使床面在2~3d内将第一潮菇采完，接着进行整理床面，诱导第二潮菇的形成。

覆细土前应将细土调湿，含水量以12%为宜，此时的土抓紧成团，触之能散。细土不易过湿，过湿对诱导原基不利，菌丝会继续向土表生长。也不易过干，过干会使菇蕾形成位置偏低，造成菇脚接触泥土部分过长，增加采菇的劳动强度和降低菇的商品转化率。

覆细土应以撒土为主，不能将细土直接倒在粗土上。覆细土的厚度以0.5~0.8cm为宜。覆细土后不再盖地膜，应适当增加通风量，同时增加菇房湿度，以促使菇蕾迅速形成。一般在适温下覆细土后7d现蕾出菇。覆细土后应注意每天观察一次床面，发现有菌丝露出土面应及时补土，发现有干土粒出现时应喷少量水，但不可将土调得过湿。

（5）菇房管理

①水分管理：菇房播种后，一直到覆细土之前，床面因为有塑料薄膜的覆盖，菇房的水分管理不重要。覆细土后，床面直接暴露在空气中，此时菇房必须增加湿度，使空气相对湿度达到80%~90%。此时，应向墙壁、地面、房顶喷水，早晚各一次。如果菇房出菇多、通风强，应在中午加喷一次。一般使床面细土的含量达10%~12%即可。出菇后至采菇，一般不必向床面喷水。当气温较低、菇房相对湿度较小、床面较干时，可在棒状期向床面补喷一定量的水，但喷水后应加强通风，迅速将鸡腿菇表面水分蒸发掉。如气温较高（20~25℃）尽量不要向床面喷水，否则菇将变色，影响菇质。

②通气：鸡腿菇虽能耐受较高的二氧化碳浓度，但通气好菌丝生长速度快，菌丝粗壮，抗杂菌能力强。因此，如果条件允许，播种后至覆细土前应每天揭1~2次薄膜给床面透气，每次0.5~1h。菇房内的通风应根据气温灵活掌握。发菌至覆细土前，若外界温度过高，通风应在夜晚或清晨进行，外界温度低，通风应在中午进行，使菇房温度控制在20~23℃以下。覆细土后，菇房内的温度应控制在15~20℃。秋初（秋栽）和夏初（春栽）应在夜晚通风，通风时间尽量延长，通风口处纱布应经常喷湿，以防菇房空气相对湿度降低和通入的干空气将床面吹干。出菇后，应根据菇房内出菇的多少和疏密进行通风，出菇多，时间可相对延长，出菇少则时间减少。应控制菇房内二氧化碳浓度在0.3%~0.5%。

上述为自然通风，在有条件的地方可安装排气扇进行强制通风。强制通风可使菇房上下二氧化碳浓度相对一致，用排气法强制通风，在菇房的周围可留多处小的进风口，在菇房的底部安装排气扇，这种通风受外界风力的影响小，能较好地控制菇房内二氧化碳浓度。

（6）采摘

①采摘期的选择：鸡腿菇现蕾后在室温 16～18℃，一般 9～10d 进入采菇期。

采菇应在梭形期，即当子实体达到七八成熟、菌环稍有松动时即可采收。此期采菇菌盖所占比例最大，菇形好，菇的产量高，商品价值高，便于采摘和运输，不易破碎。在棒状期采摘，虽菇质坚实，易于保存，但是单位面积产量低。在卵形期采摘，菌盖易碎。菌柄太长，商品价值低，保存时间短。

②采摘方法：鸡腿菇由于品种、覆土的早晚、菇潮的次数等原因，其子实体可单生或丛生。丛生菇采摘时较困难，因为在一丛菇中其成熟期有所不同。一般是丛的中心部为首先进入梭形期，周围部为棒状期。少数情况下是中心部为梭形期，最外为幼蕾期，其间为棒状期。对于前一种情况可将整丛一块采下，对于后一种情况，可将中心部梭形期的菇用利刃取出，让周围部继续生长，长成梭形时，可一个个用拇指和食指末节，夹住菇柄基部采下。采菇时，用力要轻，单生菇可加旋转，丛生菇且不可硬拉。出口菇要求比较严格，采摘者应戴布手套，菇采下后应按顺序摆放在浅框内，不可随意放置，以防菇脚泥土黏在菌盖或菌柄上。

③采摘后床面的整理：正常情况下，第一潮菇较为集中，在 2～3d 内即可把菇全部采净，此时床面上有许多凹穴，特别是丛生菇，其菇根较长，采摘时整丛拔掉，床面上会留下一个很大的洞穴，培养料暴露出来。采完菇后，在菇床上还会留下许多菇脚和小的死菇，应尽快捡净，喷施一定量的多菌灵药液（3～5g/m²），然后大量喷水至床面发亮，但无积水出现。喷水前也可撒入少量尿素或其他氮肥。喷水后应尽快补土使床面恢复出菇前状态，然后再将土调至发亮为止。3～5d 后又有新的菇蕾发生，此时的菇并非第二潮，只是第一潮的延续，出菇量约占第一潮菇的 8%～10%，半个月后采菇结束，此后，床面的整理应注意随采菇随整理。此潮菇采完后，菇床出菇已达 85% 左右，以后是否继续让床面出菇，可根据具体情况而定。

2. 熟料和生料袋栽

（1）工艺流程

①熟料袋栽：培养料配制 → 加入部分发酵料 → 装袋 → 灭菌 → 冷却接种菌丝体培养 → 埋袋或压块后覆粗土 → 覆细土 → 发育 → 采收

②生料袋栽：培养料配制 → 发酵（或加入克霉灵拌料）→ 装袋接种 → 菌丝体培养 → 覆粗土 → 覆细土 → 发育 → 采收

（2）菌袋制作　培养料配制、装袋、灭菌、接种及菌丝体的培养操作方式同平菇栽培。

（3）覆土栽培　将已发好菌的菌袋去膜后平放在菌床或畦床上，袋间距 2～3cm，袋间填已发酵料或发好菌的袋料，不可填生料。此时是否覆土可根据鲜菇上市的早晚及菇房的增温设施而定。如要推迟出菇，可不覆土而覆地膜。若要进行出菇管理，则床面去膜后覆粗土，8～10d 后覆细土，覆细土后 6～8d 现蕾出菇，第 16 天进入采菇期。管理措施及条件控制与畦床栽培一致。

在鸡腿菇栽培中，采用上述方式，不仅可以充分利用空场地、降低成本，而且发菌与出菇分开进行，提高了菇房出菇能力和菇房利用率。

第三节　草菇栽培

一、　概　　述

草菇〔*Volvariella volvacea*（Bull. ex Fr.）Sing.〕又名兰花菇、美味草菇、美味包脚菇、浏阳麻菇、中国蘑菇、秆菇、稻草菇、贡菇、南华菇等，在分类学上属于真菌门、担子菌亚门、伞菌目、光柄菇科、草菇属。

草菇肉质脆嫩，味道鲜美，香味浓郁，营养丰富，长期以来为席上佳肴，深受人们的青睐，是国内外市场上消费量较大的食用菌品种之一。其产品不论是鲜菇、干制品或草菇罐头，在国内外市场上都深受广大消费者喜爱。特别在夏季高温炎热的天气，其他食用菌很少时，正是出草菇的旺季，同时又是蔬菜的淡季。所以，它不但可以丰富人们的"菜篮子"，而且售价也较高，经济效益好。草菇是食用菌中收获最快的一种，从播种到采收只需要2周左右，一个栽培周期只要20~30d。而且无需特殊设备，室内、室外都可以栽培，技术容易掌握，成本低，收效快。

草菇含有人体所需要的18种氨基酸；维生素C含量丰富，均比蔬菜和水果高出好几倍，能促进人体新陈代谢，提高机体免疫力。它还具有解毒作用，如铅、砷、苯进入人体时，可与其结合，形成抗坏血元，随小便排出。它能够减慢人体对碳水化合物的吸收，是糖尿病患者的良好食品。草菇性寒味甘，能消暑去热，滋阴壮阳，增加乳汁，防止坏血病，促进创伤愈合，护肝健胃，减少胆固醇过多积累，对增强体质、提高机体免疫力等具有良好的作用，是优良的食药兼用型食品。

草菇栽培起源于中国，距今已有200多年的历史。广东省韶关市南华寺的和尚以腐烂稻草堆上生长草菇这一自然现象得到启示，创造了栽培草菇的方法，故有"南华菇"之称。草菇的另一个原产地是湖南省浏阳地区，以往这一带盛产苎麻，每年割麻以后草菇就大量生长于遗弃的麻秆和麻皮堆上，故草菇又名"浏阳麻菇"。草菇栽培技术随后由漂洋过海谋生的华侨传至东南亚各个国家，近年来美国和欧洲也有栽培。

二、　草菇生物学特性

（一）形态特征

1. 菌丝体

菌丝无色透明，聚集一起时呈灰白色，有光泽。在琼脂斜面及稻草、棉籽壳等培养基上，大多数次生菌丝体能形成厚垣孢子。厚垣孢子细胞壁较厚，对干旱、寒冷有较强的抵抗力。厚垣孢子通常呈红褐色，细胞多核，大多数连接在一起呈链状，成熟后与菌丝体分离。当温、湿度条件适宜时，厚垣孢子又能萌发成菌丝。

2. 子实体

草菇成熟的子实体由菌盖、菌褶、菌柄和菌托4部分组成。它是草菇的繁殖器官，也是其可食用的部分（图7-7）。

菌盖直径5～19cm，近钟形，后伸展且中部稍突起，灰色至灰褐色，中部色深，具放射状条纹。菌褶位于菌盖的底面，白色，后呈肉红色，由刀片状的薄片组成。与菌柄离生，呈辐射状排列。菌柄着生于菌盖底面的中央，内实，下与菌托相连，是支撑菌盖的支柱和输送养分的器官。菌托位于菌柄下端，较大，杯状或苞状，与菌柄基部相连，是子实体前期的保护被，又称外包被。

图7-7　草菇子实体

（二）生活史

草菇从担孢子的萌发开始，经过菌丝体阶段的生长发育，形成子实体，并由成熟的子实体产生新一代的担孢子而完成一个完整的生活史。

草菇的担孢子在环境条件适宜时萌发长出芽管。经过生长、分枝，发展成初生菌丝体。初生菌丝体继续生长，相互结合，通过或不通过同宗配合发育成次生菌丝体。厚垣孢子萌发后也形成次生菌丝体。在养分充足和其他条件适宜时菌丝体可以无限制地生长。

菌丝体在培养料中经7～10d生长后，开始出现小粒状原基，经4～5d的生长，子实体完全成熟（图7-8）。草菇从原基形成到子实体弹射孢子。可分为6个时期，即针头期、小纽扣期、纽扣期、蛋形期、伸长期、开伞期。栽培供食用的草菇在伸长期采收最合适，此时菇体鲜嫩可口、营养价值高。

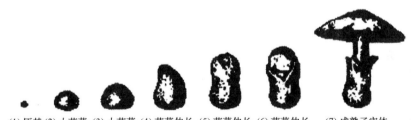

(1)原基 (2)小菌蕾 (3)小菌蕾 (4)菌蕾伸长 (5)菌蕾伸长 (6)菌蕾伸长 　(7)成熟子实体

图7-8　草菇子实体发育过程

（三）生活条件

1. 营养

草菇是一种草腐型真菌。草菇所需的营养物质与双孢蘑菇基本相似，但对氮素营养的要求没有双孢蘑菇高。栽培实践中，稻草、麦秸、废棉、棉籽壳、甘蔗渣、其他作物秸秆以及粪肥、米糠、麸皮等都是栽培草菇的好原料。

2. 温度

草菇属高温型食用菌。其生长发育温度范围为10～45℃。不同生育期的温度有差异，孢子萌发的温度范围在25～45℃，最适温度为40℃。菌丝生长温度范围是10～42℃，适温为30～39℃，最适温度32℃左右；低于15℃或高于42℃，菌丝生长都受到强烈抑制；10℃停止生长，呈休眠状态，5℃以下或45℃以上菌丝便会死亡。子实体发生的温度范围为25～35℃，子实体分化发育最适气温为27～31℃，平均气温在23℃以下时子实体难以形成；子实体生长的最适温度为 28~32℃，21℃以下低温或 45℃以上高温，子实体的生长发育都有影响，小菇蕾会死亡。草菇是恒温结实型菌类，在子实体发育形成期内，对外界的温度变化非常敏感。忽冷忽热的气温对其子实体生长极为不利。温差若达5℃以上，小菌蕾停止发育或死亡。

3. 水分

水分是草菇生长发育的重要条件。草菇是一种喜温、喜湿菌类，因此对湿度要求较其他人工栽培的菌类高。草菇培养料的含水量一般在 70%~75%，菌丝体生长阶段空气的相对湿度在 80%~85%，子实体生长阶段为 85%~95%。在 95% 以上菇体易腐烂，而且容易感染杂菌。在 80% 以下，草菇生长迟缓，表面粗糙，缺乏光泽。若水分不足造成干旱，菌丝生长缓慢，子实体难以形成，甚至死亡。水分过多，则会通气不良，影响呼吸作用，代谢过程就不可能进行，导致菌丝及菌蕾大量死亡，造成烂菇和死菇。

4. 氧气

草菇属好气性真菌，在进行呼吸作用时，需要吸入氧气和排出二氧化碳。尤其是草菇为高温型菌类，生长速度较快，因此足够的氧气是草菇正常生长发育的重要条件。当培养料内和表面附近空气中的二氧化碳浓度达到或超过 1% 时，会抑制菌丝生长和子实体形成。

5. 光照

草菇孢子的萌发、菌丝体的生长发育均不需要光照，直射的阳光反而会阻碍菌丝体生长。但草菇子实体的形成需要光照，在完全黑暗的条件下难以形成子实体。漫射的阳光能促进子实体的形成，轻微地抑制草菇的生长，使之健壮，增强抗病力，促进色素的转化和沉积；强烈的直射光对子实体有严重的抑制作用。因此，露天栽培必须覆以草被。同时，光照强弱又影响子实体的色泽与品质，光照强子实体颜色深而有光泽，子实体组织致密；光照不足时则子实体呈灰白色。

6. 酸碱度

人工栽培的食用菌当中，草菇是最喜欢碱性的，草菇孢子萌发以 pH6.0~7.5 为宜。在 pH7.5 条件下，孢子萌发率最高，超过 pH7.5 萌发率即会急剧下降，pH8.0 时，孢子萌发率几乎等于零。草菇菌丝体对酸碱度的适应性较广，pH5.0~8.0 均可生长，最适 pH 为 7.5~8.0，子实体发生的最适 pH 为 8.0~8.5。草菇菌丝发育过程中能使培养基逐渐变酸，因此，培养料配制时以 pH9.0~10.0 为宜，播种时以 pH7.5~8.0 为宜。

三、 草菇栽培管理技术

草菇栽培有多种方法。栽培方式有草把栽培、棉籽壳夹馅栽培、稻草栽培、压块栽培等。

（一）栽培季节

草菇是高温型食用菌，栽培草菇一般以气温稳定在 26℃ 以上的 6~9 月份为宜。我国南北气候差异较大，因此各地一年中栽培草菇的季节也不完全一样。

（二）栽培场所

根据栽培场地的不同，草菇栽培分室内栽培、室外栽培两种。草菇室内栽培可在专门搭建的草菇房进行，也可利用闲置的农舍、猪舍等改建而成的菇房进行。改建的菇房可搭床架，也可直接在地面栽培。砖块式栽培主要在塑料大棚内、果树林下、屋前屋后空地及稻田等处栽培。

（三）常用培养料配方

1. 用草堆法栽培草菇时的配方

（1）干稻草100kg，腐熟的干牛粪或家禽粪5～8kg，石灰1kg，草木灰或火烧土适量。

（2）干稻草100kg，米糠或麸皮3～5kg，过磷酸钙50kg，石灰1kg，肥土或火烧土适量。

2. 用堆制发酵料栽培草菇时的配方

（1）干稻草100kg，麸皮5kg，干牛粪5～8kg，草木灰2kg，石灰3～5kg。

（2）麦秸70kg，棉籽壳30kg，玉米粉2.5kg，麸皮2.5kg，饼肥1～2kg，磷肥2kg，石灰粉5kg。

（3）麦秸40kg，玉米芯30kg，棉花秆粉30kg，麸皮2.5kg，饼肥1～2kg，磷肥2kg，石灰5kg。

（4）废棉或棉籽壳98kg，石灰粉20kg。

（5）干稻草50kg，干牛粪4kg，过磷酸钙0.5kg，石灰粉1kg，麸皮2.5kg，火烧土1kg。

（6）麦秸粉40kg，玉米芯15kg，棉籽壳或棉花秆粉30kg，玉米面1.5kg，豆饼1.5kg，磷肥1.5kg，石灰2.5kg。

（7）稻草（切断）15kg，玉米秸粉15kg，麦秆粉15kg，玉米面1.5kg，豆饼1.5kg，磷肥1.5kg，石灰2.5kg。

（8）麦秸（切断）15kg，玉米秸粉15kg，麦秆粉15kg，玉米面1.5kg，豆饼1.5kg，磷肥1.5kg，石灰2.5kg。

（9）稻草45kg，玉米面1.5kg，豆饼1.5kg，磷肥1.5kg，石灰2.5kg。

（10）棉籽壳47.5kg，石灰粉2.5kg。

（四）栽培技术

1. 室外栽培

（1）场地的选择　选择背风向阳，供水方便，排水容易，肥沃的沙质土壤作为建菇床的场所。气温较低时，选择南向、阳光充足，西、北两面有遮荫物的场所；盛夏时应选择阴凉、通风处作菇床场所。作菇床时畦宽80～100cm，长度不限。使用之前应翻地一遍，日晒1～2d，同时拌入石灰或浇入浓石灰水以杀虫。

（2）料的处理及播种　选择新鲜、无霉变的干燥稻草或麦草或其他原料。将稻草放入2%～3%石灰水浸饱24h捞起，扭成草把，铺成畦面，压紧压实，在草层边缘5cm处撒一圈混合好的菌种（麦麸与菌种1:1混合），在第一层草层的外缘向内缩进5cm铺第二层草把，压实，在四周边缘5cm处撒一圈混合好的菌种，以后每层如此操作，一般铺4～5层草把，最后一层草把铺完压实后均匀撒上一层1cm厚经消毒的火烧土，并盖上薄膜。菌种用量通常为100kg干草20袋菌种。

（3）管理与采收　播种后注意遮荫喷水，保温保湿。当料面温度高于45℃时，要及时揭膜通风，喷水降温，一般高温季节一天揭膜喷水2～3次。3～7d菌丝生满畦面，第7～10天可以见小白点状的幼蕾，第10～15天可采收第一批菇。采收后停水3～5d再喷水和管理，5d左右又可收第二批菇，一般可收3～4批菇。

（4）注意事项

①稻草浸石灰水后最好经堆集发酵5d（其间翻堆一次），等料温降到40℃时趁热铺料播种，可减少杂菌（特别是鬼伞）污染。

②在栽培过程中如发现杂菌污染应及时用石灰浆涂布消毒。

③揭膜通风降温时，要防止温度下降。

④草菇喜欢在偏碱环境生长，一般用石灰粉或石灰水来调整 pH 为 8.0 左右。

2. 室内栽培

草菇室内栽培可以人为地提供草菇生长发育所需要的温度、湿度、营养和通气条件，使之避免受台风、暴雨、低温、干旱等不良环境的影响，从而有利于延长栽培季节，提高草菇的产量和质量。

（1）菇房的建造　在农村，大多利用冬春季栽培蘑菇后的菇房及床架，在夏季栽培草菇。

①泡沫板菇房：菇房的建造是以木料为支撑物，用聚苯乙烯泡沫板作为菇房的墙壁和房顶，墙壁和房顶的内层再衬以聚乙烯薄膜。菇房两端各设置 $0.3 \sim 0.4 m^2$ 的对流通风窗 3 个，下通风窗 2 个，中间为走道。栽培床架靠两侧，但不紧靠泡沫板墙。床架分 5~6 层，床面用尼龙网编成，使上下两面均可出菇，扩大出菇面积。

②砖瓦房：先用砖砌房子，规格为长 6m、宽 4m、边高 2.8m、顶高 3.5m，上盖石棉瓦。菇房内两侧各设 1 排床架，上下两排窗。砖砌好后，在屋顶先封 3cm 厚的泡沫板，再封一层薄膜，最后搭床架。

（2）栽培工艺流程　　原料准备 → 浸料 → 一次发酵 → 上床铺料 → 二次发酵 → 播种 →

菌丝期管理 → 出菇期管理 → 采收 → 清料、打扫菇房

（3）培养料的配制和发酵

①以稻草为主原料：将稻草切成 5~10cm 长或用粉碎机粉碎。切碎的稻草用石灰水浸泡，每 100kg 稻草用 5kg 石灰，浸泡 6h 后捞起沥干，拌入石膏、畜禽粪、复合肥、磷肥、草木灰等建堆发酵。一般堆宽 1.2m，堆高 1m，长度 1m 以上，堆中间要适当打通气孔。堆制好后，要盖膜保湿。堆制时间共 5d，中间翻堆 1 次，翻堆时可加入米糠或麦麸（也可在铺料前拌匀加入），添加总量不超过 5%。堆制发酵好的培养料要求质地柔软，含水量 70%，pH9.0 左右。堆制发酵后最好经二次发酵，特别是添加了米糠或麦麸、干牛粪的原料，一定要进行二次发酵。

二次发酵方法可参见双孢蘑菇栽培有关内容。

②以废棉渣或棉籽壳为主要原料：将废棉渣浸入石灰水中，每 100kg 废棉加石灰 5kg 左右。浸透后捞起做堆，盖上薄膜发酵 2d 左右，含水量 70%（用于抓料，指缝有少量水滴出），调 pH8.5 左右。然后进行二次发酵，其方法与双孢蘑菇二次发酵相同。

③以甘蔗渣为主要原料：将甘蔗渣浸入石灰水中 24h，捞起后发酵 5d，然后搬进菇房二次发酵或直接播种。

④混合料栽培：为了降低成本，目前广州地区相当一部分菇农采用废棉加稻草或废棉加中药渣为原料的栽培方法。通常稻草或中药渣占 2/3，废棉占 1/3。废棉的处理与前面介绍的方法相同；稻草可不切段，浸透后直接使用或堆 2~3d 再使用；中药渣从中药厂运来后拌 3% 左右石灰粉直接使用或堆制 2d 左右再用。

（4）播种　当料温降至 36℃ 左右时趁热播种（低温反季节时 38~40℃），播种方法有穴播、条播、撒播。在生产上，大多采用穴播和垄式条播。采用穴播时，菌种瓣成胡桃大小为宜，穴深 3~5cm，穴距 8~10cm。垄式条播是草菇高产的一种新方法（每 100kg 干料可产鲜草菇

60kg 以上），方法是采用三层垄式栽培，先在地面或床架铺料，宽 30 ~ 40cm，厚 10cm，长度不限，沿四周播一层菌种，麦麸提前用 3% 的石灰水拌湿后放在菇房内进行二次发酵。在播种中心向内撒一层 10cm 宽的麦麸带，按上述方法铺第二层料、播种、撒麦麸，最上面铺一层料，料面播一层菌种，并撒少许培养料将菌种覆盖。于床面覆盖一薄层（1cm 厚）火烧土或肥沃的沙壤土，并在土层上适量喷些 1% 的石灰水，保持土层湿润，再盖上塑料薄膜以保温。

（5）管理与采收　播种后，室温控制在 30℃ 左右，维持料温 36℃ 左右，保持 4d 后定期揭膜通风，夏天高温季节 2d 左右即可。如果白天温度高，可将塑料薄膜掀开，并喷些水保持料面湿润，晚上温度低时，再重新盖上薄膜。播种后第 4 ~ 5 天要喷出菇水 1 次，喷水后要适当通风换气，避免喷水后关闭门窗，引起菌丝徒长。在正常情况下，播种后 6 ~ 7d 开始有幼菇形成。此时应注意保温保湿，菇房内的温度变化不宜太大，并适当通风透气。维持料温 33 ~ 35℃，空气相对湿度 90% 左右，保持一定的散射光。注意不能用冷水直接喷幼菇，湿度不够大时，可用 30℃ 左右的水喷雾。通常播种后 10d 左右有菇采收。

3. 砖块式栽培草菇新技术

草菇草把式产量低且不稳产，室内栽培常因鬼伞及螨类危害严重而影响产量。而砖块式栽培草菇具有产量高、易管理、病虫危害少等优点。其要点如下：

（1）培养料的配方　干稻草 100kg，米糠 5kg，干牛粪 5 ~ 8kg，草木灰 2kg，石灰 2 ~ 3kg，碳酸钙 1kg。

（2）培养料堆制　方法与室内栽培相同。

（3）草砖块制法　自制数个长 40cm、高 15cm 的正方形木框。将木框上放 1 张薄膜（长、宽约 150cm，中间每隔 15cm 打一个直径为 10cm 大的洞，以利通水通气）。向框内装入发酵好的培养料，压实，面上盖好薄膜，提起木框，便做成草砖块。

（4）灭菌与接种　制好草砖块要进行常压灭菌（100℃ 保持 8 ~ 10h）。灭菌后搬入栽培室（栽培室事先要进行清洗，用 1500 倍的敌敌畏熏蒸），待料温降至 37℃ 以下时进行播种。播种时先把上面薄膜打开，用撒播法播种，播种后马上盖回薄膜，搬上菇床养菌。

（5）栽培管理与采收　接种后 5d，将薄膜揭开，盖上 1 ~ 2cm 厚的火烧土。再过 3d 便可喷水，保持空间湿度在 85% ~ 95%，以促进原基的生长发育。一般现蕾后 5d 就可采菇，第一潮菇采完后，需检查培养料的含水最，必要时可用 pH8.0 ~ 9.0 的石灰水调节。然后提高菇房温度，促使菌丝恢复生长（有条件可再次播种），再按上述方法进行管理，直到结束。一般整个栽培周期为 30d，采 2 ~ 3 次菇。

（五）草菇其他栽培方法

草菇其他高产栽培方法还有床式波浪式栽培、窄行菌床栽培、覆土栽培、塑料袋式栽培等，可参阅有关文献。

（六）采收

一般草菇菇蕾经过 5d 左右的发育、在菌膜未破裂之前应及时采收。如温度较高，一天应采收 2 ~ 3 次，以免开伞降低质量。采收时注意采大留小，采后的菇体应及时出售或加工。

第四节　竹荪栽培

一、概　述

竹荪［*Dictyophora indusiata*（Vent. Ex Pers）Fisch］又称竹参、竹笙、网沙菌等，由于常年生长在绿色竹林中，子实体成熟时，钟形菌盖下面撒下网状菌幕，飘垂如裙，犹如亭亭玉立的少女，故又称它为"竹姑娘""菌中皇后"，国外更有美名称它为"纱罩女人""真菌之花"。竹荪属真菌门、担子菌亚门、腹菌纲、鬼笔目、竹荪属。到目前为止，全世界报道的竹荪有 10 种，其中有 3 个种是著名的食用菌，即长裙竹荪（*D. indusiata*）、短裙竹荪（*D. duplicata*）和红托竹荪（*D. rubrovolvata*）。竹荪在我国的分布极为广泛，福建、湖南、广东、广西、四川、云南、贵州、黑龙江、吉林、江苏、浙江、安徽、河北、湖北、江西、西藏及台湾等地都有采到野生竹荪的报道。其他国家如日本、印度、斯里兰卡、印度尼西亚、菲律宾、朝鲜、英国、法国、俄罗斯、墨西哥、巴西、古巴、美国、澳大利亚以及东非等也有分布。

竹荪味道鲜美，脆嫩爽口，营养丰富。干品中的蛋白质含量达 15%～18%、粗脂肪 2.46%、粗纤维 8.84%。据贵州科学院傅琦等分析，竹荪含有 19 种氨基酸，其中包括人体所必需的 8 种氨基酸，并含有维生素 C、维生素 B 等 5 种维生素，以及竹荪多糖、多种无机盐等。据日本报道，竹荪中含有的竹荪肽多糖具有极高的抗癌活性，是食用菌中抗癌活性最高的种类之一。竹荪还具有强壮身体、延缓衰老、降低胆固醇、减少腹壁脂肪积累、降低血压等多种效果。

把竹荪视为珍菜名肴，始于我国，继之日本，目前已影响至欧美国家。竹荪价格向来昂贵，相当长的时间内是一两黄金换一斤干竹荪，就是目前，竹荪的售价也为 180～220 美元/kg，国内市场也可售 400～800 元/kg。竹荪价格如此昂贵的原因，一是稀少；二是营养价值高、味美且形美。竹荪脆嫩而爽口，用以做汤，在汤中缥缥缈缈，令人赏心悦目；三是竹荪具有抗癌等多种药效，无疑是当今最受欢迎的保健食品之一。在历史上，竹荪是进贡的干鲜果品中的佼佼者，最早引起封建帝王的偏爱，有"京果之王"之美称。用竹荪制作的菜肴中，以"芙蓉竹荪汤"最为出名。

除我国之外，竹荪在日本、古巴、巴西、印度、英国、法国、菲律宾、墨西哥等国也有产出，国际市场主要由我国进口，但一直靠野生采集加工为主。从 20 世纪 30 年代开始，国外一些真菌学者曾进行过人工栽培竹荪的探索，但由于未探明竹荪是腐生菌还是共生菌，以及对竹荪的生物学特性、生理、遗传等方面了解甚少而未能获得成功。从 20 世纪 70 年代末开始，我国食用菌工作者进行了大量的人工驯化工作，从自然界中分离筛选出许多可用于人工栽培的菌株，并对栽培原料进行筛选，证明竹荪除了能在竹类材料上发育外，还可在多种培养料上生长，从而使竹荪的人工栽培得以实现和发展。1978 年贵州科学院真菌研究室胡宁拙最先报道了竹荪的段木人工栽培成功。继而广东省微生物研究所、中科院昆明植物研究所等单位也成功进行了竹荪的人工栽培。目前，贵州省的十余个县和福建省部分县市以进行了大规模的栽培。

在自然情况下，竹荪大多分布于海拔 200～2000m 的湿热地区亚高山地带，腐殖质丰富的湿润竹林是其发生的主要场所，以楠竹、苦竹、慈竹、平竹林为常见，阔叶林、针叶林、香蕉林、橡胶林中也有分布，甚至可在热带地区的茅屋顶上生长。优质的竹荪品种主要分布于竹林中。竹荪菌丝多生长在竹林地面以下的20~60cm处，布满腐烂或半腐烂的竹根和竹鞭、松软的腐殖质层中，可形成菌膜和菌索。子实体发生的时间多在每年的5~6月份和9~10月份。亚热带地区主要发生在雨季，温度18~24℃，相对湿度95%的林中。一般每天清晨5:00~6:00破蕾而出，9:00~10:00菌裙张开，孢子层开始自溶，下午子实体萎缩倒闭。

江南竹林腐殖质丰富，没有酷热严寒，雨水多，土壤经常保持湿润，空气相对湿度在80%以上，竹林的郁闭度在80%左右，林下杂草、灌木少，地面可有散射光，这些条件都适合竹荪的生长发育。

二、竹荪生物学特性

（一）形态特征

竹荪由菌丝体（营养体）和子实体（繁殖体）两大部分组成。

1. 菌丝体

竹荪的菌丝由担孢子萌发而成，也可由子实体任何一部分组织萌发分裂形成。菌丝培养初期白色，1周后见光则产生色素，变成粉红色至褐红色，直射光下还可以变成紫色。这是竹荪区别于其他食用菌菌丝体的重要特征。

2. 子实体

竹荪幼嫩子实体由一外菌幕包被，称菌蕾，呈卵形或球形。子实体成熟时外菌幕破裂，长出菌盖、菌柄、菌裙，外包被成为菌托，故竹荪的子实体由菌盖、菌柄、菌裙和菌托组成（图7-9）。

图7-9 竹荪子实体

（1）菌盖 短裙竹荪的菌盖为白色；长裙竹荪的菌盖略带土黄色。菌盖的表面是一层产孢组织，呈不规则的多角形网格状，网格内有暗绿色黏稠微臭的产孢组织，即子实层，其上着生担孢子。孢子成熟后，产孢组织自行消解，孢子成黏液状向下流，产生恶臭、微臭和清香等气味。孢子完全成熟后，水很容易把产孢组织和孢子冲洗掉而露出菌盖表面。

（2）菌柄 竹荪菌柄柱状，海绵质，白色，质脆，中空长7~25cm，直径2.4~4cm，菌柄厚0.2~0.5cm，起支撑菌盖和菌裙的作用。

（3）菌裙 内菌幕在子实体突破外包被前紧缩于菌盖下面，与菌柄顶部相连。子实体成熟，从菌蕾伸出后，内菌幕从菌盖下露出，并撒开，形成网状的菌裙。

（4）菌托 菌托球形。直径3~6cm，灰白色，红托竹荪菌托为红色或红褐色。菌托基部着生有数根假根状菌索。

3. 孢子

孢子椭圆形，无色透明，大小因种而异。

（二）生活史

担孢子在适宜的条件下萌发形成的初生菌丝为单核菌丝，较纤细。

初生菌丝继续生长，带有不同性因子的初生菌丝进行质配，融合形成双核菌丝，为次生菌丝。双核菌丝粗壮、生活力强。基质中的双核菌丝经过一定的生长发育，菌丝体内积累了充足的养料，并相互扭结成菌丝束，形成菌索。达到生理成熟后，在适宜的条件下，菌索伸出基质表面，菌丝束的先端形成瘤状突起，即形成子实体原基，再经过继续不断的发育，原基形成菌蕾（菌蛋），初时菌蕾呈卵形，至快成熟时，逐渐变为椭圆形，顶端凸起，即长出子实体。子实体成熟时，子实层中担子的两个细胞核发生质配，形成二倍体核，随后发生减数分裂，形成8个单倍体核，分别进入担子小梗中，形成担孢子。子实体的孢子成熟后，产孢组织即产生臭味，吸引双翅目昆虫而进行孢子的远距离传播。孢子成熟后，产孢组织自溶，担孢子就被释放出来，撒落在四周，随水流或由昆虫传播。在条件适宜时，孢子又可萌发，重新形成新的个体。

（三）生长发育的条件

1. 营养

竹荪是一种腐生性食用菌，从竹类或其他树木的腐根、叶等形成的腐殖质和其他有机质中吸收营养。竹荪能够分泌各种胞外酶来分解纤维素、木质素、蛋白质等，用于自身生长、代谢。竹荪所需的营养物质包括碳源、氮源、矿物质和维生素等。

（1）碳源　竹荪腐生性极强，它可利用相当广泛的农林副产品、下脚料，如竹叶、竹壳、竹枝、竹鞭、竹根，以及木屑、玉米粉、麸皮、玉米芯、米糠等，其中的纤维素、半纤维素、木质素、淀粉、糖等都可以作为碳源利用。在实际生产栽培中，段木、木屑、甘蔗渣、玉米秆、玉米芯、棉籽皮等都是常用的碳源材料。竹荪将其碳源分解为单糖、双糖等简单糖类后才能吸收利用。

（2）氮源　竹荪的氮源主要为有机氮，如蛋白质、蛋白胨、氨基酸和尿素。竹荪对氮源的要求比平菇等其他食用菌高，氮源缺乏，菌丝生长缓慢，不粗壮。实际生产中，如果所用原料氮源缺乏，可人为添加含氮高的原料，通常使用大豆粉、麸皮、米糠和马铃薯等。

（3）矿物质　竹荪的生长发育需要磷、硫、钾、镁、钙等大量元素和铜、锰、锌、硼、钴、钼等微量元素。微量元素在自然栽培中的含量可以基本满足竹荪生长发育的需要，不必另行补充。

①磷：不仅是核酸代谢中的重要组织元素，也是碳、氮代谢中不可缺少的元素。缺乏磷，碳、氮不能被很好地利用，因此，在竹荪栽培中加入2%的过磷酸钙为好。

②钾：在细胞的组成、营养物质的吸收及呼吸代谢中都是十分重要的元素，但一般在作物秸秆中已有丰富的钾，配有秸秆的培养料就不必另外加钾。

③钙：对促进菌丝生长和子实体形成都十分有益，又能平衡钾、镁、钠等元素，钙还能使覆土团粒结构得以改善，通常在栽培料中加1%的石膏或石灰。

（4）维生素　竹荪在生长发育过程中还需要有维生素等物质，如维生素 B_1，这些物质称为生理活性物质，需要量甚微。竹荪不能合成某些生理活性物质，必须从培养料中吸收。一般培养料中不必添加这些物质，但有时在培养料中加麸皮等辅料以提供足够的维生素。

2. 温度

竹荪属于中温性菌类，菌丝在 $10 \sim 29℃$ 之间均能生长。温度适宜，菌丝生长健壮；温度过高，菌丝生长停止，常会很快衰老；温度低时菌丝虽生长健壮，但生长缓慢。在子实体发育至生理成熟时期，温度过高不易形成子实体，菌裙不能正常撒开，甚至已形成的部分也易死亡。温度低，虽能正常形成子实体，但生长缓慢。野生竹荪分布很广，其适宜的温度条件也不相同，栽培时应根据不同品种确定栽培季节和控制温度。现在已驯化栽培的品种分为三个温度类型，即低温型、中温型、高温型。品种举例如下：

（1）长裙竹荪　属低温型。菌丝生长的温度范围为8~22℃，适温为22~24℃；子实体分化的温度为18~24℃，适温为20~22℃，24℃时菌蕾破壳快，子实体成熟早，瘦弱，菌裙不易张开。

（2）短裙竹荪　属中温型。菌丝生长的温度范围为12~33℃，适温为24℃左右；原基分化和子实体发育的温度范围是15~29℃，分化适温为17~25℃，子实体生长适温为20~24℃，低于8℃高于30℃子实体发育不良。

（3）棘托竹荪　属高温型。菌丝体生长温度范围为9~35℃，最适为29℃；子实体发育的适温为24~30℃。

（4）红托竹荪　属低温型。菌丝体生长的温度范围为8~32℃，较适温度为19~26℃，24℃为最适温度。子实体分化发育的温度范围为15~30℃。野生种在云南、贵州多发生在9~10月份。

竹荪生长发育的不同阶段对温度的要求各不相同，在生长中创造其生长发育的适宜条件才能获得较高的生产效果。

3. 水分

水分适影响竹荪生长发育的重要因素，也是竹荪代谢过程中的重要物质之一。竹荪培养料的含水量以60%~65%为宜。含水量超过70%，则料中氧气含量减少，菌丝会萎缩死亡；低于50%，菌丝生长不良甚至停止生长。

竹荪菇床床面上的覆土层的含水量应保持在60%左右，可用拇指和食指捏一土粒试验，如土粒由圆变扁，不碎成粉末，又不粘手，即为适宜的湿度。

菇房内的空气湿度不但对培养料和覆土的含水量有很大影响，而且是影响竹荪子实体形成和生长的非常重要的条件。在竹荪的菌丝生长期间，即发菌期间，为了保持培养料和覆土的含水量，室内空气相对湿度应保持在75%左右。在菌丝分化形成竹荪子实体时，空气相对湿度应保持在85%左右。在子实体形成的最后时间，即出柄撒裙时期，空气相对湿度要求在90%~95%，低于90%不能正常形成子实体，已形成的子实体生长慢，裙短，柄易脆，品质差；湿度过大，如达到饱和湿度时，子实体易产生各种病害，导致产量降低。

4. 空气

竹荪属好气性真菌，生长发育过程中需要充足的氧气。竹荪的菌丝体和子实体在发育过程中，不断地进行呼吸作用，吸收氧气，呼出二氧化碳等各种废气，这些废气超过一定的浓度时，就会抑制菌丝体和子实体的生长，甚至造成菌丝萎缩，菌球死亡。因此，菇房内应有良好的通风设备，经常进行通风换气，排除各种有害气体，换入新鲜空气。人进入菇房后应感觉清爽舒适。

5. 酸碱度

竹荪长期在腐殖层和微酸环境中生存繁衍，形成了在微酸环境中生存的相关一致性。菌丝在pH5.0~7.0之间均能生长，但以pH6.0~6.5为最好。pH超过8.0时，菌丝生长受到极大抑制。因而，播种前一定要注意调节培养料和覆土的pH。

6. 光线

竹荪菌丝的生长不需要光照。菌丝在没有光和微弱光的环境中能生长良好，在直射光下易产生红褐色的色素，此色素能抑制菌丝的生长。因而，竹荪栽培的菌丝生长阶段最好在黑暗处或仅有散射光的地方进行，室外栽培时，也要注意竹叶枝的郁闭度。过强的光照还会影响培养料及覆土的含水量及空气相对湿度。

三、 竹荪栽培技术

（一）室内栽培

1. 菇房选择

菇房是竹荪生长发育的场所，要创造适宜竹荪生长发育的条件。菇房要求具有一定的保温、保湿性能，便于通风换气，操作管理方便。周围环境清洁卫生。

菇房的大小要适当，过小利用率不高，过大则不易控制温度、湿度和病虫害。在实际生产中，菇房多以 $50 \sim 60m^2$ 为宜。

菇房的结构应有利于保温保湿，有利于病虫害的防治。地面和墙四周要光洁便于冲洗消毒。菇房应远离厕所、垃圾堆等易感染杂菌的场所。

2. 菇床

菇床可用木料制作，也可用竹子、钢材或其他材料制作，但均应坚固，便于管理。一般床面宽为 $1 \sim 1.5m$，以 $4 \sim 5$ 层为宜，层间距 60cm，最低一层离地面 30cm；床架与墙壁之间均应相隔 $60 \sim 80cm$。菇床应与菇房垂直排列，即东西走向的菇房，菇床以南北方向排列为好，每层床上均应有若干加固用的横方，横方之间相距 $40 \sim 80cm$，横方上直铺竹条、竹片、木条或木板，使填入的培养料既能透气又不下露为原则。在竹荪栽培中，也可不用床架，而用塑料周转箱、啤酒箱或木箱，也可用塑料料袋先发菌，发好菌后放入菇箱、菇床或林地中覆土出菇。

3. 竹荪培养料的配制

培养料是竹荪栽培的基础，质量好坏直接关系到竹荪的产量和质量。

（1）培养料的种类　可用来配制竹荪培养料的材料种类很多，主要有以下类型：

①木块或木屑：可以种植竹荪的树种极多，比较好的是壳斗科、桦木科的阔叶树，如光皮桦、棘皮桦、麻栎、栓皮栎、朴树等。将这些树及枝条适时砍伐后截成不同长度的木块，长度一般与所用容器内径相等，宽一般为 $3 \sim 5cm$，厚 $2 \sim 4cm$。

②竹质材料及农作物秸秆：竹子、竹枝、竹根经破碎后可以使用；玉米秆、玉米芯、黄豆秸、甘蔗渣等也是制备竹荪栽培料的较好原料，但这些材料均需经过粉碎或其他方法破碎。

（2）竹荪培养料的配方

①木块培养料：木块50%，大豆粉1%，麸皮或米糠10%，过磷酸钙2%，玉米芯20%，玉米粉1%，黄豆秆或油菜秆15%，石膏或石灰1%，多菌灵0.2%，pH自然。

木块培养料是栽培竹荪的最好培养料之一。其中麸皮、米糠、玉米芯、黄豆秆等填充料可用稻草、蔗渣等秸秆类来代替，但这些秸秆均需经过粉碎机粉碎，其中的木块可用木屑来代替，若用木屑代替，培养料中需加入一定的竹块等块状物质，以调节培养料中氧的供给。若无竹块，也可将黄豆秸或油菜秆切成3cm长，掺入其中。

②竹、木培养料：竹叶15%，过磷酸钙2%，竹枝或黄篾20%，石膏或石灰1%，木屑40%，菜籽饼1%，玉米芯20%，玉米粉2%。

③玉米芯培养料：玉米芯75%，过磷酸钙2%，麸皮或米糠20%，石膏或石灰1%，黄豆粉1%，玉米粉1%，pH自然。

（3）竹荪培养料的处理

①蒸料法：将上述配备的料混匀后加水，含水量为65%左右。具体做法是用水将原料混湿，以手抓一把攥紧，指缝中含水，用力挤压，能滴出水为度。料拌好后装入塑料袋，在常压灭菌灶内蒸8~12h。

②煮料法：竹枝等培养料适宜用煮料法处理。竹枝、木块先用清水浸泡24h，然后水煮2h，摊晾，滤水后与原料混合。

③生料培养的处理：培养料拌好以后，装入容器中直接播种，称为生料栽培。生料栽培时需每1kg干料加25%多菌灵1g，并按料重加入0.1%的辛硫磷或马拉硫磷，以抑制料中的杂菌和害虫。

4. 培养料进房和播种

（1）菇房消毒　进料前菇房要用新鲜石灰水粉刷一次，床架、地面用清水冲洗干净后，用硫黄普遍熏蒸一次。硫黄用量为每立方米空间用硫黄3~4g。熏蒸前地面、墙壁洒少许水，可增加灭菌效果。熏蒸时，房间需密闭，过夜后才能使用。多年使用的老菇房要用甲醛熏蒸。甲醛熏蒸灭菌需用高锰酸钾作氧化剂，通常每1m³空间用10mL甲醛加5g高锰酸钾，房间密闭12h。此法与硫黄熏蒸法交替使用，可收到更好的效果。

栽培结束后的清理也是菇房消毒的一个重要组成部分。因为在竹荪的栽培中，往往会局部地感染病虫害，竹荪收获完毕后，所剩下的培养料往往成了这些杂菌、害虫繁殖的最好场所，若不进行及时清理，必将严重污染菇房及床架，给下季生产带来损失，因此，一季栽培结束后，要及时把剩下的栽培料清理出菇房，清理完毕，菇房应冲洗干净，以便下次再用。

（2）播种　竹荪播种后要有一个适宜菌丝生长发育的温度条件（20~24℃）。发好菌后又要有一个适宜子实体形成和发育的气温条件（18~25℃），才能保证竹荪的产量和品质。因此，利用自然气温栽培竹笋要掌握好下种季节。

用于从瓶中挖出菌种的铁钩，盛菌种用的盆子等工具，在播种前均应用0.1%的高锰酸钾溶液清洗。操作人员的手和用具应用75%酒精棉球擦搓消毒。菌种瓶外壁先用来苏尔或高锰酸钾液擦洗，拔去棉塞，掘出菌种装在容器中，然后播种，一般播种量为栽培料的10%。

①塑料袋栽接种：将按各种配方配比适合的培养料加水混匀后装入塑料袋中，袋的大小一般为16~30cm。装袋的方法是先将一端封住再装料，装好后再封另一端，封袋口的方法有以下几种：

a. 两端各用一个塑料圈，将袋口反卷套在圈上，塞上棉塞即可。此法最佳，菌丝生长健壮，接种不易感染，但成本较高。

b. 用回形针别住两端或用橡皮筋捆死两端。此法的优点是成本低，缺点是透气性差，用此法接种时料不能太湿。

c. 用塑料编织袋做成直径4cm的圆圈，再用2层报纸封口。

将装好料的塑料袋进行高压或常压灭菌，高压灭菌一般为在0.15MPa的压力下处理1h，常压消毒需连续8h以上。

将消毒的料袋冷却至常温便可接种。接种必须在无菌室或经过消毒的房间内进行。接种的方法是拔出两端棉塞接入菌种，然后塞上棉塞进行发菌。

②箱栽接种：将木屑、竹枝、玉米芯等切碎后浸泡24h，然后用大锅沸水煮1h，再与其他原料按配方配好后装箱接种。播种方法有混播、层播和点播。

a. 混播。将消过毒的培养料在无菌室或较干净的室内与菌种混合均匀后填入塑料周转箱或木箱中。播种量一般为 5%～10%。

b. 层播。按一层培养料一层菌种的方法填入菇箱内，一般播种 2～3 层。

c. 点播。将培养料装入菇箱内，进行穴播。穴与穴之间距离为 5～10cm，种穴深度为 3～5cm。播种的方法是先用竹片插入菇箱，将料撬开一个洞，然后塞入菌种，菌种面上稍盖一点培养料。

播种完毕后，盖上塑料薄膜进行发酵。

5. 菇房栽培竹荪的管理

（1）发菌期的管理　播种后至出菇以前是竹荪的发菌阶段，这段时间的管理主要是满足竹荪菌丝生长发育的条件，大约要 100～120d。菌丝生长 50～80d 后，应在表面覆土。塑料袋发菌时，则待菌丝长满后再脱去塑料袋，然后再覆土。

（2）播种至覆土前的管理　这个阶段的任务就是要创造一个竹荪菌丝健壮且快速生长的环境生长，温度应控制在 20～25℃（最适温度 22℃）。菇房温度最高不得超过 28℃，菇房内的空气相对湿度应保持在 75% 左右。随着菌丝的生长，应注意空气的交换，刚播种的 1 周内，菇房可不必开窗换气，因为这时竹荪菌丝才开始生长，不会产生过多的二氧化碳，以后随着菌丝生长的加快，呼吸作用增大，需更多的新鲜空气，要注意开窗换气。

（3）覆土　播种 10d 以后，种穴之间或菌层之间的菌丝已互相长满，部分菌丝已扩展到培养料底部时，在培养料表面盖一层 3～4cm 厚的土，称为覆土；也可在播种后直接覆土。覆土是为了提高和保持培养料表层的湿度，改变竹荪菌丝的生长环境条件，促使菌丝从营养生长向生殖生长转化，促进子实体原基的形成。覆土材料的选择对竹荪从营养生长向生殖生长转化有很大的影响，应特别注意。覆土应不过沙，也不过黏，喷水后不板结，能保湿，毛细孔多，最好采用从树林或竹木中挖来的新鲜腐殖土。覆土的 pH 以 6.0～7.0 为好，pH 偏小可用熟石灰调节，偏大可用柠檬酸调节。

如果覆土中含有部分虫卵或杂菌，应先进行处理方能使用。杀虫可用辛硫磷或敌敌畏稀释 1000 倍液喷洒。杀杂菌可用多菌灵或甲基托布津稀释 300 倍液喷洒。

覆土前应少量喷一次水，将土调至湿润后再覆土，覆土的厚度为 3～4cm，用木板轻轻地将土粒拍平整，用少量多次的方法在 3～5d 内调节土粒水分至湿润。调水时雾要细，每次喷水的量要少，不可一次喷水过多，如果大量水流入培养料内，就会引起菌丝萎缩。覆土的适宜含水量为 60% 左右，可用拇指和食指捏土粒测试，若土粒由圆变扁，既不碎成粉末又不粘手，即为适宜的湿度。

覆土完成以后，还应在覆土上盖一层覆盖物。主要目的是为了调节水分，同时也有遮荫的作用。覆盖物一般采用松针为好，切勿用稻草或竹叶、竹枝覆盖，不然，菌丝易长出覆土，而难以形成菌索而形成菌蕾。

（4）覆土后至出菇前的管理　覆土后的管理以水分控制为最重要，此时的水分管理是关系到竹荪栽培成败的关键因素之一。竹荪菌丝既不耐旱也不耐湿，它经常要在一个不干不湿的环境里才能良好地生长，即它所处的基质和土粒的水分要经常保持在 60%～70%，空气相对湿度保持在 85% 左右。基质和覆土的湿度高了或低了，菌丝的生长都将会受到抑制，甚至死亡。

出菇前，覆土的水分管理原则上要经常保持土粒湿度，每天喷洒一次雾状清水，使水分刚好浸透土层。如果气温低，水分蒸发量小，就要 2～3d 才浇一次水。

（5）出菇期间的管理　出菇期间，温度应为 17～18℃，菇房空气相对湿度为 90% 左右，室内应不断排除废气，换进新鲜空气，人进入菇房后，感觉清爽舒适，才符合菇房内空气的要求。竹荪出菇期间的水分管理是一项比较复杂的工作。在发菌前期，菇床（箱）上一般不另外喷水，后期适当喷水。子实体形成初期，菇床上少量浇水，但要注意提高室内的空气相对湿度，可在墙的四周地面喷水，使空气相对湿度达到90%～95%。竹笋生长旺盛时期要增加喷水量。喷水管理还应根据具体情况而灵活掌握，晴天出菇少时少喷；菇小时少喷，菇大时多喷；喷养料含水少时多喷，含水量高时少喷或不喷；菇房保湿性能差要稍多喷，否则少喷。喷水要少量多次，喷后要进行通风。

出菇期温度应控制在17～28℃，超过30℃难以形成子实体，长出的小菌蕾也易萎缩。室内栽培一般在9～10月份播种，次年春季出菇。此时温度能满足出菇的需要。若出现温度偏高，可加强通风、喷水等措施，使出菇期温度保持在30℃以下，方能正常出菇。

（二）林地栽培

林地栽培法是模拟竹荪在自然条件下生长的一种栽培方式。即把人工培育的纯菌种接种于培养料上，再放到能够生长竹荪的自然环境中去，加以精心管理，以获得良好的收成的栽培方式。此法适宜农村专业户因地制宜，充分利用林地进行竹荪生产。目前，大部分地区采用这种栽培方法。

1. 场地的选择

选场的目的，就是要使菇场适宜竹荪生长发育的需要，选场正确与否是能否取得竹荪栽培成功的基础。场地的选择必须按照竹荪营养生理和生殖生理、生长发育对外界环境条件的不同要求进行。

原则上讲，凡有野生竹荪生长的林地，郁闭度在80%以上的各种竹林和长绿阔叶林均可用作竹荪的栽培场地；没有林地的地方，可搭棚遮阳，人为创造高郁闭度的环境。楠竹林、乔木阔叶林树冠高、个体之间相距较远，遮荫效果虽好，但挡风能力差，一般湿度较低，不宜作菇场。

2. 菇木的选择

（1）树种　除松、杉、樟、楠木等含挥发性芳香物和含毒树种外，大部分阔叶树都能生长竹荪，但由于树木所含营养成分及木材坚硬程度不同，在同样的条件下栽培竹笋，出菇的时间与产菇的年限、产量高低和质量好坏都有很大的差别。

根据竹荪生长特性，选择菇木应掌握的原则是，应选择树皮与木质部紧紧相连而不易脱皮的，保水性能好、水分散失慢的，边材多、芯材少、木质既不太坚硬、又不太松的，枝叶茂盛、生于向阳处的，经济价值不大、容易栽培而速生的，当地资源多的树种。

在生产实际中，一般选用棘皮桦、光皮桦、野樱桃、水冬瓜、朴树、青杠等。

（2）菇木的粗细和树龄　竹荪属于腐生菌，以分解菇木中的纤维素、半纤维素和木质素为营养。但又不少的树种含有醚、醇、类黄酮、芳香油等阻碍竹荪菌丝生长繁殖的有害成分，而这些有害成分大都在芯材中，因此，在一定范围内，小径菇木种植竹荪比大径菇木种植竹荪产量高，种植竹荪的菇木以直径10～15cm、胸高直径7～15cm较为理想。

（3）菇木的砍伐　菇木的砍伐季节以从树叶变黄到树木发芽前为最好。这时树木处于休眠状态，木材中贮藏的营养最丰富，含水分少，树皮也不易脱落，此时气温较低，杂菌和其他害虫危害少。砍树的时间也要与接种的时间相配合起来，一般都在接种前30～50d砍树。因为竹荪是属腐生菌，只能利用植物的死体，凡是没有死亡、埋木后还能发芽的树，竹荪难以利用其营养，故而种不出竹荪。树木不是砍倒就死亡，树木死亡的标志是细胞内的原生质死亡，只有原生质死亡了，才不会再生新芽。原生质死亡需要一定时间，这个时间的长短由下列条件决定：

①木质的疏松与紧密：一般来说，木质紧密的再生能力强，木质疏松的再生能力弱。光皮桦时木质比较疏松的树种，如果在晴朗、干燥的时候砍伐，20d 后就可接种，如果在阴雨天砍伐就要 1 个月后才能接种。

②树木的含水量多少：一般来说，含水量少的树木原生质容易死亡，含水量多的原生质不易死亡。含水量的多少又与材质的抗旱性有关。枫香、青杠材质紧密，含水量又多，原生质要 1 个月以上才能死亡。应在接种前 1 个月砍伐。

伐树应注意按照菇场规划做好的标志，留好遮阳树。砍伐部分要尽量低矮，以提高木材的利用率，也有利于木材的更新。砍树时不要碰伤和碰落树皮，因为树皮起着保湿保温和保护形成层的作用。

段木砍伐后，截成 1m 长的小段，断面和破皮处涂上 5% 的石灰水溶液和波尔多液，以"井"字或"三角形"堆放于通风处干燥脱水。

（4）其他原料的处理　竹荪段木栽培与香菇完全不同，竹笋栽培后必须覆土才能出菇。因此，在用段木栽培时，需用一些碎料在段木之间起填充作用。这样也有利于竹笋菌丝的迅速生长发育。一般的填充料都是竹枝、竹叶、树叶、树枝、玉米芯麸皮、米糠等。竹枝，树枝要先砍成 2~4cm 长的小段，加温浸泡处理后使用。玉米芯也要先粉碎，再经处理后才能使用，处理方法与室内栽培方法相同。

3. 栽培的过程

（1）场地的整理和消毒　竹荪培养料准备好以后，即可进行栽培。在播种前 3d 左右进行场地的整理和消毒。在已选择好的菇场上按照自然长度，建 1m 宽的畦，畦的四周挖一条排水沟，清除畦内杂草、枯叶，在畦面上撒石灰进行消毒，以防杂菌侵害菇木。

（2）接种

①段木栽培接种：接种前，先检查菌种的质量，因为菌种质量的好坏影响成活，而且影响竹荪的产量和质量。选择优良的菌种是保证竹荪栽培成功的关键。优良品种应该是菌龄适中，即菌丝刚刚长到瓶底。老化菌种水分散失，活力降低。选种时还必须注意除去染有杂菌的菌种。

接种前还要检查菇木含水量，通常以冬天砍树，春天接种为好。若段木砍伐的时间过长，已经风干，水分含量低于 20%，在接种前须往段木上喷水，以增加段木的含水量。如遇干旱气候，段木长期得不到水分补充，已接菌种也会干枯死亡。

接种方法因菌种培养材料不同，也有所不同。木屑种的接种方法是用打孔器在菇木接种部位打一个孔，也可用台钻和手电钻打孔，然后将菌种塞入孔内。木塞种，所打孔的内径应与木塞外径一致，不宜过大或过小，大了易松动、脱落，干燥脱水；小了塞入时挤压用力大，使菌丝受伤严重，不易萌发。孔横距一般为 4~5cm，纵向 5~7cm，深 1.5~2cm。由于竹笋菌丝生长缓慢，一般来讲，孔密比空稀为好。

孔打好以后，由接种人员取蚕豆大小的菌种放入孔内，装满为止，切忌压紧和把菌种捏的粉碎。然后用木槌轻轻敲入，使之与段木表面平行。

接种时间应选择在晴天，雨水接种易染杂菌；接种人员的手、接种工具在接种以前必须进行消毒；打孔与接种应进行流水作业，边打边接种，菌种随用随从菌种瓶内取出；已开用过的菌种瓶内的菌种应在当天用完；接种时最好在树荫下进行，防止太阳光线直接照射菌种；暂时用不完的菌种，要保藏在干燥、阴凉、通风处，光线要暗，上面要覆盖遮阳物。

段木接种完后，立即摆到菇场中挖好的畦上，也可以在发好菌以后再放入畦内。

②木屑栽培接种：在已准备好的畦中，先在底部摊一层经过蒸煮消毒的竹叶，将处理好的木屑平放在畦中，按照一层料一层菌种的方式进行层播。播好后，在料面盖好塑料薄膜发菌，或者是将发好菌的木屑菌筒脱袋后直接摆放在畦中。

在野生竹荪资源较多，而又无制菌种能力的情况下，可以到有竹荪生长的竹林内，挖取带竹荪菌丝的竹鞭等基质，或带有孢子的菌盖到场地接种。可用坑栽（坑内放一层基质）与沟栽（沿竹鞭走向）等方法播种。播种后覆松土，使之稍高于地面。

（3）覆土　竹荪的林地栽培可以接种后立即覆土，也可以接种1个月后再覆土，但要注意保湿。保水性能差的段木应立即覆土，覆土的处理方法与室内栽培相同。覆土完成后，应在覆土上覆盖一层松针遮阳。

竹荪林地栽培管理与室内栽培各个时期管理大致相同，只是林地栽培由于有树木、竹林根系对湿度的调节，浇水的次数和量都要少一些。

有时可采用变温刺激，干湿刺激，喷洒0.5%葡萄糖液等方法促进子实体的产生。

（三）采收和加工

竹荪的采收和加工是非常重要的，不可以掉以轻心。很多菇农由于采收和加工不当，致使竹荪的价值下降一半以上。有时由于采收和加工不当，使一级品变为等外品，造成很大的经济损失。

1. 竹荪的采收

当竹荪菌裙达到最大张度且孢子液尚未流下时采收。采收时首先用刀从菌托底部切断菌索，切勿用手拧拉，因为已形成子实体的菌索连着许多菌索，用力拉扯会使更多的菌索受伤，影响以后的子实体形成。

切下的竹荪子实体，要及时剥离菌盖和菌托。菌盖上有一层具恶臭味的产孢体，孢子成熟后极易液化，若不及时剥离，产孢体液体化，易下滴污染菌裙和菌柄，影响竹荪的质量，使售价下降。

剥离出来的菌裙和菌柄应迅速干制。如果被泥土污染，要及时洗干净。水洗时可用柔软的牙刷刷去被污染处，但要注意尽量保护好菌裙和菌柄，保证其完整性，因为菌裙和菌柄如有破损就要降低等级。

2. 竹荪的加工

（1）干制　采下的竹荪应及时晒干或烘干，然后装入塑料袋内，放入避光、装有生石灰的缸内保存或出售。

（2）包装　竹荪应分级包装，按大小、色泽和完整程度同进行分级。分级标准是：

一级：长12cm以上，宽4cm，白色、完整。

二级：长10～11cm，宽3cm，色米黄。

三级：长8～9cm，宽2cm，色黄或污，稍有破损。

四级：长7cm以下，色深，不完整。

分级分拣完成后，可用聚乙烯塑料袋包装封口，一般每袋50g。加上注明产品名称、数量、产地、防雨、防潮及小心轻放等标记。

🔍 **思考题**

1. 双孢菇堆制发酵料的原则和方法是什么？优质发酵料的特征有哪些?
2. 双孢菇各管理期的要点有哪些?
3. 鸡腿菇对营养的要求有何特点?
4. 草菇生长需要哪些条件?
5. 竹荪有何营养价值与药用价值?
6. 竹荪采收时应注意什么事项?

第八章

药用菌栽培

第一节　灵芝栽培

一、概　　述

灵芝 ［*Ganoderma lucidum*（Leys：Fr）Karst］俗称灵芝草，古代又称为仙草、瑞草、木官花，在真菌分类学中属于担子菌纲、多孔菌目、多孔菌科灵芝属，有 100 多个种，其中红芝为主要的药用灵芝。野生灵芝主要分布在热带和亚热带，海南是灵芝资源最丰富的地区。

灵芝是我国医学宝库中的珍贵药材，历代医学书籍均有记载，认为灵芝具有滋补强壮、扶正固本、益心气、益肺气，益脾气、益精气、补肝气、坚筋骨、利关节、治耳聋、解毒之功效，所以民间曾有"起死回生、长生不老"的美誉。

现代科学实验发现，灵芝内含有生物碱和甾醇类、酚类物质，以及氨基酸、类内酯、香豆精、甘露醇、麦角固醇等多种成分。临床医学证明，灵芝对老年性支气管炎、肝炎、肾炎、神经衰弱、高血压、冠心病均有一定疗效。近年科技工作者发现，灵芝孢子粉对癌细胞和肿瘤有杀伤和抑制作用。

灵芝是适于热带、亚热带地区生长发育的中高温型真菌，以分解木材中的木质素作为生长发育所必须的营养物质，因此属于木材腐生真菌，自然界以紫芝和赤芝最常见。人工栽培的品种主要有紫芝、赤芝、黄芝、白芝、黑芝、青芝等。

二、灵芝生物学特性

（一）形态特征

1. 菌丝体

灵芝的菌丝为管状、白色，直径 $1 \sim 3 \mu m$，在试管中表现为纤细，整齐匍匐生长，略爬壁但不明显，一般接种后 10d 可长满斜面。菌丝表面覆有草酸钙结晶，菌丝表面逐渐形成韧性石膏状菌膜，分泌色素，菌丝稍老化时接种块附近呈黄色或黄褐色。

图 8 - 1 灵芝子实体

2. 子实体

灵芝子实体成熟时为木栓质，肾形或伞形，由菌柄、菌盖及下面的子实层组成（图 8 - 1）。子实体幼小时为肉质，成熟时木栓化，皮壳组织革质化，一般表皮有一层光泽，表面有环状枝纹和辐射状皱纹，菌盖的颜色、大小及形态，因品种、栽培条件、光照情况而变化很大。

菌盖多为肾形或半圆形，直径 5~20cm，厚 2~3cm，菌盖下有很多针头状小孔称管孔，管口圆形，淡褐色，每 $1mm^2$ 可有 4~5 个管孔，管口内壁为子实层，担孢子就着生在管内壁子实层的担子上，孢子大小为（8~12）$\mu m \times$ （5~7）μm，孢子印呈褐色或棕色。

菌柄呈不规则圆柱状，侧生，有些柄有弯曲或偏斜、紫红色、向光侧颜色深、基部稍浅。菌柄的粗细长短与环境条件、营养状况有关，营养不良时菌柄显得细小，通气良好时则显得粗、短。

（二）生活史

生活史指的是灵芝担孢子萌发到子实体形成，完成一个世代的过程（图 8 - 2）。

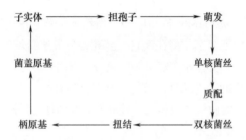

图 8 - 2 灵芝生活史

在适宜的条件下，担孢子开始萌发，形成只有一个核的单核菌丝（又称一次菌丝），单核菌丝在生活史中存在的时间不长，极性不同的单核菌丝很快相遇，通过质配形成双核菌丝（又称二次菌丝）。双核菌丝经锁状联合而增殖。双核菌丝洁白粗壮，生长更为迅速，分解和利用营养物质的能力更强，生长到生理成熟及一定菌丝量以后，等到适宜的环境条件，处在基质表面的菌丝相互扭结，形成一团表面光滑的白色凸状物，并不断向上生长，形成柱状菌柄。菌柄发育到一定程度，在适宜的环境条件下，柄顶端向光侧发生突起成为菌盖原基幼体。此时柄已逐渐停止生长，菌盖原基沿水平方向向外扩展、增厚，像树的年轮一样一圈圈的扩大、展开，菌盖的生长是在两个方向进行的，一方面，以柄为中心向四周扩展；另一方面沿垂直方向向下生长，形成菌管，进而形成担子，产生担孢子，最终形成肾形子实体。子实体成熟后，孢子从菌盖下方管孔中散发出来。又开始新的生活史周期。

（三）生长发育条件

自然界中的灵芝多生长在次生林阳坡的树桩或地下朽木上，每年夏秋季节形成子实体。因此可以认为，灵芝生长发育需要较高的温度和良好的通风透光环境。

1. 营养

灵芝是木材腐生菌，在野外环境中生长在阔叶林中倒木、枯木或其基部附近地面上，所以，凡与木材相似的材料均可用来栽培灵芝。灵芝对碳素的利用，可直接吸收单糖。一般灵芝依靠菌丝前端分泌的多种酶（纤维素酶、半纤维素酶以及多种糖酶）分解木材中的纤维素、半纤维素，通过氧化酶分解木质素，通过其他糖酶分解木材中的各种糖分，最后变成可吸收的单糖来营建自身。氮素营养是通过各种蛋白水解酶的活动，水解木材中的相应物质，获得氨基酸或铵离子。矿质营养可通过菌丝的渗透作用直接吸收基质中的各种矿质元素来实现。生产上常用壳斗科、枫香科及桦木、椴木、柞木等段木或木屑作培养料。其他富含纤维素、半纤维素、木质素的农副产品下脚料，经过适当搭配也能用来栽培灵芝。

灵芝培养料的碳氮比以 30:1 为好。碳氮比过高，氮素不足，菌丝生长缓慢；碳氮比过低，氮素过多，菌体生长旺盛，不利于代谢产物的积累。

2. 温度

灵芝属高温型真菌，菌丝在 15~36℃ 范围内均可生长。最适温度为 25~30℃。低于 25℃ 或高于 36℃，生长纤弱或缓慢，易老化，超过 38℃ 则易死亡。子实体在 20~32℃ 内能自由分化，28℃ 左右分化最快，发育最好。22℃ 以上才能形成正常菌盖及子实层（当然不排除能培育出低温型品种的可能）。实践表明，灵芝是恒温结实类，变温对子实体分化无促进作用。若处于低于 20℃，盖原基变黄、僵化，不能正常分化；若长期处于 30℃ 以上，虽然子实体生长快，但发育周期短，质地也不紧密，皮壳光泽差。

3. 水分与空气相对湿度

灵芝生长发育需要充足的水分和较高的相对湿度。菌丝体阶段，培养料含水量约为 65%，空气相对湿度约为 75%，子实体阶段空气相对湿度要求为 85%~95%。

4. 空气

灵芝为好气性真菌，它的呼吸代谢过程是吸氧的同时也吸少量的碳。这是由异养营养方式决定的，实践表明，菌丝体阶段对氧要求虽小，但缺氧会使菌丝体生长不良，空气中二氧化碳含量对子实体生长发育有明显影响，二氧化碳超过 0.1% 时，灵芝不能开伞，分化成鹿角状，超过 10% 时不能形成子实体，人们常利用调节二氧化碳浓度的方式来生产各种形态的灵芝。

5. 光线

灵芝没有光合作用，原则上不需要光，光照对菌丝有抑制作用，但子实体形成期需要漫射光。所以栽培灵芝时应调控光线，出菇阶段适当给予漫射光，有利于芝原基分化及子实体形成。光照强度以 3000~5000lx 为宜。

6. 酸碱度

灵芝喜偏酸环境，营养生长 pH 范围为 3.5~7.5，最佳 pH 为 4.5~6.5。

三、　灵芝栽培技术

灵芝人工栽培主要目的是获得子实体和孢子粉，以往常采用室内瓶栽法栽培，近年来逐渐改为室外建荫棚，棚下培养袋埋畦法以及室内代用料袋栽培法，此外，还有枝桠柴截段制作培养袋以及段木栽培法。

（一）袋栽工艺流程

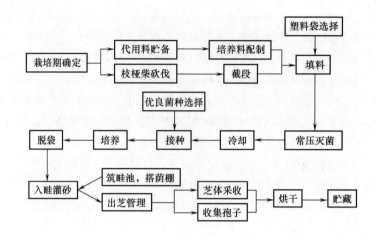

图 8 - 3　灵芝代料及短段木栽培工艺流程

（二）塑料袋室内栽培法

1. 栽培时间的确定

灵芝栽培季节宜安排在当地平均气温稳定为 20～23℃时为始栽期。向前推 25～30d，则为栽培袋制作期。大面积栽培可再推前 10d。

2. 培养基配制

（1）配方　常用配方有如下 3 种：

①木屑 70%，麦麸 28%，蔗糖 1%，石膏 1%。

②木屑 80%，麦麸 18%，蔗糖 1%，石膏 0.7%，尿素 0.3%。

③秸秆 75%，麦麸 2%，蔗糖 1%，石膏 0.7%，尿素 0.3%。

（2）培养料的制配方法

①称料：选定配方后，按配方比例称料。

②拌料：按配方的料水比 1.55：1 逐步加入清洁的水，可将蔗糖、石膏、尿素等辅料溶于水再入料。拌料要均匀，让料充分吸透水，以握紧能成团，放松能散开，指缝见水影而不滴水为度。拌好后，堆放半小时再入袋。

③装袋：选择高压聚丙烯或高密聚乙烯塑料薄膜筒袋，薄膜韧性好、拉力强、无砂眼，筒袋直径 15～20cm、长 28～30cm，两端开口。填料松紧度要适中，若填料过松，虽然前期菌丝生长较快，但易老化，培养料易干缩，造成后期营养不足，难形成菌盖，若过紧则通气性能较差，菌丝生长缓慢，迟出芝。

塑料袋两端用棉纱扎紧，但勿反扎，或在料袋端套上环套，塞上棉塞，每袋干料为 200～250g，若用短木条栽培，可选用宽 15cm、长 33cm 的塑料袋作为容器，将上述树木枝条截成 15cm 小段，若枝桠口径过大可劈成小块，以能填入袋为度，根据枝桠柴的质量，按上述配方加入米糠或麦麸等辅料。为了防止袋被刺破，可先将短段木放入袋内，再填入辅料压平，扎口，或套上环套并塞上棉花塞。

3. 灭菌

一般采用常压灭菌，料温上升到100℃后保持 8～10h。灭菌时应开始猛火加热，驱赶锅内冷空气，使料温快速达到100℃，锅与袋要留有一定空隙，使蒸汽流通快，灭菌彻底。

灭菌时间达到以后，停一段时间，让其自然降温后，可打开锅门，出锅后置于冷却室或干净房间排放好待用。

4. 接种

灭菌后，待袋料温度下降至30℃以下时，即可按常规的无菌操作规程在接种箱内接种，每瓶菌种接 10～20 袋，接种块以花生仁大小为宜，同时还要尽量把接种块接入孔穴中，以便尽快封面，缩短栽培时间，以免菌丝尚未蔓透培养料，子实体原基就已形成。

5. 出菇管理

（1）菌丝体阶段管理　接种后的栽培袋搬入培养室，置于培养架上，每架不宜超过3层。室内温度保持在 26～28℃，空气相对湿度宜在 60%～70%。约1周后菌丝即可覆盖培养基表面，并向下蔓延 1～2cm，进入旺盛生长期，培养 25～30d 后，菌丝长满全袋。再经过 10～15d 培养，菌丝达到生理成熟。

当菌丝长满培养袋后，可给予散射光，诱导芝原基形成。此时如果环境条件适宜，处在基质表面的菌丝扭结成白色或黄色的小疙瘩，表明菌丝体已进入生理成熟，转入生殖生长阶段，此时可把袋口的棉花塞或牛皮纸解开，增加空气湿度，使之保持在 90% 左右，气温宜保持在 28℃ 左右。此阶段的管理要点是保温保湿，增加散射光，防止芝原基萎缩。

（2）子实体形成阶段的管理　子实体形成的最适条件是温度 26～28℃，相对湿度85%～95%。为了给子实体形成创造良好的环境条件，一般情况下每天室内喷水 2～3 次，具体视天气情况灵活掌握，雨天少喷（或不喷），晴天多喷，并注意通风透气，如二氧化碳浓度过高，菌柄会产生很多分枝，造成品质低劣，产量低下。

菌盖的生长方式是一轮轮沿水平方向外生长，同时向下生长形成菌管，当菌盖边沿的生长点消失，变成品种特有颜色时，便不再扩展而定型，意味着进入成熟阶段。

菌盖生长结束并不意味整个生长过程完成，因为菌管中的孢子还处于继续发育阶段，直到菌管散发孢子粉，孢子完全释放，生长过程才算完成。

（三）塑料袋室外棚埋畦栽培法

1. 埋袋

将生理成熟的栽培袋搬入预先设置好的浅畦沟坑内，用刀片划破塑料袋，取出菌柱竖放坑内，随放随用干净湿细砂或腐殖质含量较低的湿表土填充菌柱之间的空隙，并覆上 1～2cm 厚的细砂，淋些水，最好覆盖薄膜。

或取出生理成熟的袋料菌柱，捣碎成块状，平铺于浅畦内，稍压实，厚度约为10cm，其上覆盖薄膜，数天后菌丝恢复，重新结块，当表面发白时，在料面铺上厚2cm的细湿土，再覆盖薄膜，为防水分过度蒸发或雨水流入，可在畦沟上方建拱棚（图 8-4）。

2. 管理

灵芝子实体发育温度为22～35℃，若提前入畦，气温达不到发育温度，子实体原基不能分化，则应以增加畦温为目标进行管理，比如增加光照强度，延长光照时间。

一般到5月中、下旬，幼芝陆续破土。如氧气供应充足，菌柄原基在环境条件合适情况下，在柄顶端光线充足一侧，出现小突起，并向光照方向扩展，此时要求有较高的空气相对

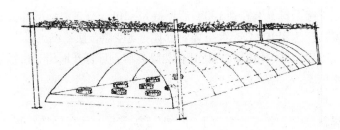

图 8-4　搭建遮荫棚

湿度，江南一带已进入雨季，空气湿度较高，除了大晴天要喷水增湿外，一般情况下相对湿度是足够的。气温较高时，要注意菌盖边缘上分化圈的颜色变化，防止变灰，一旦变灰，即使增大湿度也不能恢复生长。

5 月下旬至 6 月上旬，在高海拔地区气温较低，夜间要关闭畦上荫棚增温，白天打开以防二氧化碳浓度过高而产生"鹿角芝"（只长柄，不分化盖），此期通风是保证芝盖正常展开的关键。6 月份以后，气温已稳定在 22℃ 以上，实践证明，25℃ 左右子实体生长慢，质地紧密，皮壳发育较好，有光泽。

30℃ 时，子实体发育快，个体发育周期短，质地不紧密，菌盖薄，色泽也较差。

温度变化大也不利于子实体分化和发育，易产生厚薄不均的分化圈。

6 月中、下旬，梅雨季节已结束，逐渐以晴天为主，为了保证充足的空气相对湿度，可采用加厚遮荫物来解决，但不能过暗，否则影响灵芝菌盖的展开和色泽。

当菌盖表面呈现出漆样光泽，成熟孢子从菌盖下方针状菌管内不断散发时，便可采集子实体或收集孢子粉。在适宜的条件下，再经 20~30d 可再次形成原基。

室内荫棚埋畦法栽培比室内袋栽可增收 30%~80%，灵芝菌盖的形状、色泽好，个头大，但温度和湿度不易控制。

（四）灵芝的段木栽培

灵芝段木栽培主要是利用小口径段木，对大口径段木可采用生料短段木栽培。

1. 种树的选择与处理

种树主要选用油脂和芳香类化合物含量低的阔叶树木，如栎、柞、栗、桦和其他硬杂木。

（1）砍伐时间　段木的砍伐时间以树木落叶到发芽前为宜。

（2）截段　把树砍下，剥去枝叶，截成 1m 长小段，大口径段木则可截成长度为 1520cm 小段。

（3）堆放　在段木截面处涂上石灰浆，以防杂菌污染，堆放 7~15d，易返青的树木堆放久些，以防接种后返青过程，造成菌种死亡。

2. 接种

用冲击钻在段木上打洞穴，穴深不少于 1.5cm，株形距 5cm，呈品字形排列。大口径短段木则要在横截面上打孔，规格可同上。

打孔后可将菌种，木屑、米糠按 1:3:1.8 加蒸馏水混合至湿润，涂在孔穴内，然后用专用涂料封穴或涂在孔穴及整个断面，高度为 5~10mm，外厚内薄。

3. 发菌

将接种后的木材堆放在培养室或室外荫棚中，注意保温保湿，不能雨淋日晒，堆高 1m，排成"井"字形（图 8 - 5），并在其上覆盖薄膜。

如果是大口径短段木，为了保湿，则可每 3 ~ 4 段叠成一筒再用木板纵向钉牢，最后用薄膜覆盖（图8 - 6）。

堆放好后，在中午温度较高时进行通风，并在半个月或10d 内喷一次消毒杀菌药水防止污染。

图 8 - 5　上堆发菌

7 ~ 10d 翻堆一次，上、下对调，内、外对调，以保证温湿均匀，发菌一致。气温稳定在 20℃时，便可进行出芝管理。

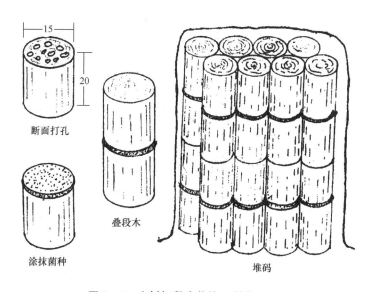

断面打孔

叠段木

涂抹菌种

堆码

图 8 - 6　生料短段木栽培（单位：cm）

4. 埋料

段木内菌丝发育成熟时，即把段木截成 20cm 的小段，埋入预先整好的畦内，深度视畦床土质、透气性能、渗水性能而定，一般为 10cm 左右，每段间隔 10 ~ 20cm（管理同上述袋料外荫棚栽培法）。

（五）采收

灵芝的采收标准是盖已充分展开，色泽变红，胶质革质化，正开始弹射孢子。此为成熟标志，应及时采收。采收过早，子实体幼嫩，未长足，产量低；采收过迟，子实体衰老，药效差。

瓶、袋栽采收后仍可放回原处继续栽培，还能继续出芝，段木栽培，一般可产两年。

灵芝采收后，剪除柄基部的菌蒂，及时晒干或烘干，置于塑料袋内妥善保存，并每月进行一次检查复晒，防霉防蛀。

灵芝的深加工方面具有广阔前景，除制成灵芝干品外，还可提炼多糖，制成酊剂、片剂、胶囊、丸类，浸酒及制成灵芝孢子粉冲剂等。

第二节　猴头菌栽培

一、概　述

猴头菌［*Hericium erinaceus*（Bull.）Pers］又称刺猬菌、阴阳菌、对脸磨、山伏菌（日本）。属于多孔菌目、齿菌科、猴头菌属真菌。

猴头菌在云南、四川、西藏、甘肃、广西、河南、浙江、吉林、黑龙江、辽宁、内蒙古、山西、河北等地有分布。常诞生于麻栎、栓皮栎、胡桃、高山栎等阔叶枯立木或腐木上，有时也生活于活立木的受伤处，使芯材白腐，少数也见于针叶树的枯木上。

猴头菌是一种食用兼药用菌，盛产于东北山林中。其肉质鲜美，是著名的"山珍"，历来是宴席上的名贵菜肴。据记载，在清代猴头菌是进贡慈禧太后的贡品之一。猴头菌具有较高的营养价值和药用价值，营养十分丰富，含有多种氨基酸及维生素。据北京市食品研究所分析，100g猴头菌干品含蛋白质26.3g、脂肪4.2g、碳水化合物44.9g、粗纤维6.4g、水分10.2g、磷856mg、铁18mg、钙2mg、硫胺素（维生素B_1）0.69mg、核黄素（维生素B_2）1.89mg、胡萝卜素0.01mg、热量323kcal。含有16种氨基酸，其中有7种是人体必需的氨基酸。在100g猴头菌干品中，含赖氨酸17.5mg、组氨酸6.5mg、苏氨酸10.7mg、精氨酸19.7mg、天冬氨酸21.5mg、丝氨酸26.0mg、谷氨酸42.2mg、脯氨酸9.5mg、甘氨酸12.1mg、丙氨酸19.4mg、缬氨酸19.8mg、异亮氨酸12.4mg、亮氨酸23.2mg、酪氨酸12.2mg、苯丙氨酸14.5mg、色氨酸40.4mg。

猴头菌性平味甘，利五脏、助消化、健脾胃。现代医学研究表明，喉头菌中所含的多糖类和多肽类物质，对肉瘤S－180和艾事腹水瘤有明显的抑制作用。美国抗肿瘤药物中心报道，猴头菌对小白鼠肉瘤S－180有明显的抑制作用。长期使用猴头菌，可以提高机体免疫力。

二、猴头菌生物学特性

（一）形态特征

猴头菌是一种肉质菌类，因形态似猴头而得名。鲜时白色，干燥后变为乳白至淡黄色，球状，直径3.5~30cm，或者更大，无柄，基部着生处狭窄，除基部外均密布有肉质的菌刺；菌刺直立发达，长1~5cm，有长刺猴头和短刺猴头之分。菌刺前端尖细呈针状，下垂，稍弯曲，菌刺表面披有子实层，在子实体内部由肥厚而粗短的分枝，互相融合，呈花椰菜状，中间有小孔隙，全体成一肉块；肉质柔软细嫩，白色，有清香味，内呈实质状；其担子长20μm、宽6μm；孢子近球形，无色透明，光滑，直径（5.5~7.5）μm×（5~6）μm，内含一个大而明亮的油滴，油滴直径2~3μm；菌丝壁薄，具有横隔，呈锁状联合，直径10~12μm；孢子印白色（图8－7）。

（二）生活史

猴头菌的生活史比较简单，如同大多数菌类一样，按照孢子→单核菌丝→双核菌丝→子实体→孢子的方式进行生活循环。近年发现，猴头菌丝也能断裂成节孢子。

图 8-7　猴头菌子实体

（三）生活条件

1. 营养

猴头菌是木腐生菌类，其营养条件与许多木腐生菌类相似，但猴头菌分解木材的能力很强，在自然界中，猴头菌菌丝侵染树木中央的木材部分，使芯材发暗，略带棕色，随后又变浅，最后导致木材变成白色海绵状而腐朽。猴头菌在生长发育过程中，能够将木质素和纤维素等物质分解转化为可吸收的单糖。另外，通过分解蛋白质来获得有机物质中的氮素营养和矿物质营养及生长素。人工栽培时，碳源主要是阔叶木屑、棉籽壳以及玉米秸秆、玉米芯等；氮素营养来源是添加的玉米粉、麸皮、米、黄豆粉等，另外，氮素还可以来源于无机物中的氮源，如尿素、硫酸铵等；矿物质营养来源于添加的石膏、石灰、过磷酸钙，以及其他化肥等。

2. 温度

猴头菌属于低温结实性菌类，但生长的温度范围较宽，6~35℃均能生长，其中以21~25℃最为适宜，超过35℃菌丝停止生长，甚至死亡；低于5℃是菌丝进入休眠状态，菌丝能在0~4℃保存半年，接种后仍可旺盛生长。菌丝生长温度10~33℃，最适25~28℃；子实体发生属低温结实性和恒温性，在12~24℃时均能发生，最适为18~20℃。22℃以上时，子实体生长太快，品质差；低于10℃以下时子实体不易形成，即使形成子实体也是球块小，呈淡红色，生长缓慢。

猴头菌的子实体形态与温度有关。当温度一直偏高时，子实体的球块长的就松软、刺长、块小，有时易产生分枝状；温度若持续偏低，子实体就刺短、块大、结实。

3. 湿度

猴头菌培养料的含水量以60%~65%为宜，菌丝体在低于60%的温度时生长缓慢，菌丝细弱；当含水量高于65%时，菌丝生长受到抑制，并易滋生杂菌，造成污染，同时菌丝分泌黄水。子实体发生时空气相对湿度要求为80%~95%，低于70%，子实体干缩变黄，发育不良，菌丝细密。当子实体发生时，长期处于相对湿度为95%的高湿的情况下，若气温也较高，通气又不通畅时，菌刺生长就会很长，易发生畸形子实体。

4. 光照

猴头菌的菌丝体能在黑暗中正常生长，但子实体必须在散射光的照射下形成和生长。一般子实体在形成初期需要弱光诱导刺激，以50~150lx的光照强度为宜。当子实体形成球块以后再增加光照强度，以200~400lx效果最好。这样的光照强度能使子实体洁白，菌刺均匀，生长迅速，但不能用直射光照射，过强的直射阳光容易使猴头菌的子实体生长受到抑制，菌丝老化，颜色变黄，所以人工栽培猴头菌时，在子实体形成过程中，必须注意用散射光照，加强光照管理。

5. 空气

猴头菌是好氧性真菌，菌丝体和子实体的生长均需氧气。菌丝生长阶段，培养料内的空气能够满足菌丝的呼吸需要，因为菌丝体能在二氧化碳浓度较高的情况下正常生长，而子实体则不能。子实体对二氧化碳十分敏感，当菇房通风不畅，二氧化碳积累较多时，子实体分化就会受到抑制，已经分化的子实体也会发生菌柄伸长、产生分枝、菌刺弯曲，变成畸形菇，同时还容易滋生霉菌。因此，在子实体生长阶段必须加强通风管理，保持菇房内空气新鲜。

6. 酸碱度（pH）

猴头菌适于在偏酸的环境下生长。菌丝体生长的酸碱度范围为 pH 3.0~7.0，最适为 pH 5.0。在偏酸的条件下，才能有利于有机物的分解。当 pH 大于 7.0 时，菌丝生长不良，子实体萎缩，球块变黄。子实体生长阶段，最适的 pH 是 4.5~5.5。

三、 猴头菌栽培技术

（一）菌种选择

猴头菌品种一般分为春栽中温型和秋栽中低温型两大类。春栽品种多为春季发菌，春夏之交正值出菇，出菇温度为 13~28℃，如猴杰 2 号、云猴 1 号、高猴 He 等品种；秋栽品种多为夏秋之交发菌，秋季低温出菇，出菇温度为 10~22℃，最适温度为 16~22℃，如瑞大 98、911、猴丰等品种。具体见表 8-1。

表 8-1　　　　　　　　　　　　　猴头菌常用品种一览表

品种 ＼ 特征	出菇温度/℃	主要特征
瑞大 96	12~26	个大高产，抗杂力强，刺短，色白，适合多种栽培料栽培
瑞大 98	10~22	球大，白色，刺长，高产，出菇快
长刺 1 号	15~25	色白，刺长，子实体肥大，抗杂力强
常 99	15~25	白色，子实体肥大，适应性强，高产，传统良种
猴杰 2 号	13~28	白色，子实体肥大，球形圆整，刺短，高产，夏季出菇
L19	15~22	黄白，球大，组织紧密，产量高
911	14~18	白色，子实体个大，高产，抗杂
云猴 1 号	18~28	黄色，刺长球大，夏季出菇，高产
大球 93	14~24	黄白，球大 100g 以上，美观抗杂，无柄，刺长
高猴 He	15~28	黄白，最大球达 150g，夏季出菇，太阳神口服液专用品种
猴丰	13~24	黄白，刺浓密粗壮，子实体多头，球块大
H902	15~22	白色，刺细密

猴头菌优良菌株要求早熟、高产、高抗、质优，菌丝粗壮洁白，菌龄 25~30d，无污染等。同时要求扩繁栽培种时，以菌丝体在瓶（袋）内吃料达到 2/3 即可显现原基为好。

（二）栽培工艺

猴头菌栽培有两种方法，一种是瓶栽，此方法是将瓶子横卧在地面上摆放成墙状，两侧出菇；另一种方法是袋栽，采用床架式或墙式出菇。出菇场地多选用塑料大棚和阳畦栽培。

1. 培养料的配制

栽培猴头菌的原料很多，常用的配方如下：

①杂木屑60%，棉籽壳18%，麸皮20%，糖1%，石膏粉1%。

②杂木屑78%，麸皮20%，糖1%，石膏粉1%。

③玉米芯78%，麸皮20%，糖1%，石膏粉1%。

④玉米芯45%，豆秸粉38%，麸皮15%，糖1%，石膏粉1%。

⑤玉米秆、稻草粉碎后各40%，米糠18%，过磷酸钙1%，石膏粉1%。

⑥稻草60%，杂木屑20%，麸皮18%，糖1%，石膏粉1%。

2. 瓶栽

瓶栽猴头菌一般采用口径为3~5cm、容积为750mL的化工瓶，或猴头菌栽培专用瓶。罐头瓶不适合栽培猴头菌，因为玻璃罐头瓶的瓶口较大、原基多、子实体分散，不易形成个大、质优的子实体。

（1）拌料　首先从培养料配方中任选一种，然后按配方称料，按常规将原料混合加水拌匀，使料的含水量控制在60%~63%。如果原料主要是木屑，拌料时应略干些，湿度不能超过65%，因为木屑吸水性较强，再蒸料灭菌时能吸收大量水蒸气而增加一定的湿度。拌完料以后将料堆成堆，闷4h左右开始翻堆，使料的湿度均匀，同时检测pH，拌好的料pH应调为5.0左右。

（2）装瓶　装料时要求边装料边振动，装满瓶，稍压平实，料面离瓶口1~2cm左右。装完后要擦净瓶口，用双层牛皮纸扎封瓶口。

（3）灭菌、接种　装好培养料的瓶要经高压或常压蒸汽灭菌，之后搬入无菌室内冷却到28℃时开始接种。在无菌条件下逐渐接入大枣大小块的菌种稍加压实，使菌种与料面紧密接触，以利吃料、发菌。食用菌中应选择优良的猴头菌种，要求菌丝洁白致密，上下均匀，无菌丝间断，表面菌丝生长旺盛，菌龄应控制在25~30d。若发现瓶壁积水或脱水现象。或菌丝发黄、细弱、稀疏、长势不旺盛，说明菌种老化、退化，生活力下降，这样的菌种不可使用。然后进行发菌管理与出菇管理。

3. 袋栽

（1）拌料、装袋　配料方法及过程与瓶栽相同。装袋用13cm×35cm×0.05cm低压聚乙烯筒袋。要求分层压实，袋口处理干净后扎紧灭菌。

（2）灭菌、接种　按常规进行常压蒸汽灭菌，灭菌后搬至接种室冷却后接种。接种时用打孔器在料袋的同侧达4个孔径为2cm、深为1.5cm的孔穴，然后用接种工具将菌种填入空穴内，随即封上胶布。注意接种过程必须严格按无菌操作规程进行。

（三）管理与采收

1. 发菌管理

接种后的菌瓶（袋）应整齐地排放在培养室的层架上，室内温度应保持在21~25℃。空气相对湿度控制在60%左右，湿度不能过高，否则瓶口容易污染。发菌阶段要保持室内空气新鲜，定时通风换气。培养是在整个发菌阶段多必须处在全黑暗的环境。因为有散射光的照射，容易出现菌瓶尚未发满就会从表面产生原基，有的甚至接种仅1周也会产生子实体原基。子实体原基发生得早、数量多，就会造成养料供应不足、球块小、商品价值降低。因此，发菌管理控制光照是关键。当菌丝发满瓶（袋），达到生理成熟后移进菇棚，去掉封口纸（薄膜），把菌瓶排放成墙。排法是将上、下两层的瓶口相反放置，共排10层。为避免瓶墙倾倒，可以用立柱拉绳加以固定，两墙之间留出通道；若是袋栽，应将袋口打开，排放成墙式两侧出菇。

2. 覆土栽培

菌袋发满后，菌丝体达到生理成熟后开始作畦。先挖深20cm、宽1.2cm、长不限的土坑，坑底铺2~3cm厚事先制备好的耕作土层。采用13cm×35cm的袋栽，菌丝体发满后脱去底部1/2袋膜，脱袋后，将脱袋端垂直向下立放在畦坑底部，袋间空隙1~2cm，用土填实，排满畦后覆土至袋口。如果不是在大棚内出菇，还需要搭棚盖草帘和薄膜。

3. 出菇管理

（1）光照　加强散射光刺激，诱导菇蕾的形成，光照强度在200~400lx为宜。

（2）温度控制　菇蕾初期，温度应控制在12~15℃，当菇蕾形成以后，球块较大时，温度需控制在18~20℃。此时温度不能超过22℃，否则子实体长速过快，球块松软，组织不致密，色泽变黄，品质差，商品价值低。

（3）湿度　空气相对湿度控制在85%~90%。喷水的方法是用喷雾器向棚内地面和空气中喷雾水，不能直接向菇蕾喷水。一般晴天每天喷3~4次。当子实体较大时，可以加大喷水量，同时可直接向子实体喷水。若覆土出菇，覆土后要喷一次重水，以后每天上部土层喷水或用水沟灌水，保持覆土湿润。

（4）通风　出菇期间要加强通风换气，保持棚内空气新鲜。因为猴头菌对二氧化碳特别敏感，当二氧化碳浓度达到0.1%时，子实体生长就会受到抑制，并引起分枝，形成珊瑚状的畸形菇。菇棚每天通风3~4次，每次0.5h左右为宜。

4. 采收

猴头菌最佳采收期是子实体发育的中期。这个时期是菌刺形成期，子实体增大，圆整洁白，内部菌丝生长密实，手捏较硬，菌丝长0.4~0.6cm。若用显微镜检查无成熟的孢子，球块圆整，肉质坚硬，营养丰富，氨基酸含量最高，干物质积累也较多，商品价值较高。

猴头菌一般可采收3批，第一、二批产量最高，质量也最好。采收后应停水2~3d，并揭膜通风半天，同时调温21~24℃，相对温度控制在75%左右。转潮期约为1周，当菇蕾形成后，再把温度降至16~18℃，相对湿度提高到90%左右，以促进子实体生长。

将采收后的猴头菌剪去带有苦味的菌柄，及时进行处理，否则采下的猴头菌还会后熟，组织老化，苦味加重，降低商品价值。一般处理方法有三种：

①采收后对猴头菌进行烘干或晒干：如果烘烤，温度应控制在50~60℃，然后将干品用塑料密封保存。

②盐渍处理：用清水洗净鲜猴头菌，然后将其放在0.1%柠檬溶液中煮沸20min，捞出后立即用凉开水冷却，随后铺一层猴头菌撒一层盐。盐的用量为鲜猴头菌重量的25%，最后压上干净木板浸入适量的冷开水中淹没。方法类似腌制咸菜，食用时用冷水清洗脱盐。

③鲜品直接用塑料袋密封：此法用臭氧发生器向装有鲜猴头菌的袋内注入臭氧气体，然后密封保鲜，保质期可以达到40d左右。

第三节 茯苓栽培

一、概 述

茯苓〔*Poria cocos* (Schw.) Wolf.〕俗称松茯苓、茯龟、松柏芋、玉灵等，在真菌分类中属于担子菌亚门、多孔菌目、多孔菌科、卧孔菌属。

野生茯苓系由茯苓菌腐生于死亡的松科植物（赤松、马尾松等）的根部，至适时形成菌核，即为茯苓。茯苓具有三种不同的形态结构，即菌丝体、菌核、子实体。其中食用、药用及栽培部分是菌核。

茯苓为传统的中药材。性平，味甘淡，具有提神安宁，渗湿利水，益脾生津、健胃等功能，主治脾虚湿盛，小便不利，心悸失眠，恍惚健忘等症。据不完全统计，大多数中药处方中仍配有茯苓。现代科学已能从茯苓中分离出茯苓多糖，进一步提纯获得羧甲基茯苓多糖。临床试验结果初步认为，对患鼻咽癌等恶性肿瘤病人的放射治疗、化学治疗有协同作用，对肝炎病人也可取得一定疗效。

茯苓除供药用之外，还是营养滋补食品。北京、四川及福建厦门的"茯苓糕""茯苓饼""茯苓包子""茯苓粥"均为有名的滋补食品。还有茯苓和蜂蜜混合制成的食品，可作为癌症病人的营养剂。

茯苓是我国传统的出口产品，远销东南亚及印度、日本等国，在国际市场上久负盛誉。茯苓大规模纯菌种栽培仅是近几十年的事，常用的栽培方法有筒段栽培和树桩栽培。目前大面积栽培茯苓平均每窖产量为 2~10kg。全国对茯苓的需求量每年达 2 万~3 万吨。

茯苓主产区为云南丽江（滇苓）、安徽金寨（皖苓）、湖北罗田（鄂苓）、福建尤溪（闽苓）河南商城（豫苓）。此外，贵州、四川等省（区）也有少量栽培。

二、茯苓生物学特性

（一）形态特征

1. 菌丝体

菌丝是茯苓的营养器官，色泽洁白。在斜面培养基上，菌丝生长迅速，呈放射状蔓延，气生菌丝生长旺盛。适温下，培养 1 周即可长满试管，并形成菌丝柱，老弱时呈棕褐色。偶尔在试管内会形成菌核，甚至子实体。

2. 菌核

菌核是由菌丝体发育而成的一种休眠体，也是营养物质的贮存器官。成熟的鲜苓表皮为黄褐色或棕褐色，多皱易瓣开。干茯苓的表皮呈松树皮状的黑褐色外壳，质地较硬。另外，茯苓具有多种形态，如球形、椭圆形、卵形、块状或板根状等不规则形。大小差异较大，小者如拳，大如小鼓，偶有更大者。

3. 子实体

子实体为茯苓的有性繁殖器官，厚度为0.3～2cm，呈蜂巢状。菌管长度几乎和其厚度相等，管口呈多角形，大小不等，直径0.5～2mm，孢子从管口散发出，管口黄白色，呈齿状（图8-8）。

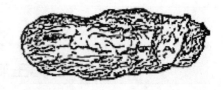

图8-8　茯苓（菌核）

（二）生活史

从担孢子萌发开始，形成单核菌丝，不同性别的单核菌丝通过质配，产生双核菌丝体。在条件适宜时，双核菌丝体便形成菌核（俗称结苓），并在菌核下侧产生子实体，由子实体产生担子。担子进行核配，产生新的担孢子。

（三）生活条件

茯苓的生活条件包括营养、温度、湿度、空气、光照及酸碱度等。

1. 营养条件

茯苓菌属于典型的腐生菌，通过菌丝分泌出纤维素酶和半纤维素酶，将材质中相应的纤维素和半纤维素降解成可溶性单糖并吸收。在降解过程中，材质中的纤维素和半纤维素的组分不断减少，使材质抗涨强度极度减弱，但木质素依然残留，因而质地变得松软，并呈褐色。这种腐解方式称为褐腐，这是茯苓菌的一个显著特点；茯苓可有效地利用松木和土壤中的含氮物质作为自身的氮源。

2. 温度

茯苓属变温结实性菌类。温度是影响茯苓菌丝生长速度和结苓的一个重要因素。菌丝生长温度为18～35℃，最适宜温度为28～30℃，18℃以下生长缓慢，5℃以下处于休眠状态，35℃以上菌丝易衰老、发黄。菌核的形成与发育要求较高的温度。28～30℃是结苓的适宜温度。昼夜温差大、变温刺激均有利于菌核的形成。

3. 水分和湿度

培养基和土壤含水量在50%～60%时适宜菌丝体生长。菌丝生长阶段空气相对湿度以70%为宜。菌核形成期土壤湿度保持在60%左右为宜，湿度过大，菌核不能长大甚至发生腐烂现象。子实体生长阶段要求空气相对湿度在85%～95%，低于70%子实体难以形成。

4. 空气

茯苓属于好氧性腐生真菌。气生菌丝发达，新陈代谢旺盛。要求疏松通气，保温保湿效果良好，偏酸性的土壤。为了保证土壤中有一定孔隙度，苓场土质应含有70%的沙砾并且为酸性。如果土质黏性过大，则土壤不透气，菌丝呼吸减弱，结苓少而小。

5. 光线

茯苓是在地表下生长的，不论是菌丝生长还是菌核生长，一般不需要光照，直射光反而对其有抑制作用。但实践证明，没有阳光的场地茯苓生长不好。因此，苓场宜选择南坡或东南坡，以利于表土层土壤升温、加快菌丝分解速度。此外，菌核在发育、膨大过程中，覆土层常会出现裂缝，从而使散射光透入，并刺激了菌核的膨大。

6. 酸碱度

茯苓菌丝在pH3.0～7.0的范围内均可生长，以pH4.0～6.0为适宜，配制茯苓培养基时以pH6.5～7.0为最佳。茯苓以纤维素酶降解基质，而这一降解过程必须在酸性条件下才能进行。因而必须选择酸性土壤进行栽培。

三、　茯苓栽培管理技术

（一）工艺流程

茯苓栽培工艺流程见图 8－9。

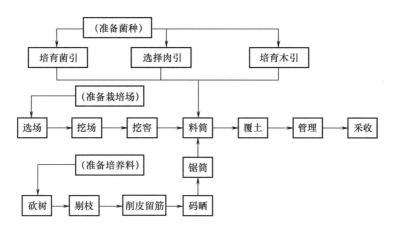

图 8－9　茯苓栽培工艺流程

（二）栽培季节的选择

一般在清明前后至夏至期间种植，生长周期为 7～8 个月。长江以南地区一年可栽培两季。长江以北地区芒种后（气温连续 3 个月超过 20℃）均可栽培一季茯苓，这称为夏季栽培。各地气候条件差异较大，地温及土壤湿度也不同，具体确定栽培时期，应综合考虑当地气候和土壤情况。

（三）段木栽培

1. 苓场的选择及处理

（1）苓场选择　一般以海拔 700～1000m 山地为理想场所。选择向阳、含沙量七成的坡地（以提高地温），或选择低海拔日照较短、含沙量五成的山坡地（以利降温）作苓场，以选择有酸性指示植物的红沙壤生地较适宜，坡度一般为 10°～25°，其中以背风向阳的南坡最好（昼夜温差大，有利结苓）。

（2）苓场准备　苓场选好后，应顺坡深翻 50cm 以上，打碎泥沙块，拣净杂草、树根、石块等杂物。苓场整平后挖"四"字形排水沟，保持原来自然坡度，以防冲刷或积水。经深挖处理后，暴晒 2～3d。

2. 培养料的准备

（1）树种选择　常用树种有马尾松、黄山松、云南松、赤松、黑松等，以树龄 15～20年，树径 10～20cm 的中龄树为宜。

（2）砍伐季节与方法　松树属于常绿针叶树，休眠期不明显，常以秋末、冬初砍伐为宜。

（3）段木处理　同香菇、黑木耳段木栽培。

3. 备种和接种

茯苓的接种方法，按所用菌种的来源不同，可分肉引、木引和菌引 3 种。

（1）肉引　肉引是以新鲜茯苓为种的接种方法。种苓要选择个型中等，质量为 2.0 ~ 3.5kg，皮薄淡棕红色、近球形、裂纹多、苓肉白、浆汁足的新鲜茯苓。尽量做到种苓随挖随种，所采用肉引的接种时间，基本上是与茯苓收获同时进行。

接种方式有兜引和贴引两种。将苓肉贴于段木截面顶端的称兜引或斗引，将苓肉贴在段木上端的侧面称侧引或贴引。肉引时，每块苓种 150 ~ 250g，均要保留有茯苓皮，以保护内部苓肉。贴时苓肉着木，苓皮朝外。

（2）木引　木引是经人工接种尚未结苓的松木筒（引木）为种的接种方法。所用的引木应提前两个月培养，并选取木材呈金黄色的为佳。如果木材色白是传菌不够，应推迟接种。如果木材呈黑色，则是菌丝过老，不宜选用。

木引接种的方式有兜引和夹引两种。将引木锯成 5 ~ 6cm，靠在每根段木上端的截面上称兜引，将引木锯成 2 ~ 3 段，每段长 20 ~ 40cm，夹在料筒中间的称夹引。

（3）菌引　菌引是以人工培育的纯种接到段木上的方法。栽培前应先准备好纯种，包括母种、原种和栽培种。栽培上常用的是木片菌种。

木片菌种的配方是：松木片（长 10 ~ 12cm，宽 3cm，厚 0.5 ~ 1cm）66%，松木屑 10%，米糠 21%，石膏粉 1%，蔗糖 2%。拌匀装瓶后在 0.147MPa 下灭菌 1h，冷却后接入原种，在 25 ~ 28℃培养 25 ~ 30d 即成。

木片菌种要选择菌丝均匀、洁白，木片稍呈腐朽状，断面淡黄色，茯苓气味浓，无杂菌感染为好。

菌引接种方式有顺排法和聚排法两种。将种木片按顺序排放在两根段木之间的削面上称顺排法。将种木片集中放在两根段木削面接触处的顶端称聚排法。接种量应根据段木的大小粗细而定，一般每 15kg 左右的段木，需用木片菌种 6 ~ 8 片。

4. 管理

（1）检查成活情况和补种　接种 20 ~ 30d 后，一般传引成活的，种木片与段木紧密接触，种木上的菌丝开始萎缩，逐渐枯朽呈黄褐色。接种处截面有茯苓菌丝传出。如接种处的截面看不到茯苓菌丝，说明接种没有成活，应及时补种。补种的方法有两种，一种是在苓场选择茯苓菌丝生长较好的苓窖，取其中长有菌丝的一根段木与另一苓窖无菌丝的段木对换；另一种是在茯苓接种时，预先准备一些小段木（直径 5 ~ 10cm）同样用菌引接种，每窖 20 ~ 30 根，20 ~ 30d 后，这些小段木已开始长有菌丝，可用来作补种材料。

（2）调节水分　接种后几天内，若遇雨水较多，应在窖顶覆盖薄膜或树皮，并及时开排水沟，保护种引免受雨水侵袭。春植茯苓在立秋后开始结苓，对水分要求比较迫切，如遇干旱要进行培土保墒，旱情严重时，还要在早晚灌水抗旱（把窖面中央的表土拔开，灌水后再覆土）。

（3）培土　当窖面泥土因雨水冲刷或因菌核不断增大而溜散时，应及时培土，以防段木和菌核露出地面被阳光灼伤，或长出子实体而消耗养分。一般在 5 月上、中旬和 6 月上旬分别培土一次。这期间雨水较多，通常是在大雨或久雨过后，选晴天把覆盖于段木上的泥土拔开（不触动段木，以防断伤菌丝），让段木受阳光晒半天，然后再把土培上成堆。

5. 采收

茯苓采收称"起窖"。成熟的标志是，窖面不再出现更大的裂纹，料筒由黄色变成棕褐色，一捏就碎（此时养分已耗尽）；菌核表面无白色裂纹，菌核皮色开始变深，旱黄褐色，苓皮变硬（苓皮呈黄白色则太嫩；黑褐色为太老）。起窖时，选择连续晴朗的天气。采收过程中防止挖破、挖漏，尽可能保持茯苓完整。

（四）树蔸栽培

树蔸栽培即利用森林采伐或间伐后的松蔸栽培茯苓，这对保护森林资源、充分提高松树经济效益、降低生产成本有着积极的意义。

1. 松蔸的选择

只要长在阳坡酸性土质、直径 12cm 以上、不腐烂、无虫蛀的松蔸均可利用。

2. 栽培场所和松蔸的处理

栽培前 2~3 个月，清除灌木，将松蔸四周 2m 以内深翻 50cm，暴晒，并将离蔸 1m 以外的主根全部截断，拣净草根及石块。露出地面的松桩及粗树根均要"削皮留筋"，任其暴晒半个月。结合翻土，可施药以防白蚂蚁（注意不要使药物接触到树根）。

3. 栽培方法

在数日晴天后，选择菌龄 20d 左右的木片菌种进行接种。

树蔸栽培接种方法有填充法、敷贴法等形式。填充法是将树蔸近地表的根部砍成"人"字形缺口。而后将菌片填入，塞紧培土即可。敷贴法是将留筋处的木质剖刮出新口，将木片菌种敷贴上，培土。注意接种时不要让木片悬空。一般树桩直径在 20cm 左右的用种量 10 片左右。培土时将挖穴时挖下的根柴全部埋入，但要弃杂质及石头。培土高度要高出菌种位置 3~6cm，呈龟背形，穴周围要有环沟。

4. 管理

茯苓种植后苓场的管理工作主要有以下三个方面：

（1）补种 接菌后 15~20d 内要逐穴检查，若发现死穴，要及时补种。检查方法是在原接种部位轻轻刨开表土，观察菌种现状，若菌种洁白，菌丝浓密，则说明生长发育良好。如原菌种发黑或无菌丝生长则说明是死穴需补种。树蔸表面及菌种有白蚁活动，表面菌丝被噬食，且菌种内部有蛀巢，应再次施药防治白蚁。

（2）培土 树蔸种植茯苓极易在侧根的末端近地表处、通气良好的部位菌丝扭结发育成菌核。因此要及时做好培土工作。若培土不及时就会造成菌核暴露空间，容易出现因生理作用使菌核裂成爆米花状或形成子实体，将严重影响产量。一般茯苓接种 60d 后要经常到苓场观察苓穴是否有裂缝（苓穴裂缝是菌核形成的部位），若有裂缝就要及时培土加厚土层。其次在干旱季节也要加厚土层达到保墒的效果。

（3）护场 苓场要禁止放牧，严防牲畜践踏，还要防止野猪拱窖。

5. 采收

茯苓种植后经 10 个月左右的生长发育已基本成熟，可及时采收。其采收的标准和方法同段木栽培。

第四节　蛹虫草栽培

一、概　述

蛹虫草（*Cordyceps militaris*）又名北冬虫夏草。属子囊菌亚门、核菌纲、球壳菌目、麦角菌科、虫草属真菌。蛹虫草是与冬虫夏草极为相近的一个种，具有极高的药用价值和经济价值，在国际市场上深受人们的重视。近年来国内有关蛹虫草的人工驯化、菌种选育、高产栽培及其开发利用都有了很大的发展。

蛹虫草含有丰富的营养价值，其蛋白质含量高达40.7%，比天然冬虫夏草（25.4%）高出15.25%，其蛋白质中含有19种氨基酸，其中所含人体必需的氨基酸不仅种类齐全，数量充足，而且比例适当，与天然冬虫夏草基本一致。人工栽培的蛹虫草中还含有丰富的维生素和矿物质等，具有很好的使用价值。

蛹虫草更具有极高的药用价值，赵学敏在《本草纲目拾遗》中指出：蛹虫草"能治百虚百损"。蛹虫草性平味甘、益肺肾、止血化痰，一般可用于肺结核、老人虚弱、贫血虚弱等症。

一系列研究表明，蛹虫草中含有丰富的虫草酸、虫草素、麦角甾醇等，具有扩展气管、镇静、抗各类细菌、降血压的作用。虫草素对枯草杆菌、鼠艾氏腹水疣、人鼻咽癌 KB 细胞，人表皮样疣 Kela 细胞皆有明显的拮抗或抑制作用。虫草酸可治疗脑血栓、脑栓塞、血管痉挛、脑溢血等疾病，又可促进新陈代谢、利尿等。虫草多糖能提高肝脏的解毒能力，起护肝作用；其酶活力为54U/mg 蛋白质，这种酶具有防辐射等作用。

以上分析表明，蛹虫草具有重要的医药价值，不仅可与冬虫夏草相媲美，而且在某些成分上高于冬虫夏草，有望成为天然冬虫夏草的替代品。

二、蛹虫草生物学特性

（一）形态特征

在自然界中，蛹虫草是寄生在多种昆虫蛹体上（少数可在幼虫或成虫体上寄生）的一种假菌核。子座一至数枚，从寄主的头部开口处、节间缝生出，其大小因宿主种类和虫体大小而异，一般长 1~6cm（图 8-10）。初生时为淡黄色，新鲜时为橘红色，倒苗时为紫红色；多数为棒状，有分支；下部棒柄光滑；上部锤状，长 0.8~2cm，粗 1.5~4mm；子囊壳短烧瓶状，密生于膨大的锤部，表生或埋生，大小为（400~600）μm×（250~350）μm；子囊孢子大小为（150~300）μm×（4~5）μm，呈线型，成熟后断裂成小段。虫草蛹壳呈棕褐色或黑褐色，表面光滑或黏附菌丝、土粒、植物纤维等。子座横切面为淡黄色，蛹体横切面为灰白色，有鱼腥味。单株鲜质量0.5~5.5g。

（二）生长史

虫草真菌能以各种不同的途径感染寄主昆虫，这些真菌可经昆虫的体壁、气孔、口器或直接通过躯体的其他孔道进入体内，以增加感染的机会。虫草真菌的侵染过程可分为 3 个基本过程，即侵入、寄生（昆虫死亡之前的真菌发育）和腐生（寄主死亡后真菌的生长）。

敏感昆虫吞食了含有子囊孢子的食物后，虫草菌经消化道进入体内，造成感染。另外，虫草菌经昆虫体表侵入也是一主要途径，昆虫的上表皮有几丁质层构成的，而虫草菌能分泌一种分解几丁质的水解酶，破坏上表皮的完整性，利于虫草菌的侵入。

虫草菌侵入昆虫体内后，以内脏为营养，菌丝蔓延，接着充满整个虫体，当昆虫还存活时，昆虫因中毒性反应而停止取食，并出现麻痹现象，行动迟缓。当菌丝感染幼虫数天后，虫体的外壳便出现明显的退色现象，即由深褐色转变为淡黄色，以后直到全身披上灰白色的菌丝，最后虫体死亡。在不良的环境下，菌丝会形成坚硬的菌丝块，其外围组织形成更结实的皮壳即菌核。待环境条件好转之后，昆虫体内的菌丝便会从虫体开孔的部分和柔软的部分穿出外表，形成各式各样的子实体，便形成了完整的虫草。

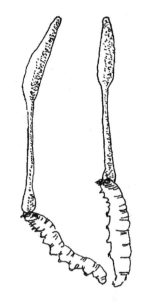

图 8 - 10　蛹虫草形态示意图

（三）生活条件

蛹虫草的生长发育，不仅与温度、水分、湿度、空气、酸碱度和光照等条件关系密切，而且还是一个统一、有机的整体，必须相互恰当地配合。当某些条件达不到要求时，就会使虫草菌不能生长发育或发育不良。因此，对于蛹虫草的人工栽培，不仅要创造适宜的条件，还应注意条件的变化和不同发育阶段的要求，并随时加以调整。

1. 营养

蛹虫草菌丝生长和子实体形成发育都要求有良好的营养条件，不仅要有合适的碳氮比，而且特别要求蛋白质品质好，常常以蛋白胨、蚕蛹粉、鸡蛋清等作为氮源。另外，人工栽培蛹虫草还需要多种微量元素、维生素和生长因子等营养物质。

2. 温度

蛹虫草菌丝生长的温度范围为 5～30℃，最适为 15～18℃，温度过高，菌丝生长加快，但易引起霉菌和细菌的感染，这些杂菌与虫草菌争夺营养物质，造成菌丝生长缓慢甚至死亡；温度过低，菌丝生长过慢，导致部分菌丝老化，影响出草。

子实体形成及发育的温度范围为 5～26℃，最适为 20～22℃。为提高出草量，可加大昼夜温差，刺激子实体分化。然后在适宜的温度下加强管理，使子实体形成多而且出草均匀。

3. 湿度

菌丝生长阶段所需的水分基本上可由培养基提供，培养室的空气湿度保持在 65%～70% 为宜。子实体生长阶段，需要大量水分，要求空气相对湿度为 85%～95%，浇水时，尽量以雾状水喷到墙面、地上、培养架及罐头瓶上。

4. 酸碱度（pH）

蛹虫草在 pH3.0～10.0 范围内都能生长，但以 pH5.5～7.0 的偏酸性条件为宜。故配制培养基时调整酸碱度，使其 pH 比要求高出 1.0～1.5，弥补在高压灭菌或菌丝培养阶段 pH 的下降。

5. 光照

菌丝生长阶段不需要光照，在连续黑暗的条件下，菌丝生长旺盛。但子实体生长阶段要求有散射光照射，无光照不能产生子实体；强光和微弱光照射下子实体产生数量少且发育不正常，色淡。只有在散射光的照射下子实体才能发生多，色泽橘红、艳丽，产量也高。

6. 空气

菌丝生长和子实体的形成、发育都要求有良好的通气条件，特别是在菌丝长满培养基之后必须及时通风换气，有利于子实体的形成，否则将造成菌丝徒长。子实体形成之后，应经常保持培养室内有良好的通风环境。

三、蛹虫草栽培技术

（一）菌种培养

首先进行虫草菌的分离，即在无菌条件下，用接种针等器械从蛹虫草子实体上挑取少许菌块，置于培养基上进行培养。

1. 菌种培养方法

常见的分离方法有以下几种：

（1）组织分离法　蛹虫草菌的分离大多采用组织分离法。组织分离法是直接切取蛹虫草的子座部分或菌核部分的一小块组织，经表面消毒和无菌水洗过以后，在无菌操作条件下，由蛹虫草体上转移到培养基上的过程。切取组织的大小要适宜，一般切取1mm左右的小块。组织切取过大，会增加杂菌污染的机会；组织切取过小，在表面消毒过程中易将该组织杀死，也相应地延长了蛹虫草菌种的生长时间。

（2）稀释分离法　首先用硫酸纸或不易透水的其他用纸制成小口袋，套于天然生长但尚未成熟的蛹虫草子座上。待虫草成熟后，子囊孢子即弹射出来，附着于纸袋内壁上。取附着有子囊孢子的纸袋100个，浸于1:10的土壤浸液中，2h后用小刀等器械仔细把子囊孢子从纸袋上刮出，收集于离心管中，1000r/min离心10min后，弃掉上清液，用土壤浸出液反复洗涤5次，以10%、20%的蔗糖溶液分别洗涤3次后，再用50%蔗糖溶液离心30min，收集含有子囊孢子的上浮液，放于含有庆大霉素（100U/mL）的1:1土壤浸出液中，在15～20℃的温度下培养3～6d后，按上述操作过程进行稀释分离，便可在培养基中进行培养。

（3）单孢分离法　单孢分离法实质上是稀释分离法的一种。按照稀释法中分离和制备孢子的方法得到孢子液后，取发芽的子囊孢子悬液，滴于20%琼脂平板上后，在100倍显微镜下用接种针挑取单个发芽的孢子，接种于分离培养基上，置于15～20℃室内恒温培养，并经常在显微镜下观察其生长情况。

2. 蛹虫草分离常用培养基

（1）马铃薯葡萄琼脂培养基（PDA）　马铃薯200g，葡萄糖10～20g，琼脂17～20g，水1000mL。该培养基是使用最多的一种培养基，在蛹虫草的分离中，作为对培养基的筛选和比较试验而经常用到。

（2）广泛用于虫草类分离用的培养基　土壤浸液100mL，琼脂15g，水900mL。该配方中土壤浸液的制作方法较为简单，即取土样1kg、水1000mL，用高压蒸汽（121℃）蒸30min，浸液加滑石粉后用双层滤纸过滤，酸度调节到中性即可。

（3）适于分离蛹虫草及其无性阶段的土壤真菌培养基　磷酸二氢钾1g，硫酸镁0.5g，蛋白胨 5g，葡萄糖 10g，琼脂 20g，蒸馏水 1000mL。配制这种培养基，应在各种成分溶解于水中后，分装试管并灭菌。

（4）蛹虫草菌种分离用培养基　蛋白胨 10g，葡萄糖 100g，硫酸镁 0.5g，磷酸二氢钾 1g，琼脂粉 20g，生长素 1~5mL，蒸馏水 1000mL。

（二）栽培工艺与管理

1. 寄主蛹虫草的栽培

（1）寄主昆虫的饲养　要进行蛹虫草的人工栽培，必须大量饲养寄主昆虫。近来关于用家蚕培养蛹虫草有不少报道。饲养虫草寄主昆虫的技术环节很多，主要包括两个方面，一方面是对昆虫各个虫态的处理和操作；另一方面是对饲料和饲养环境的处理，如更换饲料、提供化蛹和产卵的场所、条件等。

（2）寄主昆虫的接种　根据虫草寄主昆虫的生活习性，以及虫草菌的特性，选择具有较高感染机会而且适于这种虫草形成的接种方法进行接种。接种时，可在幼虫阶段进行。先用蛹虫草的子囊孢子造成较浓的孢子悬液，以获得较大的感染机会，还可在幼虫的食物中混入虫草的菌丝体。然后检查幼虫是否已经感染上虫草菌，一般可以通过虫体外壳的颜色来判断。当幼虫感染菌丝数天以后，虫体的外壳就会出现极为明显的退色现象，即由深褐色转为淡黄色。凡是感染上菌种的幼虫，动作逐渐迟缓，以至最终全身批上灰白色菌丝而死亡僵化。

（3）菌丝的培养和子实体的形成　接种 10~15d 后，虫体即可发病僵化，随后放在室温 24~26℃，相对湿度 90% 以上，室内自然光线的条件下，进行子实体的促成培养。2~3d 后，在寄主表面出现棘状黄色突起，随着突起的逐渐伸长，形成一定高度的子座。从接种到子座成熟的时间，因寄主不同而稍有差异，一般为 30~35d，长者 45d。子座可从寄主的任何部位长出。与天然蛹虫草相比，生产周期由一年缩短 30~35d，每平方米面积干品 250~300g，为开发利用蛹虫草提供了新的、实用、快速的途径。

2. 大米培养法

（1）培养基的选择与接种方法　用大米培养基原料易得，但大米必须新鲜、无味、无霉变。常用下列几种配方：

①大米 100%，加一定数量的水。

②大米 70%，玉米渣 30%，磷酸二氢钾 1.5g 溶于 1000mL 水中。

③大米 97%，蚕蛹粉 1%，葡萄糖 1%，蛋白胨 0.5%，硫酸镁 0.01%，磷酸二氢钾 0.01%，维生素 B_1 0.01%。

料水比为 1:(1.6~1.8)。然后装瓶，装后容量占罐头瓶的 1/4~1/3。封瓶口，灭菌，高压 0.15MPa 压力下灭菌 1h。常压灭菌，在锅内温度达 100℃ 时灭菌 6h，闷 2~3h 后取出放到接种室（箱）内，在无菌条件下进行接种。方法是取蛹虫草的原种一小块接种到培养基的中间。

将接完种的栽培瓶放到培养室中的床架上摆放好，室内要保持清洁卫生。

（2）菌丝体的培养　在菌丝体的培养阶段主要是控制好温度，要求室内 15~18℃，最好是恒温。室内要避光，门窗用黑布遮挡。每天通风 1~2 次，每次 20~30min。空气相对湿度 65%~70%。大米培养基经过 25d 左右的养菌，菌丝可以吃透养料。当菌丝吃透培养料时即可给予散射光。经 6~8d，白色菌丝逐渐转为橘黄色，完成了它的转色阶段。

（3）刺激子实体的分化　当菌丝体完成转色后，要创造条件刺激子实体的分化，这是出草的关键。常用的方法有以下几种：

①温差刺激：蛹虫草子实体生长温度为 15~25℃，故在 20℃向下降 10℃左右为宜，可利用昼夜温差，连续刺激 10~15d。

②光线刺激：要求每天光照 12h 以上，光线强度 200lx。

③机械刺激：可用铁丝或钢针在培养基表面间隔 1cm×1cm 划 2mm 深的方格，给予机械刺激。

（4）出草管理　当大米培养基的表面呈现橘黄色并有乳头状突起时，就进入到出草管理阶段。这时要注意以下几点：

①温度：子实体生长温度一般在 15~26℃，最适为 20~22℃。

②湿度：空气相对湿度在 85%~90%，空间喷雾状水，使整个空间保持湿润，地面也要经常喷水。

③通风换气：每天通风换气 2~3 次，每次 20~30min。大风天注意缩短时间，通风时结合喷水进行。通风可防止徒长和子实体畸形。

④光照：要求每层床架都应有明亮的散射光，而且光照要均匀，因为蛹虫草的趋光性很强，防止一边倒或子实体扭曲。

（三）采收

当菇蕾不断伸长，形成下粗上细的棒状子座时，蛹虫草即成熟。采收时去掉薄膜，用带弯头的小铁铲，从子实体根部轻轻铲起，应不伤子实体，不带培养基。产品阴干或烘干，切忌太阳暴晒。

在采收第一批子实体后将料面整理好，重新封好瓶口，进行养菌，保持空气相对湿度 80% 左右，10d 左右第二批子实体便很快长出来。

利用大米培养基生产的蛹虫草，子实体形态与天然的蛹虫草十分相似。其生产周期为 90~100d，每平方米产量可达 1800g 左右，可缓解市场上冬虫夏草短缺的矛盾，有望成为天然冬虫夏草的替代品。

🔍 **思考题**

1. 灵芝栽培有哪些方法？
2. 灵芝栽培管理上应注意哪些方面？
3. 猴头菌的品种是根据什么分类的？如何鉴别猴头菌的优良菌种？
4. 如何防止猴头菌畸形菇的发生？
5. 茯苓生长需要哪些生活条件？
6. 简述茯苓段木栽培的方法。
7. 人工栽培蛹虫草对环境有什么要求？
8. 利用寄主昆虫和大米栽培蛹虫草，其栽培过程、子实体有何异同？

第九章

珍稀食用菌栽培

第一节　真姬菇栽培

一、概　　述

真姬菇（*Hypsizyus marmoreus*）又名玉荤、玉蕈、假松茸、胶玉蘑、偏耳等；由于真姬菇具有独特的螃蟹鲜味，故在沿海城市又称其为蟹味菇、蟹鲜菇、海鲜菇等。分类学上，真姬菇属于担子菌亚门、层菌纲、伞菌目、白蘑科、玉蕈属。自然分布于欧洲、北美、西伯利亚地区及日本等地，是一种世界著名的食用菌。一般开伞前菜食，味鲜嫩，脆而柔滑，因其久煮不易变形变味，故不但适于炒食、烧汤，还特别适合作火锅菜和加工成小包装食品。另外，鲜菇不易碎，不易变色变质，耐贮存，这为市场销售带来很大方便。近年来风靡美国、日本、韩国、我国台湾等地的市场；尽管各国生产数量不断提高、售价不断攀升，但供需缺口至今仍然较大，因此，真姬菇有广阔的市场发展前景。

真姬菇是一种高蛋白、低脂肪、低热量、营养全面且均衡的食用菌。据分析，每 100g 鲜子实体中含有粗蛋白 3.22%、粗纤维 1.68%；含磷 130mg、铁 14.67mg、锌 6.73mg、钙 7.00mg、钾 316.9mg、钠 49.20mg；另外，还含维生素 B_1 0.46mg、维生素 B_2 5.84mg、维生素 B_6 186.99mg、维生素 C 13.86mg；同时含有 17 种氨基酸，且数量占鲜菇质量的 2.77%，其中人体不能自身合成的必需氨基酸有 7 种，占氨基酸总量的 40%。真姬菇菇体中的呈味物质十分丰富，决定了真姬菇味道鲜美、诱人食欲的特点，尤其菇体特殊的蟹鲜味道，更是其他品种食用菌所不具备的，加之特有的脆嫩口感，算得上是集鲜美风味和美妙口感于一体的上乘食物了。

二、真姬菇生物学特性

（一）形态特征

1. 菌丝体

真姬菇菌丝色白、浓密、气生菌丝长势旺盛，具较强的爬壁能力，老化后气生菌丝贴壁、倒伏，呈浅土灰色。适宜的条件下，接种后 10d 左右即可长满斜面。但若培养温度过高则在菌丝尖端易有分生孢子产生，出现若干白色放射状圆形菌落，尽管培养后期菌落连接成片，但其菌丝纤细、气生菌丝稀疏、爬壁能力较弱。

2. 子实体

真姬菇子实体丛生，每丛菇体 15～30 株不等，二潮菇出现零星单生菇，但数量较少，这一点与金针菇很相近（图 9-1）。其菌盖幼时大半球至半球形，后渐发展为少半球形，成熟时平展。菌盖色泽也由深褐、褐、浅褐变为黄褐，其明显特征是边缘色浅，中部色泽深至茶色，并带有较清晰的大理石花纹，边缘光滑，自然向下弯曲，成熟后平展并稍有波状；菌盖直径一般 1～3cm，大小随其每丛菇的数量多少而明显不同。另外，子实体的熟化程度也对菌盖的大小发生影响。菌褶离生，不等长，色白或略带米黄。担子棒状，其上着生

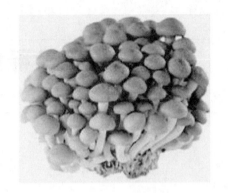

图 9-1　真姬菇子实体

2～4 个担孢子。担孢子卵圆形，无色，光滑，内含颗粒。孢子印白色；菌柄中生，呈圆柱形，长 2～12cm 甚至更长；菌柄白色或灰白色，直径 0.5～3cm，幼菇阶段柄基明显膨大，呈下粗上细状，充分生长至成菇阶段时不等粗现象自然消失，上下部粗细近乎相同，但多数菌柄稍具弯曲；与金针菇不同，真姬菇菌柄实生型并具黄褐色条纹，充分成熟时柄内松软呈绵状，具一定吸水持水能力。

（二）生活条件

1. 营养

真姬菇属木腐菌。需要的营养物质有碳源、氮源、无机盐和维生素 4 大类。

目前人工栽培真姬菇主要以木屑、棉籽壳、玉米芯、作物秸秆等各种农作物的下脚料作为碳源。以米糠、麸皮、大豆粉、玉米粉等为氮源。适当地加入磷、钾、镁钙等矿物质元素及一些缓冲物质。

2. 水分

水是真姬菇一生中不可缺的重要物质之一。生产中培养料的含水量一般控制在 65%～68%，发菌期间室内空气相对湿度应控制在 75% 左右，子实体生长阶段要求空气相对湿度在 90% 左右，尤其在原基分化至蕾期，对湿度的要求比较严格，低于 80% 难以有效分化或形成菇蕾，过低则易致幼蕾干缩死亡，但过高的相对湿度如超过 95% 甚至长期维持在 95%～100% 的水平时，菇蕾也难以正常生长发育，表现为长速缓慢、菌柄色暗、苦味过重，同时，过湿的环境再加上通风不良，极易发生病害，给生产造成不必要的损失。

3. 温度

真姬菇属变温结实性菇类，对温度条件的要求较为苛刻。其菌丝生长温度范围为 5～30℃，菌丝生长最适宜的温度为 22～25℃。生产中为了防止杂菌病害的侵染，一般应将培养温度调控在 18～22℃，使真姬菇菌丝发育与防止杂菌侵入处于温度的边际界线。真姬菇原基分化的温度范围为 8～22℃，最适为 12～16℃，低于 8℃ 或高于 22℃ 时很难使其分化，在此温度范围之内，8℃ 左右的温差刺激既对其快速分化有利，又可有效的增加原基密度，为子实体丛生、个体多及

其提高产量创造一定条件。子实体生长发育最适温度为 14~16℃。实际生产中，可根据当地气温规律，合理安排出菇季节，使出菇期温度在 10~20℃之间。

4. 通气

真姬菇属于好气性菌类，其菌丝生长阶段尤其是子实体生长阶段需要大量的新鲜空气。菇蕾分化期间二氧化碳浓度不能超过 0.1%，子实体生长发育阶段二氧化碳的浓度在 0.2%~0.4% 之间最为适宜。子实体分化发育阶段，需要的通气量随着子实体的不断长大而增加。一般认为菇棚内的二氧化碳浓度应控制在 0.1% 以下，最好为 0.05% 左右，人进入菇棚感觉空气清新、无明显食用菌气味为佳。

5. 光照

同大多数食用菌一样，真姬菇发菌期间不需要光照条件，但幼蕾的形成及其分化时，则需在散射光条件下进行，一般光照强度可调控在 200lx 左右；随着菇体的发育，直至成菇生长阶段，可将光线调至 500lx，最大不超过 1000lx，在此范围内，随着光照强度增高，菇体色泽正常，形态周正，斑纹清晰、菌柄挺拔。实际生产中，可在大棚上覆一层较薄的草帘。

6. 酸碱度

真姬菇菌丝体在 pH 为 5.0~8.0 范围之内均能生长，最适 pH 为 6.0 左右。生产中，可将料的 pH 调高到 8.0 左右的水平，偏碱性的条件可在一定程度上防止或抑制杂菌污染和促进菌丝的后熟。

三、 真姬菇栽培技术

（一）季节的安排

根据当地气候条件和真姬菇生长发育期较长的特点来安排生产季节。我国南方省份一般在 9 月份气温稳定在最高气温 28℃以下时制菌袋，9~11 月份发菌及后熟培养，11~12 月份最高气温 18℃以下时出菇。而北方则随着纬度的提高相应提前。山东、河南、河北大部分地区一般在 8 月下旬开始制菌袋，8~10 月份发菌及后熟培养，11 月中下旬~12 月中下旬出菇。如甘肃、宁夏等省一般在 5 月份以前接种，6 月中旬制菌袋，7~9 月份发菌及后熟培养，9 月下旬~10 月下旬出菇；东北地区则相应更早。

（二）培养料的配制

1. 培养料的选择

真姬菇的栽培要求基质材料偏硬质化。因此，在配制培养基时，不仅要从营养方面，也必须充分考虑培养基的持水和空隙率来确定培养基中营养添加剂的种类和用量。

栽培真姬菇可供选择的培养料种类很多，应当根据当地资源情况就地取材。棉籽壳、玉米芯、木屑、棉秆粉等农副产品下脚料均可采用。原料要求新鲜无霉变，玉米芯粉碎成玉米粒大小的颗粒状。木屑使用前要过筛，或拣去大木柴棒，以免装袋时刺破料袋。麸皮、米糠要求新鲜、无结块、无霉变。下面介绍几种常用的配方：

①木屑 79%，米糠或麸皮 18%，白糖 1%，石膏粉 1%，石灰 1%。

②棉籽壳 98%，石膏粉 1%，石灰 1%。

③棉籽壳 48%，木屑 35%，麸皮 10%，玉米粉 5%，石灰 1%，石膏粉 1%。

④玉米芯 40%，木屑 40%，麸皮 12%，玉米粉 5%，石膏粉 1.5%，石灰 1.5%。

⑤棉籽壳 46%，玉米芯 30%，麸皮 16%，玉米粉 5%，石膏粉 1.5%，石灰 1.5%。

⑥玉米芯80%，麸皮12%，玉米粉5%，石膏粉1.5%，石灰1.5%。

2. 培养料的处理

将准备好的原料按配方确定的比例进行称取。配制时，将棉籽壳、玉米芯、木屑等主料与不溶于水的辅料如麸皮、米糠等搅拌均匀，再将糖等溶于水的辅料配制成水溶液的形式加入，搅拌均匀。调节料的含水量为65%左右。

（三）装袋与灭菌

1. 料袋的选择与装料

料袋可根据栽培方式予以选择，一般可有两种供选择。

（1）方底定型塑料袋　一般为定型方底袋，即只留一头活口用于装料和出菇，一般选用折径17cm，长30～33cm的聚丙烯塑料袋，每袋装干料约500g。该种塑料袋单只即可自立排放，棚内架层式单头直立出菇，长出的子实体形态周正，个头均匀，粗细适中，亭亭玉立，商品价值较高。装料时，尽量采取机械作业，也可人工操作，当料装至袋长的70%左右时，袋口套颈圈、加棉塞后即可进行灭菌。

（2）两头扎口塑料袋　采用聚丙烯塑料筒根据需要随意截断即可。一般选用折径15～17cm、长35～40cm的料袋。可预先将一头扎口后采用机械装料，也可人工装料，当装料至袋长的50%左右即可，然后两头袋口既可套颈圈塞棉塞封口，也可直接扎口处理，该种料袋应予两头接种，可横卧两头出菇，但由于子实体的向上性，产出的子实体较弯曲，影响商品质量，但由于可立体码放出菇，故在不添置固定设施的条件下，能够充分利用菇棚空间，实用性较强；但产出的鲜菇不易鲜销，大多进行加工后再予以销售。也可将菌袋横向从中切断，断面向下单层式栽培出菇，由于该方式较好的解决了直立出菇问题，并且借助于菌袋的断面吸收部分水分，所以，出菇效果好。由于断面处需靠近水分充足的土层，使培养料即可保持原含水分不散失，又可吸收利用土壤中的水分，因此，不适宜架层栽培。生产上一般采用地面单层出菇方式，不足之处是占地面积大，难以利用有效的空间。

2. 灭菌

装袋后要及时进行灭菌，可采用常用灭菌也可用高压灭菌。常压灭菌一般为100℃，保持10h左右。高压灭菌一般压力为0.12～0.15MPa，保持1.5～2h。

（四）冷却与接种

经过灭菌的菌袋待温度降至30℃以下时及时移至接种室接种。接种时要严格按无菌操作进行，首先用甲醛等药剂对接种室熏蒸消毒，然后将接种用的一切用品用具放入接种箱内，用紫外线灯照射20～30min，保证接种空间是无菌的；菌种所暴露或通过的空间，也必须是无菌区；各种接种用具和菌种接触前都应该再径火焰烧灼灭菌，冷却后再接菌种，以免烫死或烫伤菌种；操作人员最好换消毒工作服，双手要用70%～75%的酒精消毒。在接种过程中应避免人员在室内的大幅度的动作，尽量避免室内空气流动，操作期间严禁开门进出。由于是袋式接种，最好两人配合进行，一人解系袋口，一人接入菌种。接种量为750mL菌种瓶菌种接种30袋左右。

（五）菌丝培养

接种后将菌袋搬入预先消毒的培养室的培养架上培养，控制温度为20～25℃，当气温超过30℃时，注意采取措施进行降温。相对湿度保持在65%～70%，过低的湿度往往易使菌袋失水严重，影响出菇，湿度过高易染杂菌。注意每天通风2～3次，暗光培养50d左右，菌丝即可长满袋。

（六）菌丝后熟的培养

真姬菇菌丝发满后，需再进行一段时间的后熟培养才能出菇。后熟培养的操作很简单，菌袋可在原地不动，利用通气等方式使室温升高到 30～35℃，但不可高于 37℃，其他条件可同前期发菌阶段。期间如空气过于干燥，菌袋失水严重，可适当提高相对湿度至 75% 左右；通风量较前稍加大；管理方便时，可适当增加光线及温差刺激，以提高后熟效果，缩短培养期。一般 50d 左右菌丝体即可达生理成熟，其标志是：菌袋菌丝由洁白转为土黄色；由于培养时间长，菌袋失水，重量变轻，菌袋失水率一般在 30% 左右；基质由于失水而呈严重收缩状，已具备离壁条件，但由于失水速度极慢，基质周边与塑料薄膜贴合较紧，随着基质收缩而塑料薄膜成凹凸不平的皱缩状，但二者结合紧密；手敲发出干段木的轻音，不闷不沉；无病虫害。

结束后熟培养后，如仍处于高温季节而不适宜出菇时，将菌袋进行简单的存放或转越夏处理；存放条件以阴、凉、通风、闭光、无虫害为最佳，如在人防工事、地下室存放；可在林荫下搭荫棚闭光存放；部分地区有连片种植佛手瓜、丝瓜、南瓜、葫芦等的习惯，瓜架下用于菌袋存放效果也很好，但需注意闭光、防虫。越夏完毕，适宜时即可进行出菇管理。

（七）出菇期的管理

1. 搔菌

各地真姬菇的搔菌可根据安排出菇时间的长短、温度的高低等条件，确定搔菌的方式及其力度。如时间充裕可提前进行搔菌，该时间内温度偏高，此时搔菌可采用重搔的方式。方法是将袋口打开，用工具将原接种块去掉，并将表面基料刮除 0.2～0.3cm，然后培养使其重新长出一层气生菌丝。搔菌后出菇整齐一致，个头均匀，既提高了商品质量，同时也便于管理。

如时间偏晚，可使硬毛刷将袋口表面菌丝破坏掉，不去掉接种块。

若搔菌时气温已稳定在 10～20℃ 范围则很适合出菇，可不搔菌，打开袋口使其直接出菇。

2. 注水

前两种搔菌方式处理后，至温度适合出菇时，可与第三种搔菌方式一同进入注水程序。操作是：往袋口内灌注清水 200～300g，两头出菇的菌袋可直接浸入水池中，令其直行吸水约 2h 后，将多余清水倒出，或将菌袋从水池中捞出重新码放。该工序可对菌袋进行有效刺激，并能补充适量水分，以增加出菇的整齐度和数量。

3. 催蕾

在气温较适宜条件下，应严格控制菇棚温度 12～16℃，最佳 15℃ 左右，空气相对湿度 90%～95%，二氧化碳浓度 0.2%～0.3%，有适量的通风，并有弱光条件，光强一般可控制在 50～100lx，约 1 周后袋口料表便可生长出一层浅白色气生菌丝，并形成一层菌膜。这时，调控 8℃ 左右的昼夜温差，数日内菌膜渐由白色变为灰色，标志着原基即将形成，此时，应逐渐加大湿度及提高光照度，经 3～5d，灰色菌膜表面将会出现细密的原基，并逐渐分化为菇蕾。

4. 菇期管理

菇蕾形成后，控制菇房温度为 13～18℃，空气相对湿度为 85%～90%，每日通风 3～4 次，控制二氧化碳的浓度在 0.1% 以下，光照强度为 200～500lx；子实体生长中、后期，拉起袋口，适当提高菇房二氧化碳的浓度以刺激菌柄的伸长，保持菇盖 1.5～2.5cm，但不超过 0.4%；在子实体生长中，若菇房相对湿度低于 80%，可在空中喷雾或地面洒水，不能直接向子实体喷水。

经 10 ~ 15d 菇蕾就可发育成商品菇。

5. 采收及采后管理

当子实体长至约八分熟时应及时采收。采收的标准是：菌盖上大理石斑纹清晰，色泽正常，形态周正，菌盖直径 1 ~ 3cm，柄长 4 ~ 8cm 不等（最长 9 ~ 12cm），粗细均匀，色泽正常。采收时可根据商家的要求，把握收获时机，一般每丛菇中约 80% 符合标准时即应整丛全采，不可等小菇长大但使应采的子实体老化，影响商品价值。采收前 3d 空气相对湿度应在 85% 左右，以延长采收后的保鲜期。采收时要双手横抓菌袋并晃动菇筒，待菇丛松动脱离料面后再将整丛菇采下。注意不要碰坏菌盖。采下的鲜菇用泡沫箱或塑料周转箱小心盛放，及时包装，鲜售或加工。真姬菇的生物转化率可达 75% ~ 85%，产量主要集中在第一潮。

（八）销售及加工

采收后的真姬菇分级包装后，可在冷库存放、当地市场鲜销或空运出口；也可以盐渍加工；还可以烘干成干制品销售，也可开发可口的即食休闲食品。

第二节　杏鲍菇栽培

一、概　　述

杏鲍菇［*Pleurotus eryngii*（DC. ex Fr.）Quél.］属于担子菌亚门、伞菌目、侧耳科、侧耳属，因常发生于伞形花科、刺芹属刺芹的枯株上，故称其为刺芹侧耳；又因该菇有杏仁香味，又称其为杏仁鲍鱼菇。杏鲍菇是欧洲南部、非洲北部及中亚地区高山、草原、沙漠地带的一种伞菌，在我国四川、青海、新疆等地也有分布，是一种极珍贵的食用菌资源。

杏鲍菇一般在春末至夏初腐生、兼性寄生于大型伞形花科植物如刺芹、阿魏、拉瑟草等的根上和四周土中，有很多生态型，各生态型垂直分布也不一样，是一种从亚热带草原至干旱沙漠地区都有分布的特殊食用菌。从不同国家或同一国家的不同地区及不同生态环境、不同基质中分离的杏鲍菇菌种，其生物学特性也不一样。这与目前栽培的其他食用菌有所不同，因此在实际栽培中应考虑其特殊性，以免在生产中受到损失。

杏鲍菇菌肉肥厚，菌柄粗长，质地脆嫩，组织细密结实，开伞慢，孢子少，子实体耐贮藏，保鲜期长。杏鲍菇营养丰富，子实体内富含有 18 种氨基酸及大量的矿物质元素和维生素，且呈味物质十分丰富，尤其杏仁味很受消费者青睐。此外，杏鲍菇干制品仍不失其特有的杏仁香味，口感鲜脆；由于杏鲍菇特有的韧性，烹饪时仍能保持其原有形态，食用时仍具脆嫩口感。所以，杏鲍菇具有保鲜期长、耐长途运输、破率极低、烹调性好、制干后风味保留好并且营养价值与其他菇类相似等特点。现在许多国家都在进行引种栽培，其市场前景广阔。

二、杏鲍菇生物学特性

（一）形态特征

杏鲍菇形态见图 9 - 2，子实体单生或群生。菌盖幼时略呈弓形，后渐平展，成熟时其中央凹陷呈漏斗状、直径2～12cm不等，一般单生个体稍大，群生时偏小；菌盖幼时呈灰黑色，随着菇龄增加逐渐变浅，成熟后变为浅土黄、浅黄白至浅黄褐色，中央周围有辐射状褐色条纹，并具丝状光泽；菌肉纯白色，杏仁味明显；菌褶延生、不齐、白色；菌柄长2～8cm，最大者可达25cm以上，直径0.5～3cm，不等粗，基部膨大，呈球茎体状；多侧生或偏生，中实、肉白色，吸水性较强；无菌环或菌幕；孢子近纺锤形，孢子堆白色；菌丝有锁状联合。

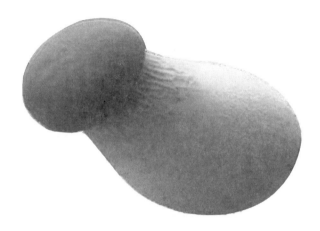

图9-2 杏鲍菇子实体

（二）生活条件

1. 营养

杏鲍菇需要比较丰富的碳源和氮源，而且是一种分解纤维素和木质素能力较强的食用菌，对营养的要求比较广泛，一般氮源越丰富，菌丝生长越好，产量越高。该菌可以在棉籽壳、木屑、作物秸秆和蔗渣等物质组成的基质上生长，添加玉米面或豆粉可以提高产量并能增大菇体，而适当增加米糠、蔗糖、石膏等可促进菌丝的生长，有利于子实体提早形成。

2. 温度

温度是决定杏鲍菇栽培的重要因子，也是其产量能否稳定的关键，菌丝体在5～35℃均能生长，最适宜的温度为25℃左右。原基形成的温度为10～18℃，最适为12～15℃；子实体生长温度为10～25℃，最适为15℃左右，出菇和子实体生长的具体温度因菌株而异。

3. 湿度

水是杏鲍菌丝体、菇子实体的重要组成部分，在其生长过程中养分的分解吸收及运输等一系列代谢活动都必须有水的参与，杏鲍菇在生长过程中对水分的吸收，一方面来自培养料，另一方面来自空气湿度。培养料的含水量一般为60%～65%，不同生长阶段对空气相对湿度的要求不同，菌丝体生长阶段一般为60%～70%，子实体发生和生长阶段为85%～90%。

4. 空气

杏鲍菇的菌丝、子实体生长均需新鲜空气。但菌丝体对二氧化碳有较大的忍耐性，能耐较高浓度的二氧化碳，可以在密闭的袋内、瓶内正常生长。子实体发育阶段，由于其旺盛的呼吸作用，对氧气的需求也急剧增加，此时必须有足够的新鲜空气，子实体生长阶段二氧化碳的浓度应控制在0.03%～0.6%。如果通气不良，往往会出现柄长、盖小的畸形菇，严重时甚至不出菇。

5. 酸碱度

杏鲍菇菌丝体在 pH 为 4.0 ~ 8.0 的条件下均可生长，最适 pH 为 5.0 ~ 6.0，过低或过高都会对菌丝产生不同的抑制作用。

6. 光照

杏鲍菇不同的发育阶段对光线的要求不同。菌丝体生长阶段不需光线，在强光照射下会影响菌丝的生长，在实际栽培中应注意遮光培养，子实体形成和发育阶段需要一定的散射光

三、 杏鲍菇栽培技术

（一）栽培季节

杏鲍菇出菇适宜温度为 12 ~ 18℃，最适为 14 ~ 16℃，温度太高或太低都难以形成子实体。在自然条件下栽培，安排合理的栽培季节是栽培是否成功的关键。因此，应根据各地的气候条件和出菇温度要求安排栽培季节。一般以秋冬和春末栽培较为合适，但冬季气温较高的南方地区可安排在全年气温最低的 12 ~ 2 月出菇较合适。此外，若杏鲍菇的头批菇不能正常形成和生长，则会影响到第二批菇的发生，从而影响总产量，这也是栽培杏鲍菇时应该考虑的问题。

（二）栽培方式与场所

杏鲍菇的栽培可以采用瓶栽、袋栽，也可以用箱栽，有部分地区在栽培杏鲍菇时进行覆土，但就目前的形式看最方便和适用的方式是塑料袋栽培，即采用容积为 800mL 的塑料袋进行栽培。杏鲍菇的栽培场所较多，可以在室内栽培、阳畦栽培、塑料大棚栽培，部分地区还可以利用窑洞、地道即防空洞进行栽培。不论采用哪种场所进行栽培，都应该考虑栽培场所的温度控制及通风换气的条件。尤其像防空洞等场所的气温比较稳定，与当地外界气温有一定差距，这是选择栽培场所时必须注意的。

（三）栽培的原辅料

杏鲍菇栽培中适宜的生长基质较多，木屑、棉籽壳、蔗渣、麦秆、豆秆、废棉、稻草均可以作为杏鲍菇栽培的原料。杏鲍菇栽培一般采用多种材料进行复合配比，可以获得较好的效果。以下是杏鲍菇栽培生产中常用的几种配方比例，供栽培者参考：

（1）木屑 55%，麸皮 35%，玉米粉 10%。

（2）木屑 38%，棉籽壳 23%，麸皮 24%。

（3）木屑 23%，棉籽壳 38%，麸皮 19%，玉米粉 5%，豆秆粉 15%。

（4）木屑 23%，棉籽壳 23%，麸皮 19%，玉米粉 5%，豆秆粉 30%。

在实际栽培生产中，各地可因地制宜选用合适的原料进行恰当配比，也可以在上述配方中加碳酸钙或 1% 石膏和 1% 蔗糖以促进菌丝生长和子实体的形成。

（四）培养料的配制及装袋

杏鲍菇栽培时，可选用 750 ~ 850mL 的塑料袋或聚丙烯塑料广口瓶，若用瓶栽可以在瓶口上套一短塑料袋作为瓶颈。在各种培养料备齐后，按上述配方比例把栽培料混合，加水混匀，使料的含水量控制在 60% ~ 65% 为宜。每袋装干料 500 ~ 550g。采用一头出菇时可选择定型方底塑料袋，两头出菇时购回聚丙烯筒料自行截断即可。袋口套塑料颈圈、加棉塞或直接扎口均可。

（五）栽培料灭菌与接种

料装袋后应立即进行灭菌，灭菌方法有高压灭菌和常压灭菌两种。高压灭菌条件为压力

0.12~0.15MPa，时间为1~1.5h；常压灭菌时，温度达到100℃时保持8~10h。待料温下降到20℃以下时，在无菌室内接种，每袋接种量按干料质量的3%~5%掌握。操作过程中要严格按照无菌操作程序进行。

（六）管理与采收

1. 发菌管理

接种后的培养袋及时放入培养室内培养，温度控制在22~25℃，培养时间一般为30d左右。在培养过程中要注意进行通风换气，遮光培养，还要注意翻堆，及时挑出污染的菌袋，并做出相应的处理。

2. 蕾期管理

菌袋发满后，在培养1周左右菌丝达到充分生理成熟，应进行开袋出菇管理，开袋时间过早或过晚会影响杏鲍菇的产量和品质。开袋时间如果在菌丝扭结前，则难以使杏鲍菇形成原基或原基形成缓慢，而开袋过迟则容易出现畸形菇甚至会出现萎缩、腐烂等现象。一般应在原基形成到出现小蕾时开袋，则原基分化和小菇体发育良好、出菇整齐，菇体经济性状好。开口后，调控相对湿度至90%左右，增加光照强度，并有少量的通风，约15d左右袋口料表即有白点状原基形成。秋栽时采取措施适当降低棚温、春栽时则应设法提高温度，并稍加大通风量，保持原有棚湿，原基数量不断增加，继之连片，随之原基分化，幼蕾现出。该阶段棚温应严格控制在20℃以下，否则不能现蕾。气温13~16℃出菇最快，菇蕾数多、生长整齐，出菇后菇体发育快。低于8℃，原基难以形成，已有的菇蕾也会停止生长甚至萎缩死亡；高于20℃时，菇蕾不会形成，已有的菇蕾会萎缩。

3. 幼菇管理

幼蕾及幼菇阶段，是发生萎缩死亡的主要阶段，其主要原因是温度偏高，尤其是秋栽的第一潮菇和春栽的二潮菇，处于温度较高的大气环境中，管理中稍有疏忽或措施不当、管理不及时等，将会令棚温急剧上升，一旦达到或超过22℃，幼菇大批发黄、萎缩、继而死亡，幼菇阶段也如此。因此，严格控制棚温，是杏鲍菇幼菇期管理的重要任务。当菇蕾长到1cm左右时，可用刀片进行疏蕾，留生长健壮的菇蕾1~3个即可。

4. 成菇期的管理

为获得高质量的子实体，该阶段应创造条件进一步降低棚温至15℃左右，控制棚的相对湿度为90%左右，光照强度减弱至500~1000lx，尽量加大通风，但不要使强风尤其温差较大的风吹子实体。风力较强时，可在门窗及通风孔处挂棉纱布并喷湿，或缩小进风口等，以控制热风、干风、强风的进入，既保证棚内空气清新，又可协调气、温、水之间的平衡、稳定的关系，使子实体处于较适宜条件下，从而健康、正常的生长。

5. 采收

当子实体基部隆起但不松软、菌盖基本平展并中央下凹、边缘稍有向下内卷、但尚未弹射孢子时即可及时采收，此时大约八成熟。具体的采收标准可以根据市场需要而定，一般国际市场要求杏鲍菇菌盖在4~6cm、柄长10cm左右为佳，而国内消费则要求不太严格，可根据产量等确定采收期。采收的子实体应随即切除基部所带基料等杂物，码放整齐以防菌盖破碎，并及时送往加工厂进行加工处理。也可以直接上市或置于0~2℃冷库中冷藏保鲜后销售。

6. 采收后的管理

将出菇面清理干净，并清洁菇棚，春栽时喷洒杀菌、杀虫剂、以驱避害虫和预防杂菌病害，将菇棚密闭遮光，使菌袋休养生息；秋栽时也要注意杀菌消毒。待等料面再现原基后，可重复出菇管理。一般可收 1 ~ 3 潮菇，生物学效率达 60% ~ 80%，商品率 80% ~ 90%。实际生产中，生物学效率因菌株不同而有较大差别的，如采用立体栽培方式时，保龄球状菌种一般在 60% 左右，而柱形菇则可达到 80% 以上；采用覆土栽培模式时，保龄球状菌种可达 70% 以上，柱形菌种可超过 100%，高者可达 120% 以上。

（七）杏鲍菇栽培模式及其利弊

1. 立体出菇模式

该模式生产出的菇品，商品性好，货价寿命长，受客商及市场青睐。

（1）码垛两头出菇　如同平菇立体式栽培，将菌袋解开两头自然出菇，一般可码至 6 ~ 10 层，生产中为节省场地，充分利用空间，可尽量码高，为防止歪倒，可在菌垛两头各打一立柱，上层绑一横杆压住整个菌垛的方式，可保证不会发生"倒垛"。该种模式出菇干净、菇体含水率低，货价寿命长，商品价值高；但由于子实体生长的向上性，一旦超过 5cm 时菌柄自然向上弯曲，影响外观商品质量，并且菌袋失水较多，导致后期出菇困难，且易发生"边壁菇"，总产量偏低，生产中应注意补水和保持必要的水分。

（2）层架立体出菇　该模式要求在栽培棚内设立多层栽培架，采用定型方塑料袋自立向上出菇，一般架层高约 30cm，自地面开始可设 5 层出菇袋。该模式具有菇品周正、商品价值高的优势，尤其适合保龄球状杏鲍菇的商品生产。但也存在菌袋易失水、总产偏低等不足，尤其栽培架的购置，也是一笔不小的费用。

2. 覆土栽培模式

该模式可最大程度地保证出菇产量，但是该种菇品仅适宜当地市场鲜销，不适宜超市及出口销售。

（1）畦式覆土栽培　将菌袋脱去，立于畦内，充分利用覆土层的吸水保水、畦内稳定的地温等有利条件，出菇产量高，菇体肥大粗壮，但菇体带土的可能性极大，即使是削去基部，也很难完全清除，该类产品仅限于地销，也可盐渍加工，由于菇体含水率较高，货架寿命较短，不适宜超市销售或出口。

（2）畦式割袋栽培　将菌袋的下半部分塑料薄膜"环割"剥去，立于菌畦内，将暴露的菌柱用覆土材料完全覆埋，将袋口部分剪掉。该方式介于立体栽培和覆土栽培之间，出菇干净、肥大，产量高且较稳定，是较好的栽培方式之一。但生产中也存在诸如不易操作、费工费力等弊病。同样，较立体栽培而言，其菇体含水量偏高，相对货架寿命要短一些。

（3）袋内覆土出菇栽培　菌袋开口后向上，向每个袋口内填覆土材料 2 ~ 3cm，该法出菇个头极为均匀，不会因为菌袋之间的菌丝相连而产出特大或太小个体的菇，并且产量较高而稳定。但同样存在菇体易黏附泥土、含水率较高等弊端。产品适宜地销或加工、盐渍品、加工食品等。

第三节　大球盖菇栽培

一、概　　述

大球盖菇（*Stropharia rugosoannulata* Farlow.）又名酒红球盖菇、皱环球盖菇、裴氏球盖菇等，隶属于真菌门、担子菌亚门、伞菌目、球盖菇科、球盖菇属。1922年美国人首次发现并报道了大球盖菇。1930年在德国、日本等地也发现了野生的大球盖菇。1969年在东德进行了人工驯化栽培。20世纪70年代发展到波兰、匈牙利等国，逐渐成为许多欧美国家人工栽培的食用蕈菌。20世纪80年代引入我国并试栽成功，但未推广。近年来，福建省三明市真菌研究所立题研究，在橘园、田间栽培大球盖菇获得良好效益，并逐步向省内外推广。目前，福建、河北、北京等地已开始规模化种植，其他省份也有少量栽培。

大球盖菇色泽艳丽、滑嫩爽脆、口感好，含有17种氨基酸，人体必需氨基酸种类齐全。干菇中蛋白质含量为29.1%，氨基酸含量为8.5%，是国际菇类交易市场上十大菇类品种之一，也是联合国粮农组织向发展中国家推荐发展的菇类品种。

经国内试验推广证明，大球盖菇有如下几个突出的优点：首先，对温度适应范围广，适种季节长，在4~30℃的温度范围内均可出菇，在蔬菜淡季上市，可提高商品价值；其次，大球盖菇抗杂菌能力较强，栽培技术及管理较为粗放，许多材料可直接生料栽培；第三，大球盖菇生物转化率高，生产周期短，从播种至子实体收获，一般为5~7周，很容易被广大农户接受。因此种植大球盖菇具有非常广阔的发展前景。

二、大球盖菇生物学特性

（一）形态特征

大球盖菇的子实体丛生、单生或群生，中等至大型，有时单丛菇团可达1~3kg。菌盖肉质，初为半球形后扁平，直径6~12cm，最大者可达15~18cm，在湿润条件下，表面有黏性。子实体幼嫩时白色并常具有乳状小实起，长大后菌盖渐变为红褐色至葡萄酒红色或暗褐色，子实体老熟后球盖为灰褐色。菌盖边缘内卷并附有菌幕残片。菌肉色白肥厚。菌褶直生，灰白色，随着子实体的老熟而呈褐色或紫黑色。菌柄柱状，基部稍膨大。担孢子椭圆形，孢子印紫黑色。

（二）生活条件

1. 营养

大球盖菇的营养与大多数食用菌一样，以碳水化合物和含氮物质为主，此外需微量的无机盐及维生素等。在生产实践中，绝大部分植物材料如稻草、玉米秆、麦秆、木屑等均可作为培养材料，都能满足大球盖菇生长所需。麸皮、米糠不仅是氮素营养和维生素来源，同时也是菌丝生长早期的辅助碳素营养源。

2. 温度

大球盖菇菌丝生长阶段适温范围为5~36℃，最适生长温度为24~28℃，在10℃以下和

32℃以上生长速度迅速下降，超过36℃时，菌丝停止生长，高温延续时间长会导致菌丝死亡。在低温条件下，菌丝生长缓慢，但不影响其生活力。大球盖菇子实体形成所需的温度范围是4～30℃。原基形成所需的最适温度为12～25℃，在这一温度范围内，温度越高，子实体形成和生长的速度越快，但体型小，菌盖薄且易开伞；在较低的温度下，子实体发育缓慢，个体肥大，菌柄粗，菌盖肥厚不易开伞而质优。

3. 湿度和水分

同前述其他食用菌。

4. 空气、光线

大球盖菇对空气和光线的要求与前述其他食用菌基本相同。

5. 酸碱度

大球盖菇在pH4.5～9.0均能生长，但以pH5.0～7.0的微酸环境较为适宜。在pH较高的环境中，前期菌丝生长较为缓慢，但在其生长过程中，由于菌丝新陈代谢会产生有机酸而使培养料中的pH下降。以稻草作为培养料时，不需调节pH即可正常生长。

三、 大球盖菇栽培管理技术

（一）栽培季节

大球盖菇对气温的适应性广，4～30℃均可出菇，除夏季6～9月份的气温高于30℃不利出菇外，其他季节都可顺利出菇。各地可根据当地气候、栽培设施及市场供需情况合理安排种植期。在华北地区，如在塑料大棚中栽培，除短暂严冬和酷暑外，几乎周年都可安排生产。温暖地区，一般播种期以9月下旬至次年3月份为最适，出菇期在11月份至次年5月份。

（二）培养料的配方

多种农作物的秸秆都可用作大球盖菇的栽培材料。常用的栽培料配方有：

（1）纯稻草100%。

（2）纯麦秆100%。

（3）稻草50%，麦秆50%。

（4）稻草50%，大豆秆50%。

（5）大豆秆50%，玉米秆（连叶）50%。

（6）稻草80%，木屑20%。

（7）稻草40%，甘蔗渣60%。

（8）甘蔗渣80%，杂木屑20%。

（9）甘蔗渣60%，20%谷壳，20%木屑。

原料使用前要经暴晒。玉米秆、高粱秆及大豆秆在使用前要用石滚碾碎或用木棒打碎，以利于菌丝吃料生长。

（三）栽培方法

大球盖菇的栽培方法大体可分为室内栽培和室外栽培两类。我国现多以室外阳畦生料栽培为主，因室外栽培不需特殊设备，操作简便，容易管理，栽培成本低，济效益好，同时也便于大面积生产。

1. 大球盖菇的室外栽培

大球盖菇室外栽培宜选择土质肥沃、向阳又有遮阳的场所。一般宜选择果园，如柑橘园、板栗园及一些常绿果园如杨梅园、枇杷园等及园林乔木下的林地等，以三阳七阴的光照条件为最适。也可在冬闲田进行大棚种植，做到果菌结合、粮菌结合。

（1）栽培季节与场所安排　根据大球盖菇的生物特性与当地气候和栽培设施等条件而定，在中欧各国，大球盖菇是从 5 月中旬至 6 月中旬开始栽培，而我国东北地区，除短暂的严冻期需要大棚栽培外，几乎常年可安排生产。如春、秋、夏季可安排在苹果树下、葡萄架下或成行的杨树地进行套种，也可以在秋后的玉米地内栽培，对于成片栽培的应搭建拱棚或凉棚，以利遮阳保湿，获得更高的经济效益，环境选择也是大球盖菇产量的关键：①宜选择近水源，而排水又方便，但场地在下雨的时候不可积水，以保证大球盖菇的正常生长；②选择土质肥沃，富有腐殖质而又疏松的土壤菌床上种植，有利于早出菇和提高产量；③宜选择避风、向阳，而又有部分遮阳的场所。

（2）原料准备与播种

①做畦：整地做畦同常规。

②栽培料预浸预堆：将粗硬的秸秆如玉米秆、高粱秆及大豆秆捶碎后，在 1% 的石灰水中浸泡，稻草可直接在清水中浸泡，边踩边浸。浸泡时间根据材料质地和温度而定，通常 36～48h 即可。若采用水池浸泡，每天需换水 1～2 次。也可采用淋水的方式，具体做法是将材料堆放于地上，每天淋水 2～3 次，多次翻动，连续喷水 6～7d，使其吸足水分。将浸透或淋透了水的作物秸秆摊开自然晾干多余的水分，使其含水量在 70%～75%。检查方法是抽取有代表性的稻草一把，将其紧拧，草中有水滴渗出，并且水滴断线，表明含水量适当。在温度高于 23℃以上的夏末秋初阶段播种，为了防止建堆后栽培料发酵、温度升高而影响菌丝生长，建堆播种前要进行预发酵。做法是将浸好后含水量适度的栽培材料如稻草堆成宽 1～2m、高 1～1.5m、长度不限的长草堆，堆放 7～8d，其间翻堆 2～3 次，然后移入栽培场地建堆播种。

③建堆播种：将已预浸或预发酵过的栽培料平铺在已整好的畦床上，第一层铺 10cm 厚，撒一层菌种；再铺一层 15cm 厚的料，撒下一层菌种，最后盖上一层 3cm 左右的料，草料总厚度不宜超过 30cm。菌种既可撒播于草层上，也可掰成蚕豆或鸡蛋大小穴播，穴距 10cm 左右。用种量为干草质量的 3% 左右。

（3）发菌期管理　大球盖菇播种后即进入发菌管理。通常在播种后 20d 内不需直接喷水在菇床上，只根据天气情况，适时喷水在覆盖物上，不让多余水分渗入床内。若碰上连续雨天，特别是播种后 20d 内有大雨，要在堆上覆盖物上面加盖塑料薄膜防水，雨过后立即掀去塑膜并同时排去地上积水。当菇床上的菌丝生长旺盛占据培养料的一半左右并且稻草出现变干发白时，应适当往菇床上喷水。培养料较适的温度应在 20～30℃，最好为 25℃左右；同时堆温主要受气温影响，夏末秋初温度较高时，培养料可经预发酵处理；秋末冬初气温较低时则不需经预发酵，浸草后宜直接上堆播种。此外，不同的栽培季节可通过场地的遮阳和通风等方法来调节堆温。

（4）覆土　播种 30d 左右，菌丝长满菌堆就可在堆表覆土，其覆土方法同双孢菇。有时表面培养料偏干，看不见菌丝爬上草堆表面，可以轻轻挖开料面，检查中、下层料中菌丝，若相邻的两个接种穴菌丝已快接近，这时就可以覆土了。具体的覆土时间还应结合不同季节及不同气候条件区别对待。如早春季节建堆播种，如遇多雨，可待菌丝接近长透料后再覆土；若是秋季建堆播种，气候较干燥，可适当提前覆土，或者分二次来覆土，即第一次可在建堆时少量覆土，仅覆盖在堆上面，且尚可见到部分的稻草，第二次覆土待菌丝接近透料时再进行。菇床覆土一方面可促进菌丝的扭结，另一方面对保温保湿也起积极作用。一般情况下，大球盖菇菌丝在纯培养的条件下，尽管培养料中菌丝繁殖很旺盛，也难以形成子实体，或者需经过相当长时间后，才会出现少量子实体。但覆盖合适的泥土并满足其适宜的温湿度，子实体可较快形成。

①覆盖土壤的选择：覆盖土壤的质量对大球盖菇的产量有很大影响。覆土材料要求肥沃、疏松，能够持（吸）水，排除培养料中产生的二氧化碳和其他气体。腐殖土具有保护性质，有团粒结构，适合作覆土材料。国外认为，50% 的腐殖土加 50% 泥炭土、pH5.7 可作为标准的覆土材料。实际栽培中多就地取材，选用质地疏松的田园壤土。这种土壤土质松软，具有较高持水率，含有丰富的腐殖质，pH5.5～6.5。森林土壤也适合作覆土材料。碱性、黏重、缺乏腐殖质、团粒结构差或持水率差的沙壤土、黏土或单纯的泥炭不适于作覆土材料。

②覆土方法：把预先准备好的壤土铺洒在菌床上，厚度 2～4cm，最多不要超过 5cm，每 $1m^2$ 菌床约需 $0.05m^3$ 土。覆土后必须调整覆土层湿度，要求土壤的持水率达 36%～37%。土壤持水率的简便测试方法是用手捏土粒，土粒变扁但不破碎，且不粘手，就表示含水量适宜。覆土后较干的菌床可喷水，要求雾滴细些，使水湿润覆土层而不进入料内。正常情况下，覆土后 2～3d 就能见到菌丝爬上覆土层，覆土后主要的工作是调节好覆土层的湿度。为了防止内湿外干，最好采用喷湿上层的覆盖物。喷水量要根据场地的干湿程度、天气的情况灵活掌握。只要菌床内含水量适宜，也可间隔 1～2d 或更长时间不喷水。菌床内部的含水量也不宜过高，否则会导致菌丝衰退。

（5）出菇期管理　料堆覆土后 2～3d，菌丝即可长至土面，随后即转入生殖生长阶段。通常覆土后的 2～3 周就可生菇。此阶段的重点工作是保湿及加强通风透气，促进空气流通。大球盖菇出菇阶段要求空气相对湿度在 90%～95%，要特别注意保持覆土湿润。若天气干燥，可将旧麻袋、报纸浸透盖在土面上。为了加强空气流通，促使子实体形成，大棚栽培时现蕾后可在料堆中或料堆侧面打数个洞。当子实体大量发生时，大棚更要增加通风次数和延长通风时间。根据天气情况，每天喷水 1～2 次，直接喷于床面和子实体上，同时还应向空中喷水，以增加空气湿度。不同季节、不同地域，出菇速度不一样，长江流域一带 9 月下旬至 11 月份，白天温度高、晚上温度低，最适出菇。此阶段出菇快而整齐，从现蕾至成熟时间也短；3～4 月份间出菇也是如此。出菇期间如遇霜冻，一是要注意加厚覆盖草被，盖好小菇蕾；二是要少喷水或不喷水，防止直接遭受冻害。

（6）采收　大球盖菇从出现小菇蕾到子实体成熟所需的时间随气温高低而不同，通常为 5～10d。应根据成熟度和市场要求及时采收。一般是菌盖边缘内卷，菌膜刚破裂，尚未开伞和弹射出孢子采收最为适宜。过早会影响产量；采收过迟，菌盖展开，菌柄出现中空，菌褶变为暗灰色，会降低商品价值。采收时手指握牢菌柄基部，另一手压着培养料，轻轻扭转向上拔起即可。采下的鲜菇削去菇柄带泥部分。除净菇床上残留菇脚，补土保湿，再培养出下潮菇。一般出菇 2～4 潮，以第二潮菇产量最高。

2. 大球盖菇的室内栽培

大球盖菇室内与室外栽培产量并无大的差异。室外栽培场地不受限制，成本低，便于大面积生产；室内栽培则有利于调控温湿度，有利于创造菌丝与子实体生长的环境条件。室内大球盖菇的栽培方法常见有：草把堆垄栽培、箱栽、稻草畦状栽培和大捆草栽培等。

（1）草把堆垄栽培　类似于草菇栽培。按室外栽培的方法把稻草、豆秆等栽料浸透吃足水并摊晾至含水量 70% 左右，从稻草中段对折拧成"8"字形草把，交叉处用几根草捆好以免散把，0.7~0.8kg 一把。成排码好，两端朝内，铺宽 1.2~1.5m，长度依场地而定，中间填以豆秆、蔗渣、木屑或棉籽壳（均需吃透水），铺一层草把撒一层菌种，共 3~4 层。两侧草把内或草把间可适量塞入核桃大小的菌种。草把堆放高 35cm 左右。顶层撒好菌种后，盖一层含水量稍高的稻草，然后盖上塑料薄膜保湿保温。一般白天视温湿情况打开膜，晚上盖好。其他管理与室外相同。当菌丝长至 2/3 时就需覆土，覆土方法均与室外相同。

（2）稻草堆垄栽培　此法与室外阳畦栽培大致相同。为了充分利用空间，可作床架栽植数层。稻草吃水及预发酵与前面栽培相同，只是堆料栽培时要在床架上先铺上一层塑料薄膜，然后再铺草播种，铺料、播种及出菇管理与室外栽培相同。

第四节　茶薪菇栽培

一、概　　述

茶薪菇 [*Agrocybe aegerita* (Brig.) Sing] 又名柱状田头菇、柱状环锈伞，是我国发现的新种，分类学上隶属真菌门、担子菌亚门、层菌纲、无隔担子菌亚纲、伞菌目、粪锈伞科、田头菇属。茶薪菇味鲜美、质嫩脆、清香可口、营养丰富，菇体含有 18 种氨基酸和多种矿物质元素，还具有医药价值。中医学认为，茶薪菇性平，甘温，有扶湿、利尿、健脾胃、明目等功效。

我国人工栽培始于 1972 年。1973 年福建三明地区真菌研究所编写的《福建菌类图鉴》首次记载了茶薪菇。洪震曾报道了茶薪菇的生理特性和人工栽培试验结果。20 世纪 90 年代初，江西广昌县开始大面积人工栽培，随后福建三明地区等地也陆续开始推广人工栽培茶薪菇。茶薪菇的自然分布与油茶树的分布有关。油茶是一种油料经济作物，分布于酸性红壤和黄壤的中南亚热带常绿阔叶林带。我国油茶林的分布，除福建和江西交界处的武夷山区外，在湖南、湖北、浙江等省的山地和丘陵、云贵高原及黔桂高地也有不同程度的自然分布和人工造林。

野生茶薪菇的产量极低，福建三明市真菌研究所曾进行生态考察，其后洪震、吴锡鹏均曾报道驯化栽培结果，林杰较系统地介绍过茶薪菇的生物学特性及栽培方法。20 世纪 80 年代初，驯化栽培的培养料为木屑和茶籽壳，栽培虽然获得成功，但产量不高。后来对其营养生理进行研究发现，茶薪菇对木材纤维的分解能力较弱，但对蛋白质的利用则较强。因而在 20 世纪 80 年代末，茶薪菇的培养基质已改用木屑和棉籽壳等混合材料，并添加适量有利于茶薪菇菌丝生长的玉米粉、菜籽饼粉、花生饼粉和大豆饼粉等饼肥，增加氮源含量，以满足茶薪菇的营养生理。这样既可提高产量又可提高品质、增强香味。

目前，国内茶薪菇的主要产地是江西，生产推广普及最广的是有"茶菇之乡"之称的江西省黎川县，在 20 世纪 90 年代初已将生产茶薪菇作为全县"富民富县"的新兴支柱产业，并根据当地自然气候条件，采用袋式菌墙栽培法并迅速在全县推广，1999 年栽培约 600 万袋，年均产茶薪菇鲜菇约 1 万吨，使农民种菇收入超过粮食收入。2000 年该县注册的"日丰牌"茶薪菇商标，获国家"AA"级绿色食品商标称号，其产品不仅进入广州、福州、厦门、北京、上海等大中城市，销往我国香港、澳门和台湾地区，还出口到日本及新加坡和印度尼西亚等东南亚国家，并远销到欧美国家。这表明发展珍稀品种是一条成功之路，不但有益于种菇者，也有益于社会。目前，茶薪菇在江西的黎川、广昌、南丰、南城和资溪，福建的泰宁、建宁、光泽和郡武等县（市）已有较大规模的栽培，还被推广到浙江、湖北、云南、上海和北京等省市。

二、 茶薪菇生物学特性

（一）形态特征

茶薪菇（图9-3）子实体单生或丛生，菌盖直径2～5cm，表面平滑，初暗红褐色，有浅皱纹，菌盖厚0.8～2cm；菌褶与菌柄直生或不明显隔生，初白色，后褐色，长短不一，菌褶之髓层规则型；菌柄上下等粗，或上粗下细，内部充实，纤维质，长4～20cm，直径0.5～2cm，淡黄色或深褐色。菌柄附膜质黏状物。菌环残留在菌柄上或附于菌盖边缘或自动脱落。孢子圆至椭圆形，淡褐色或咖啡色，在显微镜下浅褐色，有不明显芽，孢子印锈褐色。

图9-3 茶薪菇子实体

（二）生活条件

1. 营养

茶薪菇系木腐菌，仅生长在油茶树的枯干上，利用木质素能力弱，但蛋白酶活力强，对氮源要求较高。代料栽培时，在木屑、棉籽壳、秸秆粉、甘蔗渣等主料中，一般要在培养料中加入适合的有机氮源，如麸皮、米糠、玉米粉、黄豆饼粉、茶籽饼粉等，有利于提高鲜菇产量，增加香味。

2. 温度

茶薪菇为中温偏高型菌类，出菇时不需要变温刺激。菌丝在5～37℃均能生长，最适生长温度为22～27℃，30℃以上时菌丝长势显著减弱，达32℃时菌丝尚有微量生长，超过34℃菌丝不再生长，但不会死亡。菌丝对低温和高温有较强的抵抗力，在-4℃经3个月而不失去活力，在-14℃低温下5d和40℃高温下4d不会死亡。原基形成温度为16～24℃，以18～22℃为最好，温度较高或较低都会推迟原基分化。子实体生长发育温度为10～27℃，最适温度15～27℃，温度较低时子实体生长缓慢，但组织结实，菇型较大，质量好；温度较高时则易开伞和形成薄盖菇。据实验，温度在20℃左右出菇最好，从现雷到成熟约10d；温度大于24℃时，6d便可开伞，柄细盖薄；温度超过32℃，子实体枯萎死亡。子实体发育期适当拉大昼夜温差，即给以适当的温差刺激，更有利于其子实体的发育。

3. 水分与湿度

茶薪菇人工袋料栽培，其培养基的含水量要求控制在65%左右，要求空气相对湿度控制在65%～70%。在生殖生长时期，要求空气相对湿度控制在85%～95%。

4. 空气

茶薪菇属好气性菌类，菌丝生长阶段也需要一定的氧气。空气不足，菌丝生长极为缓慢，子实体形成及生长发育也将受影响，且易发生畸形菇。因此，栽培场及培养室经常通风换气，保持空气新鲜，使出菇整齐。现原基时需氧量大，要多通风换气，但子实体分化后要控制通风量和通风方法，培养室空气要新鲜。而袋口膜内 CO_2 含量稍高有利于菇柄伸长，从而可提高菇的品质和产量。

5. 光照

茶薪菇菌丝的生长无需光照，强光会抑制茶薪菇菌丝的生长；茶薪菇子实体生长具有趋光性，原基形成和子实体发育需一定散射光线，没有光刺激则不会现原基，现原基后没有散射光子实体也不能分化。在子实体生长阶段，培养室要求有较强（250~500lx）的散射光。

6. 酸碱度

茶薪菇喜在弱酸性环境中生长，pH4.0~7.0 均能生长，最适 pH 为 4.5~5.5，pH 低于 4.0 或高于 7.0 时，菌丝和子实体生长不良。

三、 茶薪菇栽培管理技术

（一）栽培季节安排

根据茶薪菇菌丝生长温度为 10~35℃、最适温度为 22~27℃、子实体形成温度为 16~32℃、最适为 20~28℃，北方地区可进行春、秋两季栽培，春季 2~3 月份制袋、4~6 月份出菇；秋季 8~9 月份制袋，10~11 月份出菇。南方省区可以常年栽培。具体掌握好两个环节：一是接种后 40~50d 内，当地气温不超过 32℃；二是从接种日起，往后推 60d 进入出菇期，当地气温不超过 30℃，不低于 15℃。

（二）培养料配制

1. 培养料配方

（1）干稻草粉 15%，麦麸 15%，棉籽壳 59%，玉米粉 7.4%，石灰 3%，磷酸二氢钾 0.3%，硫酸镁 0.3%。

（2）茶籽壳粉 70%，米糠 20%，茶粕饼粉 5%，蔗糖 2%，石灰 1%，石膏 1%，磷酸二氢钾 1%。

（3）木屑 36%，棉籽壳 36%，麦麸 20%，玉米粉 5%，茶籽饼 1%，石灰 1%，糖 1%。

（4）木屑 38%，棉籽壳 35%，麦麸 15%，玉米粉 6%，茶籽饼粉 4%，石膏 1%，红糖 0.5%，磷酸二氢钾 0.4%，硫酸镁 0.1%。

2. 配料装袋

为防止培养料在配制后堆放时间过长而变质，要求从配料至开始装袋，其时间以不超过 2h。每次拌料 2500~3000kg，装 2500~3000 袋。在气温较高的季节配料时，可用含纯品 50% 的多菌灵，按 0.1% 的比例拌入料中，可抑制红色链孢霉。

装袋可采用装袋机或人工装料，装袋机每台装 800 袋/h 需配 7 人为一组，其中添料 1 人，套袋装料 1 人，传袋 1 人，捆扎袋口 4 人。不论采用机械或人工装料，都要装料紧实无空隙，光滑均匀，特别是料与膜之间不能留有空隙，否则袋壁之间易形成原基，消耗养分。

（三）灭菌接种

装料后的料袋应及时进行灭菌。灭菌方法同常规。接种按无菌要求操作，一般每瓶原种接种 25 袋。接种后用透明胶带贴封接种孔。

（四）发菌管理

接种后将菌袋移入栽培室（棚）内堆放发菌，袋口两端向外，行与行之间留操作道。堆高根据栽培季节而定，春栽堆 10～12 层，秋栽堆 5～8 层，以利保持或调节堆内温度。

发菌管理主要是温度、湿度、通风、翻堆和防杂菌方面的管理，方法与金针菇发菌期管理基本相同。

（五）菇棚准备

采用室外菇棚可以充分利用休闲地扩大栽培面积，增加产量，节约成本，提高经济效益。菇棚的自然条件，要符合茶薪菇的"野性"。可利用自然温度、适宜的湿度和充足适当的光照、氧气等生态优势条件。还可通过揭盖大棚上的薄膜和草帘调控生态条件，以充分利用太阳光能，节省能源，改善保温、保湿性能，加大昼夜温差，增加光线和氧气，更加有利于茶薪菇的生长发育。

（六）催蕾管理

菌袋在适温 20～27℃经过 60～80d 发菌，菌丝分泌色素吐黄水，菌袋表面全部转色，培养料的颜色进一步变淡，菌丝体累积了大量营养物质，培养料含水量达 70% 以上，用手捏菌袋感到柔软、有弹性时，是生理成熟的表现，可适时割袋转色催菇。

1. 割袋

割袋时要将被杂菌污染的或被部分污染的菌袋挑出隔离。开口前，要用 3%～4% 的石炭酸或溴氰菊酯（敌杀死）3000 倍液、乐果 2000 倍液对菌袋消毒和场地灭虫处理。割袋时用锋利小刀沿扎口绳将菌袋的口部割掉。若袋口有少量污染，必须清除；部分污染的，可切除或挖去，其余部分可继续转色出菇。

2. 排场

室外菇棚排场的方法如下：将场地整成宽 1m、高 15cm 的畦床，并铺上砂子，然后可铺两层塑料薄膜防潮湿。除将部分污染的菌袋单独排放外，将成熟度相同的菌袋排在一起，有利于转色催蕾和出菇管理。菌袋排场方向，应与室外菇棚的门窗方向一致。

3. 转色管理

割袋之后，断面菌丝受到光线刺激，供氧充足，就会分泌色素吐黄水，使菌袋表面菌丝渐渐转化成褐色，随着时间的延长，菌丝体褐化和菌丝体颜色加深，袋口周围表面的菌丝会形成一层棕褐色菌皮。这层菌皮对菌袋内菌丝有保护作用，能防止菌袋水分蒸发，提高对不良环境的抵御能力，加强菌袋的抗震动能力，保护菌袋不受杂菌污染和有利原基的形成。转色正常的菌皮呈棕褐色和锈褐色，且具光泽，出菇正常，子实体产量高，品质优良。

在割袋后 3～5d，因氧气充足，升温非常快，往往堆温上升 5～8℃，这时要及时通风降温，排除二氧化碳，否则菌丝变黄退化，菌袋内培养料急剧失水收缩，对后期菌丝生长及菌皮形成、转色和原基形成产生不良影响。

4. 催蕾

在褐色菌皮形成的同时，茶薪菇子实体原基也随之开始形成。变温刺激是促进原基形成的重要措施，温差越大，形成的原基就越多。其方法是结合菌袋转色，连续 3～7d 拉大温差，白天关闭门窗，晚上 10:00 时后开窗，使昼夜温差拉大到 8～10℃，直到菌袋表面出现许多白色的粒状物，说明已经诱发原基，并将分化成菇蕾。除变温刺激外，还必须注意创造阶段性的干湿差和间隙光照条件，并采用搔菌及拍击等方法进行刺激。菌袋转色菌皮未形成前不宜通风时间过长，以免菌袋失水。菌袋割袋过早，应注意保水保湿。光照越充足，通风越好，则转色过程越短，转色越好。光照刺激可在必要时将棚顶的遮阳物拨开或打开门窗，使较强光线照射菇床。

处理 3~5d 后，菌袋面上出现细小的晶粒，并有细水珠出现，再过 2~4d，在袋面会出现密集的菇蕾原基。原基的形成是生殖生长的开始，随着原基生长，分化出菌盖和菌柄，标志着菇蕾的形成。

（七）出菇管理

茶薪菇在割袋、催蕾之后，分秋、春两季出菇。由于秋、春季气候不同，故在管理上有所不同。

1. 秋菇管理

秋季出菇期间，自然气温逐渐从 28℃ 以上降到 10℃ 左右（10 月份常出现小高温天气），空气干燥，昼夜温差越来越小，12 月底进入低温期。前期气温偏高，因而保湿、补充新鲜空气及防治杂菌是秋菇期管理重点。中秋节后气温渐凉，温差拉大，应利用温差，保湿、增氧、增加光照，以促进出菇。后期气温较冷，管理的主要工作是增温、保温和保湿。

菌袋转色后 7~8d 第一潮菇开始形成。此时，应注意通风换气和增湿，可采用喷雾调湿、覆盖薄膜保湿的措施来实现。当气温降到 23℃ 左右，每天早、中、晚各通风一次；当气温降到 18~23℃ 时，每天早晚各通风一次；当气温降到 18℃ 以下时，可每天通风一次，尽可能维持菇房内空气相对湿度为 90% 左右，减少菌袋失水。菌袋含水若低于 65%，可通过喷雾保湿来减少菌袋水的蒸发量。

2. 采收及采菇后管理

当茶薪菇子实体的菇盖即将平展、菌环尚未脱落时就要及时采收。因茶薪菇质较脆，柄易折断，盖易碰碎，所以采收时应手抓住基部轻轻拔下，同时要防止周围幼菇受损伤。

第一潮菇采收后，应立即清理菇场，剔除残留在袋内的菇脚、老根和死菇，防止菇脚腐烂和杂菌侵入，并停止喷水 7~10d，增加通风次数，延长通风时间，降低菌袋表面湿度，使菌丝迅速恢复生长积蓄养分，以供第二潮菇生长。

当菌袋采菇后留下的凹陷处菌丝发白时，白天进行喷水，关紧门窗提高温度，晚上通风干燥，拉大温差和干湿差，每天喷水 1~3 次。在具体实施中，可以灵活掌握，还可利用气温的周期变化，适时地通过 3~5d 干湿交替，冷热刺激，促使第二潮原基和菇蕾形成。第二潮菇发生在 10 月末至 11 月份。这时，南方气温为 18℃ 左右，正符合茶薪菇子实体生长发育的要求。喷水是促进第二潮菇发生的主要措施，以满足出菇对水分的需要。

第三潮秋菇的形成，由气候变化、割袋时间及而二潮菇的管理情况而定。如割袋早、天气暖和，第三潮菇也能优质高产。第三潮菇以保温、保湿为主，养菌复壮。根据秋菇出菇情况及菌袋出菇后的重量情况，给菌袋注水或浸水，增加菌袋的含水量使菌丝复壮。如果冬末保温好，还可收 1~2 潮菇；或越冬至次年春季继续出菇。

秋菇管理的另一个重要内容是防治杂菌感染，危害茶薪菇的主要杂菌是绿霉和曲霉，轻者使菌袋表面形成霉斑，影响出菇和使菇蕾腐烂，重者导致菌袋报废。出现局部污染时，可用 0.1% 多菌灵或 5% 新洁尔灭或 3% 石炭酸液（茶酚液）或 5% 来苏尔溶液，涂抹霉斑处，然后挖除或切除。如发生大面积霉害，可加大通风量，降低湿度，抑制霉菌生长，促使菌丝健壮生长，提高自身抗霉力。

3. 春菇管理

春菇生产期间，气温由低向高递升，气候温和，空气湿润，雨量充沛，自然温度和湿度均提高，适合茶薪菇菌丝的生长和出菇。管理要点是降低湿度，防止杂菌污染。春天要加强通风换气，保持菇棚内的清洁卫生，清除杂菌污染源。如后期气温升高，管理上应采取相应降温措施。室外出菇采用野外荫棚，加厚遮阳物，创造阴凉环境。畦沟内灌水保持棚内湿润，每天午后向棚顶喷水，降低棚内温度。有条件的生产专业户，菇棚可以安装喷雾系统，采用喷灌降温增湿，气温在 35～38℃ 高温时，喷雾后棚内温度可降到 28～31℃，地表温度降到 25～29℃。喷雾后须适当通风。

出菇后菌袋减轻时，应及时浸水，但补水不宜过量，否则会因高温高湿，引起菌丝死亡，杂菌滋生，菌袋软腐解体。喷水和采收等管理工作应放在气温较低的早晚进行，白天关紧门窗，到中午温度最高时可打开门窗加速空气流通，使温度迅速下降，然后关闭。这样，在高温季节也可继续出菇。

（八）采收

从茶薪菇出现到采收一般需要 5～7d。当菌盖呈半球形，菌环尚未脱离菌盖时就要及时采收。采收两潮菇后，料已偏干，每袋可注水 40mL 左右。一般可采收 3～4 次，每袋可收干菇 40～45g。

采下的菇体用剪刀剪去根部杂物，即可上市鲜销。

第五节　灰树花栽培

一、概　　述

灰树花 [*Polyporus frobdos*（Diclcs）Fr.] 属于非褶菌目、多孔菌科、多孔菌属，又名莲花菌、贝叶多孔菌，为名贵食用菌。灰树花子实体形似盛开的莲花，扇形菌盖重重叠叠，具有一定的欣赏价值。

灰树花自然分布于中国、日本、北美洲等地区，在我国主要分布于河北、吉林、浙江、福建、广西、四川、云南等省区。灰树花的生长环境都是在阔叶树林地上，灰树花夏秋间一般生长在栎、栲及其阔叶树的树干及伐桩附近。在灰树花子实体周围多数都有许多杂草，主要有乌拉草、狗尾草、莠草、艾叶草等。生长灰树花的土质多含有腐叶、腐烂根的砂质土。沙粒细者如面粉，粗者为花生米至栗子大小的石块。沙质的含水量在 20%～25%，pH 为 6.5 左右。

灰树花子实体的形态层叠似菊，子实体形成时期清香沁脾，幼嫩时具有松口蘑般的芳香味。子实体肉质柔软，味美如鸡肉，嫩脆，可制作名贵佳肴，具有一煮就熟久煮不熘的良好烹调性，是不可多得的珍贵食用菌。灰树花的营养价值极高，每 100g 干品灰树花中含蛋白质 25.2g、脂肪 3.2g、膳食纤维 33.7g、碳水化合物 21.4g，此外还含有大量矿物质和多种维生素。在灰树花所含的碳水化合物中还有多糖，多糖具有明显的抑制肿瘤生长、阻止艾滋病（HIV）病毒对 T 淋巴细胞的破坏以及降低血糖、保护肝脏等作用，从而起到对艾滋病病毒的抑制效果。因此，灰树花是一种很有前景的真菌。

二、　灰树花生物学特性

（一）形态特征

灰树花子实体有柄或近无柄，菌柄可多次分枝，末端形成一丛覆盖状的菌盖，相互重叠，呈珊瑚状分支，丛宽60cm左右。单个菌盖宽2~7cm、厚0.2~0.7cm，呈扇形或匙形，表面颜色为灰色，有细纤毛或绒毛并渐变光滑，有放射状条纹，边缘薄，内卷。子实体肉质，菌肉白色，厚0.1~0.3cm。菌管长0.1~0.4cm，菌孔延生，管面角形，有的为椭圆形，每毫米2~3个。孢子光滑，无色，卵圆形或椭圆形，（5~7.5）μm×（3~3.5）μm，孢子银白色。菌丝壁薄，具分枝，有横隔，无锁状联合，粗5.5~7μm（图9-4）。

图9-4　灰树花子实体

（二）生活条件

1. 营养

碳源是灰树花最主要的营养来源，灰树花对碳源的利用以葡萄糖最好，果糖次之。在野生状态下能分解木材的木质部，而在人工栽培条件下只能分解利用韧皮部。在生产栽培中可以木屑、农作物秸秆等作为灰树花的碳素营养物质，这些物质通过菌丝分泌的酶类分解为单糖，而被菌丝细胞吸收利用。氮源是灰树花蛋白质和核酸合成的重要物质，灰树花对有机氮的利用最好，而对无机氮则利用率低，几乎不能利用硝态氮。在实际生产中，一般利用各种天然的含氮化合物如麸皮、玉米粉、花生饼粉等作为氮素营养。

2. 温度

灰树花菌丝生长温度范围为5~35℃，最适的温度范围为21~27℃，菌丝比较耐高温，在32℃时菌丝还可以继续生长，温度达到42℃以上时菌丝才开始死亡；子实体生长的温度范围为15~27℃，最适温度范围为18~22℃，在此温度范围内子实体发育良好、产量高。

3. 湿度

灰树花袋料栽培中培养料的含水量以60%为宜，湿度太低时出菇不整齐；过高菌丝易吐黄水，影响子实体的发生。子实体生长阶段对空气湿度要求比较高，以85%~95%的相对湿度为宜，空气相对湿度低于80%时子实体容易干死，特别是幼小子实体最为敏感。

4. 空气

灰树花对氧气的需求量比其他食用菌高，在菌丝体生长阶段也需要一定的氧，因此在液体中培养灰树花菌丝体时也要求有中等的通氧量，菌丝体才能生长旺盛。子实体生长阶段的需氧量更大，是所有食用菌当中需氧量最多的菇类之一，而且子实体阶段对二氧化碳极为敏感，若通气不足，CO_2浓度过高，则子实体生长迟缓、不分化并造成杂菌污染。

5. 光照

光照对灰树花菌丝生长没有明显的影响，一般不需要光照，但微弱光照有利于灰树花原基的发生和形成，此时栽培室内的散射光强度约需 50lx。子实体阶段的光照强弱对子实体的产量和品质影响较大，当菌丝体扭结形成原基并发育成子实体时，必须有一定强度的光照，子实体才能正常生长；若光照不足，则子实体分化困难，而且菌盖畸形，朵形不正。子实体发育的光照一般应保持在 200～500lx 较为合适。

6. 酸碱度（pH）

灰树花的菌丝在 pH3.5～8.0 范围内均可生长，而以 pH4.5～5.0 最为适宜；子实体生长阶段以 pH4.0 为适宜。在灰树花菌丝体培养过程中，随着菌丝生长量的增加，环境中 pH 会逐渐下降，因此栽培管理中一般不用对酸碱度进行随时调整既可满足生长发育的要求。

三、 灰树花栽培技术

（一）栽培季节

灰树花的栽培季节应根据栽培地区的自然气候条件确定，总的原则是使灰树花的发生与生长处于 15～22℃ 的适温期内。在选择栽培季节时应主要考虑自然温度与出菇温度的适宜性，这样，可以保证灰树花栽培有较高的成功率。在海拔 500m 以下的地区，春季安排在 1 月下旬至 2 月中旬接种，秋季在 8 月下旬～9 月中旬接种；而在海拔较高的北方省份，春栽应适当推迟接种，秋栽可提前接种。

（二）栽培场所

由于灰树花是一种好氧、喜光的食用菌，因此栽培场所以选择通风良好、光照适宜，并能保证一定的温、湿度的地点为宜。一般可采用专用菇房、普通民房或室外拱棚栽培灰树花。在培养场地内，可放置一些架子，进行床架式栽培，以节约空间，增加栽培数量，提高培养场地的利用率。但要注意层数不要过多，层间距离要大，以免影响光照。如果在室外栽培，要选择通风良好，潮湿、排水方便的地方建棚，在拱棚内设栽培畦（深 25cm 左右），拱棚四周开排水沟，拱棚用塑料薄膜扣顶，并用秸草等遮阳材料覆盖至具有一定的遮阳度，但也要有一定的光线，一般为三分阳七分阴为好。

（三）栽培原料及配方

人工栽培灰树花的培养基物主要有木屑、多种农作物如秸秆、酒糟、棉籽皮等为主料，而且以阔叶树木屑、棉籽皮作主料栽培花树花效果最好。在配料时要注意木屑的粗细搭配。除主料外也要加入各种辅料如麸皮、玉米粉等，还可以加入石膏等以增强灰树花的矿物质营养；此外，也可加入土壤以保持培养料中的含水量即适应灰树花对无机盐的营养要求。常见的栽培料配方有如下一些：

（1）杂木屑30%，棉籽壳30%，麸皮10%，玉米粉8%，细土20%，糖、石膏各1%。

（2）木屑30%，棉籽壳30%，麸皮20%，玉米粉5%，细土13%，糖、石膏各1%。

（3）杂木屑34%，棉籽壳34%，麸皮10%，玉米粉10%，菜园土10%，糖、石膏各1%。

（4）木屑（粗）40%，木屑（细）20%，旧培养基材料（干重）20%，麸皮5%，玉米糠5%，林地表土（干重）10%。

（5）木屑80%，棉籽壳18%，糖、石膏各1%。

（6）木屑75%，麸皮23%，糖、石膏各1%。

（四）装料接种

将各种原辅料按上述配方比例称好，经过适当预处理后，调节好培养料的含水量（一般为

65%~70%），然后装入塑料袋内。一般采用的聚丙烯塑料袋规格由 17cm×33cm 或 20cm×45cm，装湿料 600~800g（距袋口 10cm 左右）。装料时要注意松紧适度，并不能压破或刺破塑料袋；袋口混套塑料套环和塞棉花塞，或以三角形折好袋口，然后高压灭菌 1.5~2h，或常压灭菌 8~10h。

栽培料冷却后，按无菌操作规程接种，接种量为 10% 左右，并使部分菌种进入栽培料的孔内。

（五）管理与采收

1. 发菌管理

接种后将菌袋放入发菌培养室，发菌室温度在前 15d 可以稍高一些，保持在 24~26℃，10~15d 后菌丝进入旺盛生长时期，把室温降至 20~24℃ 进行培养。在培养发菌前期（30~40d）一般仅保持室内有微弱的散射光（约 50lx），并注意进行适当通风以保持空气清新。发菌阶段如果温差过大或通气不足，则菌丝生长缓慢，易吐黄水，导致杂菌污染。

栽培菌袋培养 40d 左右、菌丝生长快满袋时，要加强培养室内的光照强度。一般光照强度应达到 200~500lx，以刺激灰树花原基的形成。此时可把菌袋排放稀疏或每隔 5d 倒袋一次，并把培养室原有的遮阳物去掉，以满足灰树花对光线的要求。

在适宜的温度和光线刺激下经过一段时间（约 20d）的培养，培养基表面的菌丝隆起并逐渐长大，变成灰黑色表面有皱褶状凹凸并吐出水珠时，这就表明原基开始形成，标志着灰树花生长进入了生殖生长阶段。此时则可以转入下一个管理阶段，即出菇管理。

2. 出菇管理

灰树花的出菇管理根据覆土与否分为两种类型的管理过程，即不覆土出菇管理和覆土出菇管理。

（1）不覆土出菇管理　不覆土栽培就是普通的袋式栽培。在菌袋培养两个月后，把出现灰黑色小原基的菌袋挑选出来放入出菇房，控制出菇房的温度为 15~20℃，继续培养 1 周左右进行开袋。开袋主要有两种方法，一是用刀在原基形处划"V"形或"X"的刀口，二是直接将封口打开或割掉，以有利于子实体生长。

出菇阶段的管理工作，除了保持栽培场所的温度在 15~20℃外，主要是进行水分管理和通风换气。灰树花子实体生长需要的空气相对湿度为 90%~95%，因此在正常情况下栽培室每天需喷水 2~3 次，可分别在早、中、晚进行，必要时可以在空间或墙壁上喷雾，以保持所需的较高相对湿度。由于灰树花是一种需氧量较大的食用菌，因此栽培场所每天全部更换空气 5~6 次，或长期开启有对流空气的几个通风窗，以保持栽培场所的空气新鲜。

在正常情况下，灰树花的灰黑色小子实体经过 10d 左右就会长出菌床，形成入脑状的团块并分泌黄色小水珠，逐渐长大形似珊瑚，出现朵片的雏形。再经过 7~10d，子实体就会从割口处或袋口长出。

（2）覆土出菇管理　经过两个月的培养，发现菌袋顶部灰黑色原基出现褶皱或呈珊瑚状并吐出大量的淡黄色水珠时即可进行覆土工作。此时，首先要沿着培养料的表面将菌袋两端塑料剪掉，并在菌袋的侧面开 2~3 道 5~7cm 的裂缝（便于菌袋吸收水分）。然后在设好的栽培畦内铺一层 2cm 的沙土，将菌袋放至于菌床上。菌袋之间要有 1.5~2cm 空间，并将菌袋间的空间用处理过（即经消毒和调整湿度与 pH）的土壤填平。最后在菌袋的表面覆盖一层厚约 2cm 的腐殖质含量高的林地表土或菜园土。

覆土后，用喷雾器调节覆土层的土壤湿度至适宜的含水量，这项工作一般在 1~2d 内完成。然后在覆土层表面再覆盖一层厚约 1cm 的树叶或稻草（长度为 2cm 左右），以保持表面的湿度。

覆土栽培的管理工作与不覆土的相同，但要注意相对湿度的变化，尤其要保持覆土层的湿度，以防土壤变干，因此，在必要时要增加喷水次数和喷水量。

3. 采收

灰树花的子实体在适宜的栽培条件下，从长出土面出现脑状皱褶的小子实体到成熟需 15~20d。当灰树花的扇形菌盖边缘变薄，菌盖平展，颜色为浅灰黑色，整朵菇像盛开的莲花，并散发出菇香时，一般达八成熟，即可采收。采收太早或太晚均会影响其商品质量。采收时用手从基部折两下即可摘下，采摘时要注意轻拿轻放。

第六节　白灵菇栽培

一、概　述

白灵菇（*Pleorotus nebrodensis*）属担子菌门、伞菌目、侧耳科、侧耳属，因其色白形似灵芝而得名，又称白灵侧耳、翅鲍菇、白阿魏菇、阿魏蘑。因其产自新疆，故又有"天山神菇""西天白灵菇"之美称。野生白灵菇分布于意大利、西班牙、法国、土耳其、捷克、匈牙利和中亚的伊朗、阿富汗、哈萨克斯坦、吉尔吉斯斯坦、乌兹别克斯坦，非洲的突尼斯、摩洛哥和中非，以及巴基斯坦和印度的克什米尔地区，在我国仅分布在新疆木垒、清河、托里等气候恶劣的戈壁荒漠中的阿魏滩上，是兼性寄生在药用植物"阿魏"的腐烂根茎上，野生资源极为稀少。由于特殊的生态环境和生物特性，给人工驯化、栽培带来了一定难度。

白灵菇子实体洁白如雪，肉质细腻，口感脆滑。菌肉肥厚，富含多种营养成分，是侧耳属中最具烹饪价值的一种。据国家食品质量监督检验中心检测，白灵菇子实体含蛋白质 14.7%、脂肪 4.31%、灰分 4.8%、粗纤维 15.4%、碳水化合物 43.2%、菌类多糖 19.0%、硒含量达 6.8%，其中人体必需的 8 种氨基酸比香菇和其他平菇都高。其精氨酸和赖氨酸含量比被誉为益智菇的金针菇还高。白灵菇味道鲜美，是一种高蛋白质、低脂肪、多食物纤维，富含维生素 C、维生素 E、维生素 D 及多种有益于健康的矿物质元素的优质食用菌。白灵菇还具有较高的生理活性。白灵菇除鲜销以外，还可以制作罐头，切片烘干，或者深加工为其他各种保健营养品、调味品及饮料添加剂。

二、白灵菇生物学特性

（一）形态特征

菌盖白色或淡黄色，有时有龟裂斑纹。菌褶后期渐成淡黄色，有时延生在菌柄上的菌褶呈网状。菌柄内实，向下逐渐变细。菌肉甘甜。孢子椭圆形或腊肠形，其顶端具歪尖，（12~14）μm×（5~6）μm，内含一个大油滴（图 9-5）。寄生或腐生于阿魏等伞形科植物的根上，在欧洲常寄生于田刺芹的根上，还可寄生在阔叶拉慧草等植物上。

（二）生活条件

1. 营养

白灵菇在自然界中主要发生于伞形科大型草本植物上，是一种腐生菌，有时也兼有寄生的性质，但其栽培材料比一般的侧耳狭窄得多。经过不断的驯化和改进，现利用阔叶树的木屑（甚至松木屑）、棉籽壳、甘蔗渣等为主要原料进行栽培。

图 9-5 白灵菇子实体

2. 温度

百灵菇是一种低温型食用菌，菌丝生长的最适温度为 22~25℃，在 35~36℃ 菌丝停止生长。菇蕾分化温度 0~13℃，子实体发生的温度范围是 5~18℃，最适温度为 7~13℃。

3. 水分

菌丝体和子实体的正常生长发育需要大量水分。培养料的料水比为 1:(1.2~1.3)，子实体在空气相对湿度为 85%~95% 时发育正常。

4. 光线

菌丝生长不需要光线，菇蕾分化需一定的散射光。低温情况下，在较强的光线下也生长良好，一般在 300~600lx 光照条件下子实体发育正常。

5. 空气

菌丝体与子实体的生长发育需要新鲜的空气。在不通风的菇房中，容易产生畸形菇。

6. 酸碱度

白灵菇在自然界中是生长在阿魏的根上，白灵菇根系的土壤呈微碱性，pH 为 7.8。白灵菇的菌丝可在 pH 为 5.0~11.0 时生长，但最适 pH 应为 6.5~7.5。

三、 白灵菇栽培技术

（一）栽培季节

白灵菇属中低温型的食用菌，栽培季节应以秋末接种，冬春长菇。黄河以北省区宜于 8 月上旬接种，12 月份至翌年 1 月份出菇；华东长江流域以南省区，宜于 8 月下旬至 9 月上旬接种，12 月份至翌年 1 月份出菇。南方高海拔山区和北方高寒地区可适当提前。菌种生产按菌袋接种日为起点，向前推 80~90d 进行。

（二）栽培方式

北方北京、天津、河北等省市及中原河南、山东等省多为短袋，日光棚露地摆袋栽培或像平菇一样叠袋墙式栽培；南方福建、浙江、江西、湖北等省采用菇棚畦床栽培，或长袋室内架层立体栽培。下面介绍几种白灵菇栽培的出菇方式。

1. 日光温棚露地栽培

将生理成熟的菌袋搬进日光温室，立式摆放于畦床上。日光温室冬季出菇保温性能强，空气湿度大，是现行北方最实用的栽培模式。

2. 畦床摆袋覆土栽培

将生理成熟的菌袋移入菇棚内，摆放于事先整理并消毒的畦上，解开袋口，去掉套环并反卷，排袋形成菌床。在菌床上面覆盖 2~3cm 的菜园土，有利刺激产生原基，其操作方法于平菇等覆土栽培相同。

3. 室内架层立体栽培

短袋的采取立式摆放于架床上，长袋的以卧式排放于架层横杆上，将接种穴口向上，袋间距 2~3cm。每 20m² 的房间设 8~10 层，可排放短袋 4000~6000 袋或长袋 3000 袋。

4. 野外荫棚斜袋栽培

香菇露地排筒方式，把菌袋斜靠于畦床的排袋架上。畦床上罩好薄膜。野外空气好，光照自然，温差大，除干燥天气外一般不喷水，子实体生长正常畸形菇很少，是南方现行白灵菇高产、优质最为理想的栽培模式。

（三）培养料的配制

白灵菇主要是袋栽，其培养料配方为：

①棉籽壳 78%，麦麸 15%，玉米粉 5%，糖 1%，碳酸钙 1%。

②杂木屑 40%，棉籽壳 40%，麦麸 10%，糖 1%，玉米粉 8%，石灰 1%。

③棉籽壳 62%，玉米芯 25%，麸皮 10%，石膏 1%，石灰 1%，过磷酸钙 1%。

④木屑 80%，麸皮 15%，玉米粉 3%，石灰 1%，过磷酸钙 1%。

上述原辅料加水拌匀，含水量不低于 60%，pH6.0~6.5。栽培袋规格：长袋 12cm（或 13.5）cm×55cm，短袋 15cm×34cm 或 17cm×35cm。按常规进行装袋，灭菌，冷却。

（四）接种培养

待料温降至 30℃ 以下时，在无菌条件下接入白灵菇菌种。长袋的袋面打三四个接种穴，菌种入穴后，用胶片封口，每瓶菌种可接 30 袋；短袋的解开袋口将菌种接入料面并封口，接种最好选择夜间或清晨进行，有利于提高菌袋的成品率。接种后的菌袋及时搬入室内重叠排放，发菌、培养。培养室温度调节到 23~25℃ 为适。10~15d 进行第一次翻袋拣杂。气温高于 30℃ 时应叠堆改码放疏袋散热；切忌喷水，室内空气相对湿度 70% 以下，保持室内空气流通。

（五）发菌期管理

发菌期间室温应维持在 25~28℃，空气相对湿度在 75% 以下，保持室内空气新鲜、干燥，并尽量避光培养。发菌过程中及时倒堆检查菌种成活及污染情况，若袋内有小面积污染，可用克霉灵等杀菌剂注射杀灭，若感染严重应及时捡出清除。同时应注意检查害虫，一旦发现，及时喷洒杀虫剂杀灭，若袋内感染虫害严重，应立即拣出清除。经 40~50d 的培养，菌丝即可在袋内长满。

（六）菌丝后熟处理

菌丝长满袋后，即可搬出菇房棚内上架或在发菌室内进行后熟处理。白灵菇菌丝长满袋后，不能立即出菇，因此时菌丝较弱，不能适应出菇的要求，还应进行 20~40d 的后熟处理，让白灵菇菌袋洁白、菌丝浓密，才能移入出菇棚出菇。所谓后熟处理就是在 20~22℃ 的温度下继续培养 20~30d，有资料显示，继续培养 30~35d 的处理产量更高。不进行后熟处理的菌袋，出菇率较低。后熟时间长短因品种而异，有的菇农采用不发酵原料直接灭菌的方式，后熟期也可缩短。

（七）低温诱导催蕾

白灵菇属于变温型出菇的菌类，出菇时温度要求严格，菌丝体生长达到生理成熟后，需要变温或低温处理才能够出现菇蕾。目前，常用的诱导方法是在0℃处理7d，或在0～13℃的出菇棚内保持昼夜温差10℃以上处理10～15d。不经过低温或变温处理的菌袋，一般不出菇或出菇甚少。

（八）出菇期管理

1. 子实体发育期

菇蕾形成后，为确保养分集中长好优质菇，要疏蕾控株，对丛生的选优去劣，摘掉多余的菇蕾，短袋一袋留一朵，选蕾控株的同时剪掉袋口薄膜，让菇体更好的接触空气。长袋的按接种穴定位，每穴保留一朵，多余的采掉。疏蕾后进入出菇管理，菇棚保持13～18℃最为理想，超过20℃菇蕾分化虽快，但影响菇质；低于10℃生长缓慢，3℃以下时菇蕾停止发育，甚至萎缩。空气相对湿度80%～90%。白灵菇生长期一般不在菇体上直接喷水，气候干燥时，可在空间喷雾状水，或在地上泼水增湿。菇棚内保持空气新鲜，光照强度为500～800lx，如果达到上述要求，菇体会发育正常，肥厚，菌柄短，色洁白；否则，菌柄长，形态变异。

2. 子实体成熟期

从接种到采收，因菌种不同，菌龄长短不一，一般需90～120d。无论是哪一种菌株，从米粒状原基出现到子实体成熟，在适温条件下一般需12～15d。从形成拇指大的菇蕾到采收一般只需5～7d。成熟期菇房温度控制在10℃以上20℃以下子实体品质最优。子实体成熟期空气相对湿度保持在85%左右即可，不可过湿；同时应加强通风透气，保持散射光照，使其菇体肥厚，色泽洁白。

（九）采收

当菇盖初平展，边缘内卷时即可采收。过熟时菌盖边缘上翘，颜色变为黄褐色，影响品质。白灵菇一般采收一潮菇，生物转化率60%～70%，生长周期100～135d。也可以将采收后的菌袋注水或覆土，管理得法可再长一潮菇。一般可采收一次，若进行补充营养液处理，也可出二茬菇。

🔍 **思考题**

1. 真姬菇菌丝生理成熟的标志是什么？其子实体生长期的管理要点有哪些？
2. 杏鲍菇栽培模式有哪些？各有什么利弊？
3. 大球盖菇对生活条件有哪些要求？简述大球盖菇的室外栽培技术。
4. 简述茶薪菇出菇期的管理方法。
5. 灰树花的覆土栽培和不覆土栽培在栽培管理上有何区别？
6. 如何进行白灵菇后熟处理？怎样进行低温诱导催蕾？

第十章

食用菌保鲜与加工

食用菌含有丰富的蛋白质、脂肪、维生素、核苷酸等多种物质,它不仅鲜美味香、营养丰富,而且能调节新陈代谢、增强体质,被人们誉为"卫生食品""现代保健食品",目前正在发展成为继植物性、动物性食品之外的第三类食品——菌物性食品。随着国内外对食用菌需求量的急剧上升,关于食用菌质量的控制问题也引起了广泛的重视。由于食用菌含水量高、组织脆嫩,采收后短时间内易造成品质、色泽、风味的劣变,给食用菌生产带来巨大的损失。为了调节、丰富食用菌的市场供应,满足国内外市场的需要,减少损失,提高食用菌产业的效益,大力推行实用型的食用菌保鲜和加工技术已成为食用菌生产发展的一个重要课题。近年来,我国食用菌生产发展迅速,已成为食用菌的生产和出口大国,做好食用菌的保鲜与加工工作对于保证我国食用菌产品在国际市场上的地位、维护菇农的利益、促进食用菌生产的稳步发展,具有重要的意义。

第一节 食用菌的保鲜技术

食用菌的保鲜技术是采取一切可能的措施控制新鲜产品的分解代谢,使代谢过程处于较低的水平,延长贮藏时间,保持食用价值。

在保鲜处理之前,要注意除去产品残留的泥土和培养料污物,去除有病虫的个体,特别要注意避免产品受到碰伤和挤压。

一、 食用菌保鲜的原理

离开培养料后的鲜菇由于具有含水量高、组织柔嫩、各种代谢活动比较强烈、呼吸旺盛、体内营养物质消耗快等特性,特别是由于菇体内多酚氧化酶的活力高,使得菇类极易变色、老化和腐烂。因此,采收后必须采取适当的保鲜措施,保持鲜菇的品质。保鲜就是利用活的子实体对不良环境和微生物的侵染所具有的抗性,采用物理或化学方法使鲜菇的分解代谢处于最低状态(休眠状态),借以延长贮存时间,保持鲜菇的食用价值和商品价值。保鲜过程不能使鲜菇完全停止生命活动,故鲜菇保藏时间不宜过长。

二、影响食用菌保鲜的因素

影响食用菌保鲜的环境因素很多，主要是温度、湿度、氧气和二氧化碳含量等因素。

（一）温度

鲜菇的保鲜性能与其生理代谢活动的强弱有密切关系。在一般情况下，鲜菇的生理代谢活动随着温度的升高而增强，温度越高，鲜菇的生理代谢活动越强，保鲜效果就越差。试验表明，在24h内100kg鲜菇在10℃时释放能量为530kcal，而在0℃时仅释放150kcal，10℃条件下的呼吸强度为0℃时的3.5倍。由此可见，低温能有效地抑制各种代谢活动的进行。但鲜菇的保鲜温度也不能过低，许多研究表明，食用菌适宜的贮藏温度为0~3℃（草菇除外）。

（二）湿度

食用菌的保鲜效果与贮藏环境的空气相对湿度也有密切关系。不同菇类对空气湿度的要求不一样，但总的来说，食用菌的贮藏要求高湿度，空气相对湿度以95%~100%为宜，低于90%，常会导致菇体失水收缩而变性、变色和变质。

（三）氧气

氧气能促进鲜菇的呼吸代谢活动，因此降低贮藏环境的氧气含量对食用菌的贮藏是很有利的。环境中的氧气含量低于1%时，对子实体的开伞和呼吸都有明显的抑制作用。鲜菇贮藏要求贮藏环境的氧气含量低于1%。

（四）二氧化碳

高浓度的二氧化碳对食用菌的贮藏是有利的。二氧化碳能抑制鲜菇的生理活动，当环境中的二氧化碳含量超过55%时几乎可完全抑制菇柄和菇盖的生长，但二氧化碳的浓度过高也会对菇体产生危害。目前国外试验用0.1%的氧气和25%的二氧化碳进行贮藏，取得了良好的保鲜效果。鲜菇贮藏要求贮藏环境的二氧化碳含量大于5%。

三、常用的保鲜方法

食用菌的保鲜可借鉴果蔬的保鲜技术，采用简易包装、冷藏、气调、辐射、化学药剂保鲜等方法。

（一）简易包装保鲜

短距离运输、短期内可售完或用完的情况下可采取此法。包装所用的容器可为竹筐、塑料食品袋、有孔纸盒等。用纸盒包装时，箱底垫放吸潮纸，菌盖朝上，按顺序摆放1~2层；用竹筐包装时，先垫纸或衬布，然后装菇，切不可过分堆集，每筐装菇量3~5kg为宜。目前在发达国家市场上流行的食用菌包装材料以塑料制品为主，除了普通的塑料袋真空包装及网袋包装外，多数为长盘式的拉伸膜包装，托盘大小随盛量的多少各异。

（二）冷藏保鲜

冷藏保鲜法是根据食用菌在低温下机体新陈代谢减缓、呼吸弱、发热少且低温能抑制微生物活动的原理而进行贮藏保鲜的一种方法。温度是影响呼吸作用的主要因素之一。保鲜期长短因温度种类而异，生长发育要求较低温度的菇类，在贮藏温度为1℃时可保鲜12~20d，6℃时可保鲜10~14d，15℃时可保鲜5~7d，20℃仅为2~3d。低温贮藏的效果还与进入冷藏时间的早晚有密切关系。采收后要尽快将其温度降到规定的范围，并且应将以后的各环节衔接好，最好形成采后运输、贮藏、销售的冷藏链。鲜菇离开低温条件后，应尽快食用或加工，以免腐败变质。

（三）气调保鲜

这是通过调节空气组分比例（降低氧气的浓度，增加二氧化碳浓度）来抑制呼吸作用，使食用菌子实体处于缓慢的代谢活动中，以达到保鲜目的的保鲜方法。气调贮藏可分为机械式气调贮藏和塑料袋气调贮藏。目前机械式气调贮藏已发展成国际上广为应用的最现代化的贮藏方法。但由于其需要一定的设备条件以便充入适当的氮气和二氧化碳，使容器内气体很快达到适宜水平，或者用除氧气机与贮藏器相连，进行闭路气体循环使氧气迅速降低，以达到适宜的气体组分，还要考虑到当呼吸耗去的氧气和产生的二氧化碳积累过多时，可用活性炭吸附分离，以维持贮藏器内的适宜气体指标。因此，整个过程需要的设备复杂、费用昂贵，发展中国家目前较难推广应用。20世纪60年代后，国内外一些学者研究出了一种简易的气调贮藏方法。该法不需要特殊设备，方法简单，应用较广。其方法是选用0.06~0.08mm厚的塑料袋，每袋装入食用菌1~2kg，装好后立即密封。由于菇类能忍受很高的二氧化碳浓度（大于25%），因此贮藏期间不用换气，袋内的二氧化碳浓度可保持在10%~15%。这种方法可使菇类在袋内至少4d之内保持色泽洁白和品质良好，失水率低于1%。如果能结合低温保藏，效果更好。目前低温气调贮藏是保鲜效果最佳的方法之一。

（四）辐射保鲜

这是利用^{60}Co或^{137}Cs为放射源，用γ射线对食用菌进行辐射处理，使其体内的水和其他物质发生电离，产生游离基或离子，抑制酶的活力，阻止和降低活体的新陈代谢，同时杀死导致腐败的微生物和病原菌，从而达到保鲜和贮藏目的的保鲜方法。保鲜时需要将菇装入多孔聚乙烯塑料袋，外套牛皮纸，辐射剂量为100~600krad。联合国粮农组织、国际原子能机构、世界卫生组织联合专家会议已经得出结论，辐射剂量为1000krad时，对任何食品均无毒害作用。但辐射保鲜要求有先进的设备、一定的生产规模和较严格的管理技术，并且鲜菇采收后应立即进行辐射处理，因为辐射处理的早晚对保鲜效果影响很大。如果辐射处理结合低温冷藏效果更佳。有试验报道，双孢菇经100~200krad射线处理后，在室温下可延迟开伞6d，在4~10℃环境中可安全存放10~20d其商品价值不会明显下降，且基本不失重。草菇经150krad射线处理后，在15~20℃环境中可安全存放3~4d。

（五）化学药剂保鲜

利用无毒无害的化学药剂处理鲜菇，通过抑制菇体内的酶活力和生理生化过程、改变菇体的酸碱度、杀死或抑制微生物、隔绝空气等方法达到保鲜的效果。

1. 焦亚硫酸钠浸泡

利用焦亚硫酸钠的强还原作用破坏菇体组织中的氧化酶系统，延缓菇体的衰老和褐变。方法：将漂洗干净的鲜菇浸泡在0.1%~0.5%焦亚硫酸钠溶液中浸泡10~20min，再用清水漂洗5min，沥去多余水分，装入塑料袋密封，15℃可保鲜5~6d。

2. 盐水浸泡

利用食盐的高渗透压使菇体中的酶、细胞脱水失活，起到杀菌的作用。可配制0.1%~1%的盐溶液，将菇体浸泡在盐液中15~20min，然后取出沥去多余的水分，装塑料袋密封，15℃可保鲜3~5d。

3. 保鲜液浸泡

利用有机酸的还原性和酸性环境条件，抑制氧化酶的活力和防止菇体内底物被氧化。可配制 0.02% ~ 0.05% 的抗坏血酸和 0.01% ~ 0.02% 柠檬酸保鲜液，把要保鲜的食用菌浸泡在该保鲜液中 10 ~ 20min，然后捞出沥干水分，在塑料袋中包装密封，此法可防止鲜菇变色。

我国科研工作者对食用菌的保鲜技术进行了大量研究，并取得了良好的效果。如聚乙烯（PE）袋周转筐冷藏保鲜法，该方法的大致操作过程是：先将采收后的食用菌置于洁净、阴凉的通风处，用排风扇进行 1 ~ 1.5h 吹风，然后装入外衬 PE 薄膜袋（厚度为 40 ~ 60μm，若有热合条件，厚度为 80μm 更佳）的塑料周转筐内，每筐装 12.5 ~ 15kg，放入定量保鲜剂，盖好盖，立即放入冷库内。当库温低于 7℃ 时，用真空泵对 PE 紧紧压浮塑料筐为止，将袋口扎紧，防止空气漏入，再将冷库温度降至 1℃ 左右进行贮藏。经试验，用此方法保藏食用菌在 30d 内，食用菌的各种品质没有明显变化，基本保持在采收时的水平。

但值得指出的是，由于食用菌是很容易老化和腐烂的蔬菜，因此若要长期贮藏，还必须进行特殊的加工。

第二节 食用菌产品的加工

食用菌加工是实现食用菌产品长期保存的方法。它不是保存食用菌活的机体，而是以活的机体为原料，经过各种加工处理和调配，制成多种形式、多种风味的产品，并采用现代包装技术，使加工后的食用菌产品得以长期保存。对食用菌进行加工的方法很多，现介绍几种主要方法。

一、 干制加工

干制的原理是利用脱水进行贮藏，微生物的生命活动需要一定的水分，没有了水分，一些腐败菌在干制品上便无法生活繁殖。新鲜菇所含的水分有两种：一种是游离水，也称自由水，这是菌体水分存在的主要形式，干燥过程中容易排除；另一种是结合水，也称化合水、束缚水，结合于组织内的化合物资中，干燥过程中不能排除。因此，干制品允许有一定的含水量。干制技术是指将新鲜食用菌的子实体脱水，使之成为符合标准干制品的加工工艺。干制品水分含量一般都低于 16%，这种低水分抑制了有害微生物生长繁殖，因而干制品不会腐烂变质，保证了干制食用菌的长期保存、长途运输、全年供应和出口。干制是一种被广泛采用的加工保藏方法，经过干制的菇称为干品。菇经过干制后，不仅能长期贮藏，还能产生浓厚的菇香和改善色泽，提高其商品价值。多数菇都可以制成干品，如香菇、银耳、木耳、竹笋等的干制品都是非常名贵的，但有些菇类干制后其鲜味和风味均不及鲜菇，所以不同食用菌应不同对待。干燥后的菇应立即密封保藏，否则会重新吸水。干制可采取以下几种方法：

（一）自然干制

自然干制可分为晒干和阴干。

1. 晒干

利用太阳能晒干，可节约能源，还可提高食用菌的营养价值，如香菇经过太阳光的照射，含有的麦角醇变成了维生素 D，香菇本身的营养价值也得到了提高。晒干时，一般选择受阳光照射时间长、通风良好的地方，因为通风能加速水分蒸发，缩短晒干时间。操作时，可将鲜菇摊在竹席上，也可摊在专门的筛框上，厚薄整理均匀，不能重叠。伞状菇（如平菇、香菇），要将菇盖向上，菇柄向下，这有利于子实体干燥均匀。晒到半干时，进行翻动。在晴朗天气，3~5d 便可晒干。晒干的时间越短子实体干制的品质就越好。

晒干不需要特殊的设备，简单易行，很早就被人们利用。晒干法适用于多种菇类，但因其脱水速度慢，并受天气变化的影响，因此处理时必须注意以下几点：

（1）对后熟作用强的菇，需在采收当日以蒸、煮方式灭活处理后再进行日晒。

（2）日晒前要进行清洁处理，去净泥屑，按等级分开，用清水洗去杂质和表面黏液，然后再暴晒。

（3）将鲜菇薄薄地摊在竹帘、竹筛、竹席等器具上，暴晒过程中要勤翻动，小心操作，以防破损，使其干燥均匀，防止腐烂。

（4）大规模晒制时，要注意气象预报，遇到连阴雨天，要及时改用其他的干制方法，以防腐烂。

（5）晒干后及时装入塑料袋，封口保存。

晒干的制品由于含水量相对较高，因此不耐久藏，色泽较差，仅适用于加工内销产品。

2. 阴干

这是通过气流使鲜菇脱水干燥加工的方法，又称自然气流干燥。这种方法适用于多种菇的干燥加工。一般用竹帘、竹筛等器具摊摆，置于通风处，并不断翻动。或将采集的菇用线或细铁丝串联起来，挂在屋檐下或通风避雨的棚架内，利用热风自然干燥。对于后熟活力强的菇类如草菇、蘑菇、香菇等要先进行蒸、煮等灭活处理。这种方法虽然方便易行，但脱水较慢，空气湿度大时，在干燥过程中容易腐烂，菇面容易发黑，菇味欠香，且由于干制时间过长，易受虫害蛀食，不卫生，蘑菇穿孔处易留有伤孔破洞，对质量影响很大，故大量生产时一般不宜采用。

（二）烘箱干制

利用烘箱来烘烤鲜菇是一种速度快、色泽好、质量高的一种方法。烘干的温度不能太高，一般保持在 50~60℃，控制温度上下不要大于 7℃。可自制烘箱，采用自制烘箱干燥时，可靠性比较大。用木箱做一个方筒，一侧做门，长、宽、高为 70cm×80cm×130cm，筒顶再做成金字塔形，在塔顶部开一个 120cm 高的气筒，大小为 12cm×12cm×12cm。烘箱内两壁钉 2cm 宽的搁条，用以搁放烘筛，间距 15cm 左右。

烘烤操作时，将食用菌摊在烘筛上，伞形菇要菇柄向下，菇盖向上；非伞形菇要摊平放均匀，不要有厚有薄或重叠。将摊好鲜菇的烘筛，放入烘箱搁牢再在烘箱底部放进热源。用电能烘烤的，放进 800W 的电炉（电炉板要用大型的改装），然后关上烘箱门，接通电源；用炭火热能烘烤时，先将炭火盆生旺，然后在炭火盆上盖一层灰烬，以防产生火舌或烟，然后将炭火盆放进烘箱，关上烘箱门烘烤。

新鲜食用菌在烘烤之前，应切除菌柄，有可能的话，先晒数小时以降低子实体的水分，然后再放入烘箱烘烤，这样既节约能源，又可缩短烘烤时间，还能提升烘烤效果。

（三）烘房干制

烘房干制法是指利用专门砌建的烘房进行食用菌脱水干燥的方法。烘房一般有火坑式和烟道式两种形式。烘房以长方形构建，大小按食用菌烘烤数量设计，一般长 4.8m、宽 2.4m、高 1.8m，墙壁用砖或土垒砌，房顶盖瓦，房门开在侧面中间，高 1.7m、宽 0.67m。火坑式烘房在房内设火坑和人行道，人行道宽 70cm，火坑在地面挖成，宽 65cm、深 30cm，带有一定斜度。每条火坑中间筑一条 40cm 高的小墙，将火坑分成两条，火坑与人行道之间在砌一安全墙，高 60cm、厚 20cm，以保证操作人员的安全。在火坑上面搭烘架。

烟道式烘房是在房外设炉灶，火门开在房之外面的一端，房子另一端设烟囱，房子里面设烟道，连接炉灶与烟囱。烟道宽深均为 40cm，烟道上面用铁板盖严，以防漏烟。烘架搭在烟道上面。

干燥时，如为火坑式烘房，先在火坑内将木炭点燃，摊于整个火坑中，严禁灰烬盖埋炭火，防止烟火，然后将食用菌烘筛放入烘房脱水干燥即可；如为烟道式烘房，先在炉灶中点燃木柴或煤炭，检查房内没有漏烟后即可将烘筛放入房内干燥，干燥温度从低到高再到低。

（四）热风机干制

热风机干制法是指利用专门设备干燥食用菌的方法。用专业的热风干燥机械脱水干燥的产品，其品质上乘，商品价值高。热风干燥机可用柴油作能源，有一个燃烧室和排烟管，将燃烧室点燃，打开风扇，验证箱内没漏烟后。即可将食用菌烘筛放入箱内干燥脱水。干燥温度应掌握先低后高的变化过程，可通过调节风口大小来控制，干燥全过程需 10h 左右。

（五）干制技术的新发展

前面几种干制技术，都是间接干燥，即都是以空气为干热介质，热力不直接作用于加工制品上，造成很大的能源浪费。近年来现代化的干燥设备和相应的干燥技术，有了很大的发展，如远红外技术、微波干燥、真空冷冻升华干燥、太阳能的利用、减压干燥等。这些新技术应用到食用菌的干燥上，具有干燥快、制品品质好的特点。这是今后干制技术的发展方向，如福建寿宁县利用远红外线干燥香菇取得了较好的效果。

现以香菇为例将烘干技术介绍如下：将采收的香菇，先按香菇的大小、干湿程度不同，分别放在烤盘上。大菇放在上层烤盘，小菇放在下层，这样可使同一烤盘的香菇在相同时间达到同一干燥程度。放菇时，要使菇盖向上，菌褶向下，顺次放好。加热时，烘烤温度要从 30℃ 开始，以后每 1h 提高 1～2℃，上升至 60℃ 时，再回降至 55℃ 直至烘干。要注意温度不可太高，以免将菇烤熟、烤焦。当菇体烤至四五成干燥时，可将香菇逐步翻转。随着水分蒸发，菇体缩小，便可并盘，移至下层，再将待烘烤的新鲜香菇放入上层空盘。这样不断下移、取放，直至把全部的鲜菇烤完为止。烘烤最后达到干而不焦，干燥程度以菇体含水量在 12%～13% 为宜，习惯上，人们用感官测定，即用手指指甲顶压菇盖部，若稍留有指甲痕，说明干度已够。干燥好的香菇形状圆整，卷边均匀；底色鲜黄，面色茶褐，菌褶不倒；有干香菇的香味。

二、腌制加工

（一）腌制原理

食用菌在生长和采收过程中，菇体表面存在各种微生物。利用腌渍可杀死这些微生物，因为一切生物都是在一定渗透压条件下才能生存，只有在合适的渗透压下才能生长繁殖，超过其能承受的渗透压范围，生物将会死亡。

微生物在高渗腌渍液中，细胞内的水分会渗出细胞外，产生质壁分离；细胞外的食盐也会渗入到细胞组织内部，使细胞蛋白质凝固，新陈代谢停止、生命消失、细胞死亡。另外，食盐对微生物还有一定的抑制作用，利用腌制技术可较长时间地保藏食用菌。

（二）腌制方法

食用菌的腌制加工是外贸出口加工最常用的方法，适合平菇、滑菇、蘑菇和猴头菇等的加工。

腌制加工的具体生产工艺流程为：

选料 → 护色处理 → 杀青 → 冷却 → 盐渍包装

1. 选料

腌制用的食用菌要求含水量尽可能少些，菜菇前不喷水，选用菇形圆整，没有缺损，大小均匀，无虫、无杂质，色泽正常的子实体。

2. 护色处理

护色处理是为了防止鲜菇的氧化、褐变和腐烂。处理方法是先用清水配制 0.03% ~ 0.05% 的焦亚硫酸钠护色液，然后将清洗后的鲜菇倒入护色液中浸泡 10min，并不断上下翻动，使其护色均匀，最后用清水漂洗，冲掉鲜菇上的焦亚硫酸钠残液。

由于焦亚硫酸钠是亚硫酸盐类，有些国家已经禁止使用，因此也可采用以下方法处理：先用 0.6% 的食盐水（过浓会使菇体发红）洗去菇体表面泥屑杂质，接着用 0.05mol/L 柠檬酸溶液（pH4.5）漂洗、护色。

3. 杀青

杀青是将食用菌在稀盐水中煮沸以杀死菇体细胞的过程。其作用有三：一是驱除鲜菇组织中的空气和钝化氧化酶的活力，阻止菇体氧化变色；二是使鲜菇内的蛋白质受热凝固，使细胞发生质壁分离，便于盐分渗入；三是鲜菇的水分溢出，体积显著缩小。杀青应在护色漂洗后及时进行，使用容器一般用不锈钢锅或铝锅。不要用铁锅，因为子实体中含有带硫的氨基酸，它与铁会发生反应产生硫化铁，使子实体变色。具体方法是将漂洗后的菇在 10% 的盐水溶液中煮沸，加入菇的量为每 100kg 水加菇 30kg，每锅盐水可连续使用 5 ~ 6 次，但在用过 2 ~ 3 次后，每次应适量补充食盐，并做到沸水下锅。煮沸时间为 6 ~ 10min，具体时间根据菇体大小而定。以煮熟煮透为度，掌握至熟而不烂为宜。有两种方法可判断菇体生熟状况：一种漂浮法，取煮过的菇投入冷水中，若漂浮在水面上，表明尚未全熟；另一种是解剖法，将煮过的菇沿中心线剖开，观察中心颜色，若菇心呈白色，表面尚未煮透，若菇体内外颜色一致，均呈淡黄色，表明已成熟。

4. 冷却

冷却的作用是停止热处理。冷却的时间要尽量短，并冷却透彻，否则，盐渍时会使温度上升，影响产品质量。其方法是将杀青后的食用菌立即倒入流动的冷水中冷却。

5. 盐渍包装

这是腌制过程中的实质环节，用不同的腌制方法和不同的腌制液，可腌制出不同风味的产品。一般有以下几种腌制方法：

（1）盐水腌制　指以食盐水为主要腌制剂的腌制方法。先将食盐溶于水中，配成 15% ~

16%的食盐溶液，再把冷却到室温的菇体从冷却水里捞出，沥去水分，投入食盐溶液中浸泡。这时食盐溶液开始向菇体渗透，而菇体内水分向外渗出。腌制时温度高则渗透加快，但菇体易发黑，因此，腌制温度一般掌握在18℃以下。腌制3～4d后，腌制液浓度降低，可向腌制液中再加盐，将浓度调至23%左右，也可将初腌的菇体捞出来，转放入23%～25%的浓腌制液中。在腌制期间，要经常检查食盐溶液浓度，若食盐溶液浓度下降到20%以下时，要立即加盐，也可用饱和盐水置换部分稀盐水。当食盐溶液浓度稳定在18～20°Bé时，腌制步骤即告完成。盐水腌制也可在初腌时直接一层盐一层菇地摆放，腌制5～6d后，再倒缸注入22°Bé的盐水，保持盐水浓度稳定在20°Bé。

（2）酱汁腌制　指以酱汁为主要腌制剂的腌制方法。先配制酱汁。腌1kg菇体的酱汁配方为豆酱2000g、食醋40mg、柠檬酸0.2g、蔗糖400g、味精8g、辣椒粉4g、山梨酸钾2g，将上述调料充分混合备用。将冷却的菇体放入陶瓷容器中，撒一层酱汁腌制剂放一层菇体，依次重复地摆放，直到放完为止，腌制最好在低温下进行，以防腌制菇体受微生物侵染腐烂变质。利用酱汁腌好后，每天要翻动一次，7d后腌制即可结束。

（3）醋汁腌制　指以醋汁为主要腌制剂的腌制方法。首先，配制醋汁，腌1kg菇体的用料配方为醋精3mL、月桂叶0.2g、胡椒1g、石竹1g。将调料一并放入沸水中搅混，同时放入菇体煮沸4min，然后取出菇体，装入陶瓷容器中，再注入煮沸过的、浓度为15%～18%的盐水，最后密封保存。

三、 罐藏加工

（一）罐藏原理

食用菌罐头是将食用菌的子实体密封在容器里，通过高温杀菌杀死有害的微生物，同时防止外界微生物的再次侵染，以获得食用菌在室温下长期保藏的一种方法。在灭菌过程中，还要注意保证食用菌的形态、色泽、风味和营养价值不受损害。

（二）罐藏技术

从原则上讲，所有的食用菌都可以加工成罐头，但加工最多的是蘑菇、草菇、银耳、猴头菇等。食用菌罐藏工艺程序一般包括以下环节：

原料准备 → 护色和漂洗 → 加热煮沸 → 冷却 → 装罐 → 加汤 → 排气 → 封罐 → 灭菌 → 冷却 → 打印包装

现以蘑菇罐头为例，介绍食用菌的制罐技术。

1. 蘑菇原料的准备

蘑菇的采收要适期，以菌膜裂开前采摘最佳，采收后应及时处理，一般放置时间不能超过12h。然后按不同规格分级。要求蘑菇新鲜无病虫害、色泽自然无褐变、菌伞完整呈圆形而不开伞，菌柄部切削平整。

2. 蘑菇的护色与漂洗

将选好的菇体倒入0.03%的硫代硫酸钠水溶液中，洗去泥沙、杂质，捞出后用清水漂洗3～5min。硫代硫酸钠不仅起抑菌作用，而且能防止菇体变色，现有人用添加适量维生素E的方法来代替硫代硫酸钠，效果也不错。

3. 加热煮沸

目的是破坏多酚氧化酶的活力，抑制酶促褐变，同时排出菇组织内的空气，使组织收缩、软化、减少脆性，便于切片和装罐，还可提高装罐的净重和保持菇的营养和风味。其方法是：先在容器内放入自来水，加热至80℃，加入0.1%的柠檬酸，煮沸，然后把食用菌倒入其中，煮8~10min，这个阶段要不断撇掉上浮的泡沫。煮沸的作用有两个：一是杀死菇体内的酶类，中止菇体内的生化反应；二是煮沸后菇体收缩，便于装罐。

4. 装罐

冷却后将原料菇沥去水分后立即装罐，装罐可用手工方式或使用装罐机。原料菇的个体分布、排列要均匀一致。成罐后内容物会减少，一般装罐时应增加规定量的10%~15%。

5. 加汤

装罐后加注汤液，既能填充固形物之间的空隙，又能增加产品的风味，还有利于灭菌和冷却时热能的传递。汤液一般含2%~3%的食盐和0.1%的柠檬酸，有的产品还加入0.1%的抗坏血酸以护色。配制汤液时，用含氯化钠99%以上的精盐先配制成盐液，经过煮沸、沉淀、过滤后再加入其他成分。为了增进营养和风味，也常常把煮菇时回收的汁液配为汤液。

6. 排气

排气的目的是除去罐头内的空气，空气的存在加速铁皮腐蚀，对贮藏不利。方法是把装好原料、加汤后的罐头不加盖送进排气箱，在通过排气箱的过程中加热升温，使原料中滞留或溶解的气体排出。排气箱中罐头中心温度应达85℃左右。

7. 封罐和灭菌

排气后用封罐机封罐，封罐后的灭菌通常使用高压蒸汽短时灭菌，高温短时灭菌能较好地保持产品的质量。蘑菇罐头灭菌温度为110~121℃，灭菌时间根据罐头容量的大小，掌握在15~60min。

8. 冷却

灭菌后的罐头应立即放入冷水中迅速冷却，温度降得越快越好，以免色泽、风味和组织结构遭受大的破坏。玻璃罐头冷却时，水温要逐步降低，以免玻璃罐破裂。

冷却水的质量很重要。罐头在冷却过程中，罐内温度下降，形成部分真空，同时，罐盖缝线内橡胶物质因高温而软化，可能使微量的冷水被吸进罐内，因此要求冷却水中活微生物的量小于50个/mL。

冷却到35~40℃，即可把罐头取出擦干。

9. 打印包装

制好的成品罐头还要保温培养、抽样检验，打印标记，包装贮藏。

四、 食用菌的深加工

（一）食用菌深加工的含义

利用食用菌菇体及在采收和加工过程中剩余的碎菇、菇片、菇柄、菇脚、加工时的浸泡液进行加工的工艺称为食用菌的深加工。经过深加工，既提高了产品的利用率，增加了经济效益，同时又扩大了食用菌产品的花色品种，因此深加工成为一项重要的工作。在加工过程中要注意和其他食品灵活配比，提高营养价值。但同时也要保持质量，防止污染和腐烂、变质。

（二）食用菌深加工实例

利用食用菌进行深加工，可生产出带有食用菌下脚料的主食、饮料、蜜饯菇、菇类浸膏、蘑菇调味剂、酱蘑菇、蘑菇泡菜、蘑菇什锦菜、猴头酒、银耳羹酒类等食品，不仅风味特别，而且有很高的营养和药用价值。随着保健品市场的开发，越来越多的食用菌深加工产品将进入人们的生活，使之有了特殊的生产意义。现列举几种常见的食用菌加工产品及其生产工艺。

1. 茯苓夹饼

按下列配方进行生产：淀粉 10kg，精面粉 2.5kg，核桃仁 20kg，松子仁 17.5kg，茯苓 2.5kg，蜂蜜 18.5kg，绵白糖 37.5kg。

制作时，将蜂蜜和白糖调和，将核桃仁、松子仁剁成米粒大颗粒加到蜂蜜内，调和成稠状甜馅。再将鲜茯苓去皮，切成块，蒸熟后磨成粉，与淀粉、面粉混合，调成糊状。在特制的圆形烤模中，薄薄抹一层素油，然后向模内倒一小勺稀茯苓糊，薄薄地摊平，在火上稍烤一下，剪去毛边，形成厚 0.1cm、直径约 8cm 的半透明薄饼，在两层薄饼之间涂抹一层甜馅即可。

2. 香菇酒

按下列配方进行生产：香菇粉 12g，白糖 20g，果糖 100g，加水 340mL 进行糖化。在此糖化液内加入葡萄酒酵母 40mL，在 15℃ 发酵 4d，然后再加入前述糖化液 1600mL，在 15℃ 进行发酵。再次加入偏亚硫酸钾 80mg/kg，在 60℃ 加热 10min。经 6 个月保存后用活性炭过滤，即得 8500mL 的香菇酒。此酒呈琥珀色，香醇，酒精度为 11%，pH 为 3.4，酸度为 6.2，香菇含量为 2.7mg/100mL，香醇可口，有降低胆固醇的作用。

3. 香菇调味汁

将波美度为 8~10°Bé 米曲汁 2000mL 煮沸 30~40min，灭菌，然后加入香菇菌丝或干香菇粉末 200g，酵母液 20mL，在 25~30℃ 培养 24h，在发酵过程中表面产生许多小气泡，并散发出香气。然后，将上述含有香菇菌丝或香菇粉末的培养液，倒入 100L 米曲汁中，在 25~30℃ 培养 10d 左右，每天测定成分变化，并补糖、补酸，控制 pH 值在 3.0~3.3。随着发酵的延长，发酵液表面覆盖一层面筋状的泡沫，酒精度达到 8°，散发出酒香和水果香味。在发酵快结束时，添加少量糯米和面粉，以增加其香气和味道。发酵结束后，压滤，取滤汁，经沉淀得澄清液，煮后即为芳香味美的香菇调味汁。

4. 香菇汽水

（1）原料　干香菇、白糖、柠檬酸、小苏打、水。

（2）制作　取无霉烂、虫害的干菇 30g 去柄、洗净，放入锅中加入 1000mL 水，煮沸 10min，冷却后用四层纱布过滤，在滤液中加适量水，使其体积仍保持 1000mL，然后加入适量白糖，冷却后装瓶，加入柠檬酸 9g，小苏打 7g，迅速加上瓶盖，最后将瓶子放入冷水或冰箱中，20min 后即可饮用。

也可以取适量香菇浸膏，加入 0.16% 柠檬酸、0.01% 可可香精、11% 白糖、2mg/kg 乙基麦芽酚、0.05% 香精、0.05% 苹果酸钠等调配后装瓶即得香菇汽水。

5. 香菇果脯

（1）选料与护色　选用优质新鲜香菇，要求菌盖茶褐、菌褶白色，菌伞完整，采收后，立即浸入 0.03% 焦亚硫酸钠溶液中进行互色。

（2）烫漂　因菇柄质地硬，需进行一次烫漂。煮 5~8min，菇∶水为 1∶2，菌盖需硬化处理。硬化处理后，需二次烫漂，菇脯以组织透明为准。

（3）硬化处理　为防止菌盖煮烂，经过一次烫漂的菇伞要放入0.3%无水氯化钙泡5~7h，捞出后洗净。

（4）糖浸滞　白砂糖：淀粉糖浆约为1:1，配制40%糖溶液，并加入0.5%柠檬酸，菇在此糖液中浸20h，菇与糖液比值为1:2。

（5）糖煮　浸滞后的果脯坯从糖液中捞出，糖液倒入夹层锅，加入白砂糖使糖度达50%，同时加柠檬酸使pH为3.0，文火煮沸，当其浓度为55%时立即停火。

（6）烘烤　把菇脯坯从糖液中捞出，放到烤盘摊平，送入烤箱烘烤，烘烤温度为60~65℃，烘烤5~6h，当菇体透明、不粘手时出烤箱。

（7）包装、检验　烘烤后的果脯，进行整理、分级。使其外观一致；装入食品袋封口，经检验合格即为成品。

🔍 思考题

1. 食用菌有哪些保鲜措施？分别有什么特点？

2. 在食用菌的加工过程中，干制、腌制、罐藏的原理分别是什么？各举一例说明其加工工艺。

第十一章
食用菌病虫害的发生与防治

在食用菌栽培过程中，由于条件简陋或管理疏忽等问题，常引起病害、虫害的发生和危害，导致食用菌产量和品质下降，甚至绝收。因此，了解和掌握食用菌病虫害发生的规律及防治方法，对于提高食用菌栽培成功率具有重要的意义。

食用菌病害可分为两类，一类是由不适宜的环境条件引起的病害，称为生理性病害或非病原性病害；另一类是受到有害微生物的侵染而引起的病害，称为病原性病害或侵染性病害，有害微生物可为真菌、细菌、放线菌、病毒等。

危害食用菌菌丝和幼嫩子实体的有害动物主要是有害昆虫（害虫）；其次还有螨类、线虫及软体动物等。

第一节　生理性病害及其防治

一、菌丝体阶段的生理性病害及其防治

（一）菌丝徒长

菌丝徒长主要发生在蘑菇栽培中的覆土层，其症状是遇到高温时，菌丝向上窜，在覆土层出现十分浓密的"菌被"，使形成的菇蕾窒息而死，俗称"冒菌丝"。这除了与菌种特性有关外（主要发生于气生型菌株），常因菇床的空气相对湿度过大、通风不良所致。出现"冒菌丝"的初期，应在早晚气温低时喷水，并加大通风量，以降低菇房的相对湿度，并及时用齿耙划破徒长的菌丝层使其逐渐消亡。

（二）菌丝萎缩

在蘑菇栽培中，常在发菌与出菇阶段出现菌丝发黄、发黑、萎缩甚至死亡的现象。其产生的原因主要有以下几种。

1. 料害

大多出现在播种后 3~5d。因建堆时添加过多的氮肥或添加氮肥过迟，使料的含氮量过高，导致已萌发的菌丝"氨中毒"而死亡。而堆料配制中碳氮比不适，发酵时间过长，培养料过于腐熟，发生酸化，则会造成培养料内菌丝萎缩成细线状。

2. 水害

覆土层喷水过急，水渗入料层，造成培养料过湿而缺氧，致使菌丝萎缩。

3. 气害

高温、高湿条件下，菌丝新陈代谢加快，造成单位体积内二氧化碳浓度过高，菌丝易发黄死亡，即"烧菌"现象。主要原因是温度过高，通风不良。在蘑菇栽培时，一旦气温下降仍有可能恢复生长。

二、 子实体阶段的生理性病害及其防治

子实体阶段的生理病害主要表现为畸形，具体发生原因及表现如下。

（一）栽培小区氧气不足、二氧化碳累积量过高

如灵芝栽培中，二氧化碳浓度超过 0.1% 时，菌盖不形成，而是向上生长成鹿角状。银耳栽培中出现"团耳"，甚至形成似花椰菜的铁耳。平菇栽培中若二氧化碳浓度过高，则出现只长菌柄不长菌盖似不倒翁状的大脚菇。猴头菌则出现珊瑚状分支。一旦栽培环境改善后，有可能很快恢复正常状态。

（二）栽培小区温度低于栽培菌类分化所需的最低温度

这在香菇栽培上尤为明显。如所栽培的香菇品种属高温型菌株时，一旦原基形成后，气温突然下降，不能满足其子实体分化所需的最低温度时，便出现"荔枝菇"（菌柄、菌盖不形成，成为一团块）。猴头菇栽培中，如气温低于 14℃，会出现子实体发红的现象。平菇生产中如温度过低会产生"瘤盖菇"，即菌盖表面出现瘤状或颗粒状的突起，菇农称之为"起泡"或"起皱"。这种现象在室内外菇场均有发生。因此，在生产上必须了解所栽培的品种正常发育所能忍受的最低温度，同时加强增温保温措施，控制好菇床温度。

（三）栽培小区的湿度过大

在人防工事内栽培平菇时，由于相对湿度达到饱和状态，在菌盖上又长出小菇蕾，出现了二次分化现象。

（四）栽培小区光线不足、通气不良

光是细胞合成色素的外界条件。有些喜阳性菌类在光线不足时，如香菇菌盖会变为淡黄色，黑木耳不黑。在香菇和平菇栽培中出现高脚状菇（主要表现为菌柄偏长，菌盖过小，故名"高脚菇"）的原因：一是原基期光照不足，使菌柄徒长，造成先天性不足；二是分化期以后菇场空气交换不良，光照度小，产菇温度偏高，菌盖的发育受到一定程度的抑制。

但在栽培金针菇时，常人为造成栽培小区内（袋内）较高的二氧化碳浓度，这是利用了在适宜的二氧化碳浓度内能促进菌柄伸长、抑制菌盖分化的原理，以便能形成"针头状"的菇蕾。

（五）栽培管理不当

地雷菇、空心菇、硬开伞等是蘑菇栽培中常出现的问题，主要是因为用于覆土的土粒过大、覆土层过厚等栽培管理措施不当造成的。此外，在防治病虫害时用药不当也会产生畸形菇。如平菇，若在原基形成后喷用敌敌畏，会形成鸡冠状菇体，菌盖上卷而严重畸形。喷施激素类增产素时，若浓度过高，会使整批小菇蕾枯萎死亡。

第二节　竞争性杂菌及其防治

菌种栽培与生产过程中所发生的竞争性杂菌种类基本类似，防治方法也基本相同。本节将食用菌的生长时期和病原的类型结合起来讨论。

一、　菌种培养期的杂菌及其防治

（一）竞争性真菌

竞争性真菌在生长过程中不但与食用菌争夺养分，还会产生大量的孢子散发到空中，使污染面积不断扩大，病害进一步加重。常见的竞争性真菌主要有以下几种。

1. 青霉

常见的青霉有产黄青霉、圆弧青霉、苍白青霉等。

（1）形态及症状　青霉菌丝体一般无色，后期淡色，具横隔，为埋伏型或部分气生型。气生菌丝为密毡状或松絮状。菌落质地呈绒状、絮状、绳状或束状等，颜色多为灰绿色。分生孢子呈黄色、黄绿色或绿色等。

高温（28~32℃）、高湿（85%~95%）条件下最易发生青霉菌污染。培养基、培养料污染青霉菌孢子，可在1~2d萌发成菌丝，形成小的绒状菌落。2~3d后从菌落中心开始产生绿色或黄绿色的分生孢子，菌落中心为绿色，外圈为白色，菌落扩展有局限性。菌丝很快覆盖培养料表面，影响食用菌菌丝的正常生长，其分泌的毒素能导致食用菌菌丝死亡。

（2）传播　主要是分生孢子通过空气进行传播。培养基、培养料灭菌不彻底，接种工具消毒不严格，或栽培袋破裂，均可引起病菌侵染。

（3）防治方法

①灭菌锅（室）、接种室之间要缩短距离，灭过菌的菌种瓶、菌种袋应直接进入接种室。

②灭菌室、接种室和培养室内外要做好常规消毒，被青霉污染的培养料切不可在菌种场内外到处堆放。降低接种室的霉菌孢子密度。

③培养料和接种工具灭菌要彻底，接种箱认真消毒，菌种要求无杂菌、适龄、健壮，接种要严格无菌操作，降低接种过程的杂菌污染率。

④严防划破菌种和栽培的塑料袋，防止霉菌孢子从破口处侵入。

⑤降低培养室内空气湿度和温度，控制青霉的生长。

⑥要及时检查菌种瓶、菌种袋和栽培袋，如发现菌种污染青霉，要挑出来处理掉，杜绝青霉孢子的再次感染；栽培料出现污染要挖去污染部分，并喷洒多菌灵200倍液。对污染较轻的栽培袋，可注射75%酒精或2%甲醛、绿霉净消毒液。

⑦在香菇等菌种的制种与栽培中，用多菌灵或甲基托布津2000倍液拌料，可有效抑制青霉菌丝生长，而对香菇菌丝生长无抑制作用。

2. 曲霉

菌种培养时常见的曲霉有黑曲霉、黄曲霉、烟曲霉、灰绿曲霉等。

（1）形态及症状　常发生于棉花塞或瓶颈交接处或培养面上初期为白色绒状菌丝，菌丝较厚，扩展性强，但很快转为黑色或黄色颗粒状霉层。用放大镜可看到一丛丛黄色、土黄色、褐色、黑色的色斑；黑曲霉菌落呈黑色；黄曲霉呈黄至黄绿色；烟曲霉呈蓝绿色至烟绿色，呈绒状，絮状或厚毡状，有的略带皱纹。

（2）发生规律　曲霉分布广泛，存在于土壤、空气及各种腐败的有机物上，分生孢子靠气流传播。曲霉菌主要利用淀粉，培养料含淀粉较多或碳水化合物过多的，容易发生曲霉污染；温度为 25～32℃湿度大、通风不良的情况也容易发生。

（3）防治方法　应选用新鲜干燥无霉变的原料，并在其中添加干料质量 0.1%～0.2% 的多菌灵可湿性粉剂或干料质量 0.1% 的克菌灵粉剂；其他防治措施同青霉菌的防治。

3. 毛霉和根霉

（1）形态及症状　毛霉和根霉俗称"长毛菌"。毛霉一般出现较早，危害食用菌的主要为总状毛霉，初期呈白色，老后变为黄色、灰色或褐色。菌丝无隔膜，不产生假根和匍匐菌丝，直接由菌丝体生出孢囊梗。根霉与毛霉相似，在培养基上能产生弧形的匍匐菌丝，向四周蔓延，并由匍匐菌丝生出假根，菌丝交错成疏松的絮状菌落。在显微镜下，毛霉的孢子囊直接生于菌丝上，而根霉的孢子囊自气生菌丝的匍匐枝上生出。菌落生长迅速，初时白色，老熟后变为褐色或黑色。污染时先从棉塞上形成银白色菌丝潜入培养基，气生菌丝十分旺盛，生长迅速，数日后出现大量黑色孢子囊。毛霉不形成黑色孢子囊。其危害主要是隔绝氧气，与菌丝争夺水分和养分，分泌毒素，抑制食用菌菌丝的生长。

（2）发生规律　毛霉、根霉的形状及生理要求基本相似，是好湿性真菌。培养基通气不良、空气相对湿度达到95% 以上，培养料内含水量过大时发生较多。此菌生长迅速，但对食用菌菌丝危害不大，故在制栽菌种时，如有毛霉和根霉发生，大部分食用菌菌丝可以覆盖之，仍能进行栽培，而其他霉菌污染时则须将栽培袋报废。

（3）传播　毛霉在谷物、土壤、粪便及植物残枝体上广泛生长。毛霉孢子通过空气和工具传播，生料栽培主要通过培养料传播。

（4）防治方法

①生料栽培时要选择无霉变的培养料，暴晒 2～4d，并堆积发酵 4d，减少杂菌数量。培养料加大石灰用量，以偏碱性条件控制毛霉菌发生。

②菌种生产和灭菌料栽培要严格无菌操作。

其他措施同青霉污染的防治。

4. 链孢霉

（1）形态及症状表　链孢霉俗称红色面包霉、红霉。菌丝体无色、白色或灰色，有分支和隔膜，可产生分生孢子。分生孢子呈圆形至卵形，大量的分生孢子堆集在一起，呈粉红色或橘红色，粉状，在玉米芯、棉籽壳上极易生长。初时从棉塞上长出白色菌丝，随后透过棉塞出现馒头形菌落，进而长出分生孢子梗及成串分生孢子，橘黄色或糯红色。这种链孢霉能杀死食用菌菌丝，引起菌瓶（或袋）发热，发酵生醇，很容易从菌种室内嗅到酒味或酒精味。在25℃左右、通风不良的环境中生长极快，2～3d 内可完成一个世代。分生孢子生命力强，在湿热、70℃条件下4min 才失去活力，而干热条件下可耐130℃的高温。

（2）传播　链孢霉大多数生活在土壤或有机质中，以分生孢子通过空气、土壤、培养料、水等途径传播。高温、高湿条件有利于链孢霉迅速传播和发展，是7～8 月份高温季节发生的重要杂菌，来势猛，蔓延快，危害大。该菌一旦发生，菌种、栽培袋将成批报废。

（3）防治方法

①培养料中尽量少用或不用玉米粉。

②一旦发现该菌污染，可在病部用柴油淋烧，然后烧毁或深埋，以防扩散。其他参照青霉菌的防治。

5. 木霉

常见的木霉有绿色木霉、康氏木霉、多孢木霉，均属半知菌亚门真菌。

（1）形态及症状表现　木霉生长比青霉快。木霉可过三种方式危害食用菌菌丝：一是木霉菌丝体生长很快，紧紧缠住食用菌菌丝；二是木霉代谢过程旺盛，可分泌有害物质；三是木霉菌丝侵入到食用菌菌丝内部。凡遭到木霉菌丝危害的地方，食用菌菌丝必定死亡，培养料就变成褐色并佖松。青霉与木霉污染之所以比较严重，主要原因是：培养基质营养丰富；菌块表面无保护膜；适合食用菌生长的温度、湿度、pH 也恰恰适合木霉生长。

（2）传播　病菌孢子靠气流传播，接种时消毒不严或棉塞潮湿及生产环境不洁，空气中的孢子梗乘机侵入，生产中在菌丝愈合及定植或采菇时，菇根受伤也易感染木霉。

（3）防治措施　基本同青霉的防治。

（二）细菌类

细菌属单细胞微生物，在固体培养基上经过大量生长发育可聚合成一团或一片肉眼可见的菌落，多数表面光滑、湿润，半透明或不透明，有些还具有各种颜色。细菌的繁殖速度相当惊人，有的 20min 繁殖一代。培养基一旦污染，食用菌菌丝很难再生长。

1. 污染现象

菌种制作时，常在母种培养基表面，或在以麦粒、棉籽壳等为基质的原种或栽培种瓶外壁局部出现"湿斑"。大部分出现在瓶、袋的上半部或侧面，被污染的部分基质变软，且其周围出现淡黄色的黏液（菌落），菌种袋内有一股难闻的腥臭味。母种培养基污染则出现表面光滑的脓状菌落，一般乳黄或乳白色。

2. 污染原因

细菌污染的根本原因是灭菌不彻底。比如麦粒浸泡过湿、灭菌的时间和压力不足，棉塞在灭菌过程中被冷凝水打湿、灭菌后冷却过快等。

3. 预防措施

如用麦粒、玉米粒、谷粒等制种时，不要浸泡过湿；灭菌物品在灭菌锅内应尽量竖放，并留有空隙；棉塞不要贴着灭菌锅的内壁；当压力上升到 0.05MPa 时要注意排放冷空气；并保证充分的灭菌时间，接种时注意无菌操作等。

二、　栽培料中的杂菌及其防治

（一）绿色木霉

1. 形态及症状表现

绿色木霉是食用菌栽培中最常见的、也是危害最重的一种污染杂菌。该菌初期在培养料或段木接种穴上产生白色纤细致密菌丝，后形成无定形菌落，几天之后从菌落中心到边缘逐渐产生分生孢子，使菌落由浅绿变成深绿色霉层。通常菌落扩展很快，特别在高温高湿条件下，几天内木霉菌落可遍布整个料面。

2. 传播

绿色木霉菌广泛存在于自然界的各种有机物质和土壤中，空气中也漂浮着绿色木霉菌的分生孢子。栽培菇房、带菌的工具和废料等场所是病菌主要的初侵染源。分生孢子可通过气流、水滴和昆虫等传播扩散。代料栽培食用菌时很有可能将孢子带入木屑、麸皮、玉米芯等培养料中，并在生长势弱的子实体上形成菌落。高温高湿和偏酸环境适宜病菌生长繁殖。菌丝生长温度为 4～42℃，在 25～30℃ 生长最快；孢子萌发温度为 10～35℃，在 15～30℃ 萌发率最高。25～27℃ 时菌落由白变绿只需 4～5d。高湿对菌丝生长和孢子萌发有利，孢子萌发要求相对湿度 95% 以上，但在较干燥的环境中也能生长。病菌喜微酸条件，pH4.0～5.0 生长最好。通常接种时消毒不严格，棉塞潮湿，生产环境不干净易染病，菌丝愈合、定植或采菇期菇柄基部伤口多时木霉菌则容易侵入。

3. 防治措施

（1）使用新鲜的培养料，严格把好灭菌关。

（2）将栽培菇房及有关用具彻底灭菌，保持生产环境洁净；但应防止消毒施用甲醛过量，以免甲醛变成甲酸形成酸性环境。

（3）防止棉塞受潮、菌袋破损，接种要进行无菌操作。

（4）根据病菌和食用菌对温度的不同要求，尽可能创造不适宜木霉生长的环境条件，先让食用菌发菌良好，形成竞争优势：如香菇菌丝在 25℃ 生长最好，但 16℃ 时菌丝生长速度大于木霉菌丝，25℃ 以上时则正好相反；故在香菇接种后先 16℃ 培养，待菌丝占满料面后，再逐渐提升到 25℃，以避免木霉侵染。再如，尽量选择低温干燥季节栽培，在菌丝愈合阶段覆盖塑料膜，注意适当通风降湿，后期揭膜不宜过早；生产菇房空气湿度控制在 85% 左右，在高温潮湿或多雨季节加强菇房通风排湿，勤翻堆。播种后或生产期间发现木霉污染，立即挖除，同时注意将死菇、老根清除干净，防止病菌蔓延和滋生。

（5）若发现栽培袋开口处有绿霉污染，可用石灰乳膏或甲醛液涂抹。出菇（耳）后每 3d 喷 1 次 1% 石灰水。

（6）药剂防治　菇床培养料发生木霉时，可直接在污染料面上撒一薄层石灰粉，控制病菌扩展蔓延。若绿霉菌发生在培养料的表面、尚未深入料内时，可用 pH10.0 的石灰水擦洗，也可用 1% 克霉灵或 0.5% 多丰农或 0.1% 施保功或 0.1% 扑海因，或 2% 甲醛溶液注射或涂抹，还可用 10% 漂白粉溶液局部涂抹，均有一定效果。

（二）鬼伞

1. 形态及症状表现

发生于菇床上的鬼伞常见有墨汁鬼伞、毛头鬼伞、粪污鬼伞、长根鬼伞、粪鬼伞等。鬼伞在蘑菇、草菇等草腐菌栽培中经常发生。鬼伞菌丝生长初期不易察觉，蘑菇播种 7～15d 后即出现鬼伞危害，危害草菇的时间则更早些。由于鬼伞菌生长速度比蘑菇、平菇生长要快得多，因此会大量争夺培养料中的水分和养分，直接影响菇菌正常生长。当鬼伞菌子实体长出料面后，即可看到灰黑色小型伞菌。由于发育速度快，小型伞菌长出后 12～24h 即溶化并流出墨汁状液体，不久即腐烂。该菌初次侵染一般来源于混在稻草等原料中的伞菌孢子。采用霉烂变质的稻草、堆肥 pH 过低，均易诱发鬼伞孢子散发。高温、高湿，培养料中氮源过高，也可促进鬼伞的大量发生。

2. 防治方法

（1）选用新鲜、干燥、无霉的培养料。

（2）拌料时加入2%~4%的生石灰，加水量不可过大。

（3）双孢蘑菇栽培时培养料应进行二次发酵，以杀灭鬼伞孢子。

（4）若菇床及菇袋出现鬼伞，在未开伞前及时摘除，以防开伞后孢子扩散。

（三）胡桃肉状菌

1. 形态及症状表现

胡桃肉状菌又称小牛脑、假块菌等，其学名是小孢德氏菌。属子囊菌亚门、散囊菌目、裸囊菌科、假块菌属。菌落初为白色，以后转为黄白色，有时形成浓密的菌丝束。在料面上呈棉絮状，7d后覆土层上便会扭结产生子囊果，子囊果幼时为乳白色小圆点，与针头相似，其形状呈不规则团块，群生，表面有不规则的皱纹，形似核桃仁，初期为白色，淡黄色至奶油色或褐红色，成熟时转为暗红色，子囊孢子圆形光滑。子囊果外形不规则，像胡桃肉（即核桃肉）或小牛的脑髓。严重时，培养料呈暗褐色或变黑、湿腐状，有漂白粉气味，严重时可引起食用菌菌丝衰退，造成绝收。

2. 传播

该菌主要以土壤、没有充分发酵的培养料以及带有该菌的菌种传播。分生孢子和子囊孢子可随风飞散，或经人或工具到处传播。子囊孢子可潜伏在菇房、床架和周围场地等环境中休眠。遇到适宜的条件便重新萌发进行危害，这也是造成胡桃肉状菌连年发生的一个原因。菇房长期通风不良、高温（20℃以上）、培养料偏湿偏酸情况下，易引起胡桃肉状菌的生长和蔓延。

3. 防治方法

（1）严把菌种关，发现菌种中有过于浓而短的菌丝，有一粒粒胡桃肉状的东西，且有漂白粉气味的，应及时销毁，以防扩散。

（2）培养料要进行"二次发酵"，料的水量应控制在60%左右，pH7.5。

（3）防止培养料过厚、过熟、过湿，并适当推迟播种期，使菇房温度在17℃以下。

（4）严格进行覆土，消毒，覆土层调水阶段应注意加强菇房通风。

（5）菌床上出现该菌子实体，应停止喷水，加强通风降湿，使土壤干燥，用喷灯烧掉杂菌子实体，再换上新土。大面积发生应挖掉培养料烧掉或深埋，再用50%施保功2000倍液喷淋发病区四周的菌料，再用塑料薄膜封死。

（6）连年发生胡桃肉状菌严重的地区，应坚持用800倍多菌灵溶液进行环境消毒，堆料过程中用800倍多菌灵拌料。

（四）其他杂菌

1. 细菌

食用菌细菌性病害常在中温期的春秋季节较常见，病害发生时菇体变黄，有黏液产生，影响菇体正常生长。在通风不良，湿闷的菇房内易发生。防治措施以增加通风、降低湿度为主。

金针菇中发生细菌性斑点病时，子实体病斑黄褐色，病斑外圈色较深，潮湿时有乳白色黏液，条件适宜时很多病斑迅速发展成一片，使菌柄、菌盖全部变成褐色，质软，最后整朵菇腐烂。

防治措施是在出菇期间，菇房温度应控制在15℃以下，发生初期，用漂白粉或漂白精兑水喷雾。

2. 白色石膏霉

白色石膏霉是由培养料偏酸而引发的一种病害，一般在播种 10~15d 内发生。该霉菌病原为粪生帚霉，发病初期在覆土表面形成大小不一的白斑（状如石灰粉），老熟时斑块变为粉红色，并可见到黄色粉状孢子团，挖开培养基有浓重的恶臭味，大部分菌丝腐烂、死亡。

防治方法：①培养料发酵时添加 5% 的石灰粉，调节其 pH 为 8.5；②发病时用 500 倍的多菌灵或 5% 的石炭酸（苯酚）溶液喷洒；③加强通风，降低畦面空气湿度。

三、菇（耳）木上的杂菌及防治

（一）多孔菌类

1. 朱红栓菌

朱红栓菌俗名红孔菌，其特征是子实体基部狭小无柄，菌盖半圆形，橙色至红色，后期退色，无环带，无毛或有微细绒毛，有皱，菌肉橙色，有明显的环纹。菌丝初为白色，不久即变为红色，分泌黑褐色色素。被侵害处开始呈橙色，后期为白色腐朽。此菌多发生在干燥的环境中，侧生在菇（耳）木上，可引起木材粉状腐朽。在香菇、木耳栽培的段木上常出现此菌，滋生朱红栓苗的菇（耳）木很难产生子实体。

2. 绒毛栓菌

绒毛栓菌菌盖半圆形至扇形，呈现覆瓦状，无柄，软木栓质，近白色至淡黄色，常左右两侧相连，有细绒毛和不明显环带；边缘薄而锐，内卷；菌肉白色。常发生于 5~8 月份受阳光直接照射的耳木上。严重时，子实体布满整个菇（耳）木表面，致使菇（耳）木腐朽、影响食用菌的生长。

3. 云芝

云芝又称彩绒革盖菌、树舌。子实体小至中等大。菌盖半圆形、贝壳形或扇形，无柄，单生或覆瓦状排列。菌盖直径 10cm，厚 0.2~1cm，表面浅黄色至淡褐色，有粗毛或绒毛和同心环棱，边缘薄而锐，完整或波浪状，菌肉白色至淡黄色。管孔面白色，浅黄色、灰白色至变暗灰色，孔口为圆形到多角形，每 1mm 有 2~3 个，管壁完整。孢子圆柱形，腊肠形，光滑，无色，大小（6~7.5）μm ×（2~2.5）μm。

防治措施：①注意菇（耳）场及周围的环境卫生，烧除枯枝、落叶及腐木，减少污染源；②要尽量早点播种，加强管理，促使菌丝早定植、快生长，尽早发满菇（耳）木能有效减少杂菌侵染；③菇（耳）木要严防暴晒，以林荫地种植为宜，这样可大大减少多孔菌杂菌的发生；④树堆注意通风换气，加强管理，做到勤翻杆、勤洒水、勤除草，剔除荫蔽过大的树枝、灌木，雨后要特别注意清沟排渍，严防菇（耳）场积水；⑤当菇（耳）木有杂菌侵染时，要尽量早刮除后涂以鲜石灰浆、涂刷漂白粉或用 3%~5% 来苏尔液涂刷消毒，危害严重者尽早清除烧掉。下述革菌类的防治方法也与此基本相同。

（二）革菌类

1. 牛皮箍

牛皮箍有黑、白两种。黑的呈粟壳色，边缘黄褐色，白的呈笋片色。牛皮箍贴生于耳木上，边缘不翘起，以此可与金边蛾杂菌区别。牛皮箍在梅雨季节易发生，繁殖很快，常常贴满菇（耳）木，引起腐朽，使食用菌菌丝全部死亡。

牛皮箍是一种较为严重的危害食用菌的杂菌，尤以阴湿、连雨天气下容易发生，严重时贴满菇（耳）木，引起粉状腐朽，被害菇（耳）木不长子实体，为段木栽培菇、耳中的一种毁灭性病害。

2. 韧革菌

韧革菌俗名金边蛾，子实体的基部贴生在耳木上，边缘翻起如檐状，表面为黑色形似干了的黑木耳，贴着菇（耳）木的不孕面呈灰红色。在潮湿或连续阴雨天气，容易发生此菌。

3. 裂褶菌

裂褶菌是段木栽培香菇、木耳（毛木耳或银耳）时的"杂菌"，其繁殖快，数量多，还可使木质部产生白色腐朽。

4. 伏革菌科

伏革菌科属多孔菌目。该科真菌子实体平伏，结构多样，颜色多种，膜质或蜡质。子实层表面平滑到皱褶状或齿状。下分约80属。

（三）炭团菌类

常见的是截头炭团，又名环纹炭团菌，俗称黑疔。属子囊菌亚门，核菌纲，球壳目，炭团菌科，炭团菌属。

1. 形态特征

子座半球形至瘤状，直径5mm，初期草绿色，后咖啡色，最后变黑色，炭质。子座常互相毗连成不规则的硬块，表面粗糙。子囊壳近球形，上部突出于座外，顶端平截如圆盘，中央有瘤状孔口。子囊圆柱状。孢子8个单行排列。

2. 危害症状

多出现在菇（耳）木表皮的纵沟中，形成表面粗糙、似绿豆或黄豆大小的黑色颗粒，质坚硬，严重时黑色颗粒常连成片。此菌容易发生在潮湿荫蔽处的段木上，段木被其危害后，使食用菌菌丝的生长和蔓延受到了抑制，形成层变为灰黑色，形成了"铁心"，吸不进水分，致使不能形成子实体。

3. 发病规律

（1）传播途径　分生孢子借气流、雨水等传播和再次侵染。成熟的孢子传播到当年的段木上萌发生长，高温季节树皮龟裂和断面上出现黄绿色的分生孢子层。

（2）发生条件　炭团菌的适应性很强，在高温、高湿条件下，特别是段木含水量较高，或叠放场所环境潮湿和通气条件差时，都极易发生。

4. 防治方法

（1）短段木装袋灭菌前用0.1%高锰酸钾或500倍70%甲基托布津喷洒段木表面和断面，能抑制截头炭团菌孢子的萌发和菌丝生长。

（2）初期发现染菌，可用浓石灰硫酸铜混合溶液（石灰8g、硫酸铜8g、水100mL）喷洒或涂抹，或将子座刮除烧毁后，刮面涂刷上述药液防止再生。

（3）若菌材被害严重形成"铁心"，应烧毁。

（四）其他杂菌

危害食用菌菇床、菌筒及段木的黏菌种类相当多。发生在菇床上的黏菌包括绒孢菌、煤绒菌、发网菌、粉瘤菌、钙丝菌等多种。黏菌前期的营养体均为黏稠状的菌落，无菌丝，其颜色鲜艳并多样化。

对黏菌的防治主要是做好环境和覆土的消毒工作，在发病部位撒生石灰粉使其干燥，抑制病菌的发生和蔓延。

第三节　食用菌常见害虫及其防治

一、菇蚊蝇类

（一）菇蚊类

危害食用菌的菇蚊类主要有茄菇蚊、金翅菇蚊、闽菇迟眼菌蚊、小菌蚊、中华新蕈蚊、平菇厉眼蕈蚊、草菇折翅菌蚊、瘿蚊等十几种。

1. 形态特征及生活习性

（1）茄菇蚊　雌的茄菇蚊常在未播种的堆肥中产卵，每只成虫产卵150～170粒。在蘑菇菌丝长满堆肥前，幼虫就卵化，第一批出菇前，虫体已长大，钻入菌丝或菇柄，继续往上钻进菇盖，使菇千疮百孔，子实体污染呈褐色，失去商品价值。

（2）金翅菇蚊　发生范围和危害更大。幼虫主要危害小菇使之变成褐色，成虫几乎都在覆土上产卵，虫口多时能抑制幼菇发育也能传播螨类和病菌，如轮枝霉病。生活史约35d，幼虫期24d，成虫有趋光性和趋腐性。

（3）闽菇迟眼菌蚊　成虫雄虫体长2.7～3.2mm，暗褐色；头部色较深；复眼有毛；触角褐色；胸部黑褐色；翅淡烟色；腹部暗褐色，尾器基节宽大。雌虫较大，体长3.4～3.6mm；触角较雄虫短；腹部粗大，端部细长。卵：长圆形，长0.24mm、宽0.16mm，初期淡黄色，半透明，后期白色，透明。幼虫：初孵化体长0.6mm，老熟幼虫6～8mm，体乳白色，头部黑色，圆筒形。蛹：在薄茧内化蛹，蛹长3～3.5mm，初期乳白色，后期黑色。成虫的盛发期在3～4月份和10～11月份，有很强的趋腐性和趋光性。成虫的卵多数产在培养料缝隙表面和覆土上，很少产在菇体上。幼虫喜在15～28℃活动，该温度下生长发育较好。老熟幼虫多在土层缝隙或培养料中做室化蛹。

（4）小菌蚊　成虫体淡褐色，头深褐色。头紧贴在隆凸的胸下。触角丝状，16节。雄虫体长4.5～5.4mm，展翅8mm；雌虫体长5～6mm，展翅9～10mm，腹部末端有尖细的产卵器。胸部背板向上隆凸呈半球形，腹部7节。卵：椭圆形，长1mm左右，初期为乳白色，次日变为黑灰色。幼虫：长筒形，白色，半透明，头部黑色，老熟幼虫长10～13mm。蛹：乳白色，长6mm左右，头紧紧贴在隆凸的胸部，复眼褐色，腹部9节。其发生与危害与闽菇迟眼菌蚊相似。

（5）中华新蕈蚊　又称大菌蚊，初孵化的幼虫到处爬行头不停摇动，群居危害子实体，使原基、菌柄、菌褶受损成孔，成缺刻。一般在培养料表面危害，对菌丝危害较轻。成虫有趋光性。

（6）平菇厉眼蕈蚊　幼虫危害食用菌时紧贴塑料袋内壁爬行。幼虫既可危害菌丝也可危害子实体、菌丝受害、菌棒疏松。重时呈粉末状导致菌丝死亡、子实体受害可把菌柄蛀空，菌褶吃光，并把粪便排泄其上，使子实体完全失去商品价值。成虫具有趋光性，幼虫喜欢在潮湿、富含腐殖质的土壤和培养料上爬行。

（7）草菇折翅菌蚊 成虫雄虫体长 5~5.5mm，雌虫 6~6.5mm，体黑灰色，被有灰毛。头顶黑色有光泽，复眼大，深褐色，几乎占据了整个头部；触角长 2mm；额长方形，头后缘有 32 根长刚毛；口器为黄色。胸部中胸背板黑色闪光，侧板有金属光泽，中胸后部有一些较长的刚毛，小盾片有 4 根刚毛；前翅发达，烟色；足细长，基节的基部黑色，其余部分为黄色。雌虫腹部粗大。卵：梭形，乳白至黑色，有条纹，长 0.5mm，宽 0.16mm。幼虫：乳白色，老熟幼虫长 15~16mm，共 12 节，透过体壁可见内部消化道。头黑色三角形，高龄幼虫胸部第一节背面有一对"八"字形褐色斑点。蛹：灰褐色，长 5~6mm，复眼灰褐色，腹部末端附有化蛹时幼虫脱下的头壳及皮。成虫常在腐殖质或培养料上产卵，卵散产或堆产，在露天栽培的草菇上发生量最大。

（8）瘦蚊 又名小红蛆、菇蚋，瘦蚊成虫形似小蚁子，微小细弱，肉眼很难看见，需借用手持放大镜观察。主体头部、胸部、背面深褐色，其他为灰褐色或淡橘色。幼虫头尖无足。体色多为橘红色或淡橘色，头胸及尾部颜色为无色。老熟幼虫中胸腹面有一黑色突起的剑骨片，端部大而分叉。幼虫可由卵孵化，也可由母体幼虫生殖。每条雌虫平均可产 20 多条幼虫。幼虫早期在料中危害，造成菌丝稀少、微弱。后期转移到菌丝和子实体。子实体被害，先在菇柄基部繁殖，后爬上菇柄与菇盖交接处，有的钻入菌褶，被虫食成伤痕道，呈淡橘红色。一个菇多者常聚 20~30 条幼虫，严重影响了蘑菇的质量和产量。

2. 防治方法

由于菇蚊为迁飞性的害虫，根据其特点，可采取以下防治措施。

（1）搞好菇房内外的环境卫生，减少虫源。如栽培前将培养料处理（二次发酵），以杀虫卵；清除菇棚内外废旧杂物，消灭菇蚊滋生地；空菇房消毒处理，消毒措施包括清扫、熏蒸，熏蒸可用甲基溴、硫黄、福尔马林、磷化铝等。

（2）菇房安装纱门、纱窗，并经常更换挂在菇房门窗处的敌敌畏棉球，避免成虫飞入。

（3）物理防治方法。

①控制光源：菇房的门、窗附近不要开灯，防空洞的灯应设置在远离洞口的地方；不大需要光照的食用菌品种应尽量减少开灯时间，以减少菇房外虫源飞入，繁殖侵害。

②灯光诱杀：利用趋光性和趋腐性，可在菇房点黑光灯或普通白炽灯诱杀。方法是在灯下置一盘废菇或废料浸出液，加入几滴敌敌畏诱杀（在白天诱杀）。

黑光灯诱杀的效果也不错，其方法是将 20W 黑光灯管装在菇棚顶上，在灯管正下方 35cm 处放一个收集盆，盆内盛适量的 0.1% 的敌敌畏药液，可诱杀菇蝇。

（4）利用其趋化性，在菇房设诱杀盆。用白酒 0.5 份、水 3 份、白糠 3 份、醋 3.5 份，再加入少量敌百虫。毒饵可放在菇棚的门口和其他不影响操作的地方。

（5）在菇蚊多发环境中，可在播种前向培养料中喷洒 40% 的二嗪农 1200~1500 倍液。菌床受害后用 40% 的二嗪农 800~1000 倍液或 2.5% 的溴氰菊酯 3000 倍液喷洒。也可用敌敌畏稀释 2000 倍液喷雾，或在菇房悬挂敌敌畏棉球熏杀菇蚊，每 1m³ 以 0.5mL 为最佳用药量。如果菇蚊大发生，喷 500 倍的辛硫磷或乐果能有一定的效果。用磷化铝熏蒸蘑菇害虫，根据多次试验，每 1m³ 用 3 片（9.9g）对眼覃蚊、菌蚊、粪蚊的防治效果都很好。喷药前注意将菇体采摘干净。

此外，还应加强通风，调节棚内温湿度来恶化害虫生存环境，达到防治其危害的目的。

（二）菇蝇类

危害食用菌的菇蝇常见的种类是大蚤蝇、黑蚤蝇、果蝇、食菌大果蝇、黑腹果蝇、嗜菇蚤蝇等，属双翅目，蚤蝇科。

1. 形态特征

菇蝇成虫淡褐色或黑色，体小，触角很短，比菇蚊健壮，爬行很快，常在堆肥表面急速地、扭来扭去地爬动。幼虫白色至蜡黄色，体长约4mm，蛆状，头尖尾钝。

其中，大蚤蝇又名普通蚤蝇、沃尔辛蚤蝇，属双翅目，蚤蝇科。其成虫活跃，体黑色至黑褐色，体长2~3mm，触角短，带芒。中胸背板隆起较高。幼虫蛆形，淡黄色至白色，头前端尖，体有11个切痕，后端斜圆，有2个乳突，后气门型。蛹褐色。卵白色，椭圆形，卵期7d左右。

2. 危害情况

菇蝇的卵、幼虫、蛹可随培养料进入菌床，成虫可直接飞入菇房产卵。成虫不直接危害蘑菇，但能携带各种病原菌（如轮枝孢霉）、线虫和蛾类出入菇房，是蘑菇病虫害的传播媒介。菇蝇虫卵产生在菇床上或菇盖上，蚤蝇幼虫在初期以取食蘑菇菌丝和幼菇表层的嫩组织为主，后期则扩大到子实体内危害，食其汁液。幼虫严重危害菌床时，造成蘑菇菌丝萎缩、颜色由白变褐最后变黑，培养料被蛀成糠状，致使菌床不出菇或出少量小菇。子实体受害后，组织内出现孔道，外表变褐，菇体空瘪呈软腐状。

湿度大、通风不良时，发生严重。

3. 发生规律

菇蝇成虫和幼虫都喜欢取食潮湿、腐烂、发臭的食物，有较强的趋光、趋化性和趋腐性。菇蝇喜在有自然光的环境下产卵，傍晚后其活动量锐减，喜高温，气温低于12℃时活动很少，17℃以上活动频繁，并在近菌丝生长的培养料上产卵。其繁殖力极强，一只雌蝇可产卵300粒。24℃完成一代只需15d，春夏大量发生。大蚤蝇多产卵在幼嫩菌丝的表面或菌床培养料表层3mm深处，而黑蚤蝇则常在菌盖下面的菌幕附近产卵，发生期比大蚤蝇稍晚。

4. 防治方法

同菇蚊类防治。

二、螨类、线虫和蛞蝓

（一）螨类

1. 形态特征

菌螨俗称"菌虱"，在生物分类中属于节肢动物门、蛛形纲、婢螨目。危害菇菌的螨个体很小，肉眼几乎看不见，只有在放大镜或显微镜下才能看清它们的形态特征。螨类一般有横沟将身体分成颚体和躯体两部分，无翅、无触角、无复眼，躯体不分节，有4对足。是食用菌制种与栽培过程中危害较大的有害生物，与食用菌栽培有关者约有10个科20余种，其中危害最大的有蒲螨和粉螨。

蒲螨是蒲螨总科和矮蒲鳗总科螨类的统称。蒲螨雌虫身体呈椭圆形，两端略长，黄白色或淡褐色，扁平，长0.2mm左右，头部较圆，具有可以活动的针状螯肢。雄螨体较短，近似菱形，第4对足末端向内弯曲，附节末端有一粗爪。

蒲螨咀嚼式口器，具短刚毛。行动较缓慢，喜群体生活。喜栖息在温暖、潮湿的环境，潜伏在堆肥、饼粉、饲料、粮食、培养料及土壤中，以真菌、植物残体和土壤中有机质为食物，繁殖速度很快，在16℃完成一代仅需4d。蒲螨发育过程中无若螨期。

粉螨是婢螨亚纲真螨目粉螨科的通称。中国已知粉螨有30多种，如粗脚粉螨、腐食酪螨、椭圆嗜粉螨等。体形比蒲螨大，圆形，白色透明，单个行动。

2. 危害

菌螨繁殖能力极强，个体很小，分散活动时很难发现，当聚集成堆被发现时，已对生产造成损害，使人防不胜防。不仅危害食用菌本身，而且对人体也有危害。一是菌螨直接取食菌丝，造成接种后不发菌或发菌后出现"退菌"现象，导致培养料变黑腐烂。二是污染子实体，子实体生长阶段发生螨害时，大量的菌螨爬上子实体，取食菌褶中的担孢子，并栖息于菌褶中，不但影响鲜菇品质，而且危害人体健康，人若吃下一定量的菌螨，即可引起腹泻等肠道疾患。三是直接危害工作人员，菌螨爬到人体上与皮肤接触后，将引起皮肤瘙痒等症状。

蒲螨大量发生后，犹如撒上一层上黄色药粉，几天内就能毁灭料瓶、料袋或料床上的全部菌丝。粉螨大量发生时，可使培养料菌丝衰退。

3. 防治方法

螨虫发生的原因主要是由于陈年老料、麦麸堆积场所均易产生螨虫；人为的活动常常把螨类带入菌种培养室；接种室、培养室卫生条件差，废物随意丢弃等都是产生螨害的原因。

（1）菌种挑选　把握好菌种质量关，挑选不带害螨的菌种接种，使菌种纯洁纯净。

（2）搞好环境卫生　发菌前先用40%乐果乳剂和20%三氯杀螨醇混合液（1∶1）稀释1000~1500倍后喷洒培养室和出菇场地，杀死成螨和卵，然后再将菌袋移入。菇房培养室和出菇场地要远离禽舍和麸皮仓库。

（3）减少污染源　原料堆积场所应尽量干燥，通风。药剂拌料配料时，每100kg干培养料中添加克霉灵80~150g拌和，对害螨可起到一定的防治效果。

（4）清除污染源　及时处理并清除污染或危害严重的培养料，平时保持环境的清洁和卫生。

（5）诱杀

①烟叶诱杀法：将新鲜烟叶平铺在螨虫危害的培养料面上，待烟叶上螨聚集较多时，轻轻将烟叶取下，用火烧掉。

②猪骨诱杀法：将新鲜猪骨头间隔10~20cm排放在菌螨危害的床面上，待诱集到一部分螨时，将猪骨轻轻拿离，用沸水烫死。如此反复直到杀完为止。

③糖醋纱布诱杀法：取沸水1000mL、醋1000mL、蔗糖100g，混匀，搅拌溶解后，滴入2滴敌敌畏拌匀即为糖醋液。把纱布放入配制好的糖醋液中浸泡湿透，再铺放在螨危害的培养料上或菇床上，诱集螨到纱布上后，取下纱布用沸水将螨烫死。

④油香饼粉诱杀法：取适量菜籽饼研成饼粉，入热锅内，用微火干炒至饼粉散发出浓郁的油香味时出锅。在螨类危害的培养料面上或床面上盖上湿布，湿布上面再铺放纱布，将油香饼粉撒放于纱布上，待螨聚集纱布后，取下纱布用沸水烫死。连续诱杀几次，即可达到根治的目的。

（6）化学防治　若发生螨害可采用磷化铝熏蒸，也可在培养室内定期喷洒敌敌畏，或在室内悬吊50%的敌敌畏棉球。

（二）线虫

1. 形态特征

线虫属线形动物门、线形纲，危害食用菌的线虫可以分为两大类，一为寄生性线虫，都具能穿刺菌丝体而吸吮其内含物的吻针，主要有堆肥线虫（又称蘑菇堆肥滑刃线虫）、蘑菇菌丝线虫等；另一类为腐生线虫，无吻针，不仅食害食用菌菌丝，也取食食用菌菌丝生长所需的基质，且其排泄物能阻止食用菌菌丝的生长，主要有小杆线虫等。其中小杆线虫最多，堆肥线虫次之，蘑菇菌丝线虫极少。一般的种类体长超过1mm，宽50～10μm。

（1）蘑菇堆肥线虫　属垫刃目，滑刃科，滑刃线虫属。吻针细小，长约11pm。食道滑刃型。雄虫无交合伞，交合刺弯曲。堆肥线虫多栖息于培养料、菌丝体、菇床板缝及覆土中。滑动性差，迁移性弱，不耐水。培养料水分过多时，往往集中在上部取食，造成出菇困难，小菇僵化的现象。

（2）蘑菇菌丝线虫　属垫刃目，垫刃科，茎线虫属。蘑雌雄均为长棱形，两头稍尖，具口针。口针长约9.5μm。食道垫刃型，后食道球与肠分界明显。雄虫交合刺基部较宽，雌虫单卵巢。多生存于培养料、菌丝体和子实体上，适应性和迁移性差，因此未成为蘑菇的优势线虫种群。

（3）小杆线虫　属小杆目，小杆科，小杆线虫属。无口针，具有钩镰而广阔的吸吮口器。多在覆土上发现。生性活泼，繁殖力强，对蘑菇危害严重。

2. 危害

线虫繁殖快，发生数量大，危害严重，对产量影响较大。发生线虫后，菇床局部地区菌丝先是变细，进而萎缩死亡，受害面积随之也逐步扩大，且培养料开始大片发黑、湿润、料面下沉，并伴有刺鼻的腐败臭味，此臭味是感染线虫的典型特征。也可能会在覆土上出现感染线虫的指示霉，如节丛孢霉等。线虫的唾液可抑制蘑菇菌丝细胞的分裂，阻止菌丝生长或使细胞壁中胶层溶解引起细胞坏死，进而导致细菌等微生物感染而腐烂。因此感病区一般很少有蘑菇子实体长出。

3. 发生规律

在18、28℃条件下，堆肥线虫完成一代生活史分别为10d和8d，25℃时繁殖速度最快，6周可增殖10万倍。常呈团状扭结在一起，在水中黏结成白色虫块漂浮在表面。

在18、23℃时，蘑菇菌丝线虫完成一代生活史分别为26d和11d，低温1℃和高温26℃几乎停止繁殖。该线虫在水中也结团。一般在潮湿培养料中数量多，而在干料中线虫量就少；在20～25℃自然水中可存活68～91d，在蘑菇菌丝的培养料中存活100d以上。

一般在潮湿而温度达50～55℃时就死亡，但在干燥中，即使达到60～65℃高温，有的线虫还能幸存下来。

线虫主要栖息于土壤中，随覆土进入菇房。除此之外，线虫还存在于培养料（如牛粪、稻草）、旧菇房和栽培床架、水源等，蚊、蝇类或螨类也会携带线虫。有的菇房由于线虫的危害而减产达70%～90%。在覆土上出现感染线虫的指示霉菌（例如节丛孢霉）是感染线虫的征兆。如果早期发生侵害，料中会产生暗色、潮湿没有蘑菇菌丝的受病区块，并常伴有刺激性的气味。第二批菇后病菇就会增多。这些线虫是很难根除的，它们经常潜伏在床架材料内，可以从这一季菇传到另一季菇。

4. 防治措施

以预防为主，综合治理，菇床一旦发生线虫后就很难根治。因此除搞好环境卫生、消灭害虫之外，还应注意以下几个方面。

（1）用水处理　水源不洁时可在水中加入适量硫酸铝沉淀净水，可除去线虫。

（2）菇房消毒　线虫能生活于菇床侧架的木板和木制品中几毫米深处，并且在干燥高温（60~65℃）条件下，线虫仍能幸存下来，所以可于采菇后用2% 五氯酚钠溶液对菇架进行喷雾处理；在有条件的地方可将床架、菇房弄湿，进行蒸汽消毒；如果菇房为泥土地面，则可在地面上撒一层石灰粉防治。

（3）如需覆土，要对覆土进行处理　方法是用甲基溴熏蒸或甲醛消毒覆土，或用呋喃丹拌土。

（4）线虫对高温的耐受力很弱，40℃以上易死亡，可利用发酵料栽培。在蘑菇生产中尤其要推广二次发酵。

（5）一旦菇场发生线虫，应将生长温度维持在 12~13℃，使环境条件尽可能干燥以制止传染扩大和减少损害，要注意培养料通气。如果局部床面发生线虫，采菇后可喷洒左咪 0.001%，或 0.033% 碘和 0.017% 碘化钾混合物，或 800 倍敌敌畏稀释液。

（三）蛞蝓

蛞蝓又称水蜒蚰、鼻涕虫、软蛭，属软体动物门，腹足纲，柄眼目，蛞蝓科。危害食用菌的常见有 3 种：野蛞蝓、双线嗜黏液蛞蝓和黄蛞蝓。

1. 形态特征

蛞蝓为雌雄同体，一般异体受精后可终生繁殖，少数可单体孤雌繁殖，卵生，直接发育，无外壳，身体裸露，有触角 2 对，第二对顶端生眼。蛞蝓是软体动物中最大的一个纲。常见的为野蛞蝓，体白色或浅黄色。蛞蝓卵为圆形，透明，卵成堆，每堆 10~20 粒，蛞蝓每年繁殖1 代。

2. 习性及发生规律

蛞蝓喜阴暗潮湿环境，白天多在墙角砖缝、沟边石缝、草堆或潮湿的枯枝烂叶中躲藏，黄昏时出来觅食。蛞蝓为杂食性，以取食植物体为主，如植物的嫩尖和幼苗，也常取食水草、菜叶、真菌体和腐殖质等，它既是农业害虫，也是食用菌害虫。它常常晚上潜入菇房啃食蘑菇的菌盖，它爬过之后留下一道白黏液。

3. 防治

蛞蝓危害的地方，可用一定浓度的食盐水喷雾驱除，也可在晚上 9：00~10：00 进行人工捕捉，或用米糠加入2% 砷酸钙制成毒饵诱杀。

第四节　食用菌病虫害的综合防治

食用菌病虫害的综合防治应贯彻"预防为主，综合防治"的原则，要做到"消灭传染源，切断传播途径，控制发病条件，治疗发病区"，并尽量采用农业防治措施，减少化学药剂的使用，以避免对食用菌产生药害和造成污染。具体防治措施如下。

一、 合理选场建厂和设计

菌种厂应远离仓库、饲养场。装料间、灭菌锅和接种间建筑设计要合理，灭好菌的菌种袋或菌种瓶要能直接进入接种间，以减少污染的机会。接种室、培养室要经常打扫，进行消毒。要定期检查，发现有污染的菌种立即处理，不可乱丢。出厂的菌种要保证没有污染，不带病虫。栽培场引进菌种时要注意防止带入病虫害。

二、 严把菌种质量关

选用高产、优质、抗病虫害能力强、抗逆性强的菌株。出厂的菌种要保证没有污染，不带病虫。在制种过程中，要经常检查和挑选，一旦发现污染立即淘汰，确保生产菌种纯度，对于生产的菌种要及时使用，以防老化，并控制传代次数。用于栽培的蘑菇菌种一般应由专业菌种厂生产供应，如省地、县各级蘑菇菌种站等，这样可确保使用优质菌种，优良菌种一般应具备菌龄适宜，生活力强，不带病虫害等特征，外观色泽洁白，打开菌种瓶，可闻到蘑菇香味。凡是菌龄过长，菌丝萎缩，吐黄水，色泽暗淡，或菌丝严重徒长，以及有绿色、黑色或橘红色等杂菌孢子的菌种都是不合格的菌种，不可采用。受螨类危害的菌种其特征是瓶肩部分的菌丝萎缩，菌丝非常暗淡，甚至培养料面也看不到菌丝。瓶壁微热后会发现有许多螨类爬动，这样的菌种也要淘汰。

三、 确保卫生环境

栽培食用菌要远离传染源，搞好环境卫生。栽培场地要远离仓库、饲养场、垃圾场等病虫较多的场所。做好菇房的清洁卫生工作，减少杂菌和害虫的隐藏、滋生场所，减少人为传播的机会，并尽量减少闲杂人员进入栽培室。菇房在使用前应进行一次全面消毒杀虫工作。

（1）老菇房要刮去一层壁土，新菇房要撒一层生石灰粉；栽培床架喷一次波尔多液或漂白粉液；整个菇房用甲醛按每 $1m^3$ 用 10mL 甲醛、5g 高锰酸钾的量或每 $1m^3$ 用 2~4g 气雾消毒盒的量密闭熏蒸 12h，或按每 $1m^3$ 用硫黄 9g 熏蒸 24h。有条件的菇房可用蒸汽消毒，70~75℃ 保持 4h 即可。

（2）在防空洞、地道、山洞栽培食用菌，出入口要有一段距离保持黑暗，随手关灯，以防止害虫飞入，传播菌源。

（3）菇房的门窗最好装上纱门、纱窗，以防害虫飞入。

（4）露地栽培时要清除栽培场的残株及附近的枯枝落叶、烂草及砖石瓦块。清理环境后，必要时场地还要进行杀虫，为防白蚁要挖诱蚁坑或环形沟。

（5）覆土材料一般应取距地表 30cm 以下的土，减少病虫害带入菇房，覆土采集后在烈日下暴晒至干燥状态，使用前用 10% 的石灰水均匀调水，再用 10% 甲醛加 1% 敌敌畏喷到覆土中，用薄膜覆盖好，进行熏蒸灭菌杀虫 2d，用时再摊晾 1~2d 待甲醛挥发后使用。

（6）培养料要求新鲜、干燥、无病虫、无霉变，各种培养料均要经烈日暴晒 2~3d，以减少病虫害。

四、 做好栽培管理工作

不同的食用菌对其生长发育的条件有不同的要求，要依照各种食用菌的要求对湿度、水分、光线、酸碱度、营养、氧与二氧化碳等进行科学的管理，使整个环境适合食用菌的生长而不利于病原菌和害虫的繁殖生长，即所谓促菇抑虫抑病。

（1）据各地的气候条件适时播种。

（2）做好菇房保温工作，避免高温和冻害。

（3）食用菌菌丝体生长阶段喜较低的空气相对湿度，此时将空气相对湿度控制在60%以下，可抑制杂菌的发生。喷水时一定要喷洁净水。

（4）多数食用菌（除草菇外）与杂菌的生长繁殖都喜微酸性，在食用菌生产中，一般将栽培料酸碱度调为中性偏微碱性，这样既不影响食用菌生长，又可抑制多种杂菌。

（5）平时要注意菇房清洁卫生，摘除的病菇及污染的培养料要及时处理，不宜久留。

五、　采用农业防治措施

（一）利用害虫的习性进行防治

有些害虫有着特殊的习性，如菌蚊有吐丝的习性，幼虫吐丝，用丝将菇蕾罩住，在网中群居危害，对这些害虫可人工捕捉。瘿蚊有幼体繁殖的习性，一只幼虫从体内繁殖20只幼虫。瘿蚊虫体小，怕干燥，将发生虫害的菌袋在阳光下暴晒1～2h或撒石灰粉，使虫干燥而死，可降低虫口密度。另外，还有些鳞翅目的幼虫老熟后个体很大，颜色也艳，在采菇和管理中很易发现，可以随时捕捉消灭。对落在亮处的害虫要随时拍打捕杀。有的幼虫留下爬行痕迹要沿痕迹寻找捕杀。

（二）水浸法防治害虫

有些害虫由于浸入水中造成缺氧和促使原生质与细胞膜分离致死。但必须注意栽培袋无污染、无杂菌菌块，经2～3h浸泡不会散，菌丝生长很好，否则水浸后菌块就散掉，虽然达到消灭害虫的目的，但生产效益将受到损失。其操作方法是：瓶栽培的和袋栽培的可将水注入瓶、袋内，块栽培可将栽培块浸入水中压以重物，避免浮起，浸泡2～3h，幼虫便会死亡漂浮，浸泡后的瓶、袋沥干水即放回原处进行正常管理。

（三）诱杀害虫

诱杀害虫即利用害虫的各种趋性进行诱杀，具体方法已于前述。

六、　配用化学防治措施

在现代化食用菌生产中，不提倡用化学药剂防治病虫害。这是因为：①食用菌是真菌，食用菌的病害也多由致病真菌引起，使用农药容易使食用菌产生药害；②食用菌栽培周期短，药物喷施后易在菇体内残留，食用后对人体会产生有毒副作用；③食用菌子实体完全暴露，加上目前选择性农药不多，防治病虫害的农药也会对食用菌本身产生不同程度的药害；④影响出口贸易，现在世界各国对各种食用菌的品质检验都非常严格，农药残留将会严重影响菇体的品质信誉和市场竞争力。

食用菌化学防治应作为其他方法失败后的一种补救措施。药剂防治病虫及杂菌，要掌握好既不影响食用菌的正常生长，又要杀死病虫的基本原则。并要遵循农药使用的安全性原则：一是要尽量减少化学药剂的使用，用药剂防治病虫害是一种应急措施，如果必须喷药，应在用药前一定要将蘑菇全部采完；二是禁用剧毒、残效期长的有机汞、有机磷农药，要用高效、低毒、低残留药剂；三是出菇期间禁用药剂防治。常用的化防药品分为以下三类。

（一）杀真菌药剂

食用菌的病害和竞争性杂菌大多是真菌引起的，它们对药物的敏感程度有许多相似之处，多采用多菌灵、托布津、苯菌灵、克霉挫、石硫合剂、波尔多液等杀菌剂。但要注意在食用菌栽培的不同阶段，首先，其浓度、剂量都应按规定用量选用，防止发生药害；其次，多宜种药剂交替使用。

（二）杀细菌药剂

漂白粉（次氯酸钙）是食用菌细菌性病害防治最常选用的药剂，如对平菇细菌性黄斑病，可在菇潮间采用漂白粉兑水 1:600 的药液喷施，也可喷洒 0.25%~0.30% 的甲醛溶液进行防治；若是局部发生较严重的细菌性病害，一般多用兽用抗生素和链霉素、金霉素、庆大霉素等，但一定注意使用浓度，如链霉素和金霉素一般用 200U/mL 的药剂喷洒防治。

（三）杀虫药剂

菇房内发生眼蚊、粪蚊可喷500倍敌百虫。敌敌畏具有熏杀和触杀作用，对菇蝇类的成虫、幼虫和跳虫有特效（但对螨类杀伤力差），但一定要注意平菇对敌敌畏很敏感，浓度稍大就可能产生药害，最好改用敌百虫或辛硫磷。同样，蘑菇对敌百虫敏感，最好改用敌敌畏，而不用敌百虫。若有跳虫和螨类同时发生，用辛硫磷和杀螨剂混配效果较好。另外，用磷化铝熏蒸防治效果也很有效，一般 1m³ 用 2~3 片 (6.6~9.9g)，对大部分食用菌害虫都有很好的杀灭效果。熏蒸后菇房密闭48h 后，要开窗通气 3h 以上，确定无余毒后才可入内，一定要注意确保人身安全。

常用的防治方法除必要的消毒、拌料之外，还应注意以下几方面。

（1）在菇床覆土后，土地及周围空间喷 0.1% 甲醛水溶液或多菌灵液可有效防治多种病害发生。

（2）每隔 1 个月在菇房喷一次 0.1% 甲醛溶液或多菌灵液。

（3）在食用菌发病初期，可用 0.5% 甲醛溶液或 0.1% 漂白精药液或 5% 硫酸铜溶液或 3% 来苏尔液等喷洒出菇床面、空间、菇房墙壁等，要在污染处注射 75% 酒精或 2% 甲醛溶液或 75% 托布津500 倍液等，以抑制其蔓延。注射后立即在针孔上贴上胶布。

（4）发现病虫需要用药时，对不同的病虫害，选择使用合适的农药、用药量及用药时间，以避免防治无效；或发生药害或造成蘑菇污染或人畜中毒等不良后果。

（5）发现鼠害及时药除或捕捉。

七、 巧用生态防治

一是"以螨治螨"技术。利用害螨的天敌——捕食螨来对付害螨。捕食螨不危害植物，唯一的捕食对象就是害螨，施放后只要食源充足，就可以不断繁衍。但捕食螨吃尽害螨后，会自相蚕食，因此要在较大范围内长期利用益螨控制害螨，必须实现益螨规模化人工繁殖和饲养。

二是可在耳场放鸡。据试验报道，除蛞蝓、天牛外，几乎所有耳场中危害木耳的害虫，都可被鸡啄食，啄食时并不损害黑木耳子实体。

总之，对食用菌病虫害的防治应将各种方法充分结合起来，以预防为主，综合防治，这样才能达到高产稳产的目的。

思考题

1. 食用菌的生理性病害有哪些? 如何预防?

2. 食用菌生产中绿色木霉的危害症状怎样? 如何防治?

3. 菇蚊、蝇、螨危害的防治方法有哪些?

4. 食用菌病虫害的综合防治措施主要有哪些?

CHAPTER

第十二章

食用菌周年栽培与多层次综合利用

第一节　食用菌周年栽培技术

一、　食用菌周年栽培的意义

近年来，食用菌周年栽培规模日益扩大，技术也日益完善，已成为食用菌栽培中不可缺少的主要方式之一。食用菌周年栽培也称四季栽培，是指在一定设施条件下，以自然气温为主，人工控制条件为辅，实现不同温型、多种食用菌组合换茬，或一种食用菌连作，多复种、高密度、高效益的生产方式。

食用菌周年栽培可充分利用本地自然资源和栽培设施，不仅为栽培者增加了经济效益，而且在调节食用菌市场周年供应、满足消费者需求等方面也起到了巨大的作用。另外，食用菌周年栽培主要是根据当地温度的周年变化来安排与之相适应的不同温型的食用菌，因此不需要消耗大量的能源，有利于可持续发展。

二、　食用菌周年栽培技术模式

根据地域气候特点（尤其是温度变化特点）和食用菌种类生物学特性的不同，食用菌周年栽培有多种搭配和组合模式。下面介绍的是几种比较有代表性的栽培模式，各地可根据不同气候特点和市场需求进行选择。

（一）单种食用菌周年栽培技术

1. 平菇周年栽培技术

平菇是中温型变温结实性食用菌，进行平菇周年栽培一定要选择不同温型品种，尽量与自然条件相结合，除此之外，还应因地制宜创造条件，如冬季室内加温栽培、早春阳畦栽培、夏季地道或地下室栽培等，这样可基本做到周年栽培。

（1）室内袋栽　以早春2~3月份和秋季9~10月份为宜。出菇期为4~5月份和10~11月份，此时温度适宜，可采用发酵料或熟料栽培，栽培技术同常规。

（2）室外阳畦栽培　可选在4月上旬播种，5~6月份出菇，阳畦选在背风向阳的平坦地方，5月中旬以后至6月份应在畦上搭架覆盖草帘遮阳，并选择耐高温平菇菌株栽培。平时管理同常规。

（3）地道或地下室栽培　地道或地下室具有冬暖夏凉的特点，常年温度在8～28℃。可选在6月份栽培，7～8月份出菇。注意出菇期应安装电灯，以适当增加光线，同时应做好通风换气工作。因地道、地下室常年湿度较大，出菇期可少喷或不喷水。

（4）室内加温栽培　可选在11～12月份、1～2月份寒冷季节栽培，可因地制宜采取各种加温措施，如采用火炉、土暖气、地下火道、火墙等进行加温，以煤、柴等燃烧作为热源，具有成本低、来源方便等特点。

　2. 毛木耳周年栽培技术

毛木耳袋料栽培，具有原料来源广、生产周期短、产量高、经济效益显著等特点，而且耐高温、抗杂菌能力较强，因此栽培容易成功。下面以闽北山区为例，介绍其栽培技术。

闽北山区为亚热带季风气候区，气候温和，雨量充沛，年平均气温17.5～19.3℃，年平均最低气温（1月份）6.2～9.1℃，年极端最低气温－0.8℃，年平均最高气温（7月份）27.5～28.5℃，年极端最高气温为39～41.4℃，基本夏无酷暑，冬无严寒。只要根据季节趋利避害，合理安排，一年四季均可袋料栽培毛木耳。

（1）季节安排　毛木耳属中高温型食用菌，菌丝10～40℃均能生长，最适温度为22～32℃，子实体发育温度18～34℃，适宜发育温度20～30℃。根据当地气候条件和毛木耳生长发育特性，一年中可安排3个栽培期。

①适温栽培期（春栽）：时间为2月上旬至6月上旬，旬平均气温7.8～24.3℃，可基本满足从菌丝体生长到子实体形成的整个周期，且耳质好、产量高，只需在发菌初期注意适当增温和保温控温，成功率高，是袋料栽培毛木耳的理想季节。

②高温栽培期（秋栽）：时间为6月中旬至9月中旬，旬平均气温24.6～28.1℃。此期间大于35℃的天数为30余天，因此发菌期间要防止高温烧菌，还要防止杂菌感染。由于温度较高，菌丝生长初期比较细弱模糊，直到后期才逐渐生长健壮转白色。至出耳期由于气温逐步降低，长出的耳片厚、质量好，早期生产的菌筒基本上当年可采耳，结束生产；后期生产的菌筒采收一批耳后由于气温偏高而影响出耳，因此在此期间，应严格控制室温，不宜超过32℃。若高于35℃，则不宜生产。或者安排在中、高海拔山或阴凉的低山区更为适宜。

③低温栽培期（冬栽）：时间从9月下旬至次年1月下旬，旬平均气温7～23℃，气温先高后低，在此期间有利菌丝体生长，但后期气温低则不适宜子实体生长发育，所以菌筒菌丝长满后需要休眠一段时间，待气温回升后再出耳。由于气温低杂菌很少发生，只是在温度低的冬季接种时需及时加温，待接种穴菌种萌发菌丝直径长到2～3cm时即可少加温或停止加温，让其自然生长。10月底以前接种的由于此时气温较适宜，可不必加温。冬栽毛木耳次年气候变暖即可出耳，可望提前上市鲜销。

（2）培养料配方

①杂木屑75%，敖皮20%，碳酸钙2%，糖1%，过磷酸钙1.4%，尿素0.25%，硫酸锌0.05%，磷酸二氢钾0.3%。

②棉籽壳88%，玉米粉（或敖皮）10%，糖0.5%，石灰0.5%，石膏粉1%。

③稻草62%，敖皮（或米糠）30%，杂木屑6%，糖1%，石膏粉1%。

（3）拌料、装袋、灭菌、接种、发菌及出耳管理等　同常规。

（二）两种以上食用菌组合周年栽培技术

1. 香菇、竹荪组合周年栽培技术

竹荪栽培分春、秋两季，在长江中、下游地区应安排在早春和秋末（10月上旬前后）。香菇可于8月底之前接种并于室内培养，至10月上旬进行排场脱袋转色管理。或者秋季安排竹荪栽培，在香菇脱袋之前全部播种完毕。

在组合中，竹荪只能选择较耐高温的棘托竹荪和长裙竹荪，香菇宜选择中温型或中温偏低型菌株，以便于次年5月上旬之前香菇能采收完成，刚好与竹荪衔接，因此时正好进入竹荪子实体生长的最佳时期。

在组合栽培管理方面，竹荪按常规铺料、播种和管理。要求在秋末香菇脱袋排场前后注意以下几个问题。

第一，香菇排场前，在竹荪畦床中间适当加厚覆土，并整理成龟背形，然后在畦床上每隔一段距离横向铺一条宽度为12cm左右的薄膜，再把香菇菌筒排放在薄膜上。盖薄膜的目的是防止向香菇菌筒喷水时水直接喷入畦床而导致畦床内竹荪菌丝水分过重，并有利于多余水分排出畦外沟中。人行道旁的排水沟应低于畦床内底层竹荪培养料，这样即使有水渗入畦床内也会渗出流入排水沟而不影响竹荪菌丝的生长。

第二，次年5月份香菇采收完成后，及时将出过香菇的废菌筒进行处理，并对畦床覆土进行松土透气（最好换新土），再铺上2~3cm覆土，当见到菇床表面有菌丝长出时，可灌清水一次，以淹没畦床为宜，时间保持一昼夜。

第三，当夏季气温达30℃以上，应适当加厚荫棚覆盖物，少盖薄膜，并将覆土去掉一部分，裸露部分竹荪培养料，铺上一层竹叶或树叶，防止直接喷水造成覆土板结而影响气体交换，同时可起到保温、遮光的作用。其余管理同常规。

按以上模式栽培面积80m²，可收干竹荪31kg，栽培香菇1860筒，可收干菇141kg，年总收入可达11530元。

2. 菇耳组合周年栽培技术

此组合适宜长江中下游各省（市），也可供其他气候相似地区参考。以江西宜春地区为例，该地区1~12月份平均气温依次为5.2、6.6、11.2、17、24.8、24.8、28.7、28.3、24.6、18.7、12.9、7.6℃，其中1月最低气温−4~0℃（短时期），7~8月份最高气温38~39℃（短时期），按此气候特点可作如下安排。

（1）场地选择 可选择周围通风透光、清洁、近水源的房前屋后的空闲场地或菜地、稻田等，也可与高秆作物或棚架蔬菜套种。场所选好后深翻一次，用5%石灰水浇泼消毒，如属空闲地需搭菇棚遮荫。

（2）菇耳周年茬口安排 主要是掌握本地气温周年变化特点，采用不同温型食用菌种类，合理安排茬口，具体可根据自身技术条件和市场需求情况有如下几种安排。

①平菇−毛木耳−草菇−平菇：时间：1~4月份，5~7月中旬，7月中旬~9月中旬，9月下旬~12月份。

②毛木耳−草菇−双孢蘑菇：时间：5~7月中旬，7月中旬~9月中旬，9月下旬~次年4月份。

③毛木耳−草菇−香菇：时间：5~7月中旬，7月中旬~9月中旬，9月下旬~次年4月份。

④平菇－毛木耳－草菇－蘑菇：时间：1~4月份，5~7月中旬，7月中旬~9月中旬，9月下旬~12月份。

（3）栽培方式和方法

①平菇：用熟料袋栽，塑料袋采用（15~20）cm×（50~55）cm，按常规配料、装袋、灭菌、冷却、接种、发菌，菌丝满袋达生理成熟后按茬口安排要求及时脱袋排场，每1亩（约667m²）可排9000筒左右，然后覆土2~3cm厚度，再覆盖薄膜，进行保温保湿管理。

②毛木耳：采用塑料袋式栽培，菌袋制作需在脱袋前1~2个月完成，塑料袋可采用15cm×15cm或12cm×28cm聚乙烯袋，每1亩可排放7000~23000袋，配料、装袋、灭菌、接种与培养同常规。发菌后及时脱袋排放覆土（与平菇相同），最后覆盖一薄层稻草，进行保温保湿管理。

③草菇：用稻草发酵料波浪式栽培，播前7d配好料，按堆高1m、宽1.2m，堆制发酵，中间翻堆1次，发酵好的料pH为8.0~9.0，菌种用量为料重的15%，每平方米铺料约12kg，播后覆盖薄膜，发菌3d后覆土（同平菇）。其他管理同常规，按此管理每批料可采收两潮菇，2个月内可栽草菇3茬，20d换茬一次。

④香菇、双孢蘑菇：栽培按常规。

此栽培模式应注意：第一，安排一间房屋作为平菇、毛木耳、香菇的发菌室，这样有利于延长出菇期和提高产量；第二，上述菇耳换茬前，必须清除前茬栽培废料，并及时翻袋晒袋和撒石灰粉消毒，以防病虫发生。

第二节　食用菌多层次综合利用

食用菌栽培已被公认为是一项具有广阔前景的开发性事业，其原因不仅在于它能利用农产品废弃物，将人类不能直接利用的粗纤维转化为营养丰富的食用蛋白质，而且通过真菌和其他生物（微生物、植物、动物）的交替作用，还能形成多层次的生物循环系统。在这一系统中，通过每一环节多次截取能量，形成一连串的物质与能量的循环，在消耗较少的自然能的条件下，使物质得到最大的增长。另一方面，食用菌与粮、菜的间作、套种，与果树苗木的立体种植技术和综合利用技术，也显示出强大的生命力。这类新的生产结构模式，使经济效益和生态效益得到和谐统一，并形成了一个较完整的农业生态工程体系。多层次综合利用主要包括以下几个方面。

一、　田间多层次立体种植

食用菌与粮食、蔬菜、果树等进行间作或套种，形成立体种植，不但可以增加单位面积的产量，提高经济效益，还可使食用菌与作物之间产生互惠互利的效果。如食用菌生长发育过程中需要的氧气可直接从套种的植物中获得，并且还能从种植植物中获得遮荫的环境和较大的空气相对湿度；而植物也可以从食用菌发育过程中获得一定的二氧化碳来进行光合作用，同时栽培过后的食用菌废料则是一种质量较高的有机肥料，还田后可直接供植物生长利用，从而使作物获得更高的产量和品质。

食用菌与粮食、蔬菜、果树间作套种技术在本书有关食用菌栽培中已有部分介绍，现将几种栽培效益较好的立体种植模式在这里详细说明。

（一）柑橘园套种大球盖菇

大球盖菇营养丰富，栽培方法简单，对原料要求不严格，抗逆、抗杂能力强，管理粗放，用稻草、麦秸生料栽培容易成功，产量也较高，是联合国粮农组织向发展中国家推荐的新菇种之一，也是国际菇类市场十大品种之一。而柑橘则是我国华中和华南等地广泛栽培的多年生常绿灌木型果树。大球盖菇在柑橘园内栽培，既可充分利用柑橘繁茂枝叶为其遮阳，又能使柑橘在光合作用过程中产生的氧气和菌丝代谢产生的二氧化碳互相供给对方利用，达到互惠互利。同时柑橘园内形成的小气候环境在高温季节还有一定的降温保湿作用；而栽培过大球盖菇的培养料则可以就地施于柑橘园用作肥料，是一举数得的好事，符合农业立体种植和可持续发展的基本要求。

1. 季节安排

大球盖菇菌丝生长和子实体发育温度分别为 5～34℃ 和 4～30℃，最适温度二者均为 15～25℃，各省可根据当地气候特点和大球盖菇对温度的要求确定栽培季节。依据大球盖菇从播种至出菇结束需 3～4 个月的要求，长江中下游各省一年可以安排两次栽培，分别于 2 月中旬和 8 月中旬开始播种，4 月中旬和 9 月下旬开始出菇。

2. 培养料的准备与处理

主要配方如下。①干纯稻草 100%；②干纯麦秸 100%；③大豆秆 50%，玉米秆 50%；④干稻草 80%，干木屑 20%；⑤干稻草 40%，谷壳 40%，杂木屑 20%。如低温季节栽培，可在上述配方中适当添加敖皮、米糠等氮素营养，有利于提高产量。播种前稻草、麦秸需用水预浸 2d，使其充分吸水软化。高温季节原料应预堆发酵 3d 左右，翻堆散热后再用于栽培。气温低时可将预湿的料沥干水预堆软化后即可上床栽培，料的含水量为 70%～75%。

3. 整畦与播种

选择成年柑橘园进行栽培。整畦可按橘园地势灵活掌握，一般畦宽控制在 1m 以内，以窄畦栽培效果较好。先将柑橘行间空地深翻 25cm，为避免柑橘受影响，也可直接按橘树行间整畦。如橘园为坡地可不开排水沟，否则应在畦四周开 20cm 深的排水沟，以防下雨时渍水导致菌丝腐烂。然后用 5% 石灰水向畦面浇泼一次，以浇透为宜，以达到初步杀虫灭菌的效果，约经半天以后土表略干时即可铺料播种。播种按两层料两层菌种的方式进行，料的总厚度控制在 20～25cm，方法同常规。播种完毕，于上层菌种表面撒少许培养料将菌种覆盖，再在其上覆盖一层 3～4cm 厚的湿润土壤对培养料进行保温保湿。也可于 10～15d 以后菌丝长满培养料表面时再进行覆土。覆土可取橘园内土壤或树林中腐殖质土。因大球盖菇初期菌丝生长较弱，所以播种时应注意选择质量好的菌种，并尽量避开高温期播种，以促使菌丝正常生长。

4. 管理

播种后 4～5d 菌丝开始萌发，30～35d 长满培养料并向覆土层蔓延。待菌丝全部长透土面时即可揭膜降温，迫使表面菌丝倒伏，以防徒长。当菌丝开始形成菌束，出现白色子实体原基时，应喷雾状水提高畦面土壤湿度，并使空气相对湿度达到 85%～95%。喷水应做到少喷勤喷，表土有水即可。当子实体七八分成熟，菌膜快要破裂时即可采收，一般从菌蕾开始发育至子实体成熟需 5～10d，整个生长季节可采菇三批。

橘园套栽大球盖菇有利于改善橘园内小气候环境，使物质循环得到了充分利用，并节省了搭棚等方面的开支，成本低，效益高。据统计，1 亩（约 667m²）橘园可套种大球盖菇 150m²，可收大球盖菇 1500kg，产值 5400 元（3.6 元/kg），纯利 3000 元以上。

此外，也可将大球盖菇等食用菌与大棚蔬菜（如大棚黄瓜等）进行间作或套种，也可在庭院豆角架、葡萄架底下栽培食用菌，在不增加场地和投资的情况下，即可获得较好的经济效益。

（二）巴西蘑菇与苦瓜套种技术

1. 季节安排

苦瓜栽培季节一般为 2～10 月份，产瓜期为 5～10 月份，巴西蘑菇的栽培季节为 3～10 月份，出菇期为 5 月中旬～10 月份，7～8 月份虽然气温较高，但可利用苦瓜荫棚下地温低于气温 3～6℃的特点进行出菇。

2. 育苗与菌种制作

苦瓜种子经脱毒处理后，于 2 月中旬点播到营养钵内，置 18～25℃温室内培苗。育苗过程中注意温室定期通风，温度控制在 18～25℃，相对湿度保持在 80%～85%，营养钵要定期补充营养水，保持钵内土壤湿度为 85%～90%。当苗期达到 35d 左右、苗高 20cm 并有真叶出现时即可移入大田定植。同时可于 2 月中旬制作巴西蘑菇麦粒原种，温室培菌 35d 左右，至 3 月中旬制作栽培种，温室培菌 40d 即可结束。

3. 移栽和搭架

移栽前大田要深翻 20cm，以采用垄畦式栽培为宜。垄畦宽 1m 左右，两垄畦间开一条宽 30cm、深 20cm 的沟，沟长随田块而定，坐北朝南。畦上顶盖地膜（膜宽 3m，为栽培巴西蘑菇而备），并按苦瓜株行距要求插上竹竿选好瓜架，要求架高 1.6m 左右，架上用绳或铁丝绑紧扎牢。当日平均气温在 18℃以上时即可移栽瓜苗，每畦栽种一行，株距 30cm，栽植时先将地膜挖一个 10cm×10cm 的洞，然后栽入瓜苗。栽苗处比垄畦高约 20cm，栽后浇水盖膜保温保湿，促苦瓜苗定植。一般 1 亩（约 667m²）栽苦瓜苗 1500 株左右。

4. 瓜田管理和巴西蘑菇培养料配制

地膜覆盖条件下 3 月下旬地温可达 18℃以上。如气温过低可将预留地膜拱起以提高垄畦内温度，促苦瓜苗生长。同时应注意浇缓苗水，并适当增施粪尿水。当瓜秧爬蔓时应注意引蔓上架，并将 1m 以下的侧蔓摘除。当茎蔓爬至架顶部（蔓长约 1.6m，有 9 片真叶）时，可进行摘芯处理，并从下部萌发的侧枝中选几条生长规则的作为开花结果。巴西蘑菇栽培料的配制以粪草料为主，辅以少量磷肥和尿素。用量以栽培面积而定，一般可利用瓜田面积的 70% 左右。每 1m² 的栽培料配方为稻草 8kg、牛粪 3kg、过磷酸钙 0.1kg、尿素 0.1kg、石膏 0.05kg、石灰 0.15kg。根据栽培面积按配方称足各原料，然后进行堆料，要求建堆时含水量控制在 60%。按常规盖膜堆料，当料温达 60℃以上时，保持 1d 即可翻堆，经 4 次翻堆后当料变为金黄色而有弹性时即堆料结束，此时可按要求调整好 pH 和含水量，然后将料搬至垄畦内栽培。

5. 苦瓜花期管理与巴西蘑菇垄畦栽培

自 4 月下旬，苦瓜茎蔓已爬上架顶，当植株长至 8～12 节时开始出现第一朵雌花，以后每一叶节都会长出雄花和雌花，一般以雄花居多，雌花则每隔 3～6 节出现一朵。苦瓜产量主要靠茎蔓第 1～4 朵雌花结果构成，故应适当摘除侧蔓以减少养分消耗提高主蔓结瓜率。巴西蘑菇栽培料入垄之前，应先将垄畦土层铲松 2~4cm，再将发酵好的栽培料移入垄畦。铺料厚度 20cm 左右。外侧缘与沟面对齐，采用撒播法播种，每 1m² 播种量为一瓶麦粒菌种（750mL 菌种瓶），然后压实压平，盖上未发酵新鲜稻草，再盖上已被在畦上的地膜。2~3d 后掀膜检查发菌情况，以后每天通风一次，并逐渐加大通风量。至第 10 天后，可白天揭膜通风，晚上盖膜。约经 20d，菌丝可吃料 2/3，以后可整天通风，至第 25 天时菌丝可吃料 95% 左右，即可按常规进行覆土管理。

6. 采瓜期和出菇期田间管理

苦瓜从开花至中等成熟需 12~15d。苦瓜采收的标准是外观表皮条状或瘤状，瘤状粒迅速膨大而明显突起，整瓜饱满而有光泽。苦瓜因主要集中于主蔓和主侧蔓上结瓜，因此应定期进行整枝打杈，控制营养生长，以利集中养分提高产量。巴西蘑菇覆土后应将垄畦地膜拱起 50cm 左右，从第 3 天起每天通风一次，并逐渐加大通风量。如发现菌丝爬出土面，应及时补土，20d 左右畦床面出现大量菇蕾时及时喷出菇水。至 6 月初开始采收第一批菇，10 月初采收结束，出菇期可长达 4 个月。7~8 月份高温天气因有瓜棚遮阳，此时瓜棚下温度不会超过 33℃，适宜巴西蘑菇正常出菇，其间可采菇 4~5 潮，生物学效率达 60% 左右。本法栽培的优点，一是解决了巴西蘑菇因 7~8 月份气温过高不能出菇的问题。长江中下游及华南各省（市、区）此时气温可达 35℃ 以上，而苦瓜是绿色植物，其光合作用等多项因素可使菇棚气温始终处于 33℃ 以下，从而可使酷暑季节出菇不间断；二是巴西蘑菇栽培过程中渗出的肥料可促进苦瓜更好生长，可节省肥料投资，出完菇的培养料还可直接留于瓜田用作肥料，同时菌丝代谢产生的 CO_2，可为苦瓜光合作用提供原料，而苦瓜光合作用产生的氧气又可促进菌丝生长，从而可提高苦瓜产量和巴西蘑菇产量；三是为地栽食用菌与搭架爬蔓栽培的瓜类进行套种提供了技术借鉴作用。据统计，巴西蘑菇与苦瓜套种，按 667m² 计算，苦瓜的产量为 2940kg，产值 8820 元（按 3.0 元/kg 计），巴西蘑菇的产量为 3528kg，产值 16228 元（按 4.6 元/kg 计）。而分开栽培者，667m² 苦瓜产量为 2700kg，产值 8100 元，4 标准座巴西蘑菇栽培的产量为 3240kg，产值为 14904 元。从投效比较情况看，套种的（667m²）投入为 8780 元，分开栽培的投入为 11978 元，产值套栽的为 24848 元，分开栽培的为 23004 元。套载的效益非常明显。

二、 食用菌废料的综合利用

栽培过食用菌的培养料废料也称菌糠。菌糠除用作肥料外，还有其他多种用途。

（一）加工成菌糠饲料

培养料在栽培食用菌的过程中，在食用菌菌丝胞外酶的作用下，其有机成分得到了很大的降解和转化，如粗纤维降解了 50%，木质素降解了 30%，粗蛋白的含量由原来的 2% 增加到了 6%~7%，脂肪含量也有所增加。这些被降解和转化的物质，除大部分供食用菌生长发育过程所利用外，仍有一部分残留于食用菌废料中。另外，由于菌丝胞外酶的作用，秸秆类培养料表面角质层以及细胞组织也受到一定的破坏，呈疏松多孔状，易于粉碎，并且气味芬芳，适口性好，营养价值高。如将这些废料加工成菌糠饲料用来饲喂猪、牛等牲畜，效果比米糠还要好。使用时可将培养料残渣先放入青饲料打浆机中打成浆，再掺入其他饲料；也可不加工直接将菌糠饲料与其他饲料混合喂猪牛。晒干的菌糠饲料可整块长期存放，使用时再加以粉碎。培养料种类不同，所含成分和营养价值也略有差别，如栽培过平菇、金针菇的棉籽壳菌糠，经晒干粉碎，以 15% 用量饲喂奶牛，可提高产奶率。也可作为兔、羊饲料，可提高兔毛产量和品质。

（二）菌糠作沼气原料

栽培平菇的棉壳废料，栽培香菇、木耳的木屑废料，以及培养凤尾菇的稻草，均可用作沼气的发酵原料。纤维质养料经过食用菌菌丝的分解，其产物更易被发酵微生物利用，可加速沼气发酵微生物对纤维质的分解过程，便于提早产气，并使产气率提高10%。为提高产气率和延长产气时间，在投入废料的同时应适当补充碳索营养。产沼气后的沼气废水可用于水产养殖，沼气残渣经堆制后又可用于栽培蘑菇或用作肥料，从而形成多层次循环。

三、 工业生产废物的综合利用

农产品下脚料如作物秸秆、棉籽壳、木屑、废棉等作为栽培食用菌的原料，目前已被广大食用菌栽培者普遍接受。但对工业废物的综合利用尤其是用于栽培食用菌目前还不够重视，实际上很多工业废料如酒糟、醋糟、中药制剂厂的下脚料等均可作为栽培食用菌的原料，其中有些废料因经过高温蒸煮，其成分得到一定降解，能更好地被食用菌所利用。如制药厂丢弃的中药渣用于草菇栽培，不但做到了废物利用，其产量还是稻草栽培的两倍以上。下面以醋糟为例介绍工业废物的综合利用。

醋糟是食醋工厂淋醋后的废渣，由于酸性偏高且含有大量粗纤维，长期以来未能很好地开发利用。这些废渣长期废弃堆积不仅污染环境，同时也制约了工厂自身的发展。据分析，醋糟中除含有大量粗纤维外，还含有蛋白质、脂肪、有机酸、无机盐等多种有效成分，因此可利用醋糟栽培平菇、金针菇等食用菌，既能做到废物利用，又可保护生态环境，还能提高经济效益。栽培平菇的常用配方为醋糟70%、木屑1.5%、麸皮（或米糠）10%、石灰2%、石膏1%、过磷酸钙1.5%、磷酸二氢钾0.5%。平菇的栽培管理同常规。

栽培过平菇的醋糟废料还可利用微生物再次发酵降解制成菌糠饲料，如加入白地霉、饲料酵母等制成的醋糟发酵饲料比未发酵的醋糟菌糠营养成分更高，而粗纤维禽量进一步降低（表12 – 1）。

表 12 – 1　　　　　　　菌糠发酵饲料与菌糠营养成分的比较　　　　　　　单位:%

样品	粗蛋白	粗脂肪	粗纤维	灰分	钙	磷
菌糠发酵饲料	24.94	41.52	5.07	13.04	1.5	0.83
菌糠	9.85	未测	30	16.35	1.69	0.49

发酵后的菌糠饲料由于具有浓郁的醇香味，不仅适口性好，可促进动物食欲和提高消化率，而且经微生物发酵，饲料中的B族维生素含量更为丰富，氨基酸组成也更齐全，可增强动物的抗病能力。发酵饲料以鲜制品直接喂食猪、牛效果更好，但干燥后的饲料制品更易贮存和运输。用菌糠发酵饲料喂动物时，可根据不同动物的生理营养需求，添加适当的辅料进行营养平衡，制出不同用途的饲料而加以利用。醋糟在综合利用过程中，通过食用菌和其他微生物的交替作用，形成了多层次的生产，不产生任何遗留废物。在获取人类食用的菌类和动物优质蛋白质的同时，消除了环境的污染，改善了生态系统循环，达到了经济效益与生态效益的和谐统一。

思考题

1. 食用菌周年栽培主要有哪些模式?
2. 食用菌立体种植有哪些好处?
3. 怎样进行食用菌废料的综合利用?

第十三章

实验指导

实验一　食用菌形态结构观察

一、　目的要求

了解常见栽培食用菌的基本形态特征，掌握双核菌丝及其锁状联合以及担子和担孢子的显微镜观察方法。

二、　材料与用具

（1）新鲜或浸渍、干制的食用菌标本。

（2）显微镜、载玻片、盖玻片、剪刀、镊子、解剖刀、解剖针等。

三、　内容与方法

（一）识别常见栽培食用菌的形态特征

以平菇、香菇为例，取其子实体，首先观察其子实体由哪几部分组成及各部分形态特征。再用解剖刀纵切子实体观察其菇盖组成、菌肉颜色、质地、菌褶形状和着生情况（离生、延生、直生、弯生）。再观察菌柄的组成和着生方式（中生、偏生、侧生）、菌柄的质地（中实或中空）等。

（二）双核菌丝及锁状联合观察

（1）在清洁的载玻片中央滴半滴蒸馏水或自来水。

（2）用接种针（或解剖针）于试管斜面或培养料内挑取少许菌丝体置于载玻片液滴中，并用接种针或解剖针将菌丝体挑开使之分散。

（3）用镊子加盖玻片，注意避免产生气泡。

（4）用高倍镜观察双核菌丝体及锁状联合的形态构造。

（三）子实层、担子及担孢子观察

（1）选择新鲜幼嫩子实体，从菌盖内侧取一小块菌褶组织（2～3个菌摺，长度2cm）。

（2）切片　取一长条胡萝卜（或萝卜块、马铃薯块），上端用刀片纵切一条切线，将切好的菌褶小块夹于胡萝卜切线中间（或用手直接捏住子实体菌盖部分），用两个刀片合并由外向内横切，动作要轻而迅速，切下的切片放大有蒸馏水的培养皿中，切片要求薄而均匀。

（3）制片　取载玻片于中央加半滴蒸馏水，再用小镊子小心而轻快地在水内将切下的薄片挑起，放入载玻片水滴中，注意放平放正，染色并加盖片，加盖片时应注意不要产生气泡。

（4）镜检　将制好的切片标本置显微镜下，先用低倍镜，再用高倍镜观察菌褶两侧子实层及担子和担孢子着生情况和结构。

四、 作业与思考题

（1）绘制香菇、平菇子实体形态及纵剖面简图，并注明各部位的名称。

（2）绘制平菇（香菇）子实层、担子及担孢子形态图，并注明各部分的名称。

实验二　食用菌母种的制作

一、 目的要求

了解无菌操作规程，熟练掌握 PDA 培养基（马铃薯葡萄糖琼脂培养基）的制作、母种的转管与培养技术。

二、 材料与用具

（1）材料　马铃薯、葡萄糖、琼脂、酒精棉球、高锰酸钾、37% 甲醛溶液、紫外线灯、标签纸等。

（2）用具　锅、玻璃棒、18mm×180mm 试管、棉塞、纱布、牛皮纸、1000mL 量筒、手提式高压蒸汽灭菌锅、菜刀、砧板、天平、烧杯、接种箱、超净工作台、接种针、酒精灯、恒温培养箱等。

三、 内容与方法

（一）PDA 母种培养基的制作

1. PDA 培养基配方

去皮马铃薯200g，葡萄糖20g，琼脂18～20g，水1000mL，pH 自然。此配方培养基适用于香菇、黑木耳、金针菇、滑菇、灵芝、草菇、平菇等多种菌种，但不适用于双孢菇等有特殊营养要求的食用菌。

2. 配制方法

（1）确定使用量　根据人数确定使用量，一般每人制作 10～20 支培养基供接种用。

（2）制备营养液　马铃薯去皮、挖掉芽眼，切成黄豆大小的块。称量后用略多于用量的水煮开，并维持 10～20min，至马铃薯块酥而不烂，再用 2 层纱布过滤，取其滤液，定容至

1000mL 待用；琼脂称好后，用剪刀剪成小段，再用清水浸泡，以利于熔化；将琼脂条放入滤液中边煮边搅拌，至全部熔化。再将溶液倒入量器中，加入葡萄糖，并不断搅拌使之完全溶解。一般情况下，此营养液的 pH 不需要特意调节。

（3）营养液分装　趁热用注射器分装营养液。营养液以装入试管容量（或高度）的 1/5 左右为宜，一般 18mm×180mm 试管注入 8～10mL 营养液即可。注意防止培养液粘到近管口的壁上。装好后，塞好棉塞，每 7 支或 10～12 支捆成一束，管口一端用防潮纸包扎好，待灭菌。

（4）灭菌　按照高压蒸汽灭菌锅的操作规程使用。

①加水：先向外锅加水，略超过支架。

②装锅：将灭菌物品装入锅内，不宜装得过满过紧，应留下 1/5 空间及空隙，以利蒸汽流通，并检查导管是否与排气阀结合紧密，畅通。

③盖锅盖：对好内锅上插孔，盖好锅盖，对角将螺丝旋紧。

④开启电源：通电后压力表指针徐徐上升，当指针至 0.055MPa 时，打开排气阀排除冷气，压力表指针回零，关好排气阀再继续加热。

⑤升温保温：当温度上升到 121℃时（约 0.105MPa），维持 20～30min。

⑥降温与排气：保温时间结束后，停止加热，让其自然冷却，切勿直接打开排气阀，否则压力骤然下降，导致培养基剧烈沸腾，冲掉棉塞，甚至造成容器炸裂。待压力表指针降至"0"（或 0.05MPa）时再打开排气阀，然后旋松旋钮开锚。开锅前可先使锅盖松动，借助锅内余热将棉塞烘干，10min 后即可开盖，取出已灭菌物品。

（5）摆斜面　趁热将试管摆成斜面，培养基以试管长度的 1/2～2/3 为宜。斜面制成后，如不马上使用，可在 3～5℃的冰箱中保存，待用。

（二）母种的接种与培养

1. 接种环境的消毒

接种一般采用接种箱或超净工作台。

（1）接种箱的熏蒸消毒　先用 2% 来苏尔溶液清洁接种箱内外，放入接种所需的物品，再用甲醛熏蒸。熏蒸时每 1m³ 一般用甲醛 10mL，加高锰酸钾 5g，先将高锰酸钾放入接种箱内的容器中，再注入甲醛，可立即产生强烈刺激的甲醛气体，从而达到杀菌的效果。熏蒸时间至少保持 30min 以上。

（2）超净工作台的消毒　用消毒液擦拭台面后放置接种所需物品，开启超净工作台上的紫外灯，照射 20min 后使用。

2. 母种的转管

（1）手及菌种管的消毒　用肥皂洗手，再用 75% 酒精棉球擦手和菌种管表面，在酒精灯火焰上略烧试管外的棉塞后，立即将菌种管放入接种箱内。

（2）转管　两手从接种孔伸入接种箱内，酒精棉球擦拭接种环。左手持菌种管和空白斜面管，两支试管口对齐于火焰上方。右手持接种环，并将其在灯焰上干热灭菌，用小指及无名指拔掉棉塞，使棉塞底部朝外。接种环冷却后伸入菌种管内取黄豆粒大小、带有培养基的菌种块，迅速移入斜面培养基的中部，菌丝朝上。然后，将棉塞在火焰上烧一下，立即塞入试管口，旋紧棉塞。

接种针不要触碰管口及管壁。接种后的试管应立即贴标签，注明菌种名称及接种日期，再进行适温培养。

3. 母种的培养

将已接种的母种分类捆扎，放于培养箱中适温培养。2~3d 后每天检查菌丝生长情况，及时挑除污染及不萌发的试管。一般 7~10d 菌丝长满斜面。

四、 作业与思考题

（1）简述 PDA 母种培养基制作的工艺流程。

（2）分析母种接种成败的原因。

实验三　食用菌原种和栽培种的制作

一、 目的要求

掌握常见食用菌原种和栽培种培养基的制作、接种和培养技术。

二、 材料与用具

（1）材料　优质小麦、棉籽壳、木屑、稻草、麦麸、玉米面、葡萄糖或蔗糖、石膏粉、碳酸钙等。

（2）用具　电炉、大铝锅、大盆、菌种瓶、12cm×12cm×0.02cm 高压聚丙烯塑料膜、线绳、接种箱、超净工作台、酒精灯等。

三、 内容与方法

（一）培养基的制作

1. 麦粒原种培养基制作

谷粒（如麦粒，玉米粒）菌种培养基制作难度较大，但优点很多。谷粒营养丰富，大小适中，是绝大多数种类食用菌原种制作的最佳原料。现以小麦原种培养基制作为例，介绍如下。

（1）麦粒培养基配方　常用麦粒培养基配方为小麦 99%、石膏粉 1%。

（2）制作方法

①泡小麦：冬天浸泡 24~48h，隔夜换水；夏天浸泡 10~12h，隔夜换水，可加入 1% 石灰浸泡。泡好后，小麦粒饱胀，用清水漂洗干净，除去杂质。

②煮小麦：煮至充分吸水，无白心，切忌煮开花。

③木腐生菌类一般添加一定量木屑（10% 左右）效果更好：木屑可用煮小麦的水拌料，料：水以 1:0.5 的比例拌和，或酌情处理；可添加木屑干重 0.5% 的蔗糖、0.5% 的尿素、1% 的石灰。

④装瓶：将小麦粒捞出后，趁热摊平，使表面多余水分蒸发，然后加入石膏粉或其他辅料拌匀，再将料装至瓶肩处即可。

⑤封瓶口：用两层完整的塑料膜封瓶口并套好皮筋。

⑥ 灭菌：麦粒菌种一般采用高压灭菌方式。高压灭菌于126℃左右维持2h即可。其排冷气、开锅方法同斜面培养基制作。

2. 其他原料制作原种和栽培种培养基

（1）粪草培养基（适于制作双孢蘑菇菌种）

配方：粪草（粪∶草＝6∶4，堆积发酵15～20d）90kg，米糠或麸皮8kg，碳酸钙1kg，糖1kg，水适量。

制作方法：先将粪草堆积发酵，发酵时间18d左右，其间加入米糠等辅料，翻堆2～3次，晒干，切碎，装瓶，灭菌。灭菌方法同麦粒培养基。

（2）木屑－米糠培养基（适宜各种木腐生食用菌）

配方：阔叶树木屑70%～80%，米糠或麸皮20%～28%，碳酸钙1%，蔗糖1%，石膏1%，水调至适量。

制作方法：先将蔗糖溶于清水中，然后与杂木屑、米糠（或麸皮）等材料拌和。培养基的含水量以60%～65%为宜。加水量依木屑种类而异，一般每100kg干料加水120～140kg，手紧握培养基，指间有水泌出而又不下滴为度。培养基配好后，装入菌种瓶中，用直径1.5cm尖形木棒在培养基中间钻一直通瓶底的洞孔，使灭菌更彻底，也有利于菌丝的蔓延。瓶内外洗净后，擦干，塞上棉塞，瓶口用牛皮纸包扎，灭菌后备用。灭菌方法同粪草培养基。

（3）棉籽壳培养基（适于平菇、凤尾菇）

配方：棉籽壳99%，石灰粉（或石膏粉）1%。也可另外加入10%玉米粉或米糠，则营养更为丰富。

制作方法：先将石灰粉（或石膏粉）溶于适量水中，再用水溶液拌料，含水量以60%～65%为宜。然后装瓶、灭菌，冷却备用。

（4）稻草培养基（适于草菇、平菇、凤尾菇等）

配方：稻草93%，麸皮5%，石膏1%，蔗糖1%。

制作方法：先将稻草切成1cm长的小段，用水浸湿，堆制1～2d，待稻草吸水软化后，拌入18%米糠（或5%麸皮）以及蔗糖和石膏粉，培养基含水量达65%；然后装瓶、灭菌。

（5）玉米芯培养基

配方：玉米芯99%，石膏粉1%。也可另外加入10%玉米粉或米糠，以提高基质营养成分。

制作方法：先将玉米芯粉碎成蚕豆粒大小，然后用水浸泡工1～2d，沥干水，拌入石膏粉等辅料，再装瓶、灭菌，冷却备用。

（二）接种

原种及栽培种培养基灭菌后应及时运送至无菌环境中，待料温降至约30℃时，进行抢温接种。

1. 原种接种

用接种耙或20cm大镊子取蚕豆大母种（连同培养基），放于瓶中培养料表面中央的孔口处，1支母种接5～8瓶原种。接完后贴标签置适温下培养。

2. 栽培种接种

用大镊子、接种铲或接种匙取红枣大小原种，放于瓶或袋申料面上（若两端扎活结的菌种袋，每端都要接入原种），然后封瓶口或用棉塞、线绳扎袋口。1瓶原种约接60瓶或25袋栽培种。最后贴上标签，注明菌种名称和接种日期，置适温下培养。

（三）原种和栽培种的培养

将已接种的原种和栽培种放入培养箱或培养室中适温培养，4d 后定期检查菌丝生长情况，发现污染及时清除。

四、 作业与思考题

（1）比较几种不同培养料制作原种和栽培种培养基的异同点。

（2）麦粒浸泡的好处是什么？

（3）原种和栽培种培养基制作过程中，应注意哪些事项？

实验四　食用菌母种分离

一、 目的要求

了解和掌握食用菌组织分离法的方法步骤，并能熟练制备出栽培用菌种。了解和掌握几种简便、快捷的多孢子分离方法。

二、 材料与用具

（1）材料　平菇或香菇等子实体。

（2）用具　接种箱、解剖剪、解剖刀、镊子、18mm × 180mm 试管、250mL 三角瓶、挂钩、75% 酒精、酒精棉球、无菌水、培养皿、紫外灯及其他消毒剂。

三、 内容与方法

（一）组织分离

（1）选择种菇　在出菇场选择肉厚肥大、鲜嫩、出菇早、菇形整齐、菌柄短且无病虫害的平菇或香菇等子实体做种。

（2）将种菇表面整理干净，放在接种箱（或无菌室内）进行表面消毒。用镊子将种菇放在培养皿内，用另一镊子夹 75% 酒精棉球对种菇进行表面消毒（注意棉球含酒精不宜过多，否则酒精会渗入菇肉组织而导致分离失败）。

（3）用解剖刀或剪刀蘸酒精进行火焰消毒，冷却后将已消毒的种菇纵切为二（也可用双手握住菌盖表面轻轻掰开），然后在菌盖与菌柄交界处，切取内部菌肉组织 0.3 ~ 0.5cm（如黄豆粒大小），用接种针以无菌操作方式移入斜面培养基表面中央位置，置 25℃ 恒温箱中培养。

（4）如为中、小型子实体如金针菇等，可采用生长点组织分离法，即用长柄镊子快速击去菌盖，取下菌柄尖端的生长点，移入准备好的斜面培养基中即可。

（5）每天检查试管斜面菌落生长情况，如从分离的菌肉组织块上长出正常的白色菌丝，即分离成功，及时将生长出来的菌丝转移至新的试管斜面。若在组织块附近或其他地方出现其他颜色杂菌生长时应予以淘汰。

（二）多孢分离

1. 整菇插种法

此法方便快捷、成功率高，是多孢子分离的主要方法，适合于大型子实体的孢子分离。具体操作方法是在接种室（箱）中，将经消毒处理的整个菇体插入无菌收集器里，再将孢子收集器置于适温下让其自然弹射孢子。待孢子下落后将孢子收集器移至无菌室中，打开钟罩，拿去种菇和支架，将培养皿盖好。

在无菌条件下，用接种环从采集的孢子中蘸取少量的孢子，在试管斜面培养基上或平板培养基上，轻轻划线，不要划破培养基表面，抽出接种环，烧管口，塞上棉塞；置于适宜的温度下培养，每天检查，发现有杂菌污染的应及时挑拣出来，并检查孢子的萌发情况。培养 6~10d 后，在培养基上会出现星星点点的菌落，这些菌落中有的发育快，有的发育慢，有的菌丝生长整齐，有的参差不齐，有的菌丝浓密，有的菌丝稀疏，易倒伏，挑选发育匀称，生长快速的菌落，移至到另一空白斜面上，然后再进行一次生长情况的比较实验，选取最优者，再经出菇试验后可作为母种扩大繁殖。

2. 钩悬法

此法应用很广泛，较适用于组织分离较难的黑木耳等胶质菌。具体操作是在无菌条件下，将子实体用无菌水洗涤几次，用无菌纱布吸干表面水层，取一个事先准备好的具有两头钩的铁丝，经火焰消毒后，一头钩住子实体，另一头钩在瓶口上。三角瓶内装有 1~2cm 固体培养基，瓶口加棉塞，置于室温下培养 1~2d，待看见培养基上有孢子堆时，即可移入无菌室，取出钩子和种菇。在 25~28℃条件下培养，待孢子萌发在培养基表面形成小菌落时，再挑取无污染，生长良好的菌落，移到新的试管斜面培养基中培养 7~10d 即可。

（三）基内菌丝分离

基内菌丝分离法与组织分离法一样，属于无性繁殖。现以银耳基内菌丝分离为例介绍如下。

1. 培养基的准备

（1）培养基配方

①马铃薯（去皮）200g，黄豆粉 40g，葡萄糖 20g，琼脂 20g，磷酸二氢钾 3g，硫酸镁 3g，水 1000mL。

②木屑 70%，麸皮 25%，蔗糖 2%，石膏粉 1.5%，硫酸镁 0.5%，蛋白胨 0.5%，磷酸二氢钾 0.5%。

（2）培养基制作

其中培养基配方①的制作方法同 PDA 斜面试管培养基制作；配方②的制作方法同木屑米糠培养基制作。

2. 分离方法

选择无病虫害、出耳早而齐、长势迅速、子实体直径 4cm 左右的中龄栽培袋（瓶）银耳，用作分离的耳种。分离前，先用刀割去子实体，将剩下的耳基连同培养基及接种工具一并放入接种箱内，用 70% 的酒精棉球表面清毒后备用。分离时先用消过毒的解剖刀在耳基正中位置垂直切成两半，切面可看到白色菌丝，再将切面上半部混杂的老菌丝去掉，选取耳基下半部约 3cm 内的菌丝块移入无菌瓶内，然后用接种铲将菌丝块搅碎拌匀，分接于木屑培养基上。一般一个菌丝块可分接 20~30 瓶。接完种后贴上标签，写明日期、品种及接种人姓名，及时放入

23~25℃条件下培养。经3d纯化培养后，检查其生长情况，从中选优去劣。7d后挑取培养基表面洁白、丰满、四周白色绒毛分布均匀的菌丝团（白毛团），移入试管培养基表面中央进行培养。在23~25℃经10~15d培养、菌丝长至蚕豆大小并吐出黄水即成为一级母种。这种方法称为单团选育或"一粒团"接种法。也可将白毛团直接移入木屑培养基内培养，15~20d后待原基分化、子实体出现时即为一级母种。

四、 作业与思考题

（1）叙述组织分离的方法步骤，观察记录斜面菌落生长速度和成功率。

（2）多孢分离成功与否的关键是什么？

实验五　平菇的生料栽培

一、 实验目的

熟练掌握平菇生料的配制方法及袋栽平菇的装料播种方法。

二、 材料与用具

（1）材料　棉籽壳、（24~25）cm×（45~50）cm聚乙烯栽培袋、平菇栽培种、新鲜石灰粉、石膏粉、25%的克霉灵、过磷酸钙、磷酸二氢钾等。

（2）用具　拌料机，秤（杆秤、台秤或磅秤），塑料桶，铁锹，以及pH试纸、温度计、木棒（直径5cm）等。

三、 内容与方法

1. 原料处理

将溶于水的原料如石灰粉、石膏粉、过磷酸钙等（多菌灵暂不加入）分批溶于一定量的水中，料水比一般按1:（1.3~1.4）计算，为计算简便，可提前将一桶水称量，再计算出这批料一共约需多少桶水即可。

2. 培养料配方

（1）棉籽壳96%，糖1%，石膏粉1%，过磷酸钙1%，石灰1%，克霉灵0.1%。

（2）棉籽壳86%，麦麸10%，糖1%，石膏粉1%，过磷酸钙1%，石灰1%，克霉灵0.1%。

3. 拌料

将加有石灰粉等水溶性物质的溶液倒入料中搅拌，直至吸水均匀为止。然后将多菌灵溶于水中，轻轻搅拌，直至全部溶化，再均匀洒入培养料中，再次搅拌均匀为止。

手工拌料的方法是先将称好的棉籽壳倒入水泥地面上，再将上述水溶液分批缓慢倒入棉籽壳培养料中，边倒边用铁锹翻动，注重初期水分倒入不宜过快，以免流失浪费。用水量达到料水比的要求后，应停止加水，再用铁锹或脚踩踏或双手揉搓将料进一步拌匀，直至培养料全部吸水变黑，看不见白色绒毛为止。此时再用 2~3 桶水溶解多菌灵，待充分溶解后均匀洒入培养料中，边洒边翻动。使之分布均匀。

拌好料的含水量应为 65% 左右，感官指标是用手握紧培养料，指缝中有 2~3 滴水滴出为宜。如指缝无水滴出，则表示料偏干，应补充适量水分再次拌匀；如指缝中水分滴出过多甚至水如流线状滴出，则说明料中含水量过多，应将料摊晾 3~4h，使多余水分蒸发为止。最后用 pH 试纸测试培养料的酸碱度，使料的 pH 在 7.0~8.0，即告拌料结束。

4. 装袋播种

先将料袋一端用绳扎紧，由开口一端撒入薄薄一层菌种，再装入培养料，要求边装料边用手将料稍加压紧，装至袋长的 1/2 时，再撒一层菌种，当料装至距袋口 8cm 左右时，再放一层菌种，将料表面压平，扎好袋口。装料松紧适宜的标准是手按料袋有弹性，手抓料袋有硬感，过紧或过松均不利于菌丝生长。料装好后，已接入菌种的料袋，此时可用直径 0.5mm 铁丝向袋有菌种层的部位各打 6~8 个透气孔，以利菌丝通过透气孔吸收氧气正常萌发生长。菌种用量约为干料量的 15%。

5. 发菌期管理

将装好的菌袋移入棚室中进行发菌培养。一般将菌袋放在地面，一层层堆放，堆放的层数依培养环境的气温而定，0~5℃时可堆放 4~6 层，5~10℃时可堆放 3~4 层，10~15℃时可堆放 2 层，15℃以上则单层摆放；此外，发菌初期要加强通风，以防料温升高过快，出现烧菌现象；还应及时翻堆，一般 7~10d 翻堆一次，以使菌袋发菌均匀。经过 30d 左右，培养菌丝可长满菌袋，随后进入出菇管理阶段。

6. 出菇管理

当料面出现子实体原基时，将袋口打开，加大昼夜间温差刺激；提高菇棚空气的相对湿度至 85% 左右；增加散射光线刺激、促进子实体原基形成。菇蕾形成后，应加强通风，使空气相对湿度达到 85%~95%。当子实体长到八成熟，菌盖边缘还没有完全平展时，应及时采收。

四、作业与思考题

（1）生料栽培要求的条件有哪些？
（2）栽培过程中应注意哪些事项？

实验六　木屑袋料栽培香菇

一、目的要求

熟悉香菇木屑袋料栽培的生产程序，并掌握其关键技术。

二、材料与用具

（1）原料　木屑、麸皮、石膏、蔗糖、过磷酸钙等。

（2）菌种　香菇栽培种。

（3）用具　聚丙烯塑料袋、塑料薄膜、捆扎绳、铁锹、水桶、磅秤、接种箱、接种工具、高压灭菌锅（或常压灭菌锅）、消毒杀菌剂等。

三、 内容与方法

1. 培养料配方

木屑 76%，麸皮 20%，石膏 1.5%，过磷酸钙 1.5%，蔗糖 1%。

2. 拌料

根据配方，按比例称取各种原料，然后将木屑过筛，剔除料中的小木片、小枝条以及其他有棱角的尖硬物；在清洁的水泥地上将木屑和麸皮拌匀，然后将剩余的其他辅料溶解到适量的水中和木屑搅拌均匀，使料的含水量在 55%～60%。调节料的 pH 为 6.5 左右。也可用搅拌机拌料。拌好料后，静置 30min 左右，让料充分均匀地吸水。

3. 装袋

拌好料后应立即装袋。一般用规格为（15～17）cm×（50～55）cm 的聚丙烯塑料袋，每袋装干料 0.9～1.0kg 或湿料 2.1～2.3kg。手工装袋时用手一把一把地把料塞进袋内，要求边装边压实，使料和袋紧实无空隙。装好的合格菌袋一般要求为表面光滑无突起，松紧程度一致，培养料和塑料袋之间紧实无空隙，手指摁坚实有弹性，塑料袋无白色裂纹，扎口后，用手指托起料袋中部，两端不向下弯曲。一般说来，以塑料袋的承受力，装料越紧越好。虽然装得紧，菌丝生长慢些，但菌丝浓密、粗壮，生活力强，袋均产菇多，品质好。捆扎袋口时最好将袋口反折捆扎第二道。

也可以用装袋机装料，既能大大提高工作效率，又能保证装袋质量。一台装袋机每小时一般可装香菇菌袋 300～500 袋。

4. 灭菌

高压灭菌要求压力为（1.17×10^5）～（1.47×10^5）Pa，保持 1～1.5h。常压灭菌要求水温快速升至 100℃，并产生大量水蒸气时开始记时间，维持 10～12h。锅内装料时，要注意使灶内蒸汽流畅循环，不要出现死角，影响灭菌质量。灭菌完毕后，要待温度回落一段时间，当料温降至 30℃以下时，取出料袋置于接种室（箱）内码放准备接种。

5. 接种

接种时要严格按无菌操作进行，一般采用在菌袋表面打穴接种的方法。先用 75% 酒精棉球，在料袋将要打穴的部位迅速擦洗一遍，然后用打孔器在消过毒的袋面上，按等距离打上 3 个接种穴（穴口直径 1.5cm，深 2cm），再翻过另一面，错开对面孔穴位置再打上 2 个接种穴。打穴后，用接种器把菌种迅速在无菌条件下接入接种穴内。尽量接满接种穴。随即用食用菌专用胶布封口。

6. 发菌

接种后，将菌袋及时移入培养室，以"井"字形堆叠，接种穴侧于两边，以利通风换气和菌种萌发定植，袋堆高一般为 1m 左右。

接种后的菌袋，前 3d 关闭门窗，保持室内空气稳定。第 4 天开始，打开门窗，早晚通风一次，每次 1～2h。随着菌龄的增长，通风时间应适当加长。室温控制在 25℃ 左右，若温度达 30℃ 以上，则开门窗、散堆，进行降温，以防烧菌。空气相对湿度应控制在 60%～70% 为宜，同时，要注意避光，窗户要用帘子遮光。培养第 7 天时，进行第一次翻堆，15 ~ 20d 时进行第二次翻堆，最后一次翻堆是发菌 40d 后，翻堆时尽量做到上下、内外、左右翻匀，并且轻拿轻放。要认真及时将污染的菌袋和不萌发的菌袋挑拣出来，并做相应的处理。接种后 2 ~ 3d，接种穴菌丝开始萌发，15d 后接种穴菌丝呈放射状蔓延，直径达 4 ~ 6cm，可将菌袋胶布对角撕开一角。20 ~ 25d 菌丝可长至 8 ~ 10cm，接种 30d 后，菌丝生长进入旺盛期，此时应把穴口上的胶布撕掉，增加氧气供应，以利菌丝生长，并加强通风管理，把温度调到 22℃ 左右，经过 50 ~ 60d 的培养即可长满菌袋。

7. 脱袋与排场

香菇接种后，在适宜的条件下培养 60d 左右，菌丝生长就趋于生理成熟，便可脱袋排场。脱袋的标志是菌丝表面起蕾发泡，接种穴周围出现不规则小泡隆起；菌袋内长满浓白色菌丝，接种穴和袋壁部分出现红褐色斑点；用手抓起菌袋富有弹性感时，就表明菌丝已达生理成熟，适宜脱袋。菌袋脱去塑料袋之后称之为菌棒或菌筒，脱袋后及时进行排场，将菌棒排放于菇床上，一头触地，一头斜靠在横枕上，与地面成 70° ~ 80° 的倾角。每棒间隔 3 ~ 4cm，便于子实体充分生长。排场后用塑料薄膜将其盖严以保温保湿，建荫棚防强直射光。

8. 转色催蕾

香菇菌筒排场后，3 ~ 5d 内不要掀动薄膜，以利菌丝恢复生长。此后，菌筒表面形成一层浓白色的绒毛状菌丝，开始每天通风 1 ~ 2 次，促使菌丝逐渐倒伏形成一层菌膜，同时开始吐黄水。此时应掀膜，往菌筒上喷水，每天 1 ~ 2 次，连续 2d，冲洗菌筒上的黄水。喷水后再覆膜。菌筒表面开始由白色转为粉红色，逐渐变为棕褐色，最后形成树皮状的褐色菌膜。适宜的条件下，经过大约 12d 就可以完成转色过程。

脱袋转色后的菌筒，要使它能顺利出现原基，就必须通过人为控制造成一定的温差刺激。昼夜温差越大，越易形成子实体原基。具体办法是白天 20℃ 以下就要将薄膜盖严，让菇床升温，夜间打开薄膜，受冷空气侵袭，造成较大的昼夜温差。连续 3 ~ 4d 菌丝体就会互相交织扭结，逐渐膨大，突破褐色菌膜，出现不规则白色斑纹，然后子实体原基从裂纹中露出，发育成菇蕾。

9. 出菇管理

经催蕾后的菌筒龟裂花斑，孕育着大量香菇原基。此时的主要管理措施是调节菇棚的湿度、温度、通气及光照，使菇蕾顺利地发育成子实体。从菇蕾形成到子实体成熟，一般需 5 ~ 7d。

10. 采收

一般待菇盖展开七八分、菇盖的边缘仍内卷、菌幕刚刚破裂、菌褶已全部伸直时，就应适时采摘。此时菇形、菇质、风味均较优。如果采收过早，会影响产量，过迟采收又会影响品质。

11. 后期管理

采收后，菌筒的含水量减少，要进行补水管理，促使菌丝恢复生长，积累营养。经 1 周后，加大空气相对湿度，增加昼夜温差刺激，又可诱导下一潮菇的形成。

四、 作业与思考题

叙述木屑栽培香菇的生产程序，并指出关键措施。

实验七　段木栽培黑木耳

一、 目的要求

通过实验，熟悉以黑木耳为代表的食用菌段木栽培的生产工序，掌握段木栽培食用菌的关键管理技术。

二、 材料与用具

（1）原料　阔叶树段木、石灰粉。
（2）菌种　黑木耳栽培种，包括木屑菌种、枝条菌种和木塞菌种。
（3）用具　枕木、电钻、电锯、斧子、消毒杀菌剂、料布等。

三、 内容与方法

（一）段木准备

1. 选树

一般选用树龄 5 ~ 15 年，耳木直径 5 ~ 15cm 且无病虫害的阔叶树树木。常用树种有柞树、杨树、槐树、榆树、椴树、桑树、槭树、白桦树等。

2. 砍伐

砍伐树木一般在深秋树叶落后到次年新叶末发之前的一段时间里进行。

3. 剃枝

树木砍伐后晾晒 10 ~ 15d 再剃除树枝，以利水分蒸发，剃枝时切勿削伤树皮，可留茬 3 ~ 4cm，以防杂菌侵入。

4. 截段

将砍伐的树木截成 1 ~ 1.2m 长的木段，除去剩余枝杈，木段长短应一致，以便于操作和管理。

5. 堆晒

选择地势开阔，透气良好，向阳的地方，把截好的段木按"井"字形堆积成堆，堆高 1m 左右。每隔 10 ~ 15d 翻堆一次，把上下里外的段木位置相互调换，加速段木干燥，堆晒 1 ~ 2 个月，段木六七成干时（含水 35% ~ 50%）即可接种。

（二）接种方法

1. 木屑菌种接种法

先用冲头皮带冲或电钻在段木上打孔，然后将木屑种接入一小块，以八分满为度，一般要求穴距 10 ~ 12cm、行距 4 ~ 6cm，行与行之间的穴位交错成"品"字形，穴深达木质部 2cm，然后用皮带冲打下 1.4cm 的树皮盖扣在接种穴上，用小锤轻轻敲平。用于封穴的树皮盖要随用随打。

2. 枝条菌种接种法

接种方法与木屑菌种接种方法相似，将枝条种接入种植孔，用锤子敲紧，使枝条与耳木表面平贴，穴孔里无空隙。

3. 木塞菌种接种法

木塞菌种是事先将木塞和木屑培养基按比例装瓶制成菌种。接种时先将少许木屑种接入种植孔，然后敲进一块木塞种即可。

上述三种接种方法中，以使用木屑菌种最为普遍。

（三）发菌管理

1. 上堆发菌

将已经接种的段木（耳木）按直径大小分开，以"井"字形或顺码式堆成 1m 高的方堆。上堆后可适当覆盖树枝、草帘或塑料薄膜等物，创造暖、湿的小气候。用树枝、茅草调控，比较安全可靠，覆盖塑料薄膜则要加强管理，特别要注意晴天中午的堆温，若接近 28℃ 则应掀开部分塑料薄膜通气降温，避免高温灼伤木耳菌种。上堆后每隔 7~10d 翻堆、浇水一次。如遇干旱或大风天气，可结合翻堆进行浇水；发菌初期如遇降雨，则应加盖塑料薄膜遮雨。雨过之后及时揭去薄膜。上堆发菌一般需要 30~45d。

2. 散堆排场

排场的方法，将耳木按间距 5cm 平铺在湿润的耳场上。为减少杂菌污染或树皮腐烂，可用枕木将其一端或两端架起 10~15cm，使其通风良好，光照均匀。以后每隔 10~20d 将耳木翻动一次，同时清扫耳场，保证场地通风透光，防止杂菌害虫危害耳木。排场期间，若 7d 以上天晴无雨，则应浇水保湿。排场后期要检查耳木菌丝蔓延情况，以确定起架时期。检查的方法是取一根耳木段，锯一块约为 10cm 的耳木，纵段面观察穴之间菌丝是否已经连接，菌丝长到的部位木质部变白，而且疏松。如检查时发现耳芽较多，而菌丝只在周围生长，说明段木含水量太高，应加强通风，继续养菌。

（四）出耳管理

段木菌丝发好后，就可进入起架出耳管理阶段。其方法是搭起一排离地面约 60cm 的横架，将长有大量耳芽的段木按"人"字形以 45° 夹角斜放在横架两侧。为使耳木两侧均匀受光，木架最好南北走向，长度可依场地和管理方便而定。起架后的耳木段应每天早晚喷水，使空气相对湿度保持在 90% 左右。耳片充分展开后即可采收，春耳和秋耳要采大留小，以提高产量；伏耳则要大小一齐采，以防虫害和烂耳。采收后停止浇水，并将耳木上下调头保持湿度均匀，在阳光下晾晒几天，使耳木表面干燥，菌丝向耳木深处发展，营养更能充分利用，提高下一茬黑木耳产量。晾晒数天后，耳木两端横段面上重新出现了裂纹时，即恢复喷水促进下茬出耳。

四、　作业与思考题

（1）简述段木栽培黑木耳的生产工序和关键技术。

（2）简述黑木耳栽培的接种方法。

实验八 金针菇熟料栽培

一、 实验目的

通过金针菇的袋栽实验，掌握金针菇熟料栽培的基本方法和管理技术。

二、 材料与用具

（1）材料 木屑或棉籽壳、麦麸、石膏、蔗糖、过磷酸钙、金针菇栽培种。

（2）用具 菌种瓶或聚丙烯塑料袋、颈圈或无棉盖体、防潮纸、细线绳、磅秤、量杯、水桶、大镊子或接种勺、75%酒精棉球、75%酒精消毒瓶、酒精灯、记号笔、火柴等。

三、 内容与方法

1. 原料的选择

金针菇的代料栽培取材广泛，柳、榆、栎等阔叶树种的木屑、棉籽壳、甘蔗渣等加些辅料均可用于栽培金针菇。

2. 培养料配方

（1）棉籽壳78%，麦麸20%，糖1%，石膏粉1%。

（2）棉籽壳39%，木屑39%，麦麸20%，糖1%，石膏粉1%。

3. 拌料

按配方称量所需要的棉籽壳和麦麸，在光滑水泥地面上撒一层棉籽壳，再撒一层麦麸，重复上述操作，直至混完。将所需的蔗糖、石膏溶于水中，充分搅拌均匀。然后泼洒在棉籽壳和麦麸堆上，边加水边搅拌，直至均匀。培养料拌好后，闷30min，使料吸水均匀，含水量60%～65%，测定含水量方法同栽培香菇。

4. 装袋

将拌好的料装入17cm×33cm聚丙烯折角塑料袋中，装料时，先在袋中放入少量培养料，用手指将袋底部的培养料压实，使袋底成方形，便于竖放在床架上。装料时要求松紧适宜，袋面要平整，若皱褶太多，栽培时会从袋壁空隙长出无效子实体，消耗养分。塑料袋的装料高度为袋高的1/2左右，袋口用塑料套环或无棉盖体封口，最后将塑料袋表面擦净。

5. 灭菌

装好栽培袋后，放入高压灭菌锅内灭菌，压力为0.14MPa。保持1.5～2.0h，或放入常压灭菌锅内灭菌8～10h。

6. 接种

栽培袋冷却到25℃左右，即可搬进接种箱或接种室内进行接种，先挖去菌种表面的老化菌丝，将菌种捣散后再接种。接种量以布满培养料表面为好。可使发菌均匀，料面菌龄一致，出菇整齐。接种方法与接栽培种相同。

7. 培养

将接种后的栽培袋，搬进 23~25℃ 的培养室内，摆放在架上进行培养，栽培袋不能堆放过高，一般三四层即可，培养室要求通风、清洁、黑暗、空气相对湿度保持 60%~65%。培养 2~3d 后，在接种块周围长出白色菌丝，10d 左右即可长满料袋的表面。一般每隔 10d 左右翻堆一次，使发菌一致。经过 30d 左右的培养，菌丝即可长满菌袋。

8. 管理

（1）搔菌 菌丝长满菌袋后，拔掉透气塞，翻卷袋口，用特制的小铲取出老接种块，并把表面压平。随后将菌袋送到出菇室，直立在床架（或地面）上，并在袋口上盖一层报纸或薄膜。此外，可采用堆袋覆膜的方法进行出菇，堆袋覆膜可提高场地利用率。具体方法是将袋口翻卷至料面，把两个菌种袋底部相对平放在一起，高度以五六层为宜，长度不限。在出菇场地及四周喷足水，然后用塑料薄膜覆盖菌袋。此法保温、保湿良好，后期又可积累二氧化碳，有利于菌柄生长。搔菌后不要同时大幅度降温，因为搔菌会造成大量伤口，低温不利于其伤口愈合。搔菌后保持室温 18~20℃，以利菌丝愈合，3~5d 后即可见到料面萌发出一层白绒绒的菌丝。这时再降温至 10~12℃，空气相对湿度保持 80%~85%，给予散射光照，进行光诱导。每天要定时通风换气，每天的通风次数与时间依当时的气温和天气情况而定。室内空气相对湿度低于 80% 时应喷水，喷水时雾滴要细，喷头喷向空间和无纺布或纱布上，将无纺布或纱布喷湿，不能将水直接喷在料面上，以免发生死菇、烂菇现象。经过 10~14d 的培养料面就可出现菇蕾。

（2）驯养 当出现菇蕾后，就可将菌袋移到 3~5℃ 的驯养室，室内要求通风，可在菇房安装空调，从不同角度进行吹风，风速可控制在 3~5m/s，空气相对湿度为 75%~80%。驯养 5~7d 后即有菌盖与菇柄的分化。

（3）出菇管理 当菌柄长到 3~5cm 长时，将翻卷的袋口拉直，同时要进行降温、降湿，具体措施是停止向地面洒水，室温控制在 4℃ 左右，掀去塑料薄膜等覆盖物，通风换气，保持 1~3d，使料面水分散失，不再长出原基，已发育的子实体也因基部失水而不再分枝。这样菌柄就会长得圆而结实。此后，进入菌柄伸长阶段，要培养柄长、色白、盖小的优质金针菇，必须控制好温度、湿度、光照、二氧化碳质量分数等因素之间的关系。子实体生长时应控制菇房温度在 5~8℃，空气相对湿度 85%~90%，完全黑暗或极弱光，二氧化碳控制在 0.11%~0.15% 时可促使菌柄伸长。

（4）采收 金针菇的采收标准为菌盖开始展开，即菌盖边缘开始离开菌柄，开伞度在 3 分左右，菌柄伸长显著减慢为采收适期，此时菌盖直径 1~2cm，菌柄长 13~15cm。用于鲜销的金针菇，可延迟到菌盖 6 分开时采收，但不可太迟。采收时，用一只手按住培养料，另一只手轻轻握住菇丛基部拔下，随即用小刀切除粘有培养料的根部。

为了保证采收质量，一般采收前 2d 降低相对湿度至 80%~85%，使菇体表面干燥。采收的鲜菇切忌喷水和浸水，以免影响品质。采收后用长镊子将培养基表面的菌膜和枯萎的小菇清除掉，盖上薄膜等覆盖物进行养菌，经过 15~20d 便可采收第二潮菇。

四、 作业与思考题

金针菇栽培的关键措施有哪些？

实验九　双孢菇栽培

一、目的要求

通过实验，熟悉堆制发酵料床式栽培双孢菇的方法，掌握生产过程的关键技术。

二、材料与用具

（1）材料　稻草、麦秸、干牛粪（或马粪、猪粪、鸡粪）、饼肥、石膏粉、过磷酸酸钙、粗/细土粒、蘑菇栽培种等。

（2）用具　铡刀、铁锹、水桶、农用薄膜、温度计、喷雾器、菇床、接种钩、消毒杀菌剂等。

三、内容与方法

（一）原料配方

稻麦草48%，牛粪48%，饼肥2%，石膏粉1%，过磷酸钙1%。另加尿素0.5%。

（二）建堆发酵

1. 原料预处理

稻麦草对半铡断，用0.5%石灰水浸湿预堆2~3d，软化秸秆。粉碎干粪，浇水预湿5d。粉碎饼肥浇水预湿1~2d，同时拌0.5%敌敌畏，盖膜熏杀害虫。

2. 建堆

建堆时以先草后粪的顺序层层加高。按宽2m、高1.5m的规格，堆长据场所而定。肥料大部分在建堆时加入。加水原则以下层少喷，上层多喷，建好堆后有少量水外渗为宜。晴天用草被覆盖，雨天用薄膜覆盖。防止雨水淋入，雨后及时揭膜通气。

3. 翻堆

翻堆宜在堆温达到最高后开始下降时进行。有二次发酵的每隔5、4、3d翻一次堆，翻堆时视堆料干湿度酌情加水。第一次翻堆时将所添加的肥料全部加入。测试温度时用长柄温度计插入料堆的好氧发酵区。发酵后的培养料标准应当是秸秆扁平、柔软、呈咖啡色，手拉草即断。

4. 后发酵

将发酵好的培养料搬入已消毒的菇房，分别堆在中层菇床上。通过加温，使菇房内的温度尽快上升至57~60℃维持6~8h，随后通风、降温至48~52℃维持4~6d，后发酵结束后的培养料呈暗褐色。有大量白色嗜热真菌和放线菌，培养料柔软、富有弹性、易拉断，有特殊的香味、无氨味。

（三）接种

将培养料均匀地铺在每个菇床上，用木板拍平、压实。接种人员的手和工具应消毒。将菌种移入消毒的盆中，拌成颗粒状。播种方法可采用层播、混播和穴播。每 1m² 用种量为麦粒种 1 瓶或粪草种 3 瓶。播种结束后在最上面覆盖一薄层培养料，整平、稍压实，上覆一薄膜或一层报纸即可。

（四）发菌管理

播种后 3d 内，以保湿、微通风为主，注意每天掀动报纸一次，以利换气，菇房温度应控制在 20～24℃，若有氨味应立即通风，湿热天气多通风，干冷天气少通风。正常情况下，播种后 1～2d 菌丝就开始恢复，在播种第 3 天后就应该全面检查菌种的成活率。检查时，若播种的菌种块已经长出短绒毛状的菌丝，则说明菌种成活；若未长出菌丝，隔 1～2d 再检查，如仍不见长出菌丝，就要分析原因，采取相应措施，及时补种。1 周后，菌丝应该已经长入培养料，说明定植正常。经 10～15d，菌丝可长满料面。

（五）覆土

在播种后 15d 左右进行覆土。选近中性或偏碱性的腐殖质土为宜。先将土粒破碎，筛成粗土粒（蚕豆大小）和细土粒（黄豆大小），浸吸 2% 石灰水，并用 5% 甲醛消毒处理。先覆粗土，后覆细土，覆土总厚度为 2.5～3cm，也可不分粗细土一次覆土完成。覆土后要调节水分，使土层保持适宜的含水量，以利菌丝尽快爬上土层。调水量随品种、气候等因素而定，通常每天喷水 2 次，每平方米每次喷水 150～300mL。

（六）出菇管理

当菌丝长至土层 2/3 时喷洒"出菇水"，每 1m² 的喷水量每次可达 300～350mL，持续 2～3d。当菇蕾长到黄豆粒大小时，应再加大喷水量，此为喷"保菇水"，可持续 2d。出菇期间，菇房温度应为 14～16℃，空气相对湿度为 90% 左右，培养料含水量为 60%，同时要不断排出菇房内的废气，换进新鲜的空气，以人进入菇房感觉清爽、舒服为准。

（七）采收

蘑菇一般在现蕾后的 5～7d，菌盖直径长到 2.5～4cm 时采收。以"旋转菇"的方法采摘，削去菇脚后放入塑料盆里或垫薄膜的小篮内，轻拿轻放，勿碰伤菇体。采收后要注意填土补穴。间歇 5～8d，可出第二潮菇。依床温的不同每潮菇生长时间为 8～10d，一般可出 6～8 潮菇。

四、 作业与思考题

叙述双孢菇栽培过程中的关键管理技术。

实验十　蛹虫草栽培

一、 目的要求

通过实验，掌握蛹虫草人工栽培的一般技术。

二、 材料与用具

(1) 材料 蛹虫草液体菌种、家蚕蛹、培养土、米饭培养基、有关化学试剂、药品。

(2) 用具 罐头瓶、喷雾器、接种箱及接种工具、有关栽培容器或栽培床架。

三、 内容与方法

(一) 培养基或寄主昆虫的准备

蛹虫草菌种的来源有二：一是从野生蛹虫草分离，再经纯化、筛选和复壮后获得；二是从有关部门直接购得少量菌种，再配制培养基转管扩大培养而得。

1. 培养基的准备

常用于分离蛹虫草菌种或用于转管扩大培养用的培养基配方有以下几种。

（1）硫酸镁 0.3g，磷酸二氢钾 1.25g，氯化钾 0.5g，天冬酰胺 1g，硝酸钠 0.5g，蔗糖 30g，琼脂 20g，蒸馏水 1000mL。

（2）水解乳蛋白 10g，葡萄糖 50g，酵母膏 1g，硫酸镁 0.5g，磷酸二氢钾 1g，2% 卵黄 1g，琼脂 20g，维生素混合液 5mL（维生素混合液的配制：盐酸硫胺素 100mg，核黄素 25mg，吡哆醇 25mg，泛酸钙 100mg，对氨基酸甲酸 25mg，氯化胆碱 100mg，肌醇 100mg，烟酰胺 100mg，叶酸 2.5g，生物素 1mg，蒸馏水 500mL），水 1000mL。

（3）葡萄糖 10g，蛋白胨 10g，硫酸镁 0.5g，维生素 B 0.05g，琼脂 15 ~ 17g，蒸馏水 1000mL。

以上各配方的培养基制作步骤同常规。

2. 寄主昆虫的准备

新鲜家蚕蛹或柞蚕蛹若干。也可提前准备其他寄主。常见的天然寄主昆虫有白齿舟蛾、柳天蛾、洋槐天蛾、柞蚕、桑蚕、油茶尺蠖、马尾松毛虫和玉米螟等，寄主昆虫较易找到，易于人工饲养。根据各地寄主分布不同，在当地选择数量较多的昆虫，在寄主昆虫蛹期，采集蛹于室内纱笼内放置，给予合适的温湿条件，让其羽化、产卵，待卵孵化为幼虫后，在笼罩内给予幼虫新鲜寄主植物叶片，待幼虫长至 3 ~ 4 龄即可以蛹虫草菌种接种。

(二) 液体菌种的制备

根据寄主和培养性质，液体菌种的制备有两种：一种是用于喷洒于寄主昆虫幼虫体上而获得蛹虫草子实体的子囊孢子悬浮液；另一种是将菌丝移接于液体培养基而进一步扩大培养获得大量液体菌种。液体菌种的优点是能对蛹虫草进行大规模的人工栽培。

1. 子囊孢子悬浮液的制备

用无菌不易透水的纸质小口袋，套于天然生长或人工栽培的尚未成熟的虫草子座上，待子座成熟时，子囊孢子弹射附着于纸袋内壁上。取附有子囊孢子的纸袋 100 个，浸于 1∶10 的土壤浸出液中（土壤浸出液的配制：取土 100g，以采集到虫草的土为最好，加水 1000mL，充分搅拌后双层滤纸过滤，再将滤液高压灭菌后即成），2h 后用灭菌小刀仔细把子囊孢子刮于滤液中，然后于离心管中，1000r/min 离心 10min，弃去上清液，余下即为子囊孢子悬浮液。

2. 液体菌种的制备

蛹虫草液体菌种培养基配方为葡萄糖 1.5%、麦芽汁 1%、蛋白胨 1%、酵母膏 0.5%，其余为水，pH6 ~ 6.5。将配制好的液体培养基分装于三角瓶中，装量为三角瓶容量的 50% ~ 55%。

做好棉塞后，于高压蒸汽 121℃ 灭菌 30min。冷却后，按无菌操作步骤，在酒精灯火焰上将分离培养好的蛹虫草斜面菌种，挑出一小块菌丝接入液体培养基中，将菌丝用接种环搅散。接种完毕后，将三角瓶置于电动摇床上，定时摇晃振动，转速为 80 ~ 90r/min。2 ~ 3 周后即为培养好的液体菌种。

（三）接种

1. 蛹虫草寄主昆虫虫体接种

将已制备好的子囊孢子悬浮液，用微型喷雾器均匀喷洒到寄主昆虫幼虫或蛹的虫体上。为了获得较大的感染机会，还可在幼虫取食的植物叶片上喷洒液体菌种，让幼虫取食。一般可通过寄主昆虫幼虫体壁的颜色变化来判断是否已被感染。幼虫感染几天后，体壁出现很明显的褐色，由深褐色转为淡黄色，并且动作迟缓，最后死亡僵化。

2. 人工栽培蛹虫草的接种

人工栽培蛹虫草不是以寄主昆虫的蛹或幼虫为寄主来获得蛹虫草，而是以大米等材料为菌丝培养基而获得蛹虫草。其接种方法为：将灭菌完毕的米饭培养基冷却至 30℃ 左右，按无菌操作要求，在酒精灯火焰旁，两人对面操作，每瓶接入液体菌种 10mL 左右，塞好棉塞，轻晃料瓶，让液体菌种在培养基表面分布均匀。

（四）菌丝体培养

接种完毕后，将栽培瓶移至清洁、避光、空气流通的室内培养。为了减少杂菌污染，发菌初期，将室温控制在 15 ~ 18℃。当菌丝长满料面时，将室温升至 20 ~ 23℃，空气相对湿度控制在 65% 左右，并注意保持空气新鲜流通，经 15 ~ 20d 培养菌丝便会长满瓶。

（五）子座培养

菌丝满瓶后，菌丝颜色开始发生变化，逐渐由白色转变为橘黄色，菌丝已达生理成熟，此时应增加光照。白天利用室内自然散射光，光照强度保持在 200lx 左右；晚间增加日光灯照射，每天光照保持在 10h 左右，以促进和刺激子实体原基形成。同时室内温度保持在 19 ~ 23℃，空气相对湿度通过空间墙壁喷水等措施，维持在 85% ~ 90%。当菌丝扭结成小米粒状时，表示子实体已开始形成。蛹虫草子实体有趋光习性，要转动培养瓶调整对光方向，以保证子实体体形正常。子实体生长期间要保证空气新鲜，可用小针在薄膜瓶盖上刺数个小孔，但不能完全揭开，以防杂菌感染。

（六）采收

当子实体不再生长，子座表面出现粒状子囊壳时，就可采收。采收方法是用镊子将子实体夹出。采收后，将子实体置干净筛子上晾干或低温烘干后密封，于干燥低温下保存。采完第一批后，整理好料面，重新封好瓶口，保持室内空气湿度在 80% ~ 90%，便会很快形成第二批子实体。

四、作业与思考题

简述蛹虫草由营养生长向生殖生长转化时的技术管理要点。

附录

附录一　各种培养料的碳、氮含量与碳氮比

培养料种类	C含量/%	N含量/%	C/N	培养料种类	C含量/%	N含量/%	C/N
木屑	49.18	0.10	491.80	大豆秆	49.76	2.44	20.4
栎落叶	49.00	2.00	24.50	玉米粉	52.92	2.28	23.2
稻草	45.39	0.63	72.30	棉籽壳	56.00	2.03	27.6
大麦秆	47.09	0.64	73.58	高粱壳	32.90	0.72	45.7
玉米秆	43.30	1.67	26.00	葵花籽壳	49.80	0.82	60.7
小麦秆	47.03	0.48	98.00	甘蔗渣	53.07	0.63	84.2
稻壳	41.64	0.64	65.00	甜菜渣	56.50	1.70	33.2
马粪	11.60	0.55	21.09	啤酒糟	47.70	6.00	8.0
猪粪	25.00	0.56	44.64	高粱酒糟	37.12	3.94	9.4
黄牛粪	38.60	1.78	21.70	豆腐渣	9.45	7.16	1.3
水牛粪	39.78	1.27	31.30	干草	49.76	1.72	28.9
荷斯坦奶牛粪	31.79	1.33	24.00	野草	46.69	1.55	30.1
羊粪	16.24	0.65	24.98	麸皮	44.74	2.20	20.3
兔粪	13.70	2.10	6.52	米糠	41.20	2.08	19.8
鸡粪	4.10	1.30	3.15	豆饼	45.42	6.71	6.8
纺织屑	59.00	2.32	22.00	花生麸	28.77	6.39	4.5
沼气肥	22.00	0.70	31.43	猪厩肥	25.00	0.45	55.6
花生饼	49.04	6.32	7.76	鸭粪	15.20	1.10	13.8
大豆饼	47.46	7.00	6.78	尿素	20.00	46.67	0.43
谷壳	41.64	0.64	65.1	硫酸铵	—	21.0	—
燕麦秆	47.09	0.54	87.2				

附录二 培养料含水量换算表（一）

每100kg 干料中加入的水量/kg	料水比（$m_{料}:m_{水}$）	培养料含水量/%	每100kg 干料中加入的水量/kg	料水比（$m_{料}:m_{水}$）	培养料含水量/%
75	1:0.75	50.3	130	1:1.3	62.2
80	1:0.80	51.7	135	1:1.35	63.0
85	1:0.85	53	140	1:1.40	63.8
90	1:0.90	54.2	145	1:1.45	64.5
95	1:0.95	55.4	150	1:1.50	65.2
100	1:1.0	56.5	155	1:1.55	65.9
105	1:1.05	57.6	160	1:1.60	66.5
110	1:1.10	58.6	165	1:1.65	67.2
115	1:1.15	59.5	170	1:1.70	67.8
120	1:1.20	60.5	175	1:1.75	68.4
125	1:1.25	61.3	180	1:1.80	68.9

注：①培养料含结合水质量以干料质量的13%计。

②含水量计算公式：含水量（%）=（加水质量+培养料含结合水质量）/（培养料干质量+加水质量）×100%。

附录二 培养料含水量换算表（二）

培养料要求达到的含水量/%	每100kg 干料中加入的水量/kg	料水比（$m_{料}:m_{水}$）	培养料要求达到的含水量/%	每100kg 干料中加入的水量/kg	料水比（$m_{料}:m_{水}$）
50.0	74.0	1:0.74	58.0	107.1	1:1.07
50.5	75.8	1:0.76	58.5	109.6	1:1.07
51.0	77.6	1:0.78	59.0	112.2	1:1.12
51.5	79.4	1:0.79	59.5	114.8	1:1.15
52.0	81.3	1:0.81	60.0	117.5	1:1.18
52.5	83.2	1:0.83	60.5	120.3	1:1.20
53.0	85.1	1:0.85	61.0	123.1	1:1.23
53.5	87.1	1:0.87	61.5	126.0	1:1.26
54.0	89.1	1:0.89	62.0	128.9	1:1.29
54.5	91.2	1:0.91	62.5	132.0	1:1.32
55.0	93.3	1:0.93	63.0	135.1	1:1.35
55.5	95.5	1:0.96	63.5	138.4	1:1.38

续表

培养料要求达到的含水量/%	每100kg干料中加入的水量/kg	料水比 ($m_料$:$m_水$)	培养料要求达到的含水量/%	每100kg干料中加入的水量/kg	料水比 ($m_料$:$m_水$)
56.0	97.7	1:0.98	64.0	141.7	1:1.42
56.5	100.0	1:1.0	64.5	145.1	1:1.45
57.0	102.3	1:1.02	65.0	145.1	1:1.45
57.0	102.3	1:1.02	65.0	148.6	1:1.49
57.5	104.7	1:1.05	65.5	152.2	1:1.52

注：①培养料含结合水质量以干料质量的13%计。

②每100kg干料中加入的水的计算公式：每100kg干料中加入的水（kg）=（含水量－培养料结合水量）/（1－培养料结合水量）×100。

附录三 蒸汽压力与蒸汽温度对应表

蒸汽压力		温度/℃	蒸汽压力		温度/℃
MPa	kg f/cm²		MPa	kg f/cm²	
0.007	0.07	102.3	0.090	0.914	119.1
0.014	0.141	104.2	0.096	0.984	120.2
0.021	0.211	105.7	0.103	1.055	121.3
0.028	0.282	107.3	0.110	1.120	122.4
0.035	0.352	108.8	0.117	1.195	123.3
0.041	0.422	109.3	0.124	1.260	124.3
0.048	0.492	111.7	0.138	1.406	127.2
0.052	0.563	113.0	0.152	1.547	128.1
0.062	0.633	114.3	0.165	1.687	129.3
0.069	0.703	115.6	0.179	1.829	131.5
0.073	0.744	116.8	0.193	1.970	133.1
0.083	0.844	118.0	0.207	2.110	134.6

注：1 kg f/cm² $= 9.8 \times 10^4$ Pa。

附录四 常见食用菌主要栽培方式与生物学效率

菌名	主要栽培原料	主要栽培方式	生物学效率/%
双孢蘑菇	稻草、麦草、牛马粪	床栽、箱栽	12~15
香菇	菇木、杂木屑、棉籽壳	段木栽培、筒式、砖式	50~100
草菇	稻草、棉籽壳、废棉	堆栽、床栽、箱栽	15~50

续表

菌名	主要栽培原料	主要栽培方式	生物学效率/%
黑木耳	耳木、杂木屑、甘蔗渣、棉籽壳	段木栽培、瓶栽、袋栽	50~100
毛木耳	耳木、杂木屑、甘蔗渣、棉籽壳	段木栽培、瓶栽、袋栽	80~120
金针菇	杂木屑、甘蔗渣、棉籽壳	瓶栽、袋栽、床栽	50~100
银耳	杂木屑、棉籽壳	段木栽培、瓶栽、袋栽	80~90
平菇	杂木屑、棉籽壳	床栽、畦栽、箱栽、瓶栽	80~150
茯苓	松木、松根	埋土窖栽	10~20
猴头菌	杂木屑、棉籽皮	瓶栽、袋栽	30~50
竹荪	竹丝、麦草、甘蔗渣	床栽、野外林地栽培	8~10
蜜环菌	杂木屑、段木	窖培、畦栽	10~30

注：生物学效率＝子实体鲜重/培养料干重×100%。

附录五　农副产品主要矿物质元素含量

种类	钙	磷	钾	钠	镁	铁	锌	铜/(mg/L)	锰/(mg/L)
稻草	0.283	0.075	0.154	0.128	0.028	0.026	0.002	—	25.8
稻壳	0.080	0.074	0.321	0.088	0.021	0.004	0.071	1.6	42.4
米糠	0.105	1.920	0.346	0.016	0.264	0.040	0.016	3.4	85.2
麦麸	0.066	0.840	0.497	0.099	0.295	0.026	0.056	8.6	60.0
黄豆秆	0.915	0.210	0.482	0.048	0.212	0.067	0.048	7.2	29.2
豆饼粉	0.290	0.470	1.613	0.014	0.144	0.020	0.012	24.2	28
芝麻饼	0.722	1.070	0.723	0.099	0.331	0.066	0.024	54.2	32.0
蚕豆麸	0.190	0.260	0.488	0.488	0.146	0.065	0.038	2.7	12.0
豆腐渣	0.460	0.320	0.320	0.120	0.079	0.025	0.010	9.5	17.2
酱渣	0.550	0.125	0.290	1.00	0.110	0.037	0.023	44	12.4
淀粉渣	0.144	0.069	0.042	0.012	0.033	0.016	0.010	8.0	—
稻谷	0.770	0.305	0.397	0.022	0.055	0.055	0.044	21.3	23.6
小麦	0.040	0.320	0.277	0.006	0.072	0.008	0.009	8.3	11.2
大麦	0.106	0.320	0.362	0.031	0.042	0.007	0.011	5.4	18.0
玉米	0.049	0.290	0.503	0.037	0.065	0.005	0.014	2.5	—
高粱	0.136	0.230	0.560	0.079	0.018	0.010	0.004	413.7	10.2
小米	0.078	0.270	0.391	0.065	0.073	0.007	0.008	195.4	15.6
甘薯	0.078	0.086	0.195	0.232	0.038	0.048	0.016	4.7	19.4

附录六　农作物秸秆及副产品化学成分

单位:%

种类	水分	粗蛋白	粗脂肪	粗纤维（含木质素）	无氮浸出物（可溶性碳水化合物）	粗灰分
一、秸秆类						
稻草	13.4	1.8	1.5	28.0	42.9	12.4
小麦秆	10.0	3.1	1.3	32.6	43.9	9.1
大麦秆	12.9	6.4	1.6	33.4	37.8	7.9
玉米秆	11.2	3.5	0.8	33.4	42.7	8.4
高粱秆	10.2	3.2	0.5	33.0	48.5	4.6
黄豆秆	14.1	9.2	1.7	36.4	34.2	4.4
棉秆	12.6	4.9	0.7	41.4	36.6	3.8
棉铃壳	13.6	5.0	1.5	34.5	39.5	5.9
甘薯藤（鲜）	89.8	1.2	0.1	1.4	7.4	0.2
花生藤	11.6	6.6	1.2	33.2	41.3	6.1
二、谷粒、薯类						
稻谷	13.0	9.1	2.4	8.9	61.3	5.4
大麦	14.5	10.0	1.9	4.0	67.1	2.5
小麦	13.5	10.7	2.2	2.8	68.9	1.0
黄豆	12.4	36.6	14.0	3.9	28.9	4.2
玉米	12.2	9.6	5.6	1.5	69.7	1.0
高粱	12.5	8.7	3.5	4.5	67.6	3.2
小米	13.3	9.8	4.3	8.5	61.9	2.2
马铃薯	75.0	2.1	0.1	0.7	21.0	1.1
甘薯	9.8	4.3	0.7	2.2	80.7	2.3
三、副产品类						
稻壳	6.8	2.0	0.6	45.3	28.5	16.9
粗糠	13.4	2.2	2.8	29.9	38.0	13.7
细米糠	9.0	9.4	15.0	11.0	46.0	9.6
麦麸	12.1	13.5	3.8	10.4	55.4	4.8
玉米芯	8.7	2.0	0.7	28.2	58.4	20.0
花生壳	10.1	7.7	5.9	59.9	10.4	6.0
玉米糠	10.7	8.9	4.2	1.7	72.6	1.9
豆饼	12.1	35.9	6.9	4.6	34.9	5.1

续表

种类	水分	粗蛋白	粗脂肪	粗纤维（含木质素）	无氮浸出物（可溶性碳水化合物）	粗灰分
豆渣	7.4	27.7	10.1	15.3	36.3	3.2
菜饼	4.6	38.1	11.4	10.1	29.9	5.9
芝麻饼	7.8	39.4	5.1	10.0	28.6	9.1
酒糟	16.7	27.4	2.3	9.2	40.0	4.4
淀粉渣	10.3	11.5	0.71	27.3	47.3	2.9
蚕豆渣	8.6	18.5	1.1	26.5	43.2	3.1
废棉	12.5	7.9	1.6	38.5	30.9	8.6
棉仁	10.8	32.6	0.6	13.6	36.9	5.6
四、其他						
血粉	14.3	80.4	0.1	0	1.4	3.8
鱼粉	9.8	62.6	5.3	0	2.7	19.6
蚕粪	10.8	13.0	2.1	10.1	53.7	10.3
槐树叶粉	11.7	18.4	2.6	9.5	42.5	15.2
松针粉	16.7	9.4	5.0	29.0	37.4	2.5
木屑	—	1.5	1.1	71.2	25.4	—
蚯蚓粉	12.6	59.5	3.3	—	7.0	17.6
芦苇	未知	7.3	1.2	24.0	—	12.2

附录七　生产 10 万瓶（袋）菌种厂的基本设备

项　目		规格与单位	数　量
厂房	原料库	$15 \sim 20m^2$	$2 \sim 4$ 间
	配料室	$20 \sim 40m^2$	$1 \sim 2$ 间
	锅炉房	$40m^2$	1 间
	消毒室	$20 \sim 40m^2$	1 间
	无菌间	$6 \sim 8m^2$	$1 \sim 2$ 间
	培养室	$20 \sim 30m^2$	10 间
	冷库	$5 \sim 10m^2$	1 间
	实验室	$20 \sim 40m^2$	1 间
	出菇实验棚	$200m^2$	$2 \sim 3$ 栋

续表

	项　目	规格与单位	数　量
	手提式高压灭菌锅	斜面试管 100 支/次	1~2 台
	立式高压灭菌锅	60~80 瓶或 100~120 瓶/次	1~2 台
	卧式高压灭菌罐	1000~2000 瓶/次	2~4 台
	接种箱	100~150 瓶/次	10~15 套
	电热恒温箱	培养母钟	2~3 台
设	冰箱	保存菌种	2~3 台
	生物显微镜		1 台
备	摇瓶机	制液体菌种（据条件选购）	1 台
	液态菌种培养罐	100~200L（据条件选购）	2 套
	扭力天平	感量 0.01g	1 台
	药物天平	感量 0.01g	1 台
	小台称	25kg	1 台
	大台称（重量衡）	500kg	1 台

附录八　霉菌、细菌和虫卵在培养料不同发酵温度下的存活时间

名　称	发酵温度/℃	存活时间/min	名　称	发酵温度/℃	存活时间/min
绿色木霉	55	60	白地霉	55	180
网纹梭孢壳霉	65	180	宛氏拟青霉	65	180
黄曲霉	60	30	结核杆菌	60	1520
土曲霉	65	30	白喉棒杆菌	55	45
毛葡孢霉	60	30	大肠杆菌	65	1520
黄色暗孢霉	55	60	志贺氏痢疾杆菌	55	60
土色金孢霉	60	30	猪瘟杆菌	50~55	60
芽枝霉	60	30	黄色化脓球菌	55	10
粪生帚霉	50	60	麦锈病菌	54	10
梭孢壳霉	65	130	变紫附球菌	50	30
枝顶孢霉	55	120	金龟子卵	50	10
矛束孢霉	55	180	黏虫卵	60	10

附录九　常用消毒剂配制及用途

消毒剂	浓度	配制方法	用途	注意事项
石炭酸溶液	5%	石炭酸5g加蒸馏水或凉开水（下同）95mL	空间及物体表面消毒	防止腐蚀皮肤
新洁尔灭	0.25%	5%新洁尔灭50mL加蒸馏水950mL	皮肤及不耐热的器皿消毒	禁与阴离子洗涤剂同用
消毒酒精	75%	95%酒精70mL加蒸馏水20mL	皮肤及器皿表面消毒	易燃
$HgCl_2$溶液	0.2%	$HgCl_2$ 2g加蒸馏水1000mL	分离菇体组织器皿表面消毒	有毒，注意安全及污染
福尔马林	5%	40%甲醛溶液12.5mL加蒸馏水87.5mL	空间及物体表面消毒	注意皮肤及眼睛的防护
漂白粉溶液	5%	漂白粉50g加清水950mL	喷洒、浸泡及擦抹	注意皮肤及眼睛的防护
高锰酸钾溶液	0.1%	高锰酸钾1g加清水1000mL	用具及器皿表面消毒	随用随配，不易久放
过氧乙酸溶液	0.2%	20%过氧乙酸2mL加蒸馏水98mL	表面消毒	勿与碱性剂混用，腐蚀金属
硫黄		研成粉末，拌以锯末或纸条	按$15g/m^3$点燃熏蒸消毒	地面喷水预湿，需防金属腐蚀

附录十　常用药剂防治对象及用法

药剂	防治对象	用法与用量
甲醛	细菌、真菌、线虫	空间熏蒸：高锰酸钾+甲醛=$5g+10mL/m^3$
高锰酸钾	细菌、真菌、害虫	0.1%洗涤消毒或熏蒸消毒
石炭酸	细菌、真菌、虫卵	3%~4%水溶液喷洒接种室或菇房
氨水	害虫、螨类	加50倍水拌料
敌敌畏	菇蝇、螨类	0.5%喷洒；$100m^2$菇房用1L原液熏蒸
漂白粉液	细菌、线虫	3%~4%溶液浸泡材料；0.5%~1%喷雾
硫酸铜	真菌	0.5%~1%水溶液喷洒
石灰溶液	霉菌	5%~20%溶液喷洒
多菌灵	真菌、半知菌	1∶1000倍拌料，或1∶500倍喷洒
苯菌灵	真菌	1∶800倍拌料或1∶500倍喷洒

续表

药剂	防治对象	用法与用量
五氯酚钠	真菌、虫卵	5% 水溶液喷雾（剧毒，慎用）
鱼藤精	菇蝇、跳虫	0.1% 水溶液喷洒
食盐	蜗牛	5% 水溶液喷洒
对二氯苯	螨类	$5g/m^3$ 熏蒸
煤焦油 防腐油	白蚁	1:1 混合剂涂于材料上
二氧化硫	一般害虫	视容器大小适量熏蒸
链霉素	革兰阴性菌	1:50 水溶液喷洒

附录十一　食用菌菌种管理办法

（中华人民共和国农业部第 62 号令）

（2006 年 3 月 27 日颁布）

第一章　总　则

第一条　为保护和合理利用食用菌种质资源，规范食用菌品种选育及食用菌菌种（以下简称菌种）的生产、经营、使用和管理，根据《中华人民共和国种子法》，制定本办法。

第二条　在中华人民共和国境内从事食用菌品种选育和菌种生产、经营、使用、管理等活动，应当遵守本办法。

第三条　本办法所称菌种是指食用菌菌丝体及其生长基质组成的繁殖材料。菌种分为母种（一级种）、原种（二级种）和栽培种（三级种）三级。

第四条　农业部主管全国菌种工作。县级以上地方人民政府农业（食用菌，下同）行政主管部门负责本行政区域内的菌种管理工作。

第五条　县级以上地方人民政府农业行政主管部门应当加强食用菌种质资源保护和良种选育、生产、更新、推广工作，鼓励选育、生产、经营相结合。

第二章　种质资源保护和品种选育

第六条　国家保护食用菌种质资源，任何单位和个人不得侵占和破坏。

第七条　禁止采集国家重点保护的天然食用菌种质资源。确因科研等特殊情况需要采集的，应当依法申请办理采集手续。

第八条　任何单位和个人向境外提供食用菌种质资源（包括长有菌丝体的栽培基质及用于菌种分离的子实体），应当经所在地省级人民政府农业行政主管部门审核，报农业部批准。

第九条　从境外引进菌种，应当依法检疫，并在引进后 30 日内，送适量菌种至中国农业微生物菌种保藏管理中心保存。

第十条　国家鼓励和支持单位和个人从事食用菌品种选育和开发，鼓励科研单位与企业相结合选育新品种，引导企业投资选育新品种。

选育的新品种可以依法申请植物新品种权，国家保护品种权人的合法权益。

第十一条 食用菌品种选育（引进）者可自愿向全国农业技术推广服务中心申请品种认定。全国农业技术推广服务中心成立食用菌品种认定委员会，承担品种认定的技术鉴定工作。

第十二条 食用菌品种名称应当规范。具体命名规则由农业部另行规定。

第三章 菌种生产和经营

第十三条 从事菌种生产经营的单位和个人，应当取得《食用菌菌种生产经营许可证》。

仅从事栽培种经营的单位和个人，可以不办理《食用菌菌种生产经营许可证》，但经营者要具备菌种的相关知识，具有相应的菌种贮藏设备和场所，并报县级人民政府农业行政主管部门备案。

第十四条 母种和原种《食用菌菌种生产经营许可证》，由所在地县级人民政府农业行政主管部门审核，省级人民政府农业行政主管部门核发，报农业部备案。

栽培种《食用菌菌种生产经营许可证》由所在地县级人民政府农业行政主管部门核发，报省级人民政府农业行政主管部门备案。

第十五条 申请母种和原种《食用菌菌种生产经营许可证》的单位和个人，应当具备下列条件：

（一）生产经营母种注册资本 100 万元以上，生产经营原种注册资本 50 万元以上。

（二）省级人民政府农业行政主管部门考核合格的检验人员 1 名以上、生产技术人员 2 名以上。

（三）有相应的灭菌、接种、培养、贮存等设备和场所，有相应的质量检验仪器和设施。生产母种还应当有做出菇试验所需的设备和场所。

（四）生产场地环境卫生及其他条件符合农业部《食用菌菌种生产技术规程》要求。

第十六条 申请栽培种《食用菌菌种生产经营许可证》的单位和个人，应当具备下列条件：

（一）注册资本 10 万元以上；

（二）省级人民政府农业行政主管部门考核合格的检验人员 1 名以上、生产技术人员 1 名以上；

（三）有必要的灭菌、接种、培养、贮存等设备和场所，有必要的质量检验仪器和设施；

（四）栽培种生产场地的环境卫生及其他条件符合农业部《食用菌菌种生产技术规程》要求。

第十七条 申请《食用菌菌种生产经营许可证》应当向县级人民政府农业行政主管部门提交下列材料：

（一）食用菌菌种生产经营许可证申请表；

（二）注册资本证明材料；

（三）菌种检验人员、生产技术人员资格证明；

（四）仪器设备和设施清单及产权证明，主要仪器设备的照片；

（五）菌种生产经营场所照片及产权证明；

（六）品种特性介绍；

（七）菌种生产经营质量保证制度。

申请母种生产经营许可证的品种为授权品种的，还应当提供品种权人（品种选育人）授权的书面证明。

第十八条 县级人民政府农业行政主管部门受理母种和原种的生产经营许可申请后，可以组织专家进行实地考查，但应当自受理申请之日起20日内签署审核意见，并报省级人民政府农业行政主管部门审批。省级人民政府农业行政主管部门应当自收到审核意见之日起20日内完成审批。符合条件的，发给生产经营许可证；不符合条件的，书面通知申请人并说明理由。

县级人民政府农业行政主管部门受理栽培种生产经营许可申请后，可以组织专家进行实地考查，但应当自受理申请之日起20日内完成审批。符合条件的，发给生产经营许可证；不符合条件的。书面通知申请人并说明理由。

第十九条 菌种生产经营许可证有效期为3年。有效期满后需继续生产经营的，被许可人应当在有效期满2个月前，持原证按原申请程序重新办理许可证。

在菌种生产经营许可证有效期内，许可证注明项目变更的，被许可人应当向原审批机关办理变更手续，并提供相应证明材料。

第二十条 菌种按级别生产；下一级菌种只能用上一级菌种生产，栽培种不得再用于扩繁菌种。获得上级菌种生产经营许可证的单位和个人，可以从事下级菌种的生产经营。

第二十一条 禁止无证或者未按许可证的规定生产经营菌种；禁止伪造、涂改、买卖、租借《食用菌菌种生产经营许可证》。

第二十二条 菌种生产单位和个人应当按照农业部《食用菌菌种生产技术规程》生产，并建立菌种生产档案，载明生产地点、时间、数量、培养基配方、培养条件、菌种来源、操作人、技术负责人、检验记录、菌种流向等内容。生产档案应当保存至菌种售出后2年。

第二十三条 菌种经营单位和个人应当建立菌种经营档案，载明菌种来源、贮存时间和条件、销售去向、运输、经办人等内容。经营档案应当保存至菌种销售后2年。

第二十四条 销售的菌种应当附有标签和菌种质量合格证。标签应当标注菌种种类、品种、级别、接种日期、保藏条件、保质期、菌种生产经营许可证编号、执行标准及生产者名称、生产地点，标签标注的内容应当与销售菌种相符。

菌种经营者应当向购买者提供菌种的品种种性说明、栽培要点及相关咨询服务，并对菌种质量负责。

第四章 菌种质量

第二十五条 农业部负责制定全国菌种质量监督抽查规划和本级监督抽查计划，县级以上地方人民政府农业行政主管部门负责对本行政区域内菌种质量的监督，根据全国规划和当地实际情况制定本级监督抽查计划。

菌种质量监督抽查不得向被抽查者收取费用。禁止重复抽查。

第二十六条 县级以上人民政府农业行政主管部门可以委托菌种质量检验机构对菌种质量进行检验。

承担菌种质量检验的机构应当具备相应的检测条件和能力，并经省级以上人民政府有关主管部门考核合格。

第二十七条 菌种质量检验机构应当配备菌种检验员。菌种检验员应当具备以下条件：

（一）具有相关专业大专以上文化水平或者具有中级以上专业技术职称；

（二）从事菌种检验技术工作3年以上；

（三）经省级以上人民政府农业行政主管部门考核合格。

第二十八条 禁止生产、经营假、劣菌种。

有下列情形之一的，为假菌种：

（一）以非菌种冒充菌种；

（二）菌种种类、品种、级别与标签内容不符的。

有下列情形之一的，为劣菌种：

（一）质量低于国家规定的种用标准的；

（二）质量低于标签标注指标的；

（三）菌种过期、变质的。

第五章 进出口管理

第二十九条 从事菌种进出口的单位，除具备菌种生产经营许可证以外，还应当依照国家外贸法律、行政法规的规定取得从事菌种进出口贸易的资格。

第三十条 申请进出口菌种的单位和个人，应当填写《进（出）口菌种审批表》，经省级人民政府农业行政主管部门审核，报农业部审批后，依法办理进出口手续。菌种进出口审批单有效期为 3 个月。

第三十一条 进出口菌种应当符合下列条件：

（一）属于国家允许进出口的菌种质资源；

（二）菌种质量达到国家标准或者行业标准；

（三）菌种名称、种性、数量、原产地等相关证明真实完备；

（四）法律、法规规定的其他条件。

第三十二条 申请进出口菌种的单位和个人应当提交下列材料：

（一）《食用菌菌种生产经营许可证》复印件、营业执照副本和进出口贸易资格证明；

（二）食用菌品种说明；

（三）符合第三十一条规定条件的其他证明材料。

第三十三条 为境外制种进口菌种的，可以不受本办法第二十九条限制，但应当具有对外制种合同。进口的菌种只能用于制种，其产品不得在国内销售。从境外引进试验用菌种及扩繁得到的菌种不得作为商品菌种出售。

第六章 附 则

第三十四条 违反本办法规定的行为，依照《中华人民共和国种子法》的有关规定予以处罚。

第三十五条 本办法所称菌种种性是指食用菌品种特性的简称，包括对温度、湿度、酸碱度、光线、氧气等环境条件的要求，抗逆性、丰产性、出菇迟早、出菇潮数、栽培周期、商品质量及栽培习性等农艺性状。

第三十六条 野生食用菌菌种的采集和进出口管理，应当按照《农业野生植物保护办法》的规定，办理相关审批手续。

第三十七条 本办法自 2006 年 6 月 1 日起施行。1996 年 7 月 1 日农业部发布的《全国食用菌菌种暂行管理办法》（农发［1996］6 号）同时废止，依照《全国食用菌菌种暂行管理办法》领取的菌种生产、经营许可证自有效期届满之日起失效。

附录十二　食用菌卫生管理办法

（中华人民共和国原卫生部）

（1990 年 11 月 26 日颁布）

第一条　为贯彻预防为主的方针和执行《中华人民共和国食品卫生法（试行）》，加强食品卫生管理，提高食用菌的卫生质量，保障人民身体健康，特制定本办法。

第二条　本办法管理范围系指蘑菇、香菇、草菇、木耳、银耳、鸡枞、猴头等鲜干食用菌及其制品。

第三条　为防治病虫害，使用药物消毒杀虫时，仅能用于菇房，并应严格掌握用量，严禁使用 1605、1059、666、DDT、汞制剂、砷制剂等高残毒或剧毒农药。

第四条　栽培食用菌使用的材料，应报请当地食品卫生监督部门审查，符合卫生要求，方能生产、销售。

第五条　食用菌制品使用添加剂应符合现行的《食品添加剂使用卫生标准》。原料用水应符合现行的《生活饮用水卫生标准》。

第六条　食用菌生产购销部门，必须加强毒菌、食菌鉴别知识的宣传，建立质量检验制度，对食用菌要做到专人负责，分类收购，严格检查，防止毒菌混入，严禁掺假、掺杂。

第七条　食用菌的包装、贮存、运输必须符合卫生要求，严禁使用装过农药、化肥及其他有毒物质的容器包装，严禁与农药、化肥、中草药材和其他杂物混堆、混运。

第八条　为了加强食品卫生管理，食品卫生监督机构可以向生产、销售等单位，根据需要按手续无偿采取样品检验，并给予正式收据。

参 考 文 献

[1] 暴增海等. 食用菌栽培学. 长春: 吉林科学技术出版社, 2002.

[2] 暴增海等. 食用菌栽培学. 北京: 中国农业出版社, 2010.

[3] 陈青君等. 双孢蘑菇设施栽培实用技术. 北京: 中国农业大学出版社, 2015.

[4] 常明昌. 食用菌栽培学. 北京: 中国农业出版社, 2012.

[5] 崔颂英等. 食用菌生产技术. 北京: 中国农业出版社, 2011.

[6] 陈夏娇. 茶薪菇规范化高效生产新技术. 北京: 金盾出版社, 2012.

[7] 邓德江. 平菇高效栽培实用新技术. 北京: 中国农业大学出版社, 2015.

[8] 戴希尧等. 食用菌实用栽培技术. 北京: 化学工业出版社, 2015.

[9] 郭尚. 食用菌栽培基础与应用. 北京: 中国农业出版社, 2015.

[10] 宫志远. 金针菇栽培实用技术. 北京: 中国农业出版社, 2011.

[11] 范兰礼. 平菇栽培新技术. 北京: 中国农业科学技术出版社, 2011.

[12] 黄年来. 食用菌病虫害防治(彩色)手册. 北京: 中国农业出版社, 2001.

[13] 胡清秀. 珍稀食用菌栽培实用技术. 北京: 中国农业出版社, 2011.

[14] 黄晨阳等. 图说白灵菇栽培关键技术. 北京: 中国农业出版社, 2011.

[15] 李利等. 菇菌产品加工技术. 北京: 化学工业出版社, 2015.

[16] 刘振祥等. 食用菌栽培技术. 北京: 化学工业出版社, 2007.

[17] 刘文海. 袋栽黑木耳和毛木耳高产新技术. 北京: 北京出版社, 2000.

[18] 李银良. 茶薪菇高效栽培技术. 广州: 广东科技出版社, 2001.

[19] 李明等. 食用菌病虫害防治关键技术. 北京: 中国三峡出版社, 2006.

[20] 吕作舟. 食用菌栽培学. 北京: 高等教育出版社, 2006.

[21] 马瑞霞等. 食用菌栽培学. 天津: 天津社会科学院出版社, 2008.

[22] 邱奉同等. 食用菌栽培技术. 济南: 山东人民出版社, 2014.

[23] 任清等. 食用菌栽培与加工. 北京: 中国农业科学技术出版社, 2014.

[24] 殷利武等. 食用菌栽培技术. 北京: 北京交通大学出版社, 2015.

[25] 袁瑞奇. 金针菇精准高效栽培技术. 北京: 金盾出版社, 2016.

[26] 严泽湘. 菇菌无公害栽培新技术. 北京: 化学工业出版社, 2016.

[27] 申进文. 食用菌生产技术大全. 郑州: 河南科学技术出版社, 2014.

[28] 宋锡全等. 新编食用菌栽培学. 赤峰: 内蒙古科学技术出版社, 2001.

[29] 田果廷等. 图说茶树菇栽培关键技术. 北京: 中国农业出版社, 2011.

[30] 王晓应等. 食用菌栽培实用技术. 北京: 中国农业科学技术出版社, 2016.

[31] 吴学谦. 香菇生产全书. 北京: 中国农业出版社, 2005.

[32] 王贺祥等. 食用菌栽培手册. 北京: 中国农业大学出版社, 2015.

[33] 王贺祥等. 食用菌栽培学. 北京: 中国农业大学出版社, 2014.

[34] 王贺祥. 食用菌学实验教程. 北京: 科学出版社, 2014.

[35] 王振河等. 金针菇标准化生产. 郑州: 河南科学技术出版社, 2012.

[36] 杨国良等. 食药用菌专业户手册. 北京: 中国农业出版社, 2002.

[37] 杨国良等．草菇无污染生产技术．北京：中国农业出版社，2002.

[38] 杨月明等．茶树菇栽培技术．北京：金盾出版社，2001.

[39] 叶家栋等．珍稀食用菌栽培．合肥：安徽科学技术出版社，2001.

[40] 张甫安等．珍稀菌菇实用栽培技术．香港：香港教科文出版有限公司，2000.

[41] 张桂香．食用菌高产在栽培技术．兰州：甘肃文化出版社，2008.

[42] 张金霞．食用菌安全优质生产技术．北京：中国农业出版社，2004.

[43] 赵建荣．灰树花高效栽培技术．郑州：河南科学技术出版社，2002.

[44] 周晟．食有用菌病虫害防治技术．北京：中国农业出版社，2016.

[45] 邹彬等．食用菌高产栽培与加工技术．石家庄：河北科学技术出版社，2014.

[46] 张思龙等．平菇袋栽新技术．郑州：河南科学技术出版社，2014.